冶金专业教材和工具书经典传承国际传播工程

Project of the Inheritance and International Dissemination
of Classical Metallurgical Textbooks & Reference Books

冶金工业出版社

普通高等教育"十四五"规划教材

稀 土 材 料 校 企 合 作 教 材 丛 书

稀土冶金工程设计

樊文军　编著

U0323124

本书数字资源

北 京

冶 金 工 业 出 版 社

2025

内 容 提 要

  本书主要讨论稀土冶金工程的基础知识和设计方案。主要内容包括稀土冶金（湿法、火法）工厂工艺流程的设计与选择、稀土冶金过程物料热量衡算、电压平衡计算、设备的设计与选型、厂址选择和总平面布置设计、车间配置和管道设计、稀土冶金工程项目投资计算、经济评价和稀土生产过程的"三废"处理与放射性防护。本书尽量介绍新工艺、新技术和新设备，用定量化系统思想和方法对各种设计方案进行分析和讨论，力求改变过去凭经验、凭感觉进行设计的状况，以期提高学生分析和解决稀土冶金工程复杂实际问题的能力。

  本书可作为高等院校冶金工程专业本科生、研究生的教学用书，也可供从事稀土冶金设计、生产、科研人员阅读和参考。

图书在版编目(CIP)数据

  稀土冶金工程设计／樊文军编著. -- 北京：冶金工业出版社，2025. 3. --（稀土材料校企合作教材丛书）（普通高等教育"十四五"规划教材）. -- ISBN 978-7-5240-0060-0

  Ⅰ. TF845

  中国国家版本馆 CIP 数据核字第 2024120PS2 号

稀土冶金工程设计

出版发行	冶金工业出版社	**电 话**	(010)64027926
地 址	北京市东城区嵩祝院北巷 39 号	**邮 编**	100009
网 址	www. mip1953. com	**电子信箱**	service@ mip1953. com

责任编辑 于昕蕾　美术编辑 吕欣童　版式设计 郑小利
责任校对 石 静　责任印制 禹 蕊
三河市双峰印刷装订有限公司印刷
2025 年 3 月第 1 版，2025 年 3 月第 1 次印刷
787mm×1092mm　1/16；25.75 印张；619 千字；393 页
定价 68. 00 元

投稿电话　(010)64027932　投稿信箱　tougao@ cnmip. com. cn
营销中心电话　(010)64044283
冶金工业出版社天猫旗舰店　yjgycbs. tmall. com
(本书如有印装质量问题，本社营销中心负责退换)

冶金专业教材和工具书经典传承国际传播工程
总　序

　　钢铁工业是国民经济的重要基础产业，为我国经济的持续快速增长和国防现代化建设提供了重要支撑，做出了卓越贡献。当前，新一轮科技革命和产业变革深入发展，中国经济已进入高质量发展新时代，中国钢铁工业也进入了高质量发展的新时代。

　　高质量发展关键在科技创新，科技创新离不开高素质人才。党的二十大报告指出："教育、科技、人才是全面建设社会主义现代化国家的基础性、战略性支撑。必须坚持科技是第一生产力、人才是第一资源、创新是第一动力，深入实施科教兴国战略、人才强国战略、创新驱动发展战略，开辟发展新领域新赛道，不断塑造发展新动能新优势。"加强人才队伍建设，培养和造就一大批高素质、高水平人才是钢铁行业未来发展的一项重要任务。

　　随着社会的发展和时代的进步，钢铁技术创新和产业变革的步伐也一直在加速，不断推出的新产品、新技术、新流程、新业态已经彻底改变了钢铁业的面貌。钢铁行业必须加强对科技进步、教育发展及人才成长的趋势研判、规律认识和需求把握，深化人才培养体制机制改革，进一步完善相应的条件支撑，持续增强"第一资源"的保障能力。中国钢铁工业协会《"十四五"钢铁行业人力资源规划指导意见》提出，要重视创新型、复合型人才培养，重视企业家培养，重视钢铁上下游复合型人才培养。同时要科学管理，丰富绩效体系，进一步优化人才成长环境，造就一支能够支撑未来钢铁行业高质量发展的人才队伍。

高素质人才来源于高水平的教育和培训，并在丰富多彩的创新实践中历练成长。以科技创新为第一动力的发展模式，需要科技人才保持知识的更新频率，站在钢铁发展新前沿去思考未来，系统性地将基础理论学习和应用实践学习体系相结合。要深入推进职普融通、产教融合、科教融汇，建立高等教育+职业教育+继续教育和培训一体化行业人才培养体制机制，及时把钢铁科技创新成果转化为钢铁从业人员的知识和技能。

一流的专业教材是高水平教育培训的基础，做好专业知识的传承传播是当代中国钢铁人的使命。20 世纪 80 年代，冶金工业出版社在原冶金工业部的领导支持下，组织出版了一批优秀的专业教材和工具书，代表了当时冶金科技的水平，形成了比较完备的知识体系，成为一个时代的经典。但是由于多方面的原因，这些专业教材和工具书没能及时修订，导致内容陈旧，跟不上新时代的要求。反映钢铁科技最新进展和教育教学最新要求的新经典教材的缺失，已经成为当前钢铁专业人才培养最明显的短板和痛点。

为总结、提炼、传播最新冶金科技成果，完成行业知识传承传播的历史任务，推动钢铁强国、教育强国、人才强国建设，中国钢铁工业协会、中国金属学会、冶金工业出版社于 2022 年 7 月发起了"冶金专业教材和工具书经典传承国际传播工程"（简称"经典工程"），组织相关高校、钢铁企业、科研单位参加，计划用 5 年左右时间，分批次完成约 300 种教材和工具书的修订再版和新编，以及部分教材和工具书的对外翻译出版工作。2022 年 11 月 15 日在东北大学召开了工程启动会，率先启动了高等教育和职业教育教材部分工作。

"经典工程"得到了东北大学、北京科技大学、河北工业职业技术大学、山东工业职业学院等高校，中国宝武钢铁集团有限公司、鞍钢集团有限公司、首钢集团有限公司、河钢集团有限公司、江苏沙钢集团有限公司、中信泰富特钢集团股份有限公司、湖南钢铁集团有限公司、包头钢铁（集团）有限责任公司、安阳钢铁集团有限责任公司、中国五矿集团公司、北京建龙重工集团有限公司、福建省三钢（集团）有限责任公司、陕西钢铁集团有限公司、酒泉钢铁（集团）有限责任公司、中冶赛迪集团有限公司、连平县昕隆实业有限公司等单位的大力支持和资助。在各冶金院校和相关钢铁企业积极参与支持下，工程相关工作正在稳步推进。

征程万里，重任千钧。做好专业科技图书的传承传播，正是钢铁行业落实习近平总书记给北京科技大学老教授回信的重要指示精神，培养更多钢筋铁骨高素质人才，铸就科技强国、制造强国钢铁脊梁的一项重要举措，既是我国钢铁产业国际化发展的内在要求，也有助于我国国际传播能力建设、打造文化软实力。

让我们以党的二十大精神为指引，以党的二十大精神为强大动力，善始善终，慎终如始，做好工程相关工作，完成行业知识传承传播的使命任务，支撑中国钢铁工业高质量发展，为世界钢铁工业发展做出应有的贡献。

中国钢铁工业协会党委书记、执行会长

2023 年 11 月

前　言

稀土有"工业维生素"的美称，如今已成为极其重要的战略资源。我国是稀土资源大国，也是稀土生产大国、稀土产品消费大国和稀土产品出口大国，不仅储量丰富，而且具有矿种和稀土元素齐全、稀土品位及矿点分布合理等优势，为中国稀土工业的发展奠定了坚实的基础。我国的稀土工业经过70多年，尤其是近40年的发展，在科研、教学、生产和应用方面均取得了骄人的业绩，形成了一支水平较高的技术队伍，创造了氟碳铈矿与独居石混合稀土精矿的硫酸强化焙烧分解、P507 -HCl 体系连续分离单一稀土、氟盐体系熔盐电解制备单一稀土金属和碳热还原法制取稀土硅铁合金等一批领先于世界的稀土生产技术，为我国乃至世界稀土工业的发展做出了贡献。

科学的稀土冶金工厂设计是保证冶金生产顺行、前后生产工序协调、生产过程物流顺畅、合理利用资源、降低消耗和生产成本、提高生产效率、减少排放和稀土行业绿色化、清洁化发展的关键。

为了适应稀土工业发展的需要，作者根据近年来收集的最新资料，在多年的教学实践和科研成果的基础上，精心编著了《稀土冶金工程设计》一书。本书涉及较为广泛的稀土冶金工厂设计内容，较为系统地论述了稀土冶金工厂设计的程序和内容、基本计算以及主要方法，并较为全面地概括了目前国内外冶金工厂的主要发展概况。通过对本书的学习，学生可以掌握稀土冶金工厂设计的基本原理和方法，了解现代稀土冶金工厂的生产工艺流程设计、主要设备的设计、物料能量衡算、车间布置设计、成本分析及环境保护等内容，从而能够具备进行实际稀土冶金工厂设计的能力。

本书入选中国钢铁工业协会、中国金属学会和冶金工业出版社组织的"冶金专业教材和工具书经典传承国际传播工程"第二批立项教材。

　　在本书编写过程中，参考了一些参考文献，有关专家、教授和中国北方稀土（集团）高科技股份有限公司为本书提供了许多有价值的资料和宝贵意见。本书虽然由樊文军执笔撰写，但书中有关本团队的教学科研成果却处处浸渍着历届硕士研究生和本科生的汗水与智慧，在此一并表示衷心的感谢。全书由彭军和冯佃臣审定。

　　由于作者水平所限，书中难免存在不妥之处，敬请读者批评指正。

樊文军

2024 年 1 月 20 日于包头

目 录

1 概　述

1.1　冶金工厂设计的概念和目的

工程设计是一门应用科学。设计是国家基本建设的一个重要环节，它是以科学原理为指导，以生产实践和科学实验为依据，采用设计图纸和文字为表达方式，为实现某项工程而编制的一种文献资料。工程设计过程是基本建设中不可缺少的一个重要环节，成熟的生产经验、先进的科学技术和最新科研成果的应用，都必须通过工程设计来实现。

冶金工厂设计属于生产原材料的工程设计。它的目的是根据原料的特点、依据生产实践和科学实验以及国内外工业生产实践，设计合理的工艺流程，选择合适的工艺设备并进行合理配置，根据工业要求设计适宜的厂房结构和辅助设施，配备必要的劳动定员，确保生产正常进行。不论新设计工厂，还是老厂的技术改造设计，都必须做到技术上先进可靠、经济上合理，既要为生产获得较好技术经济指标创造条件，又要为生产工人提供良好的劳动场所，使建设投资能最大限度地发挥效果，确保建成的冶金生产装备安全可靠，生产过程能够正常运行。

为实现上述目的，设计应该满足的基本要求是：工艺流程完善，先进可靠；原材料、动力资源廉价而充分，交通运输方便；设备性能稳定、高效、易于加工和安装，设备配置力求紧凑合理，并为扩建留有余地。

鉴于此特点，还必须满足以下要求：

（1）生产所用的矿物原料，除含有 1~2 种主要有价元素外，常常伴生若干种其他有价元素，必须经济地加以综合利用。例如，我国目前黄金产量的 40%、白银产量的 90%、硫酸产量的 20%，都是从有色冶金工厂回收的。

（2）工厂无一例外地都产出一定数量的废渣滓、废水、废气（简称"三废"），对于污染环境和破坏生态平衡，必须有完善的"三废"治理工程加以处理和利用。

（3）工厂生产作业，多在高温、高压、有毒、腐蚀等环境下进行，为确保操作人员和设备的安全，必须特别注意安全防护措施的设计，努力提高机械化和自动化水平，积极采用计算机控制。

（4）生产需消耗大量的原材料、电力、燃料、工业水，需具备较大的交通运输能力，应充分利用建厂地区的自然经济条件，尽可能与当地其他企业协作，共同投资解决某些公共设施。

为此，在进行稀土工厂设计时，设计工作者应根据国家工业建设的方针和政策，按设计任务书所规定的内容进行全局考虑和设计；尽量采用成熟的新技术、新工艺和新设备，对于国外的先进技术，既要注意有选择性的引进，更要注意消化、移植和改造；对于大、中型企业，要贯彻分期分批建设的原则，力争投资少、建设快，及早取得经济效果；要注意节约用地，并留布发展余地。

1.2　冶金工厂设计的原则

冶金工厂设计应遵循如下原则：

（1）遵守国家的法律、法规，执行行业设计有关的标准、规范和规定，严格把关，精心设计。

（2）设计中应对主要工艺流程进行多方案比较，以采用最佳方案。

（3）设计中应尽量采用国内外成熟的技术，所采用的新工艺、新设备和新材料必须遵循经过工业性试验或通过技术鉴定的原则。

（4）对节约能源、节约用水和节约用地给予充分重视。

（5）绝大多数矿物除含有主金属外，常常伴生有其他有价元素，设计中必须充分注意有价元素综合回收的设计。

（6）设计中必须注意生态环境的保护，必须有"三废"治理措施，尽量做到变废为宝。

（7）冶金生产作业大多在高温、高压、有毒、腐蚀等环境下进行，为确保人员和设备的安全，必须特别注意安全防护措施的设计，并尽量提高机械化、自动化和计算机控制水平。

（8）应充分利用建厂地区的自然经济条件，尽可能与当地其他企业协作，共同投资解决某些公共设施问题。

1.3　冶金工厂设计的程序和内容

1.3.1　设计程序

设计的基本程序（见图 1-1）通常有：

（1）设计前的准备；

（2）编制初步设计；

（3）绘制施工图；

（4）参加现场施工和试车投产等工作。

1.3.1.1　设计前的准备

按我国的做法，设计前的准备大体有以下几个方面。

A　项目建议书

项目建议书是建设单位向国家提出申请建设某一具体项目的建议文件。根据国民经济发展的整体规划，结合自然资源和现有生产力分布，在广泛调查、收集资料、踏勘厂址、基本弄清楚建厂的技术经济条件后，提出具体的项目建议书，向国家推荐项目，作为确定投资的依据。其主要内容有：

（1）项目名称、内容及申请理由；

（2）进口国别与厂商（对于引进工程）；

（3）承办企业的基本情况；

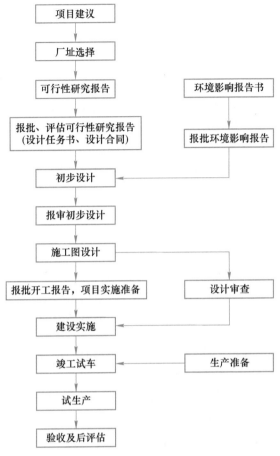

图 1-1 冶金工厂设计的基本程序

（4）生产规模、产品方案及销售，建设地点的初步设想；

（5）主要原材料、水、电、燃料、交通运输及协作配套等方面的近期和长远要求及已具备的条件；

（6）项目资金估计及筹措来源；

（7）项目的进度安排；

（8）经济效益、社会和环境效益的初步分析。

B 可行性研究

可行性研究（feasihility study）是在项目建议书被批准后，对项目在技术上和经济上是否可行所进行的科学分析和论证。

可行性研究是一门运用现代技术科学和经济科学成果实现工程建设最佳经济效果的综合性科学，是工程项目建设前期的一项必不可少的关键性工作。可行性研究是指在调查的基础上，通过市场分析、技术分析、财务分析和国民经济分析，对各种投资项目的技术可行性与经济合理性进行的综合评价。可行性研究的基本任务是对新建或改建项目的主要问题，从技术经济角度进行全面的分析研究，并对其投产后的经济效果进行预测，在既定的范围内进行方案论证的选择，以便最合理地利用资源，达到预定的社会效益和经济效益。

可行性研究必须从系统总体出发，对技术、经济、财务、商业以至环境保护、法律等多个方面进行分析和论证，以确定建设项目是否可行，为正确进行投资决策提供科学依据。项目的可行性研究是对多因素、多目标系统进行不断地分析研究、评价和决策的过程，它需要有各方面知识的专业人才通力合作才能完成。可行性研究不仅应用于建设项目，还可应用于科学技术和工业发展的各个阶段和各个方面。例如，工业发展规划、新技术的开发、产品更新换代、企业技术改造等工作的前期，都可应用可行性研究。可行性研究自 20 世纪 30 年代美国开发田纳西河流域时开始采用以后，已逐步形成一套较为完整的理论、程序和方法。1978 年联合国工业发展组织编制了《工业可行性研究编制手册》。1980 年，该组织与阿拉伯国家工业发展中心共同编辑《工业项目评价手册》。中国从1982 年开始，已将可行性研究列为基本建设中的一项重要程序。有些国家建立了专门从事可行性研究的咨询公司或工程公司。

可行性研究大体可分为三个大的方面：工艺技术、市场需求、财务经济状况。

a　可行性研究的主要内容

（1）全面深入地进行市场分析、预测。调查和预测拟建项目产品国内、国际市场的供需情况和销售价格；研究产品的目标市场，分析市场占有率；研究确定市场，主要是产品竞争对手和自身竞争力的优势、劣势，以及产品的营销策略，并研究确定主要市场风险和风险程度。

（2）对资源开发项目要深入研究确定资源的可利用量，资源的自然品质，资源的赋存条件和开发利用价值。

（3）深入进行项目建设方案设计包括：项目的建设规模与产品方案，工程选址，工艺技术方案和主要设备方案，主要材料辅助材料，环境影响问题，节能节水，项目建成投产及生产经营的组织机构与人力资源配置，项目进度计划，所需投资进行详细估算，融资分析，财务分析，国民经济评价，社会评价，项目不确定性分析，风险分析，综合评价等。

项目的可行性研究工作是由浅到深、由粗到细、前后连接、反复优化的一个研究过程。前阶段研究是为后阶段更精确的研究提出问题创造条件。可行性研究要对所有的商务风险、技术风险和利润风险进行准确落实，如果经研究发现某个方面的缺陷，就应通过敏感性参数的揭示，找出主要风险原因，从市场营销、产品及规模、工艺技术、原料路线、设备方案以及公用辅助设施方案等方面寻找更好的替代方案，以提高项目的可行性。如果所有方案都经过反复优选，项目仍是不可行的，应在研究文件中说明理由。但应说明，研究结果即使是不可行的，这项研究仍然是有价值的，因为这避免了资金的滥用和浪费。

除了以上所讲的项目可行性研究外，我们在实际中还有一种与投资密切相关的研究，称为专题研究；主要是为可行性研究（或初步可行性研究）创造条件，研究和解决一些关键性或特定的一些问题，它是可行性研究的前提和辅助。专题研究分类如下：

（1）产品市场研究。市场需求及价格的调查分析和预测，产品进入市场的能力以及预期的市场渗透、竞争情况的研究，产品的市场营销战略和竞争对策研究等。

（2）原料及投入物料的研究，包括基本原材料和投入物的当前及以后的来源与供应情况，以及价格趋势。

（3）试验室和中间试验专题研究。需要进行的试验和试验程度，以确定某些原料或产品的适用性及其技术经济指标。

（4）建厂地区和厂址研究。结合工业布局、区域经济、内外建设条件、生产物资供应条件等，对建厂地区和厂址进行研究选择。

（5）规模经济研究。一般是作为工艺选择研究的组成部分来进行的，当问题仅限于规模的经济性而不涉及复杂的多种工艺时，则此项研究的主要任务是评估工厂规模经济性，在考虑可供选择的工艺技术、投资、成本、价格、效益和市场需求的情况下，选择最佳的生产规模。

（6）工艺选择研究。对各种可能的生产技术工艺的先进性、适用性、可靠性及经济性进行分析研究和评价，特别是采用新工艺、新技术时这种研究尤为必要。

（7）设备选择研究。一些建设项目需要很多各类生产设备，并且供应来源、性能、价格相当悬殊时，需要进行设备研究。因为投资项目的构成和经济性很大程度上取决于设备的类型、价格和生产成本，甚至项目的生产效率也直接随着所选的设备而变动。

（8）节能研究。按照节约能源的政策法规和规范的要求，提出节约能源的技术措施，对节能情况做出客观评价。

（9）交通影响评价，项目城市交通带来的需求和影响以及对策。

b 可行性研究的步骤

第一阶段：初期工作有以下四个方面。

（1）收集资料。收集资料包括业主的要求，业主已经完成的研究成果，市场、厂址、原料、能源、运输、维修、共用设施、环境、劳动力来源、资金来源、税务、设备材料价格、物价上涨率等有关资料。

（2）现场考察。考察所有可利用的厂址、废料堆场和水源状况，与业主方技术人员初步商讨设计资料、设计原则和工艺技术方案。

（3）数据评估。认真检查所有数据及其来源，分析项目潜在的致命缺陷和设计难点，审查并确认可以提高效率、降低成本的工艺技术方案。

（4）初步报告。扼要总结初期工作，列出收集的设计基础资料，分析项目潜在的致命缺陷，确定参与方案比较的工艺方案。

初步报告提交业主，在得到业主的确认后方可进行第二阶段的研究工作。如果业主认为项目确实存在不可逆转的致命缺陷，则可及时终止研究工作。

第二阶段：可选方案评价包括四个组成部分。

（1）制定设计原则。以现有资料为基础来确定设计原则，该原则必须满足技术方案和产量的要求，当进一步获得资料后，可对原则进行补充和修订。

（2）技术方案比较。对选择的各专业工艺技术方案从技术上和经济上进行比较，提出最后的入选方案。

（3）初步估算基建投资和生产成本。为确定初步的工程现金流量，将对基建投资和生产成本进行初步估算，通过比较，可以判定规模经济及分段生产效果。

（4）中期报告。确定项目的组成，对可选方案进行技术经济比较，提出推荐方案。中期报告提交业主，在得到业主的确认后方可进行第三阶段的研究工作。如果业主对推荐方案有疑义，则可对方案比较进行补充和修改；如果业主认为项目规模经济确实较差，则可及时终止研究工作。

第三阶段：推荐方案研究有下面四个方面。

（1）具体问题研究。对推荐方案的具体问题作进一步的分析研究，包括工艺流程、物料平衡、生产进度计划、设备选型等。

（2）基建投资及生产成本估算。估算项目所需的总投资，确定投资逐年分配计划，合理确定筹资方案；确定成本估算的原则和计算条件，进行成本计算和分析。

（3）技术经济评价。分析确定产品售价，进行财务评价，包括技术经济指标计算、清偿能力分析和不确定性分析，进而进行国家收益分析和社会效益评价。

（4）最终报告。根据本阶段研究结论，按照可行性研究内容和深度的规定编制可行性研究最终报告，最终报告提交业主，在得到业主的确认后，研究工作即告结束。如果业主对最终报告有疑义，则可进一步对最终报告进行补充和修改。

c　可行性研究的一般程序

可行性研究有如下一般程序。

（1）机会研究（又称为立项建议）：它是对投资的方向提出建议，企业及基层单位根据生产中发现的问题和市场中的机会，以充分利用自然资源为基础，寻找最有利的投资机会。从企业来看，应根据资金实力的大小、现有技术能力，寻求新的效益较好的投资机会。

（2）初步可行研究（又称为立项审查）：它是进行可行性研究的前期活动，是大体收集材料，对投资项目的前景粗略估价的过程。由初步可行性研究，决定是否继续进行可行性研究。

（3）可行性研究：它是在初步可行研究基础上认为基本可行，而对项目各方面的详细材料进行全面的搜集、掌握，依此对项目的技术和经济诸方面进行综合分析考察，并对项目建成后提供的生产能力、产品质量、成本、费用、价格及收益情况进行科学的预测，为决策提供确切的依据。

（4）形成评价报告：经可行性研究后，要将技术上可行和经济上合理与否的情况形成结论，写成报告，并对重点投资项目进行评定和决策。该报告的具体内容包括资产投资项目的预测（就是预测投资项目需要增加哪些固定资产、增加多少、何时增加等）；提出投资概算，筹划投资来源；拟定投资方案，测算投资效果。

（4）投资方案的审核和决策：投资效益指标计算出来后，就应对同一项目的不同投资方案的效益进行对比，择优进行决策。

d　可行性研究报告的主要内容

可行性研究报告的主要内容如下：

（1）总论，包括项目提出的背景和依据，以及拟建设项目的基本情况、必要性和意义。

（2）市场需求预测和拟建规模。

（3）资源、原材料、燃料及公用设施情况。

（4）建厂条件及厂址方案的比较。

（5）设计方案，主要包括生产方法和技术来源、工艺流程的选择，设备的比较、全厂布置方案、公用辅助设施，厂内外交通运输方式的初步选择。

（6）环境保护和"三废"治理方案。

（7）劳动安全和工业卫生。

（8）节能措施与综合利用方案。

（9）企业组织、劳动定员及人员培训计划。

（10）实施进度安排。

（11）投资概算和资金筹措。

（12）主要技术经济指标、经济效益和社会效益分析。

（13）附图，包括工厂总平面图、工艺流程图和必要的车间配置图。

可行性研究报告经主管部门批准以后生效，并可作为以下几方面工作的依据：

（1）编制设计任务书（可行性研究报告通常作为设计任务书的附件下达给有关单位）。

（2）筹措建设资金。

（3）与建设项目有关的各部门签订协议。

（4）开展新技术、新工艺、新设备研究的计划和补充勘探、工艺实验等工作的计划。

e 可行性研究报告

可行性研究报告是可行性研究的一个宏观例子，可行性研究报告主要包括项目投资环境分析、行业发展前景分析、行业竞争格局分析、行业竞争财务指标参考分析、项目建设方案研究、组织实施方案分析、投资估算和资金筹措、项目经济可行性分析、项目不确定性及风险分析等方面。

可行性研究报告是在前一阶段的项目建议书获得审批通过的基础上，对项目市场、技术、财务、工程、经济和环境等方面进行精确、系统、完备的分析，完成包括市场和销售、规模和产品、厂址、原辅料供应、工艺技术、设备选择、人员组织、实施计划、投资与成本、效益及风险等的计算、论证和评价，选定最佳方案，作为决策依据。

可行性研究报告是在招商引资、投资合作、政府立项、银行贷款等领域常用的专业文档。它可用于代替项目建议书、项目申请报告、资金申请报告。

可行性研究报告经主管部门审批后，一般应起到如下作用：

（1）作为平衡国民经济计划，确定工程建设项编制设计任务书并开始工程设计的依据，它通常作为设计任务书的附件下达给有关单位。

（2）作为筹备建设资金以及与建设项目有关的各部门签订协议的依据。

（3）作为编制新技术、新工艺、新设备研究计划和补充勘探、补充工业试验的依据。

可行性研究原则上不能代替初步设计，但在条件具备、委托单位或上级主管部门有特殊要求时，可做到初步设计的深度。

C 设计任务书

设计任务书的编制是在可行性研究基础上进行的，一般由设计单位的主管部门组织编制，设计单位参加；有时由建设单位的主管部门委托设计单位代行编制。设计任务书经审查批准后向设计单位正式下达，作为编制初步设计的依据。

设计任务书的主要内容包括：

（1）生产规模、服务年限、产品方案、产品质量要求和主要技术经济指标。

（2）建厂地区或具体厂址。

（3）矿产资源，主要原材料、燃料、水、电等的供应和交通运输条件。

（4）生产流程，车间组成，主要工艺设备及装备水平的推荐意见。

（5）"三废"治理，劳动安全和工业卫生要求。

（6）建设期限及建设程序。

（7）投资限额。

（8）要求达到的经济效果。

设计任务书一般应附有说明，对上述内容作出简要说明，对于拟采用的新技术、新工艺、新设备以及存在的问题也应给予说明，并规定需要开展试验研究项目的具体安排和进度要求。

D　厂址选择

厂址选择要根据国民经济建设计划和工业布局的要求进行。厂址选择得适当与否，会对企业的建设速度、建厂投资、生产发展、经济效益、环境保护及工农关系等带来重大影响。

厂址选择一般由主管部门组织勘测、设计、施工等单位组成选厂工作组具体完成。厂址选择可分为确定建厂范围和选定具体厂址两个阶段，前者是在现场踏勘、搜集基础资料的基础上，进行多方案分析比较，提出厂区范围报告，报送领导机关审批，此项工作在建厂调查及可行性研究阶段即已进行。后者是根据所确定的厂区范围，进一步落实建厂条件，提出2~3个具体厂址方案，并分别作出工艺总平面布置草图，通过技术经济分析与比较，确定具体厂址。

工艺专业在厂址选择前，应与有关专业配合，做好以下各项准备工作：

（1）根据初步确定的工艺流程，提出生产车间组成及辅助设施项目（如空压机站、锅炉房、化验室、机修厂、粉煤制备车间等），生产车间总的外形轮廓尺寸或占地面积，并适当考虑扩建和改建的需要。

（2）原材料、燃料及产品的运输量，工厂废渣排出量及渣场的大小。

（3）年、日生产用水量及对水质的要求，生产用电负荷及负荷等级，昼夜生产需用最大蒸汽量及压力，所需的最大压缩空气量及压力。

（4）生产车间工人人数等。

其他专业也要根据设计任务书及工艺专业提出的要求，做好相应的准备工作。

厂址选择的要求及技术经济分析将在本书后面章节进一步讨论。

E　搜集基础资料

设计工作是在占有充分而可靠的资料基础上进行的。如果设计前资料收集不充分，就有可能拖延设计进度；如果收集的资料不可靠，则可能作出错误的决策，影响设计质量。因此，在进行设计工作之前，设计人员必须深入现场，进行调查研究，收集与设计相关的基础资料，加以分析和选取。

收集基础资料，有的在选择厂址过程中进行，有的作为专题进行。

工艺专业应该收集的基础资料有：

（1）原矿的种类、储量及各类矿石在总开采量中的比例，不同时期各类矿石的生产能力，有价成分的含量和物相组成以及矿石品位的可能变化情况。

（2）精矿（原料）的化学成分、物理性质、年耗量、生产年限及主要成分的可能变化情况。

（3）选矿厂（原料供应点）的建设与生产情况、工作制度、精矿的运输方式及运输周期。

（4）熔剂、燃料、耐火材料、各种辅助材料及化工制品的性能、成分、供应地、供应能力及运输方式等。

其他各专业需要收集而工艺专业也需了解或应用的基础资料有：建厂地区的水文、气象、工程地质、地震烈度和地形测绘资料，以及电源、水源、交通运输条件与协作条件等。

对扩建或改建厂的设计，设计人员需要注意收集的资料一般有：

（1）该厂原材料、水、电、燃料等的供应情况，工艺流程，主要生产设备、辅助设备和自控设备，总平面图及各主要车间配置图等。

（2）历年来的生产情况，主要技术经济指标、原材料等的消耗定额及生产成本等。

（3）辅助设施的装备及使用情况。

（4）该厂的发展情况，主要成绩、经验及存在的问题。

（5）必要的实测资料及其与设计任务书有关的其他资料。

F 环境影响报告书

为了预测建设项目在建设过程中，特别是在建成投产后可能给环境带来危害的影响程度和范围并进行分析和评价，同时提出进一步保护环境的防治对策，在项目的可行性研究阶段需编制环境影响报告书。

国家根据建设项目对环境影响的程度，按照下列规定实行分类管理：

（1）建设项目可能对环境造成重大影响的，应当编制环境影响报告书，对建设项目产生的污染和对环境的影响进行全面、详细的评价。

（2）建设项目可能对环境造成轻度影响的，应当编制环境影响报告表，对建设项目产生的污染和对环境的影响进行分析或者专项评价。

（3）建设项目对环境影响很小，不需要进行环境影响评价的，应当填报环境影响报告表。

冶金工程项目都属于第（1）类或第（2）类，应当编制环境影响报告书或环境影响报告表。按照《中华人民共和国水土保持法》和《中华人民共和国水土保持法实施条例》等文件的规定，凡从事有可能造成水土流失开发建设项目的建设和生产都必须防止水土流失，在环境影响评价中应编写水土保持方案。建设项目的环境影响评价原则上应当与该项目的可行性研究同时进行，其成果为环境影响报告书。

建设项目环境影响报告书的内容应当包括：

（1）建设项目概况。

（2）建设项目周围环境现状。

（3）建设项目对环境可能造成影响的分析和预测。

（4）环境保护措施及其经济、技术论证。

（5）环境影响经济损益分析。

（6）对建设项目实施环境监测的建议。

（7）水土保持方案。

（8）环境影响评价结论。

环境影响评价工作由取得相应的环境影响评价资质的单位承担。环境影响报告书经批准后，审批建设项目的主管部门方可批准该项目的可行性研究报告或者设计任务书。

建设项目竣工后，建设单位应当向审批该项目环境影响报告书的环境保护行政主管部门，申请环境保护设施竣工验收。

1.3.1.2　编制初步设计

初步设计是设计承担单位根据设计任务书的内容和要求，在掌握了充分而可靠的主要资料基础上进行工作的具体步骤。它有比较详细的设计说明书，有标注物料流向和流量的工艺流程图，有反映车间设备配置的平面图和剖面图，有供订货用的设备清单和材料清单，还有全厂的组织机构及劳动定员等。其内容和深度应能满足下列要求：

（1）上级主管部门审批。

（2）安排基建计划和控制基建投资。

（3）建设单位进行主要设备订货、生产准备（订协议、培训工人等）和征购土地工作。

（4）施工单位进行施工准备。

（5）绘制施工图等。

整个初步设计由各专业共同完成，各自编写其专业设计说明书和绘制有关图纸。新建冶金厂设计是以冶金工艺专业为主体，其他有关专业（设备、土建、动力和仪表、水道及采暖通风、机修、总图运输、技术经济等）相辅助的整体设计。在设计过程中要解决一系列未来建设和生产的问题，其中包括生产工艺，厂房建筑，原材料、燃料、水、电的供应，厂址的选择确定与交通运输，设备的制作、安装与维修，环境保护及生活福利设施等。因此，冶金厂设计通常分为以下几部分来完成：

（1）总论和技术经济部分。总论部分应简明扼要地论述主要的设计依据、重大设计方案的概述与结论、企业建设的进度和综合效果以及问题与建议等。各专业的共同性问题，如规模、厂址及原材料、燃料、水、电等的供应和产品品种，也在总论部分论述。技术经济部分包括主要设计方案比较、劳动定员与劳动生产率、基建投资、流动资金、产品成本及利润、投资贷款偿还能力、企业建设效果分析及综合技术经济指标等。

（2）工艺部分。工艺部分是主体部分，包括设计依据及生产规模，原材料、燃料等的性能、成分、需要量及供应，产品品种和数量，工艺流程和指标的选择与说明，工艺过程冶金计算，主要设备的设计计算与选择，车间组成及车间设备配置和特点，厂内外运输量及要求，主要辅助设施及有关设计图纸等。

（3）总图运输部分。总图运输部分包括企业整体布置方案的比较与确定、工厂总平面布置和竖向布置、厂内外运输（运输条件、运输量和运输方式、铁路与公路的设计技术标准、车站及接轨站的决定和行车组织等）和厂内外道路的确定以及有关设计图纸等。

（4）工业建筑及生活福利设施部分。工业建筑及生活福利设施部分包括有关土壤、地质、水文、气象、地震等的资料，主要建筑物和构筑物的设计方案比较与确定，行政福利设施和职工住宅区的建设规划，主要建筑物平面图、剖面图，建筑一览表及建筑维修等。

（5）供电、自动控制及电信设施部分。供电包括用电负荷及等级和供配电系统的确定、主要电力设备及导线的选择、防雷设施及线路接地的确定、集中控制系统的选择、室内外电气照明及有关设计图纸等；自动控制包括工厂计量和控制水平的确定、各种检测仪表和自动控制仪表的选型、控制室和仪表盘的设计以及电子计算机控制系统等；电信设施包括企业生产调度的特点及电信种类的选择、各种电信系统及电信设施的确定、电信站或生产总调度室主要设备的选择和配置、有关设计图纸等。

（6）热工和燃气设施部分。热工和燃气设施部分包括锅炉间、软水站、空压机房、炉气压缩站、重油库及泵房、厂区热力管网等的设计，应列出用户性质及消耗量一览表和供应系统及供销平衡表，各种参数的选择与说明，管道系统图、总平面图及管道敷设方法，设备选择、技术控制及安全设施的说明，锅炉房的燃料排灰说明，主要建（构）筑物的工艺配置图，设备运转技术指标等。

（7）机修部分。机修部分包括机修、管修、电修、工具修理、计器及车辆修理等，应确定机修体制、任务、车间组成以及主要设备的选型和配置。在可能的条件下，应尽量与邻近单位共建或交由社会筹建。

（8）给排水部分。给排水部分包括确定水源和全厂供排水量，全厂供排水管网和供水、排水系统的设计以及污泥处理等。

（9）采暖通风。

（10）劳动安全和工业卫生。

（11）环境保护及"三废"处理。

（12）消防措施。

（13）化验及检测。

（14）存在的问题及解决方法。

（15）工程投资概算。工程投资概算包括建筑工程费用概算、设备购置及安装概算、主要工业炉费用概算、器具和工具的购置概算、总概算及总概算书等。

上述内容是对于较完整的工程设计而言，可根据不同的具体要求予以增减。

冶金工艺专业编写的初步设计说明书应包括以下几部分内容：

（1）绪论。绪论主要说明设计的依据、规模和服务年限，原料的来源、数量、质量、特性及供应条件，产品的品种及数量，厂址及其特点，运输、供水、供电及"三废"治理条件，采用的工艺流程及自动控制水平，建设顺序及扩建意见，主要技术经济指标等。

（2）工艺流程和指标。从原料及当前技术条件出发，通过数种方案的技术经济比较，说明所采用的工艺流程和指标的合理性与可靠性；详细说明所采用的新技术、新设备、新材料的合理性、可靠性及预期效果；扼要说明全部工艺流程及车间组成；介绍工作制度及各项技术操作条件，确定综合利用、"三废"治理和环境保护的措施等。

（3）冶金计算。进行物料的合理组成计算、配料计算、生产过程有价成分和物料的衡算及必要的热（能量）平衡计算，确定原材料、燃料、熔（溶）剂及其他主要辅助材料的数量和成分等。

（4）主要设备的设计和计算。主要设备的设计和计算包括定型设备型号、规格、数量的选择确定及选择原则和计算方法；非定型主体设备（如混合澄清槽、电解槽等）的结构计算，确定设备的主要尺寸、结构、构筑材料的规格和数量及具体要求；主要设备选择方案的比较说明；机械化、自动化装备水平的说明等。

（5）车间设备配置。车间设备配置包括按地形和运输条件考虑的各车间布置关系的特点及物料运输方式和运输系统的说明，配置方案的技术经济比较及特点，关于新建、扩建和远近结合问题的说明等。

（6）技术检查、自动化检测与控制及主要辅助设施等。

（7）设计中存在的主要问题和解决问题的建议及其他需要特别说明的问题。

（8）附表。附表有供项目负责人汇总的主要设备明细表、主要基建材料表等；供技术经济专业汇总的主要技术经济指标表，主要原材料、燃料、动力消耗表和劳动定员表等；供预算专业汇总的概算书等。

（9）附图。附图有工艺流程图、设备连接图、主要车间配置图及必要的非定型主体设备总图等。

冶金工艺专业除完成本专业的初步设计书及有关图表，为各专业提供车间配置图及车间生产能力、发展情况、工作制度、劳动定员等资料外，还要分别给各专业提供如下有关资料：

（1）土建专业。各层楼板、主要操作台的荷重要求，车间防温、防腐、防水、防震、防爆、防火等的要求，对厂房结构形式及地面、楼板面的要求，各种仓库的容积及对仓壁材料的要求，各种主要设备的质量、起重设备的质量及起重运输设备的能力等。

（2）动力、仪表和自动化控制专业。用电设备的容量、工作制度及电动机的台数、型号、功率、交流或直流电的负荷和对电源的特殊要求，防火、防爆、防高温、防腐的要求，蒸汽和压缩空气的用量及压力，要求检测温度、压力、流量等的项目及其测量范围、记录方式等，要求建立信号联系的项目及装设电话的地点，要求电子计算机控制的项目及要求等。

（3）水道专业。车间的正常用水量和最大用水量及对水温、水压、水质的要求，并说明停水对生产的影响及是否能用循环水；排水量、排水方式、排水温度，污水排出量及其主要成分等。

（4）采暖通风专业。产生灰尘、烟气、蒸汽及其他有害物质的程度和地点，散热设备的散热量或表面积和表面温度，厂房的结构形式（如敞开式、天囱式、侧囱式等），要求采暖或通风的地点及程度，并说明车间的湿度及结露情况。

（5）机修专业。金属结构的质量，机电设备及防腐设备的种类、规格、台数和质量，需要经常或定期检修的检修件的数目及质量，各种铸钢件（如钢包、出铝抬包、冰铜包子、各种操作工具等）、铸铁件（如各种流槽）、铆焊件（金属结构）、耐火材料和防腐材料等的年消耗量或消耗定额等。

（6）总图运输专业。各车间的平面布置草图，主要原材料和燃料、主要产品和副产品的年运输量、运输周期、运输方式、运输路线、装卸方式及各车间物料堆放场地的大小要求等。

（7）技术经济专业。冶炼厂年度生产物料平衡表及金属平衡表，各项主要技术经济指标，主要原材料、燃料、水、电等的消耗定额，各生产车间的工作制度及劳动定员，方案比较及工艺流程图等。

1.3.1.3 施工图设计

施工图应根据上级主管部门批准的初步设计进行绘制，其目的是把设计内容变为施工文件和图纸。图纸的深度以满足施工或制作的要求为原则，同时应满足预算专业能够编制详细的工程预算书的要求。

施工图一般以车间为单位进行绘制。冶金工艺专业应对初步设计的车间配置图进行必要的修改和补充，绘制成施工条件图，提供给各有关专业作为绘制施工图的基础资料。此外，对初步设计阶段提供给各专业的资料也要进行必要的修改和补充。

冶金工艺专业绘制的施工图通常有：

(1) 设备安装图。设备安装图分为机组安装图和单体设备安装图两种。机组安装图是按工艺要求和设备配置图准确地表示出车间（或厂房）内某部分设备和构（零）件安装关系的图样，一般应有足够的视图和必要的安装大样图，在图中应表示出工艺设备或辅助设备和安装部件的外部轮廓、定位、主要外形尺寸、固定方式等，有关建（构）筑物和设备基础，设备明细表和安装零部件明细表，必要的说明和附注等。单体设备安装图包括普通单体设备安装图、特殊零件制造图以及与设备有关的构件（如管道、流槽、漏斗、支架、闸门等）制造图，这些图形均应绘出安装总图及其零件图。凡属下列情况，可不绘制零件图：

1) 国家标准、部颁标准或产品样本中已有的产品，只需写出其规格、尺寸或标记代号即可购到的零件；

2) 由型材锤击、切断或由板材制成的零件，在设备或部件总图上能清楚地看出实物形状及尺寸的零件。

(2) 管道安装图。管道图一般有矿浆管道图，蒸气、压缩空气、真空管道图，润滑油及各种试剂管道图等。管道安装图包括管道配置图、管道及配件制造图、管道支架制造图等。

(3) 施工配置图。根据已绘制的设备和管路安装图汇总绘制成详细准确的施工配置图（其中包括带所有管道和仪表的工艺流程图、设备管口方位图等），以便施工安装。

1.3.1.4 现场施工和试车投产

设计人员（或代表）参加现场施工和试车投产工作的基本任务如下：

(1) 参加施工现场对施工图的会审，解释和及时处理设计中的有关问题，补充或修改设计图纸，提出对设备、材料等的变更意见。

(2) 了解和掌握施工情况，保证施工符合设计要求，及时纠正施工中的错误或遗漏部分。

(3) 参加试车前的准备工作和试车投产工作，及时处理试车过程中暴露出来的设计问题，并向生产单位说明各工序的设计意图，为工厂顺利投产做出贡献。

(4) 坚持设计原则，除一般性问题就地解决外，对涉及设计方案的重大问题，应及时向上级及有关设计人员报告，请示处理意见。

工厂投入正常生产后，设计人员应对该项工程设计中的各项建设方案、专业设计方案和设计标准是否合理，新工艺、新技术、新设备、新材料的采用情况和效果，发生了哪些重大问题等内容进行全面性总结，以不断提高设计水平。

除上面介绍的通常采用的初步设计和施工图设计两段设计外，对于规模小、技术成熟、生产工艺简单的小型工厂（或车间）或老厂的扩建、改建工程，可以采用扩大初步设计或作设计提要的办法，一次作出施工图纸，即所谓的一段设计；而对于大型建设项目或技术较复杂且生产尚不成熟的项目以及某些援外工程，为了针对性地解决初步设计遗留下来的问题，允许在初步设计和施工图设计之间增加一段技术设计，即所谓的三段设计。技术设计是根据已批准的初步设计编制的，其目的和任务在于更详细地确定初步设计中所选定的工艺流程，确定设备的选型，制订建筑方案，将初步设计中的基建投资及经营费用概算提高为较精细的预算。因此，技术设计是对初步设计进行调整和充实，其内容通常无太大变动，只是比初步设计更为详尽一些。

1.3.2　设计内容

设计内容大体可分为以下几种类型：

（1）新建厂的设计。这种类型的设计，要求比较全面，要完成从建厂调查、厂址选择到施工图设计一整套任务。

（2）现有企业（或车间）的扩建或改建设计。这是为适应生产规模扩大或产品品种增加，以及重大的生产工艺改革等而提出的设计任务。

（3）技术措施性工程项目的设计。这是工厂由于工艺流程改革或局部采用新技术、新设备而提出的设计任务，设计工作量较少，一般由原工厂承担，经费来自工厂的技术措施费用。

由于设计的类型不同，故其程序、内容和要求也不尽相同，现着重介绍新建厂的设计。

新建厂设计是以稀土工艺专业为主体，其他有关专业（设备、土建、动力和仪表、水电及采暖通风、机修、总图运输、技术经济等）相辅助的整体设计。在设计过程中，要解决一系列未来建设和生产的问题，其中包括生产工艺，厂房建筑，原材料、燃料、水、电的供应，厂址的选择确定与交通运输，设备的制作、安装与维修，环境保护及生活福利设施等。因此，新建厂设计通常是分以下几部分来完成的。

（1）总论和技术经济部分。总论部分应简明扼要地论述主要的设计依据、重大设计方案的概述与结论、企业建设的进度和综合效果，以及问题与建议等，各专业的共同性问题如规模、厂址及原材料、燃料、水、电等的供应和产品品种也在总论部分论述。技术经济部分包括主要设计方案比较，劳动定员与劳动生产率，基建投资，流动资金，产品成本及利润，投资贷款偿还能力，企业建设效果分析及综合技术经济指标等。

（2）工艺部分。这是主体部分，包括设计依据及生产规模，原材料、燃料等的性能、成分、需要量及供应，产品品种和数量，工艺流程和指标的选择与说明，工艺过程冶金计算，主要设备的设计计算与选择，车间组成及车间设备配置和特点，厂内外运输量及要求，主要辅助设施及有关设计图纸等。

（3）总图运输部分。企业整体布置方案的比较与确定，工厂总平面布置和竖向布置，厂内外运输（运输条件、运输量和运输方式、铁路与公路的设计技术标准、车站及接轨站的决定和行车组织等），厂内道路的确定以及有关设计图纸等。

（4）工业建筑及生活福利部分。其中包括有关土壤、地质、水文、气象、地震等的资料，主要建筑物和构筑物的设计方案比较与确定，行政福利设施和职工住宅区的建设规划，主要建筑物平、剖面图，建筑一览表及建筑维修等。

（5）供电、自动控制及电讯部分主要内容如下：

1）供电包括用电负荷及等级和供配电系统的确定，主要电力设备及导线的选择，防雷设施及线路接地的确定，集中控制系统的选择，室内外电气照明及有关设外图纸等。

2）自动控制包括工厂计量和控制水平的确定，各种检测仪表和自动控制仪表的选型，控制室和仪表盘的设计以及电子计算机控制系统等。

3）电讯设施包括企业生产调度的特点及电讯种类的选择，各种电讯系统及电讯设施的确定，电讯站或生产总调度室主要设备的选择和配置，有关设计图纸等。

（6）热工和燃气设施部分。其中包括锅炉间、软水站、空压机房、炉气压缩站、重油库及泵房、厂区热力管网等的设计，应列出用户性质及消耗置一览表和供应系统及供销平衡表，各种参数的选择与说明，管道系统图、总平面图及管道敷设方法，设备选择，技术控制及安全设施的说明，锅炉房的燃料排灰说明，主要建（构）筑物的工艺配置图，设备运转技术指标等。

（7）机修部分。机修部分包括机修、管修、电修、工具修理，计器及车辆修理等，确定机修体制、任务及车间组成、主要设备的选型和配置。在可能的条件下，尽量与邻近单位共建，或交给社会筹建。

（8）给排水部分。确定水源和全厂供排水量，全厂供排水管网和供水、排水系统的设计以及污泥处理等。

（9）采暖通风，三废治理，环境保护以及化验和检查等。

（10）工程投资概算。建筑工程费用概算，设备配置及安装概算，主要工业炉费用概算，器具、工具及生产家具的购置概算，总概算及总概算书等。

上述内容是对于较完整的工程设计而言的，可根据具体要求不同而予以增减。

1.4 稀土冶金工厂设计的动向和展望

随着现代科学技术的不断发展及富矿资源的日益贫乏，稀土冶金工业面临一系列新的课题：贫矿和海底资源的开发利用，矿产资源的综合利用程度进一步提高，国际能源危机的日益加深，环境保护法规的日趋完善等，都要求所设计的冶金厂能够适应这种新的形势。

（1）由于现代科学技术的发展，材料工业对冶金生产在产量、质量、品种等方面提出了更多更高的要求，而富矿资源日益贫乏，能源危机日益加深，就要求采用高效、低耗的大型冶金设备及冶金过程的强化技术与之相适应。因此，冶金设备的大型化和冶金过程的强化是近 20 年来的主要设计动向。例如，稀土熔盐电解 10 kA 电解槽等。

（2）随着地下矿产资源的日益减少，就要求人们最大限度地综合利用矿产资源。据统计：目前世界工业发达国家重有色冶炼厂的综合利用率平均在 80% 以上，如美国冶炼厂硫的利用率为 55%～90%，日本炼铜企业硫的利用率达 90%～99%；而我国目前重点冶炼企业伴生金属的综合利用率平均只有 50%，硫的利用率平均只有 62%。因此，新设计的冶金厂，除了主要处理精矿或原矿外，还面临着从冶金废渣、废水和废气中回收有价成分、处理冶金中间产品及从海水和盐湖水中提取存用成分等任务，单纯的冶炼工艺已经不能满足要求，往往需要采用选、冶、化工等的联合流程，这就给设计和研究工作带来许多复杂的课题。

（3）节约能源、降低能耗是冶金生产一项十分突出的任务。冶金工业是能耗很大的工业部门，世界能源危机给西方国家有色金属工业冲击很大，如1982年美国铝厂开工率为60%左右，年产原铝量降至325万吨；日本1982年关闭半数以上铝厂，原铝产量只有30万吨左右。因此，各国十分重视节能，把节能看成一种特殊的能源开发。据统计，主要工业国家从1973年世界"石油危机"后，到1980年单位国民生产总值的能源消耗降低了15%左右。我国能源储量丰富，1989年原煤产量仅次于美国，但全国仍有相当大的工业生产能力因缺能源而不能发挥作用，而商品能源的利用率却较低。因此，我国制定了"实行开发与节约并重，近期把节能放在优先地位"的能源方针。冶金工厂设计必须尽可能改造现有冶炼技术，采用和推广成熟的新工艺、新设备、新技术，综合利用余热。

（4）冶金过程的控制和自动化是设计现代化有色冶金企业的重要标志，这对于冶炼工艺条件最佳化、保持生产平稳和提高各项技术经济指标等起着十分重要的作用。近20年来，随着各种检测和分析仪表的不断完善，电子计算机的发展和利用，冶金工艺设备的改进和大型化，冶金过程的控制和自动化已达到了一个新的水平。在新设计的大型冶金企业中，越来越广泛地采用数字电子计算机取代冶金厂控制室的传统控制装置，使操作过程全盘自动化和工艺条件最佳化。但是，由于电子计算机价格昂贵及其他有关原因，冶金厂全盘实现自动化受到了限制，在设计时，仍要考虑建立集中控制室（中心）的传统控制装置问题，并加强和完善现有生产各工序的计量及专用检测仪表和控制系统的配套使用，逐步扩大微型计算机在各工序的使用范围。在经济可能和合理的条件下，装备过程控制计算机，实现高级自动化。此外应逐步建立计算机经济管理系统，扩大微型机在经济、事务管理中的应用。

（5）随着冶金设备的大型化和工艺过程的机械化、自动化，各工序之间的关系更为密切，工艺变革的周期大为缩短（据统计为5年左右），由此对建筑结构的形式和要求发生了较大的变化。国外近年来工业建筑的特点是：以混凝土和钢为主材的轻质高强度制品，用高效而灵活的工业方法，建造大跨度、大柱距、大面积的合并厂房，厂房结构由封闭式改为敞开式，甚至不少车间向露天无厂房发展，在多雨地区也只采用简易厂房。这样，使钢材用量大为减少，节约用地，降低土建投资，并便于紧凑地布置生产流程，合并车间，便于扩建和改建。在车间配置中，采用机动灵活的重型移动式吊车或悬臂式吊车以代替重型桥式天车，使厂房结构大为简化。

（6）随着工业的发展，对环境保护的要求越来越高，要求有更高的卫生标准和安全标准。许多国家制定了相应的环保法规，使工业企业排放的污染物降到最低限度；否则，予以罚款，甚至令其停产。因此，近年来国外刊物常有"无污染工厂""无废或低废工艺流程"和充分利用"二次资源"的报道。

我国把环境保护定为国家的一项基本国策，并制定了相应的"三废"排放标准和有关卫生规定。例如，稀土工业污染物排放标准（GB 26451—2011）要求冶炼厂尾气中的SO_2浓度降到500 mg/m³以下，氟化物分解提取降到9 mg/m³，金属及合金制取降到7 mg/m³，稀土硅铁合金不超过7 mg/m³等。因此，稀土冶金工厂设计必须充分考虑"三废"处理、废物利用、综合治理等工程的设计。

生产工艺流程的选择与设计

2.1 稀土冶金工厂的规模

目前，世界上工业发达国家大都以企业主要产品的综合生产能力作为衡量企业规模的标准。

企业规模有大、中、小型之分。一般说来，大型企业可以采用现代化的高效率设备和装置，广泛应用最新科学技术成就；便于开展科学研究工作，担负各种高级、精密、大型和尖端产品的生产，解决国民经济中的关键问题；有利于"三废"处理及综合利用，防止污染，保护环境；便于专业化协作等。大型企业能减少单位产品的基建投资，降低消耗和成本，取得较大的经济效益。因此，凡是产量大、产品品种单一、生产过程连续性强、产量比较稳定的工业，如稀土冶金、石油化工、火力发电、水泥工业等都比较适合于大规模生产。

但是，大生产的经济效果并不是在任何部门、任何条件下都好，对于品种多、生产批量小且变化大的产品，往往在中、小型企业里生产更为经济合理。因中、小型企业在生产、技术、经济等各方面有许多大型企业所缺少的优点，即：一次基建投资少，建设时间短，投资效果发挥快；建设所需的技术设备、技术力量和建筑安装力量比较容易解决，有利于调动各方面办工业的积极性；布点可以分散，就地加工，就地销售，节约运输，利于各地区特别是边远和少数民族地区的经济发展，改善工业布局；生产比较灵活，设备易于调运与更换，能更好地按需要组织生产，为大企业协作配套服务，为满足多种多样的需要服务，利于利用分散的资源、人力、物力，解决就业问题等。因此，工业企业规模结构的发展趋势仍然是：一方面，大企业产量在该部门总产量中的比重日益增加，企业的平均规模日益扩大；另一方面，在大企业的周围，又有大量的中、小企业并存。

目前，我国中、小型企业的产值约占总产值的75%，它们是一支不可忽视的产业大军。在稀土冶金工业中，中、小型企业也占有相当大的比例，在国民经济中发挥了十分重要的作用。但是，大多数中、小型企业目前还存在管理水平低、技术力量较为薄弱，设备陈旧，专业化水平不高，消耗大，成本高等问题，有待进一步整顿与改造。

划分大、中、小型企业的标准，依其生产技术经济特点、产品品种及生产技术发展水平的不同而不同，并会不断变化。例如，我国曾经把年产5万吨化肥的工厂划为大型企业，而现在要年产30万吨化肥者才算大型企业；又如，有的国家把年产钢500万吨以上的钢铁企业划为大型企业，而我国则把年产钢100万吨以上的企业划为大型企业。

确定企业的最优规模是一个比较复杂的课题，一方面受企业内部因素的影响，如生产技术、生产组织和管理水平等，这些因素影响着生产效率和产品成本；另一方面受企业外部因素的影响，如市场需求、原材料及水电的供应、运输条件等，这些因素影响产品的销售费用和运输成本，在确定最优规模时，要对各种因素和条件进行分析对比，作出最优方案的选择。

最优生产规模，就是成本最低、效益最高时的生产规模。选择这种规模，是以采用先进技术设备和先进工艺，充分发挥生产潜力为基础的。如果对产品需求量很大，超过了各厂的生产能力，就应按最优规模安排几个厂点；有的产品需要量小，或者虽然需求量大，但供应距离太远，运输费用高，则应相对缩小规模。

要合理确定企业规模，除探索完善的科学计算方法外，还必须对现有企业的规模进行调查研究和分析，总结国内外确定企业规模的经验，从实践中找出企业的最优规模。

根据稀土冶金生产的特点，在确定稀土冶金厂的规模时，应充分考虑以下问题：

（1）市场供需条件，矿产资源及主要原材料、水、电等的供应，技术及资金条件。

（2）中小型稀土冶金厂一般可一次建成投产，大型稀土冶金厂可考虑分期分批建设，分系列建成投产，在短期内形成生产能力。

（3）稀土冶金厂一般具有高温、高压、有毒的特点，在确定规模时，要充分考虑环保要求。

2.2　生产工艺流程选择的原则及影响因素

2.2.1　生产工艺流程选择的重要性

生产工艺流程是将原料处理成产品经过的程序，一切产品的生产均需按一定的生产工艺流程进行。由于稀土金属矿物原料组成复杂，又难以从中直接提炼出金属，并且稀土金属产品的纯度要求又很高，所以稀土冶金过程一般都要经过许多中间产品。对不同的矿料和不同的金属来说，其处理工艺流程有的比较单一，有的却相当复杂。就宏观而论，稀土冶金的工艺流程比钢铁稀土冶金的工艺流程要复杂些，贵金属的工艺流程比贱金属的工艺流程要复杂些。对某一具体的金属冶炼方法而言，其可采用的工艺流程往往有多种方案。所以，稀土冶金工艺流程的选择实际上是稀土冶金提取方法和提取工艺路线的选择。精矿处理以富集有价金属成分并转化为易还原成金属的化合物，中间化合物的分离、提纯，还原成金属，制取致密金属与高纯金属。而每一阶段又可分为若干工序，并可能采用不同的工艺方法和选用不同的设备。同时，生产过程中"三废"处理任务也较重。因此，生产工艺流程的选择是非常重要的。它一方面标志着设备的水平；另一方面在很大程度上决定着工厂投产后生产效果与合理性，决定着产品的质量、数量和成本。

针对拟建工厂使用某矿区（一个或多个）所产金属精矿的化学成分、矿物组成、物理化学特性及当地的具体条件（如，电、能源、交通等），可能采用的不同工艺流程及设备进行分析、对比、论证、判断，从中筛选出最先进、合理的工艺流程与设备加以采用，即称之为工艺流程的选择与论证。

一个工程项目，无论是新建一个工厂、一个车间，还是对现有工厂的工艺流程进行技术改造或进行扩建，都要花费大量的资金，耗费大量的人力与物力。因此，工艺决策是一件非常严肃认真的工作。

工艺流程的选择与论证是一项综合性的技术经济工作，也是工业项目可行性研究的主要内容之一。所选的工艺流程是否合理，直接关系到工厂、车间的基建投资、开工投产日期、生产中各项技术经济指标、生产成本、经济效益及工厂的前途命运。因此，所选的工艺流程应力求技术上先进，生产上稳定可靠，有竞争力，经济上合理，环境保护好；最大限度地提高金属回收率、劳动生产率和设备利用率，缩短生产过程，降低投资和生产成本。"三废"排放必须符合国家标准，提高机械化、自动化程度；关心劳动者健康，使劳动者有一个良好的工作环境；对市场进行周密的调查，对产品前景进行预测，以确保产品在相当的一段时期内符合市场的供需要求。搞好环境保护，维护生态平衡，造福于子孙万代。

2.2.2　工艺流程选择的基本原则

稀土冶金工艺流程的选择除了考虑原料组成、有价成分的种类和含量及其他物理化学性质外，还需考虑现时的技术水平、经济效果及环保规定等。所以在制定稀土冶金工艺流程时，必须坚持下列基本原则：

（1）可靠、高效和低耗是确定工艺流程的根本原则。在保证同等效益的前提下，选择的流程应力求简化。

（2）工艺流程对原料应有较强的适应性，能处理成分变动和理化性能变化的各种原料，也能适应产品品种的变化。

（3）设计的稀土冶金工艺流程应杜绝造成公害，能有效地进行"三废"治理，综合回收原料中的有价元素，环境保护符合国家要求。

（4）工艺流程设计在确保产品符合国家和市场需求的前提下，应尽可能采用现代化的先进技术，提高技术含量，减轻劳动强度，改善管理水平，以获得最优的金属回收率、设备利用率和劳动生产率。

（5）投资省，建设快，占地少，见效快，利润高，社会效益和经济效益大。

2.2.3　影响工艺流程选择的主要因素

在工艺设计时可能存在两种以上的方案。所以，稀土冶金工艺流程在择优选择过程中应综合考虑下列因素：

（1）矿料性质和特点。矿料性质和特点包括矿料的化学组成、理化性质和物相组成等，工艺流程的选择首先要考虑的就是矿料的性质和特点。如果两种矿料都是同一种金属矿，但它们的性质和特点不同，则必须选择两种不同的工艺流程加以处理。

（2）产品方案及产品质量指标。研究产品方案时，首先要做好国内外市场的预测和产品销售情况的调查研究工作，然后根据国家和市场的需要以及技术可能和经济合理原则，确定建设项目投产方案。

产品方案是选择生产工艺流程和技术装备的依据。但是有时却相反，即根据可供选择的先进生产工艺和技术装备来确定产品方案。

产品质量要符合市场的要求，产品质量应按下列方法表示：

1）说明产品是采用国内标准还是国际标准，标准采用什么具体代号；

2）说明产品是什么样的质量水平，是国际先进水平还是国内先进水平等；

3）说明产品的等级率和成品率，如优等品、一等品、合格品的比率各是多少，或产品总的成品率能达到多少。

在实际生产过程中，要完全达到上述产品质量指标有时是比较困难的，此时可以其中的某一项为主来表示产品质量的情况，但是其余各项也应有所体现。

（3）均衡生产。均衡生产是指产品生产在相等时间内，其数量上基本相等或稳定递增。均衡生产要求每一道工序均衡协调，在大型联合企业中要求每个分厂之间均衡协调，例如，钢铁联合企业有采矿、选矿、烧结、炼铁、炼钢、轧钢等分厂，各分厂的协调极为重要。炼铁厂产出的铁水在炼钢厂暂时不能入炉，炼钢厂产出的钢坯不能及时送往轧钢厂，类似问题都会造成大量能源的浪费甚至停产。分厂内部工艺之间也应协调一致，如炼钢工序炼出的钢必须马上浇铸，若铸钢工序没有准备好，则势必造成炼钢工序的停产。所以必须从总体角度来分析整个工艺流程是否合理、是否协调，最大限度地保证全部生产过程均衡生产，以便对其进行科学的管理和监督。

（4）节约能源和资源。在不影响产品结构、性能和使用寿命的前提下，应尽量简化生产流程，减少运输，形成完整的生产线。在一个企业内可考虑多层次、多品种、多方位的加工或生产。生产流程的简化是节约能源的有效方法，生产的自动化控制和新技术应用对稀土冶金企业的发展具有十分重要的意义。

稀土冶金企业消耗的原材料（如金属矿料、熔剂等）和燃料动力能耗（如煤、石油、煤气、焦炭等）都是一次资源，在地壳的储存量是有限的，因此要节约使用，避免浪费。

金属原矿的金属含量一般都比较低，如铜矿的开采品位为 $w(Cu)=0.2\%\sim0.5\%$、锡矿为 $w(Sn)=0.15\%\sim0.7\%$、镍矿为 $w(Ni)=0.2\%\sim1\%$；贵金属矿的开采品位更低，每吨矿中金属含量只有零点几克到十几克；稀有金属矿的开采品位除个别者外，有的每吨矿中金属含量仅为零点零几克到几克。所以，金属总回收率成为评价工艺流程好坏的重要标志，也是资源利用合理与否的重要标志。

（5）加工对象。选择稀土冶金工艺流程时，应考虑加工对象的不同和产品要求等因素。在条件允许的情况下，应选择兼顾加工产品不同要求的工艺。炼钢既要有一定的模铸工艺来满足用户对产品的特殊要求，也要有连铸工艺以满足提高劳动生产率和钢材成材率的要求；铝厂既应产出铝锭，也应考虑原铝的深度加工，产出铝型材、铝线材、铝制品等，以提高企业的经济效益。此外，工艺流程的选择也受到加工对象类型和生产能力大小的影响。一般来说，自动化程度高的生产工艺适合大型稀土冶金工厂采用，而中小型稀土冶金工厂采用自动化程度高的生产工艺就未必有最佳效益。

（6）基建投资费用和经营管理费用。工艺流程的选择应以投资费用省、经营管理费用低为目标，但是两者兼顾却不易做到，应全面衡量、进行比较，然后做出决定。当建厂方案有两种以上的工艺流程供选择时，有的方案投资费用虽高，但经营管理费用却较低；有的方案投资费用虽低，但经营管理费用却太高。此时，必须在全面衡量的基础上做出决策。

（7）环境效应。一个稀土冶金建设项目，特别是大型稀土冶金项目，总会或多或少地对环境产生有益或有害的、大范围或小范围的一定影响。项目对环境的有益影响，如开拓市场、促进新区开发、改善交通条件、扩散科学技术、沟通信息和知识、扩大就业机会、提高当地居民的文化水平和生活水平等。近些年来，攀枝花市、金川市、白银市等新兴工业城市的蓬勃发展正说明了这一点。然而，项目也可能给环境带来有害的一面，如对空气和水土的污染、噪声的干扰以及对人畜健康的危害等。这些影响绝大多数是不能商品化的，无市场价格可循，有些甚至是无形的和不可定量的。不管怎样，其中较大的影响在选择稀土冶金工艺流程时必须慎重考虑。

（8）产品的市场对销。市场需求是千变万化的，所以选择的工艺流程和产出的产品品种在可能的情况下最好能灵活些，适应性要强些。应根据市场的需要，产出不同牌号的产品，并且对产品的升级换代能及时做出相应的调整和改变，要有应变能力。

（9）环境保护和综合利用。环境保护与综合利用是互相关联的，环境保护工作始终是工业建设的大政方针，搞好综合利用、提高综合效益包括纵向和横向两个方面。纵向是指资源的多层次利用、深度开发，如铜稀土冶金企业不仅能产出合格的铜产品，而且能综合回收金、银、硒、碲等贵重金属，烟气中的二氧化硫可回收生产元素硫或硫酸，废渣可用作建筑材料或其他材料，废水能净化循环使用。横向是指资源的合理利用，如稀土冶金炉的水套水和烟道水套水，由单纯的冷却功能转变为汽化冷却产出蒸汽功能；余热锅炉既能冷却烟气，又能产生蒸汽发电。由此可见，稀土冶金企业资源的综合利用使有价元素得以回收，变废为宝；同时也消减了这些元素（绝大多数是对环境有害的元素）对环境的排放，还人类一个清洁美丽的大自然。

工业废气对气象和气候的影响是不容忽视的。稀土冶金工业的废气中除含有飘尘外，主要是二氧化硫（SO_2）和二氧化碳（CO_2）。空气中 SO_2 含量增大会出现酸雨，CO_2 含量增大会引起温室效应。据报道，工业革命以前，CO_2 的排放量等于其固化吸收量，因而大气中 CO_2 含量稳定。1750~1959 年大气中 CO_2 含量由 0.028% 升高到 0.0316%，209 年间增加了 13%；1959~1993 年升高到 0.0357%，34 年间增加了 14%；1993~2013 年又升高到 0.04%，20 年间增加了 12%。大气中 CO_2 含量升高，气温也升高，冰山融化，海平面上升，问题是非常严重的。

总之，影响稀土冶金工艺流程选择的因素很多。在设计过程中应进行深入细致的调查研究，掌握确切的数据和资料，抓住对工艺流程选择起主导作用的因素，进行技术经济比较，确定最佳的工艺流程。

2.3 工艺流程方案的技术经济比较

在稀土冶金厂设计过程中，必须坚持多种方案的技术经济比较，才能选择出符合客观实际、技术上先进、经济上合理、能获得较好经济效益的方案。

设计方案可分为两种类型：一种是总体方案，一种是局部方案。总体方案涉及的问题一般是全局性或基本性的问题，例如稀土冶金厂是否要建设、企业的规划和发展方向、企业的专业化与协作及冶炼方法的确定、厂址选择、产品品种及数量的确定等，这些都是稀土冶金厂设计的根本性的问题，一般在设计任务书下达前确定，相当于技术经济可行性研究。局部方案是指在初步设计过程中对某些局部问题所提出的不同设计方案，例如工艺流程方案、设备方案、设备配置方案等。总体方案通常由技术经济专业通过扩大指标或估算指标的计算与比较来完成，局部方案则一般由工艺专业完成，但对于一些中、小型厂的设计，工艺专业人员往往要承担全部设计方案的技术经济比较，只是依据要求不同，其深度和广度有别罢了。

　　各种设计方案技术经济比较的程序和方法基本相同，下面主要结合工艺流程方案的技术经济比较进行讨论。

2.3.1　方案比较的步骤

　　方案比较有以下步骤：

　　（1）提出方案。坚持多方案比较，杜绝未经任何分析说明的单一方案，提出的方案应该技术上先进、工艺上成熟、生产上可靠，技术基础资料准备充分，选用的设备、材料符合国情。

　　（2）对提出的方案进行技术经济计算。

　　（3）根据计算结果，评价和筛选出最佳方案。

2.3.2　方案的技术经济计算内容

　　方案的技术经济计算有以下内容：

　　（1）根据工业试验结果或类似工厂正常生产期间的有关年度平均先进指标并参考有关文献资料，确定所选工艺流程方案的主要技术经济指标和原材料、燃料、水、电、劳动力等的单位消耗定额。

　　（2）概略算出各方案的建筑及安装工程量，并用概略指标计算出每个方案的投资总额。

　　（3）根据单位消耗定额确定稀土冶金厂每年所需的主要原材料、燃料、水、电、劳动力等的数量，再计算出产品的生产费用或生产成本。

　　（4）根据产品的市场价格，求出未来企业的总产值，由总产值和生产成本计算出企业年利润总额，再由投资总额和年利润总额计算出投资回收期。

　　（5）列出各方案的主要技术经济指标及经济参数一览表（见表2-1），以便对照比较。

表 2-1　工艺流程方案主要经济技术指标及经济参数一览表

项　　目	单位	方　案		
		1	2	3
（1）处理量或年产金属量	t/a			
（2）主要生产设备及辅助设备情况（规格、主要尺寸、数量、来源）				
（3）厂房建筑情况				
1）全厂占地面积	m²			
2）厂房建筑面积	m²			
3）厂房建筑系数	%			
（4）主金属及有价元素的总回收率	%			
（5）主要原材料消耗情况	t/a			
（6）能源消耗情况（燃料、水、电、蒸汽、压缩空气、富氧等）	t/a 或 m³/a			

项　目	单位	方案		
		1	2	3
（7）环境保护情况				
（8）劳动定员	人			
（9）基建投资费用	万元			
1）建筑部分投资	万元			
2）设备部分投资	万元			
3）辅助设施投资	万元			
（10）技术经济核算				
1）主要技术经济指标				
2）年生产成本	万元/年			
3）企业总产值	万元/年			
4）企业年利润总额	万元/年			
5）投资回收期	年			
6）投资效果系数	%			
（11）其他				

在计算过程中，需按每个方案逐项进行计算；分期建设的项目，设计方案的投资和生产费用应按期分别计算；对于比较复杂或影响方案取舍的重要指标，应进行较详细的计算。

2.3.3　方案比较的注意事项

鉴于工艺流程方案比较的重要性，在实际工作中应该注意以下几点：

（1）防止以"长官意志"拍板定案来代替科学的技术研究，也不能以某一"技术权威"的观点作为方案抉择的唯一依据。特别是大项目的兴建，更需细致、客观地进行技术研究和论证。

（2）由于参建人员来自不同的地区和部门，不可避免地具有一定程度的局限性和倾向性，或者过于强调本专业的重要性，而对其他部门和全局情况考虑得不够全面，致使方案比较也产生或多或少的局限性和倾向性。因此必须强调，不仅应在微观上使某一局部或某一环节的工艺设计和技术方案更加完善合理，而且需从全局的角度通盘考虑、综合平衡，在比较中确定最优方案。

（3）中小型稀土冶金企业的兴建项目在流程方案的技术研究和比较中，更应根据社会主义市场经济的需要，对能带动一方经济腾飞的稀土冶金项目力求技术容易掌握，且能注意到其先进性和发展性，并与周围的工业环境和社会环境相衔接，严禁"掠夺性"的中小型稀土冶金企业投建生产。

（4）随着我国经济与世界经济的逐步接轨，工业产权问题越来越突出。在一种需要技术已享有专利权或注册商标的情况下，必须从其拥有者取得工业产权，应当对所需工艺技术的特定专利权的有效范围和期限进行调查。

2.3.4 方案比较的定量分析法

工艺流程方案或其他设计方案的技术经济分析，有定性分析法和定量分析法两种，两者是互为补充和相互结合使用的。定性分析法一般是根据经验积累及可能的客观实验对方案进行主观分析判断后，用文字将分析结果描述出来；而定量分析法则要进行具体的技术经济计算，把计算结果用数值或图表表达出来，并加以分析研究，确定最佳方案。因此，定量分析法比定性分析法更具有说服力，在工程建设中越来越广泛地采用。

2.3.4.1 比较方案使用价值等同化

在进行方案比较时，一般要先把不同方案的使用价值等同化才能进行比较，使用价值等同化的主要指标有产量、质量、品种及时间等指标。

A   产量不同的可比性

若两个比较方案的净产量不同，则要先把各方案的投资和经营费用的绝对值换算成相对值，即转化为单位产品投资额和单位产品经营费用，再进行比较。

B   质量不同的可比性

产品质量应符合国家规定的质量标准。如有 A、B 两个比较方案，方案 A 的产品质量符合国家标准，而方案 B 的产品质量超过国家规定的标准，并对方案 B 的技术经济效果有显著影响，则应对方案 B 的投资和经营费用进行调整，然后再与方案 A 比较。调整时，可用使用效果系数 a 进行修正：

$$a = 产品改进后的使用效果 / 产品改进前的使用效果 \qquad (2\text{-}1)$$

产品的使用效果指标依产品不同而异，如使用寿命、可靠性、理化性能等。

调整后的经营费用

$$C_a = C \times \frac{1}{a}$$

调整后的基建投资费

$$K_a = K \times \frac{1}{a}$$

式中 C——调整前的经营费；

K——调整前的投资费。

品种不同的调整方法与上述基本相同，使用效果可用材料的节约和工资（或工时）的节约等来表示。

C   时间因素的可比性

由于投资的时间不同和每次投资额的不同，最后的投资总额会有较大的差别，在比较不同方案的投资总额时，应把投资总额折算成同一时间的货币价值，方可比较。

例如，某项工程需三年建成，若一次性投资为 30 万元，年利率为 10%，则三年后的投资总额应为：

$$S = P_1 (1 + i)^n = 30 \times (1 + 0.1)^3 = 39.93 \ 万元$$

假如把 30 万元分成 5 万元、10 万元、15 万元，并在第一、二、三年分别投入使用，则三年后的投资总额为：

$$S = P_1 (1 + i)^n + P_2 (1 + i)^{n-1} + P_3 (1 + i)^{n-2}$$
$$= 5 \times (1 + 0.1)^3 + 10 \times (1 + 0.1)^2 + 15 \times (1 + 0.1)^1$$
$$= 35.255 \text{ 万元}$$

两者的投资差额为：39.93 - 35.255 = 4.675 万元

可见，由于投资的安排时间与方式不同，总投资额也不同，现金就没有可比性，必须把现金都换算成未来值才有可比的基础。如上述两种投资方案，前者比后者需多付本利 4.675 万元，说明后者的投资安排比前者好。

当然也可以换算成现值来比较，即三年后的投资相当于现在的资金是多少，用节约投资额来比较。仍以上例说明，前者投资现值为 30 万元，而后者折算见表 2-2。

表 2-2 按换算成现值比较

项　　目	换算成第三年未来值	折算成现值
第一年初的投资额 5 万元	$5 \times (1 + 0.1)^3 = 6.655$ 万元	$6.655 \times (1 + 0.1)^{-3} = 5$ 万元
第二年初的投资额 10 万元	$10 \times (1 + 0.1)^2 = 12.1$ 万元	$12.1 \times (1 + 0.1)^{-2} = 9.1$ 万元
第三年初的投资额 15 万元	$15 \times (1 + 0.1)^1 = 16.5$ 万元	$16.5 \times (1 + 0.1)^{-1} = 12.4$ 万元
合　　计	35.255 万元	26.5 万元

两方案投资的现值差额为 30 - 26.5 = 3.5 万元，即后者比前者节约 3.5 万元。若把它换算成三年后的未来值，则 $3.5 \times (1 + 0.1)^3 = 4.67$ 万元，结果一致。

2.3.4.2 不同方案经营费用比较

经营费用包括原材料、燃料、水、动力等的消耗费用、工资费用，基本折旧及大修理费用，车间经费及企业管理费等。比较各方案的经营费用时，不一定要计算每个方案的全部经营费用，只需计算各比较方案有差别的项目即可。令 ΔC 为两个比较方案经营费用的总差额，ΔC_j 为经营费用中某项费用的差额，n 为两比较方案经营费用中互不相同的费用项目，则两比较方案的经营费用差额可用下式表示：

$$\Delta C = \sum_{j=1}^{n} \Delta C_j \tag{2-2}$$

2.3.4.3 不同方案投资额的比较

比较各方案的投资额时，除计算本方案的直接投资外，还应计算与方案投资项目直接有关的其他相关投资。比较时，也不一定计算每个方案的全部投资项，只计算有差别的项目即可。令 ΔK 为投资总差额，ΔK_j 为某个构成项目的投资差额，n 为各方案投资额不相同的构成项目，则同样有：

$$\Delta K = \sum_{j=1}^{n} \Delta K_j \tag{2-3}$$

2.3.4.4 计算不同方案的投资回收期

A 年产量（净产量）相同

当两个比较方案的年产量 Q（净产量）相同时，分以下两种情况。

第一种情况是：方案 1 的投资 K_1 大于方案 2 的投资 K_2，方案 1 的成本 C_1 大于方案 2 成本 C_2，即投资越大成本越高，显然方案 2 比方案 1 为好（投资小的方案好）。

第二种情况是：$K_1 < K_2$，$C_1 > C_2$，即投资小的成本高，投资大的成本低，根据追加投资回收期 τ_0 的计算公式求得：

$$\tau_0 = \frac{K_2 - K_1}{C_1 - C_2} = \frac{\Delta K}{\Delta C} \tag{2-4}$$

式中　　τ_0——全部追加投资从成本节约额中收回的年限。

当 τ_0 计算值小于国家或部门规定的标准投资回收期（τ_n）时（我国稀土冶金工业系统过去在设计中常采用 5~6 年作为标准投资回收期），表明投资大的方案 2 是比较好的；反之，则投资小的方案为好。同样，由于投资回收期的倒数是投资效果系数，若计算出来的投资效果系数大于国家规定的标准值，则投资大的方案好；反之，则投资小的方案好。

B　年产量不同

当两个比较方案的年产量 Q 不同时，即 $Q_1 \neq Q_2$ 时，若方案 1 的单位产品成本 $\frac{C_1}{Q_1}$ 大于方案 2 的单位产品成本 $\frac{C_2}{Q_2}$，方案 1 的单位产品投资 $\frac{K_1}{Q_1}$ 大于方案 2 的单位产品投资 $\frac{K_2}{Q_2}$，则方案 2 肯定比方案 1 为好；但若 $\frac{C_1}{Q_1} > \frac{C_2}{Q_2}$，$\frac{K_1}{Q_1} < \frac{K_2}{Q_2}$ 时，则有：

$$\tau_0 = \frac{\dfrac{K_2}{Q_2} - \dfrac{K_1}{Q_1}}{\dfrac{C_1}{Q_1} - \dfrac{C_2}{Q_2}} \tag{2-5}$$

当 $\tau_0 > \tau_n$ 时，方案 1 为优；当 $\tau_0 < \tau_n$ 时，方案 2 为优。

2.3.4.5　多方案比较

若有两个以上的比较方案时，按各可行方案的经营费用大小的次序（或投资大小的次序）由小到大依次排列，把经营费用小（或投资小）的方案排在前面，然后用计算追加投资回收期（或投资效果系数）的方法进行一个个地淘汰，最后得出最佳方案。

例如：设 K 为投资额，C 为经营费用。

方案 1：$K_1 = 1000$ 万元，$C_1 = 1200$ 万元

方案 2：$K_2 = 1100$ 万元，$C_2 = 1150$ 万元

方案 3：$K_3 = 1400$ 万元，$C_3 = 1050$ 万元

标准回收期 $\tau_n = 5$ 年，试选出最优方案。

解： 第一步，方案 3 与方案 2 比较：

$$\tau_0 = \frac{K_3 - K_2}{C_2 - C_3} = \frac{1400 - 1100}{1150 - 1050} = 3 \text{ 年}$$

由于 3 年<5 年，故取第 3 方案。

第二步，方案 3 与方案 1 比较：

$$\tau_0 = \frac{K_3 - K_1}{C_1 - C_3} = \frac{1400 - 1000}{1200 - 1050} = 2.67 \text{ 年}$$

由于 2.67 年<5 年，所以取方案 3。

因此，淘汰方案 1 与方案 2，取方案 3 为优。

由于这种比较步骤较为麻烦，方案多时容易出错，为简化起见，可采用"年计算费用法"（最小费用总额法）来选择最合理的方案：

令方案 i 的总投资额为 K_i，年经营成本费用为 C_i，标准回收期为 T_n，则在标准偿还年限内方案 i 的总费用 Z_i 为：

$$Z_i = K_i + T_n C_i \tag{2-6}$$

因此，总费用最小的方案即为最佳方案。

若将式（2-6）除以标准回收期 T_n，令 $T_n = \dfrac{1}{E_n}$，则得：

$$y_i = C_i + E_n K_i \tag{2-7}$$

式中　　y_i ——方案 i 的年计算费用；

　　　　C_i ——方案 i 的年经营费用；

$E_n K_i$ ——方案 i 由于占用了资金 K_i 而未能发挥相应的生产效益所引起的每年损失费。

同样，年计算费用 y_i 最小的方案为最佳方案。

在进行设计方案的技术经济比较时，除了计算与本方案直接相关的投资外，还应从国民经济角度出发，计算对设计方案影响重大、关系密切的相关部门的投资与效果，如稀土冶金矿山的建设、有关大型电站的建设等。在处理多金属矿物原料时，还要进行主、副产品投资和成本分摊的计算。

在上述比较方法中，所考虑的只是投资额、产品成本和产品价值等经济指标，由于这些经济指标不可能把所有影响方案选择的因素都包括进去，而且在概略计算时，某些条件对这些指标的影响不可能估计得准确，故方案的技术经济计算有时并不足以最后解决方案选择的问题，还需考虑其他一些影响稀土冶金厂建设和生产的条件，如建筑和安装的复杂程度、完工期限、工作安全程度、卫生条件、环境保护等，有时这些条件对最终方案的选择起着决定性作用。

因此，选择最终方案的总原则是：在保证满足国家需要的条件下，经济效果是决定设计方案的主要依据，同时也应考虑其他因素。当几个方案的经济效果相差很大时，应首先选择最经济的方案；如果几个方案的经济效果相差不大，而其他条件的差异较大时，则应选择其中条件较好的方案。

2.4　工艺流程的设计方法

工艺流程方案确定后，就要进行工艺流程的设计。

工艺流程设计的主要任务，一是确定生产流程中各个生产过程的具体内容、顺序和组合方式；二是绘制工艺流程图，即以图解的形式表示出整个生产过程的全貌，包括物料的成分、流向及变化等。

工艺流程设计的步骤和方法如下：

（1）确定生产线数目，这是流程设计的第一步。若产品品种牌号多，换产次数多，可考虑采用几条生产线同时生产，这在湿法稀土冶金厂和化工厂的设计中较为常见。

（2）确定主要生产过程。一般是以主体反应过程作为主要生产过程的核心加以研究，然后再逐个建立与之相关的生产过程，逐步勾画出流程全貌。

（3）考虑物料及能量的充分利用包括以下几个方面：

1）要尽量提高原料的转化率，如采用先进技术、有效的设备、合理的单元操作、适宜的工艺技术条件等。对未转化物料应设法回收，以提高总回收率。

2）应尽量进行"三废"治理工程的设计。

3）要认真进行余热利用的设计，改进传热方式，提高设备的传热效率，最大限度地节约能源。

4）尽量采用物料自流，应注意设备位置的相对高低，充分利用位能输送物料；充分利用静压能进料，如高压物料进入低压设备，减压设备利用真空自动抽进物料等。

（4）合理设计各个单元过程，包括每一单元的流程方案、设备型式、单元操作及设备的安排顺序等。

（5）工艺流程的完善与简化。整个流程确定后，要全面检查和分析各个过程的连接方式和操作手段，增添必要的预防设备，增补遗漏的管线、阀门、采样、排空、连通等设施，尽量简化流程管线，减少物料循环量等。

2.5　工艺流程图的绘制与说明

生产工艺流程图系按生产工序的进程顺序绘制成的示意图。由此可以看出，原料在生产过程中处理的程序、投入各工序的物料与试剂的种类、中间产品、产品、副产品以及废渣、废液和废气等。

（1）工艺流程图的内容与绘制方法如下：

1）工艺流程图包括从原料（或中间产品）到产品的全部流程中各工序名称和互相连接关系。有时，为便于简化稀土冶金计算，根据工艺流程和产品要求，可将流程中的有关工序，加以合并划分，其划分原则如下：

① 生产中的主要过程，即有化学反应者可单独划为一个工序，如焙烧、浸出、氯化、还原等过程可各自划为一个工序；

② 生产操作过程关系密切的有关工序，可合并为一个工序，如配料和混料、化学沉淀和过滤以及洗涤等过程，可分别合并为一个工序。

由于生产工艺流程涉及的问题比较复杂，因而工序的划分，应结合具体情况划分。

2）写明每个工序投入与产出的各种物料名称。

3）流程图以矩形方框表示过程的工序，以横线表示各工序的主要产物，用实线表示相互间的连接，并用箭头表示物料流向。

4）流程图在形式上应明显地表示出主要过程、原料、试剂、产品及副产品等区别。

5）流程图应完整地表示出生产过程的各个工序。若原料组成复杂而导致若干分流程出现时（如由稀土精矿生产稀土化合物的流程），则可按各产品要求分别绘制出各分流图，而在总流程图中只表示各分流程的原则流程，但各分流程的共同工序则需详细绘出。

6）在各工序的侧面可注明工序的技术条件、所用设备规格以及经过物料平衡计算后进出物料、所需试剂量以及其中的有价成分的定量数值。

（2）生产工艺流程图的说明。当生产工艺流程确定之后，除用流程图表示外，还要用文字进行说明。通常是按工艺流程顺序，逐个工序进行，其内容如下：

1）简要说明各工序的生产技术条件、操作方法及注意事项；

2）说明各工序的反应原理、方程式；

3）对各工序所用设备进行简要说明；

4）说明生产过程中原料、中间产品、副产品、产品的化学组成及特性；

5）对生产过程采用的新技术、新设备以及提高回收率的主要措施作详细说明。

工艺流程是从原料到产品的整个生产过程，用图形的形式描述生产流程称为工艺流程图。工艺流程图按作用和内容不同，有工艺流程简图、设备连接图和施工流程图三种形式。

2.5.1　工艺流程简图

工艺流程简图也可直接称为工艺流程图。硫酸高温焙烧-萃取法处理混合型稀土精矿流程图，如图 2-1 所示。该图由文字、方格、直线和箭头构成，表示从原料到产品的整个生产过程中，原料、辅助材料、燃料、添加剂、水、空气、氧气、中间产品、成品、"三废"物质等的名称、走向以及引起物料发生物理化学变化的稀土冶金工序名称，有时也标注出其重要的工艺参数。

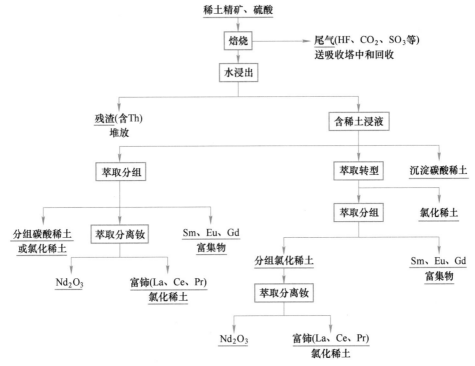

图 2-1　硫酸高温焙烧-萃取法处理混合型稀土精矿流程图

如果工艺流程中有备用方案，即可能延伸某种生产工序或外加某种工序时，则此工序及其后续工序和物料等的工序名称外框线、物料名称下方线以及流程线等都用虚线表示。

2.5.2 设备连接图

设备连接图是将工艺流程中的设备和物料用流程线连接成为一体的图形。图中画出的设备和物料大致与实物相似，如图 2-2 所示。

设备连接图具有下列特点：

（1）图中表示设备或物料的图形只是原物的形象化。对每一个图形来说，其结构轮廓和比例尺寸与原物大致相似。但各个图形的绘制可以是不同的比例尺寸，只要设备连接图内的各种图形协调相称即可。

（2）在通常情况下，流程中的设备和物料都按先后顺序由左至右、由上至下排列，无须考虑这些设备和物料在实际中所处的位置和标高。但是，有时为了保持整个设备连接图的清晰，也可不按由左至右、由上至下的顺序排列。

（3）各个图形之间应有适当的距离以便布置流程线，避免图中的流程线过多地时疏时密。

（4）流程线的始端连接图形物料的出口，末端箭头指向图形物料的入口，与物料流的方向和位置吻合。流程线除绘出物流方向外，交叉时绘线段同样在交叉处断开或以半圆形线段表示避开；流程线段过长或交叉过多时，也可在线段的始端和末端用文字标明物料的来向和去向。

（5）工艺流程中在不同工序采用规格相同的设备时，应按工序的顺序分别绘制；在同一工序使用多台规格相同的设备时，只绘一个图形，如用途不同则应按用途分别绘制；同一张图纸上相同设备的图形大小和形状应相同。

（6）设备连接图一般不列设备表或明细表。物料名称可在图形旁标注。设备名称、规格和数量也是在设备图形旁标注，如 $\phi 800$ mm 离心机 3 台标为 $\dfrac{离心机\text{-}3}{\phi 800\ mm}$。外专业设备和构筑物用其名称、数量和专业名称标示，如矿仓 2 座标为 $\dfrac{矿仓\text{-}2}{土建专业}$，余热锅炉 1 座标为 $\dfrac{余热锅炉\text{-}1}{热工专业}$。

（7）有时在设备连接图上标写设备和物料的名称显得过乱，特别对比较复杂的设备连接图更是如此。为使图面比较清晰，可将图中的设备和物料编号，并在图纸下方或显著位置按编号顺序集中列出设备和物料的名称。

（8）为了给工艺方案讨论和施工流程图设计提供更详细的资料，常将工艺流程中关键的技术条件和操作条件（如温度、压力、流量、液面、时间、组成等）标写在图形的相关部位上，测量控制温度、压力、流量、液面等的测点也在设备连接图上标出。

2.5.3 流程图常用符号

表 2-3 为流程图常用管道符号，表 2-4 为流程图常用设备符号，两个表中的代号和符号是按照所示物件的性质或形象描绘的。这些代号和符号目前尚未完全统一，所以在使用时通常用图例列出，并用文字加以注明。

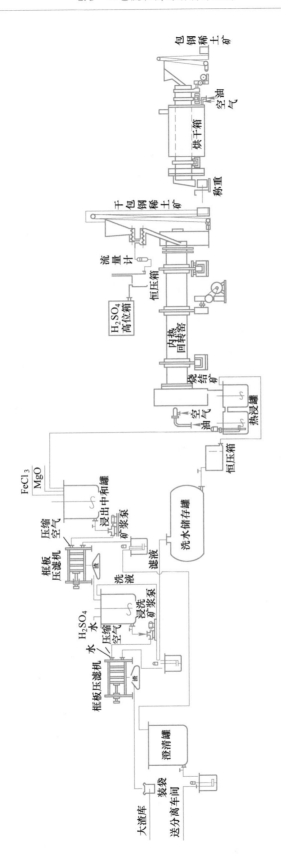

图 2-2 稀土生产设备流程示意图

表 2-3　流程图常用管道符号

序号	规定符号	表示内容	序号	规定符号	表示内容
1		裸管	29		带法兰截止阀
2		保护管	30		不带法兰截止阀
3		地沟管	31		带法兰闸阀
4		保温管	32		不带法兰闸阀
5		埋地管	33		带法兰旋阀
6		可移动胶管	34		不带法兰旋阀
7		固定胶管	35		三通旋塞（不带法兰）
8		管道由此向下或向里	36		四通旋塞（不带法兰）
9		管道由此向上或向外	37		电动闸阀（带法兰）
10		管道上有向上或外支管	38		液动闸阀（带法兰）
11		管道上有向下或里支管	39		气动闸阀（带法兰）
12		相接支管段	40		角形阀（带法兰）
13		不相接向左或向右	41		碟阀（带法兰）
14		相交不相接管段	42		球阀（带法兰）
15		管道流体流向	43		隔膜阀（带法兰）
16	$i=0.005$	管道坡向及坡度	44		胶管阀（带法兰）
17		升降式止回阀（带法兰）	45		填料补偿器
18		旋启式止回阀（带法兰）	46		胶管夹
19		减压阀	47		油分离器
20		弹簧式安全阀	48		脏物过滤器
21		重锤式安全阀	49		底阀
22		压力表	50		疏水器
23		温度计	51		丝接变径管
24		差压式流量计	52		带法兰变径管
25		转子式流量计	53		丝堵
26		孔板	54		带法兰盲板
27		π 形、弧形伸缩节	55		焊接盲板
28		波形补偿器			

表 2-4 流程图常用设备符号

序号	规定符号及表示内容
	固体运输机
1	皮带运输机　　　链带运输机　　　螺旋运输机　　　斗式提升机
	热交换器等
2	热交换器　　空气冷却器　　蒸发罐　　燃烧加热器　　浸入式电热器
	干燥器
3	热风干燥器　　喷雾干燥器　　浮动床式干燥器　　回转窑或干燥窑
	分离用装置
4	旋风器　分批式离心机　连续式离心机　圆筒过滤机　轮带式真空过滤机　压缩机 平板过滤器　　布袋收尘器　　电收尘器　　沉降槽(浓稠槽)　　筛分机

序号	规定符号及表示内容
	泵
5	所有形式泵 离心式泵 往复式泵 旋转式泵 直立式泵
	反应器
6	固定床式反应器 浮动床式反应器 管式反应器 夹套式热交换反应器 高压溶出器
	各种储槽
7	常压储槽 浮动盖式储槽 球形储槽 卧式储槽 立式储槽 储桶车
	气体输送
8	离心式 (风扇、鼓风机、压缩机) 往复式压缩机 旋转式 (鼓风机、压缩机) 管道式风扇
	搅拌器和给料机
9	搅拌器 振动给料机 旋转给料机

序号	规定符号及表示内容
	程序塔
10	
	破碎机
11	

程序塔行内容：程序塔（通用）、蒸馏塔（段塔式）、蒸馏塔（填充塔式）、吸收塔（填充塔式）、吸收塔（喷洒式）、萃取塔

破碎机行内容：颚式破碎机、对辊机、球磨机

3 冶金平衡计算

3.1 冶 金 计 算

3.1.1 冶金计算的目的和内容

冶金过程平衡计算是根据冶金过程的基本原理，用数学分析的方法从量的方面来研究冶金工艺过程，是工艺设计中的必要环节。通过冶金计算可达到以下三个目的：

（1）确定生产过程中各工序的物料处理量，中间产物和最后产物的组成和数量，废水、废渣、废气的排放量，各种辅助材料、燃料、水、电的消耗量等。

（2）从量的方面来研究各工序之间的相互关系，使整个生产过程中各环节协调一致。

（3）为生产过程中设备的选型、确定设备尺寸、台数及辅助工程和公共设施的规模、能量的提供和利用提供依据。

冶金计算的内容很多，它应该包括生产过程所必需的一切计算。与工艺设计有关的冶金计算内容主要如下：

（1）物料的合理成分计算；

（2）配料计算；

（3）生产过程中有价成分平衡计算；

（4）生产过程的物料平衡计算；

（5）生产过程的热平衡计算；

（6）电解过程的槽电压平衡计算。

物料的物相组成计算的目的：物料（包括原料、中间产品、产品及废料）通常由不同的物相（化合物）组成，不同的物相有不同的性质与反应能力。为正确地进行冶金计算和采用有效的处理方法，不仅要知道其物料的化学组成，还必须知道物相组成，以了解其在处理过程中的行为。

物料的物相组成，本应由物相定量分析得到，但由于物相定量分析较难，故当知道物料化学组成、物相定性分析时（有时还须知道某一元素在其物相中的定量分配），物料的物相组成可以通过计算得到。

3.1.2 物料的物相组成计算

物料的物相组成计算的目的：

（1）除化学组成外，知道物料的物相组成，便于了解各成分在处理过程中的行为。

（2）应由定量分析得到，但较难，故由化学组成和定量分析，可计算得到物相组成，通过以下例子来介绍物相组成的计算方法。

【例3-1】 已知钼精矿的成分为：

Mo　48%（其中2%是$CuMoO_4$形态，其余是MoS_2形态）

Cu　1.0%（是$CuMoO_4$和$CuFeS_2$形态）

Fe　1.5%（是$CuFeS_2$和FeS_2、FeO形态）

S　33%　（是MoS_2、$CuFeS_2$和FeS_2形态）

浮选剂　3%

H_2O　2%

其他　11.5%（包括FeO、$CuMoO_4$中的氧）

求钼精矿的物相组成。

解：以100 kg精矿为准计算，各元素相对原子质量为Mo-96，S-32，Cu-63.5，Fe-56，O-16。

先从已知的物相中某元素含量开始计算，本题中MoS_2和$CuMoO_4$中的Mo含量为已知，故可先计算$CuMoO_4$的量。

（1）$CuMoO_4$的量，其中包括Mo、Cu、O。

Mo的量：$100 \times 48\% \times 2\% = 0.96$ kg

Cu的量：$\dfrac{63.5}{96} \times 0.96 = 0.635$ kg

O的量：$\dfrac{16 \times 4}{96} \times 0.96 = 0.64$ kg

$CuMoO_4$的量：$0.96 + 0.96 + 0.64 = 2.235$ kg

（2）MoS_2的量，其中包括Mo、S。

Mo的量：$48 - 0.96 = 47.04$ kg

S的量：$\dfrac{32 \times 2}{96} \times 47.04 = 31.36$ kg

MoS_2的量：$47.04 + 31.36 = 78.40$ kg

（3）$CuFeS_2$的量，其中包括Cu、Fe、S。

Cu的量：$1.0 - 0.635 = 0.365$ kg

Fe的量：$\dfrac{56}{63.5} \times 0.365 = 0.322$ kg

S的量：$\dfrac{32 \times 2}{63.5} \times 0.365 = 0.368$ kg

$CuFeS_2$的量：$0.365 + 0.322 + 0.368 = 1.055$ kg

（4）FeS_2的量，其中包括S、Fe。

S的量：$33 - 31.36 - 0.368 = 1.272$ kg

Fe的量：$\dfrac{56}{32 \times 2} \times 1.272 = 1.113$ kg

FeS_2的量：$1.272 + 1.113 = 2.385$ kg

（5）FeO的量，其中包括Fe、O。

FeO中含Fe的量：$1.5 - 0.322 - 1.113 = 0.065$ kg

FeO中含O的量：$\dfrac{16}{56} \times 0.065 = 0.0187$ kg ≈ 0.019 kg

FeO 的量：0.065 + 0.0191 = 0.084 kg

其他：11.5 - 0.64 - 0.019 = 10.841 kg

（6）钼精矿物相组成见表 3-1。

表 3-1 钼精矿物相组成表 （%）

物相组成	化学成分				浮选剂	水分	O	其他	合计
	Mo	Cu	Fe	S					
CuMoO$_4$	0.96	0.635					0.64		2.235
MoS$_2$	47.04			31.36					78.40
CuFeS$_2$		0.365	0.322	0.368					1.055
FeS$_2$			1.113	1.272					2.385
FeO			0.065				0.0190		0.084
浮选剂					3.0				3.0
水分						2.0			2.0
其他								10.841	10.841
合计	48.0	1.0	1.5	33.0	3.0	2.0	0.659	10.841	100

冶金过程的配料计算是以特定的工艺出发，根据过程所发生的化学反应及生产实际要求，计算出处理一定量的原料所需的各种物料（反应剂、添加剂等）的数量及百分比。

冶金过程的配料计算在工艺课学习中已有所了解，不再重复。本章着重讨论冶金过程的有价成分和物料平衡计算、能量平衡计算。

3.2 冶金过程有价成分平衡计算和物料平衡计算

冶金过程的有价成分衡算及物料衡算是计算主要金属及全部物料在整个工艺流程中各个工序的分配和流动情况。通过有价成分衡算可以知道主要金属在各个工序中损失量大小和整个工艺过程的回收率，从而可针对具体情况改进流程薄弱环节，提高金属总回收率。物料衡算反映出流程中各工序处理物料量的多少，是设计中进行设备选型和计算的依据。例如在湿法浸出过程中，根据计算的每日处理矿浆的量就可进行浸出槽体积和台数的设计。在有价成分平衡计算的基础上，可进行各工序的物料平衡计算，也可直接进行物料平衡计算。

3.2.1 有价成分衡算和物料衡算的基本原则

有价成分衡算和物料衡算是以质量守恒定律和化学计量关系为基础的，其总的原则是"收支平衡"。它是指进入系统的全部物料量必定等于离开系统的全部产物量和损失掉的物料量之和。用公式表示为：

$$\sum G_入 = \sum G_产 + \sum G_损 \tag{3-1}$$

式中　$\sum G_入$——所有进料量之和；

　　　$\sum G_产$——所有产物量之和；

$\sum G_{损}$——所有损失物料量之和。

进入的或产出的物料可以是液相、固相或气相。

理论上的物料衡算是根据反应的平衡方程式的计量关系进行的，只要知道了反应的方程式就可以建立这种平衡。然而，在实际生产过程中，要考虑到许多实际因素的影响，诸如原料和最终产品、副产品的实际组成，反应剂的过剩系数、转化率以及原料和产物在整个过程中的损失等，这些都使冶金过程物料衡算复杂化。

物料衡算的类别，按计算范围划分有单个工序和全流程的物料衡算，也有带反应过程和非反应过程的物料衡算。但是，一般冶金过程都是化学反应过程，不论是哪种类型衡算，其基本原理都是一样的。

3.2.2 有价成分衡算和物料衡算的基本步骤

有价成分衡算和物料衡算是冶金过程计算的基础，因而计算结果的准确程度至关重要。为此，必须掌握和采用正确的计算步骤，不走或少走弯路，争取做到计算迅速、结果准确。

（1）收集数据。有价成分衡算和物料衡算是根据已经确定的生产流程和已选定的技术指标来进行的，在计算之前，必须获得足够的尽量准确的（合乎实际而正确的）数据，这些数据是整个计算的基本依据和基础。因此，要了解工艺流程和主要原料、燃料、溶（熔）剂等的物理化学性质，矿相特点，一般都要画出生产流程图，以利考虑计算步骤，避免遗漏，便于检查计算结果。故在进行计算之前，必须详细调查和掌握如下资料：

1）画出较详细的工艺流程图，将所有原始数据标在图的相应部位，未知量也同时指出；

2）工艺过程的技术条件，如回收率、分解率、浸出率、脱硫率、炉渣成分、过剩系数、液固比等；

3）各工序有价成分的损失数据（包括可返回损失和不可返回损失）；

4）原料、各种中间产品、产品的化学成分、物相特点以及它们在各个工序中的分布情况；

5）所设计工厂（或车间）的物料处理量或产品产量。

由于实际冶金过程是一个非常复杂的物理化学过程，反应条件经常变化，不可能确切地判断每一过程的真实情况，为使冶金计算能够进行，往往需要根据工厂实际情况假设一些条件和技术数据。但必须注意的是，这些假设条件及选取的有关数据并不是可以随心所欲的，而是来源于工厂实践并经过科学分析而得到的，只有这种科学的衡算才是可靠的。同时，物料衡算中用到的各种物料的物相状态、化学成分及物理性质都应以代表性样品经过科学的鉴定分析所提供的专门报告作为依据。

（2）确定计算方法，要根据工艺流程图和给定的已知条件来确定采用何种计算方法比较简便。

（3）选择计算基准，计算基准也即计算的范围。在有价成分和物料平衡计算中，恰当地选择计算基准可以使计算简化，同时也可以缩小计算误差。计算基准一般有质量基准和时间基准两种。质量基准是选择一定量的原料或产品作为计算基准，如以100 kg原料或以100 kg产品为基准进行计算，然后再根据设计任务书所确定的生产规模换算成各种原材料、中间产品的量。时间基准是以 1 h 或 1 d 的物料量作为计算基础，由于在实际设计时，常常要知道单位时间（小时或昼夜）内的物料流量，故用时间基准有时还方便些，它可以直接联系到设备的设计计算。

（4）进行有价成分和物料平衡计算。

（5）列出有价成分平衡表和物料平衡表，并进行审核。

（6）根据有价成分和物料平衡表，对整个流程进行分析。

3.2.3 有价成分衡算和物料衡算流程简图和衡算式

对一个具体的工艺过程来说，首先要根据给定条件画出流程简图，把已知数据及欲求量标在图上有关部分（见图 3-1），然后列出衡算方程式。

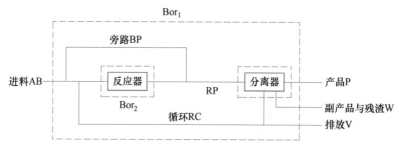

图 3-1 冶金过程流程示意图

冶金过程一般都是稳定过程，故可按质量守恒定律写出：

进入系统的物料量 ＝ 系统输出的物料量

这是一般表达式，在具体计算时列什么样的衡算式要加以分析，要使衡算内容具体化，根据要求在图上画出计算范围。如图 3-1 所示，图中字母代表各股物流，虚线是欲衡算的范围，即系统边界。

如果对总系统进行物料衡算，其边界线就是 Bor_1 线，系统进出物流分别为进料 AB、产品 P、副产品与残渣 W 以及排放 V，那么该衡算总系统的物料平衡式为：

$$进料(AB) = 出料(P + W + V) \tag{3-2}$$

这样做无法求解系统内各设备单元间的物流流量，比如循环流 RC 或 BP、RP 等，为此可将有关单元过程分割出来作为衡算系统，比如把用边界 Bor_2 划分出来作为衡算系统，其物料平衡式可写成：

$$进料(AB) + 循环流(RC) - 旁路(BP) = 出料(RP) \tag{3-3}$$

循环流 RC 作为未知量包括在方程式中，因而得以求解。同样也可把分离器划分出来作为衡算系统，相应地列出物料平衡式求解有关物流。

当涉及化学反应的问题进行计算时，必须使用化学反应方程式和化学计量关系。

3.2.4 有价成分衡算和物料衡算技术指标的确定

上面提到，在进行有价成分和物料衡算之前，首先要选择和论证有关技术指标，所选的技术指标，应该是生产实践的平均先进指标，那些经过工业性试验或半工业性试验所取得的试验数据也可以作为设计的依据，但必须是稳定可靠的。对于每一个具体技术指标数据，应该进行充分的分析研究和论证，分析它与哪些措施和技术条件有关，有否有进一步改进的措施和途径，要做到既先进又可靠。

冶金生产领域包括几十种金属的生产，各种矿物原料的组分、含量，矿相结构又十分复杂，加之各国及国内各自然区域的经济水平不同，所采用的生产工艺方法有别，因此，生产工艺过程中涉及各种各样的技术指标，如火法冶金过程中一般有脱硫率、溶解率、炉渣成分等，湿法冶金过程有浸出率、液固比等。关于这些指标的具体计算方法在工艺课中已经学过，现在将各种生产工艺中都要涉及的一个重要技术经济指标——回收率简要地加以叙述。

在生产工艺过程中，原料经过各工序的一系列物理化学变化后，都会发生一定量的损耗（废渣、废气、废液带走或飞扬、散失等机械损失），因此就出现了有价成分的回收程度问题。为了概括说明问题起见，我们根据不同情况规定了下面一套符号。

3.2.4.1 全流程物料中有价成分计算

A 常用符号定义

常用符号定义如下：

Q_0——原料的年处理量，kg/a；

q_0——原料的日处理量，kg/d；

a——原料中有价成分含量（原料品位），%；

Q——产品的年产量；

q——产品的日产量；

a——产品中有价成分含量（产品纯度），%；

T——车间年工作日，d；

T_p——全年内主要设备检修日数，d；

M_0——原料中有价成分量，kg；

M——产品中有价成分量，kg；

P_i——进入该工序被处理物料中有价成分量，kg；

M_i——该工序产品中有价成分量，kg；

i——工序号，$i=1，2，3，\cdots，n$。

B 基本概念

（1）有价成分：从被处理的原料或中间产品中，所要提取的某种设计产品（金属或化合物）。

若生产的最终产品为金属时，以金属为计算形态，如 Ti、Zr、Ce、Nd、Sm 等。

若生产的最终产品为化合物时，通常以相应的氧化物为计算形态，如氧化物、氯化物、硝酸盐等。

（2）返回料（返料）：从某一工序产出，且具有重新返回流程（或本工序）处理价值的各种形态的物流。

（3）流程总收率：包括处理返回料所得的最终产品中含有的有价成分量与原料中所含有价成分量之比的百分数。

$$\eta_c = \frac{M}{M_0} \times 100\% \tag{3-4}$$

（4）流程的直接回收率：流程最终产品中含有价成分量（不包括处理返回料所得的有价成分量）与原料中含有有价成分量之比的百分数。

$$\varepsilon_c = \frac{M - \sum(R_i \varepsilon_{i^*} \cdots \varepsilon_n)}{M_0} \times 100\% \tag{3-5}$$

式中　i^*——返回料返回进入工序的工序号。

或

$$\varepsilon_c = \varepsilon_1 \times \varepsilon_2 \times \varepsilon_3 \times \cdots \times \varepsilon_n \tag{3-6}$$

式（3-6）对流程无返回料适用。

流程中有返回料时：$\eta_c > \varepsilon_c$；无返回料时，$\eta_c = \varepsilon_c$。

（5）工序的总回收率：工序的主要产品和副产品或返回料中的有价成分量与进入该工序的物流（包括进入的返回料）中的有价成分量之比的百分数。

$$\eta_i = \frac{M_i + R_i}{P_i} \times 100\% \tag{3-7}$$

或

$$\eta_i = 100\% - x_i \tag{3-8}$$

（6）工序直接回收率（也称工序产出率）：工序主要产品中的有价成分量与进入该工序的物流（包括进入的返回料）中含有价成分量之比的百分数。

$$\varepsilon_i = \frac{M_i}{P_i} \times 100\% \tag{3-9}$$

或

$$\varepsilon_i = 100\% - x_i - r_i \tag{3-10}$$

工序中有返回料时：$\eta_i > \varepsilon_i$；无返回料时，$\eta_i = \varepsilon_i$。

（7）可返回损失量：返回料中所含有价成分量，用 R_i 表示。

（8）不可返回损失量：是指无返回流程处理价值的物流或不可能返回本流程有处理价值物流中所含的有价成分量，如残渣、废液、副产物或机械损失等物流中的有价成分量，用 X_i 表示。

（9）工序可返回损失率：工序所产返回料中含有的有价成分量与进入该工序物料中的有价成分量之比的百分数。

$$r_i = \frac{R_i}{P_i} \times 100\% \tag{3-11}$$

（10）工序不可返回损失率：工序所产不可返回物料中含有的有价成分量与进入该工序中的有价成分量之比的百分数。

$$x_i = \frac{X_i}{P_i} \times 100\% \tag{3-12}$$

（11）工序总损失率：对于一个工序而言，其总损失率等于工序不可返回损失率与可返回损失率之和。

$$\phi_i = x_i + r_i \tag{3-13}$$

（12）流程总损失率：对于全流程来说，它的总损失率并不等于各工序损失率之和。因为每一个工序的损失率等于该工序有价成分损失量除以进入该工序的有价成分量，但是，在全流程中每一个工序进入的有价成分量是个变量，而不是定值，故流程的总损失率：

$$\phi_c = 100\% - \eta_c \tag{3-14}$$

3.2.4.2 有价成分平衡计算步骤

有价成分平衡计算步骤如下：

（1）画出工艺流程图，并划分工序；

（2）确定有价成分形态；

（3）确定有关计算依据：原料品位、产品纯度、各工序可返回损失率和不可返回损失率；

（4）选定计算基准（吨产品、年产量、日产量，或吨原料、年处理量、日处理量以及年工作日）；

（5）完成计算；

（6）列出总平衡表。

3.2.4.3 有价成分计算方法

有价成分计算方法为：

（1）明确生产工艺流程有无返回料；

（2）有价成分是单一的，还是多种的，如为多种有价成分，由于不同有价成分在同一工序的损失率往往不同，应分别进行平衡计算；

（3）给定的设计数值是产量还是原料量，一般来讲，如为产品量则应按工艺流程"自上而下"进行计算，如是处理量则按工艺流程"自上而下"进行平衡计算。

3.2.4.4 有价成分平衡计算类型

下面就流程中有无返回料等五种不同类型，分别讨论有价成分平衡计算方法。

A 无返回料，已知产品量 Q

已知，产品纯度 a，各工序损失率 x_i，年工作日 T。在这种情况下，通常采取"自下而上"的计算方法，即由最后工序往前倒算。对每一个工序而言，已知其产出量，求其进入量，且各工序的产出量等于下一工序的进入量，即 $M_i = P_{i+1}$。以图 3-2 所示的流程为例，说明其方法。

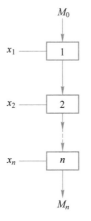

图 3-2 无返回料工艺流程示意图

（1）确定产品日产量：

$$q = \frac{Q}{T} \quad (T = 365 - T_p) \tag{3-15}$$

计算日产品中有价成分量：

$$M = M_n = q \times a \tag{3-16}$$

（2）第 n 工序：

$$\begin{cases} M_n = M \\ P_n = \dfrac{M_n}{\eta_n} = \dfrac{M_n}{100\% - x_n} \\ \text{损失量：} X_n = p_n \times x_n \end{cases} \tag{3-17}$$

（3）按（2）方法倒算至第 2 工序。

（4）第 1 工序：

$$\begin{cases} P_1 = \dfrac{M_1}{\eta_1} = \dfrac{M_1}{100\% - x_1} \\ X_1 = p_1 \times x_1 \end{cases} \tag{3-18}$$

（5）进入第 1 工序的有价成分量，即为原料中有价成分量：

$$P_1 = M_0 \tag{3-19}$$

流程总回收率：

$$\eta_c = \frac{M}{M_0} \times 100\% \tag{3-20}$$

或

$$\eta_c = \eta_1 \times \eta_2 \times \cdots \times \eta_n \tag{3-21}$$

（6）验证计算结果：

$$M_0 = M + \sum_{i=1}^{n} M_i \tag{3-22}$$

（7）列出有价成分平衡表。

【例 3-2】 用还原法制备金属铈，以 1000 kg 为计算基准，纯度 $a = 99.61\%$，画出生产工艺流程图，并确定流程中各工序的损失率。

解：

（1）画出生产工艺流程图（略）。

（2）确定流程中各工序的损失率，见表 3-2。

表 3-2 各流程损失率

工序号	工序名称	实际生产中各工序损失/%			设计中采用损失率/%		
		x_i	r_i	$x_i + r_i$	x_i	r_i	$x_i + r_i$
1	还原				2.0		2.0
2	真空蒸馏				1.0		1.0
3	成品处理				8.0		8.0

（3）有价成分平衡计算如下：

1）产品中的有价成分量：

$$M = q \times a = 1000 \times 99.61\% = 996.1 \text{ kg}$$

2）第3工序：

$$M_3 = M = 996.1 \text{ kg}$$

$$P_3 = \frac{M_3}{\eta_3} = \frac{996.1}{1 - x_3} = \frac{996.1}{92\%} = 1082.72 \text{ kg}$$

$$x_3 = 1082.72 \times 8\% = 86 \text{ kg}$$

3）第2工序：

$$M_2 = P_3 = 1082.72 \text{ kg}$$

$$P_2 = \frac{M_2}{\eta_2} = \frac{1082.72}{99\%} = 1093.66 \text{ kg}$$

$$X_2 = 1093.66 \times 1\% = 10.94 \text{ kg}$$

4）第1工序：

$$M_1 = P_2 = 1093.66 \text{ kg}$$

$$P_1 = \frac{1093.66}{98\%} = 1115.98 \text{ kg}$$

$$X_1 = p_1 \times x_1 = 1115.98 \times 2\% = 22.32 \text{ kg}$$

$$M_0 = P_1 = 1115.98 \text{ kg}$$

5）流程总收得率：

$$\eta_c = \frac{M}{M_0} = \frac{996.1}{1115.98} \times 100\% = 89.26\%$$

或

$$\eta_c = 98\% \times 99\% \times 925 = 89.26\%$$

6）验算：

$$M_0 = M + \sum X_i = 996.1 + (22.32 + 10.94 + 86.62) = 1115.98 \text{ kg}$$

7）列出有价成分总平衡表，见表3-3。

表3-3 有价成分平衡表

工序号	工序名称	工序损失率/%			工序产出率/%	工序损失量/ kg			进入工序销量/ kg	工序产出销量/kg	销的收得率/%
		x_i	r_i	$x_i + r_i$		X_i	R_i	$X_i + R_i$			
1	还原	2.0		2.0	98.0	22.32		22.32	1115.98	1093.66	
2	真空蒸馏	1.0		1.0	99.0	10.94		10.94	1093.66	1082.72	
3	成品处理	8.0		8.0	92.0	86.62		86.62	1082.72	996.10	
合 计						119.88		119.88			89.62

B 无返料，已知原料年处理量 Q_0

已知：原料品位 a_0、各工序损失率 x_i，年工作日 T。这种情况下，通常采取"自上而下"的计算方法，即按工序顺序计算。对每一个工序而言，已知其进入量，求其产出量，且各工序的进入量等于前一工序的产出量，即 $P_i = M_{i-1}$。以图3-2所示的流程为例，说明其方法。

（1）确定原料日处理量：

$$q_0 = \frac{Q_0}{T} \quad (T = 365 - T_p) \tag{3-23}$$

（2）计算原料中有价成分量：

$$M_0 = q_0 \times a_0 \tag{3-24}$$

（3）第 1 工序：

$$\begin{cases} P_1 = M_0 \\ M_1 = P_1 \times \varepsilon_1 = P_1 \times (100\% - x_1) \\ X_1 = P_1 \times x_1 \end{cases} \tag{3-25}$$

（4）按同一方法对第 2 至第 $n-1$ 工序计算。

（5）第 n 工序：

$$\begin{cases} P_n = M_{n-1} \\ M_n = P_n \times \varepsilon_n = P_n \times (100\% - x_n) \\ X_n = P_n \times x_n \\ M = M_n \end{cases} \tag{3-26}$$

（6）流程总回收率：

$$\eta_c = \frac{M}{M_0} \times 100\% = \eta_1 \times \eta_2 \times \cdots \times \eta_n \tag{3-27}$$

（7）验证：当 $M_0 = M + \sum X_i$ 时，正确。

（8）列出有价成分总平衡表。

C　有返回料（且返回料均有流程后面的工序往前面的工序返回或返回本工序），已知年产量 Q

由于有返回料往前返，所以只能采取"自下而上"的计算方法，如图 3-3 所示。

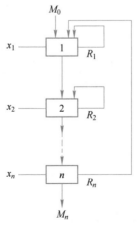

图 3-3　返回料往前返的工艺流程图

（1）确定产品日产量及其中有价成分量：

$$q = \frac{Q}{T} \quad (T = 365 - T_p) \tag{3-28}$$

$$M = q \times a \tag{3-29}$$

（2）第 n 工序包括以下四部分。

工序产出量：

$$M_n = M \tag{3-30}$$

进入本工序的量：

$$P_n = \frac{M_n}{\varepsilon_n} = \frac{M_n}{100\% - x_n - r_n} \tag{3-31}$$

可返回损失量：

$$R_n = P_n \times r_n \tag{3-32}$$

不可返回的损失量：

$$X_n = P_n \times x_n \tag{3-33}$$

（3）按类似方法对第 $n-1$ 工序至第 3 工序进行计算。

（4）第 2 工序包括以下四部分。

工序产出量：

$$M_2 = P_3 \tag{3-34}$$

进入本工序的量：

$$P_2 = \frac{M_2}{\varepsilon_2} = \frac{M_2}{1 - x_2 - r_2} \tag{3-35}$$

可追回损失量：

$$R_2 = P_2 \times r_2 \tag{3-36}$$

不可追回损失量：

$$X_2 = P_2 \times x_2 \tag{3-37}$$

（5）第 1 工序由以下四部分组成。

工序产出量：

$$M_1 = P_2 - R_2 \tag{3-38}$$

进入本工序量：

$$P_1 = \frac{M_1}{\varepsilon_1} = \frac{P_2 - R_2}{1 - x_1 - r_1} \tag{3-39}$$

可返回损失量：

$$R_1 = P_1 \times r_1 \tag{3-40}$$

不可返回损失量：

$$X_1 = P_1 \times x_1 \tag{3-41}$$

（6）从原料进入第 1 工序的有价成分量：

$$M_0 = P_1 - R_1 - R_n \tag{3-42}$$

（7）验证计算结果：$M_0 = M + \sum X_i$，正确。

（8）计算流程的总回收率：

$$\eta_c = \frac{M}{M_0} \times 100\% \tag{3-43}$$

（9）计算流程的直接回收率：

$$\varepsilon_c = \varepsilon_1 \times \varepsilon_2 \times \cdots \times \varepsilon_n \tag{3-44}$$

小结：$M_{i-1} = P_i - \sum R_i$，$M_0 = P_1 - \sum R_1$。

【例 3-3】 已知某产品年产量 $Q = 480$ t，$T = 320$ d，$a = 96\%$，各工序损失率见表 3-4，工艺流程图如图 3-4 所示。以千克/日（kg/d）为基准完成日平均有价成分平衡计算。

表 3-4 各工序损失率

工序号	设计中工序损失量/%			工序产出率/%	工序损失量/kg·d⁻¹			进入工序量/kg·d⁻¹	工序产出量/kg·d⁻¹	η_c/%	ε_c/%
	x_i	r_i	$x_i + r_i$		X_i	R_i	$X_i + R_i$				
1	2.0	0	2.0	98.0	30.69		30.69	1534.71	1504.02		
2	2.0	3.0	5.0	95.0	31.63	47.45	79.08	1581.52	1502.44		
3	0.2	2.0	2.2	97.8	3.00	30.05	33.05	1502.44	1469.39		
4	0.5	1.5	2.0	98.0	7.35	22.04	29.40	1469.39	1440		
合计					72.69	99.54	172.22			95.20	89.23

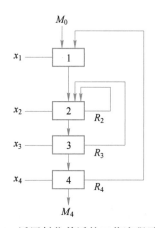

图 3-4 返回料往前返的工艺流程示意图

解：

（1）日产量及有价成分量：

$$q = \frac{Q}{T} = \frac{480 \times 10^3}{320} = 1500 \text{ kg}$$

$$M = q \times a = 1500 \times 96\% = 1440 \text{ kg}$$

（2）第 4 工序：

$$M_4 = M = 1440 \text{ kg}$$

$$P_c = \frac{1440}{1 - 0.5\% - 1.5\%} = \frac{1440}{98\%} = 1469.39 \text{ kg}$$

可返回损失量：$R_4 = P_4 \times r_4 = 1469.39 \times 1.5\% = 22.04$ kg

不可返回损失量：$X_4 = P_4 \times x_4 = 1469.39 \times 0.5\% = 7.35$ kg

（3）第 3 工序（$M_3 = P_4$）：

$$P_3 = \frac{M_3}{\varepsilon_3} = \frac{1469.3}{1 - 0.2\% - 2.0\%} = \frac{1469.3}{97.8\%} = 1502.44 \text{ kg}$$

$$R_3 = P_3 \times r_3 = 30.05 \text{ kg}$$

$$X_3 = P_3 \times x_3 = 3.00 \text{ kg}$$

（4）第 2 工序（$M_2 = P_3$）：

$$P_2 = \frac{M_2}{\varepsilon_2} = \frac{1502.44}{1 - 2.0\% - 3.0\%} = \frac{1502.44}{95\%} = 1581.52 \text{ kg}$$

$$R_2 = P_2 \times r_2 = 1581.52 \times 3.0\% = 47.45 \text{ kg}$$

$$X_2 = P_2 \times x_2 = 1581.52 \times 2.0\% = 31.63 \text{ kg}$$

（5）第 1 工序：

$$M_1 = P_2 - R_2 - R_3 = 1581.52 - 47.45 - 30.05 = 1504.02 \text{ kg}$$

$$P_1 = \frac{M_1}{\varepsilon_1} = \frac{1504.02}{(1 - x_1) \times 98\%} = 1534.71 \text{ kg}$$

$$X_1 = P_1 \times x_1 = 1534.71 \times 2.0\% = 30.69 \text{ kg}$$

$$M_0 = P_1 - R_4 = 1534.71 - 22.04 = 1512.67 \text{ kg}$$

（6）验算：

$$\sum_{i=1}^{4} X_i = 30.69 + 31.63 + 3.00 + 7.35 = 72.67 \text{ kg}$$

$$M + \sum X_i = 1440 + 72.67 = 1512.67 \text{ kg} = M_0$$

（7）流程回收率包括以下两个方面。

流程总回收率：

$$\eta_c = \frac{M}{M_0} \times 100\% = \frac{1440}{1512.67} \times 100\% = 95.20\%$$

流程直接回收率：

$$\varepsilon_2 = \varepsilon_1 \times \varepsilon_2 \times \varepsilon_3 \times \varepsilon_4 = 98\% \times 95\% \times 97.8\% \times 98\% = 89.23\%$$

（8）流程总损失率：

$$\phi_c = 1 - \eta_c = 4.8\%$$

（9）给出有价成分平衡表（略）。

　　D　已知年产量 Q（有返回料均经处理，且返回料有的是从后面工序往前返，也有的是行前面工序往后返）

　　带有前后返回料进入流程的工艺流程图如图 3-5 所示。对于这种流程的有价成分平衡计算比较复杂，因已知产品量，且有后面往前面返入的返回料；这时，只能采取"自下而上"的计算方法，但又因不知前面工序往后面工序投入的有价成分量。所以，需设未知数，然后列出方程式才能计算。

分析图 3-5 所示的工艺流程可以看出，根据已知的条件，采取"自下而上"的方法计算时，从第 n 工序至第 2 工序的计算与第 3 种类型类似，是可以计算的（因 R_{n+2} 可由 R_n 计算出）；只因 R_{n+1} 量不知道，对第 1 工序不能进行计算。但是，如果 P_1 量可知时，则 R_{n+1}、R_1 均可由 P_1 算出，故 P_1 应是本工艺流程有价成分平衡计算的未知数，列方程式解出。

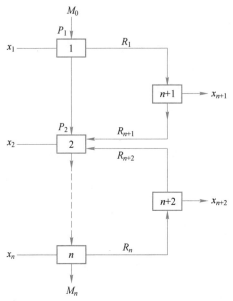

图 3-5 带有前后返回料进入流程的工艺流程示意图

（1）确定 q，M：

$$q = \frac{Q}{T} \quad (T = 365 - T_p) \tag{3-45}$$

$$M = q \times a \tag{3-46}$$

（2）第 n 工序：

$$M_n = M \tag{3-47}$$

进入本工序的量：

$$P_n = \frac{M_n}{\varepsilon_n} = \frac{M_n}{1 - x_n - r_n} \tag{3-48}$$

可返回损失量：

$$R_n = P_n \times r_n \tag{3-49}$$

不可返回损失量：

$$R_n = P_n \times x_n \tag{3-50}$$

（3）按类似方法对 $n-1$ 至第 3 工序进行计算。

（4）第 2 工序。包括以下三个方面。

工序产出量：

$$M_2 = P_3 \tag{3-51}$$

进入本工序的量：

$$P_2 = \frac{M_2}{\varepsilon_2} = \frac{M_2}{1 - x_2} \qquad (3\text{-}52)$$

不可返回损失量：

$$X_2 = P_2 \times x_2 \qquad (3\text{-}53)$$

（5）第 1 工序的计算。
因为

$$P_2 = M_1 + R_{n+1} + R_{n+2} \qquad (3\text{-}54)$$

所以

$$M_1 = P_2 - R_{n+1} - R_{n+2} \qquad (3\text{-}55)$$

进入本工序的量：

$$P_1 = \frac{M_1}{\varepsilon_1} \Rightarrow M_1 = P_1 \cdot \varepsilon_1 \qquad (3\text{-}56)$$

式（3-55）与式（3-56）相等：

$$P_1 \cdot \varepsilon_1 = P_2 - R_{n+1} - R_{n+2} \qquad (3\text{-}57)$$

其中

$$R_{n+1} = R_1 \cdot r_{n+1}(\text{或 } \varepsilon_{n+1}) = P_1 \cdot r_1 \cdot \varepsilon_{n+1} \qquad (3\text{-}58)$$
$$R_{n+2} = R_n \cdot \varepsilon_{n+2} \qquad (3\text{-}59)$$

得到：

$$P_1 \cdot \varepsilon_1 = P_2 - P_1 \cdot r_1 \cdot \varepsilon_{n+1} - R_n \cdot \varepsilon_{n+2}$$

则

$$P_1 = \frac{P_2 - R_n \cdot \varepsilon_{n+2}}{\varepsilon_1 + r_1 \cdot \varepsilon_{n+1}} \qquad (3\text{-}60)$$

式（3-60）中均为已知数，故可求得 P_1 值。
可返回损失量：

$$R_1 = P_1 \cdot r_1 \qquad (3\text{-}61)$$

不可返回损失量：

$$X_1 = P_1 \cdot x_1 \qquad (3\text{-}62)$$

P_1 已经求出，则可用式（3-56）算出 M_1，用式（3-58）算出 R_{n+1}，用式（3-59）算出 R_{n+2}。
（6）本流程中：

$$M_0 = P_1$$

（7）验证计算结果：

$$\sum_{i=1}^{n} X_i = M_0 - M$$

（8）流程回收率的计算。
流程总回收率：

$$\eta_c = \frac{M}{M_0} \times 100\%$$

流程直接回收率：

$$\varepsilon_c = \varepsilon_1 \cdot \varepsilon_2 \cdot \cdots \cdot \varepsilon_n$$

E　有返回料, 已知年处理量 Q_0

有返回料流程类型的有价成分计算也比较复杂。已知原料处理量, 但因有返回料, 难以"自上而下"计算; 又由于不知道产品量, 也不能"自下而上"计算。

解决的办法是: 可先用试算法, 先设日产量 $q' = 1000$ kg, 得到所含有价成分量 M', ($M' = q' \times a$), 然后按第 3 种类型"自下而上"的方法计算, 可得出其相应的所需日处理原料含有价成分量 M'_0, 将 M'_0 再与设计给定的日处理原料中含有价成分量 M_0 进行比较, 即可计算出设计所需的有价成分平衡计算数值。其计算方法如下:

(1) 确定 q_0 与 M_0:

$$q_c = \frac{Q_0}{T} \tag{3-63}$$

$$M_0 = q_0 \times a \tag{3-64}$$

(2) 假设日产量 $q' = 1000$ kg, 得到所含有价成分量 M'。

(3) 用 M' ($M' = q' \times a$) "自下而上"进行计算, 可得到其相应的所需日处理量原料含有价成分量 M'。

(4) 将设计已知的日处理量原料含有价成分量 M_0 除以 M', 得出换算系数 K, 即 $K = \frac{M_0}{M_0'}$。

(5) 得到换算系数 K 后, 可按下述两种方法, 计算得出设计所需的有价成分平衡值。

1) 用系数法: 将 K 乘以用 M' 值时计算出的各数值。

2) 也可将 K 值乘以 M', 即 $K \times M' = M$, 再以 M 值为基数, 再"自下而上"重新计算。

以上这两种方法, 计算结果相同。

(6) 计算结果的验证和流程回收率的计算, 方法与 C (第三种类型) 相同。

F　分析

上述五种类型的有价成分平衡计算, 基本包括了实际生产中所应用的工艺流程, 且第 1、2、3 种类型为最基本的, 其他类型的计算可视为这三种类型的变换应用。

3.2.5　物料平衡计算

3.2.5.1　计算步骤

计算步骤如下:

(1) 画出工艺流程图并划分工序。

(2) 列出物料平衡计算用原始数据。

(3) 选定计算基准:

1) 以 1000 kg 产品量;

2) 以昼夜处理原料量或昼夜产量为准;

3) 以年产品量或原料处理量为基准。

(4) 确定每一工序计算项目, 完成计算。

(5) 列出工艺流程总物料平衡表。

(6) 列出年产量及生产 1 t 产品原材料单耗明细表

3.2.5.2 计算方法

计算方法有:

(1) 按已划分工序,第 1 工序开始,逐个计算。

(2) 首先明确每工序的投入项与产出项。

(3) 物料在工序中所需试剂量,有两种算法:

1) 有化学反应,按方程式计算理论耗量、参与时间数据,给出适当的过量系数,得出实际值,或直接采用实践单耗值;

2) 若无化学反应,参与实际数据直接采用单耗计算。

(4) 物料机械损失率。根据实际情况,可与该工序有价成分损失率相同,或选不同值也可以。

(5) 验算:误差不大于 0.5%,投入量=产出量。

3.2.5.3 全流程物料平衡计算

【例 3-4】 由混合稀土氧化物生产混合氯化轻稀土结晶产品的工艺流程物料平衡计算。以处理 1 t 原料为计算基准,年处理量为 400 t/年。

(1) 工艺流程图及工序划分图如图 3-6 所示。

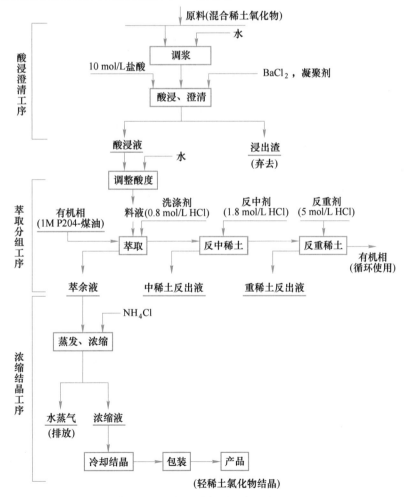

图 3-6 由混合稀土氧化物生产轻稀土氯化物结晶工艺流程图

（2）原始数据如下：

1）计算基准：以处理 1 t 混合稀土氧化物为计算基准，有价成分为 RE_2O_3。

① 工艺流程如图 3-6 所示（包括工序划分）；

② 原料数据。

2）各工序轻稀土损失率，见表 3-5。

表 3-5　各工序轻稀土损失率

序号	工序名称	设计中采用的损失率/%			工序产出率/%
		x_i	r_i	$x_i + r_i$	
1	酸浸澄清	2.0		2.0	98
2	萃取分组	1.0		1.0	99
3	浓缩结晶	1.2		1.2	98.8

3）中稀土在酸浸澄清工序损失率 $x_{1-中} = 2\%$，在萃取分组工序中 $x_{2-中} = 0.15\%$。

4）重稀土在酸浸澄清工序损失率 $x_{1-重} = 2\%$，在萃取分组工序中 $x_{2-重} = 0.5\%$。

5）原料组成见表 3-6。

表 3-6　原料组成

名　称	La_2O_3	CeO_2	Pr_6O_{11}	Nd_2O_3	Sm_2O_3	Eu_2O_3	Gd_2O_3
含量/%	22.2	1.2	5.5	20.8	3.9	0.8	4.8
各组含量/%	49.70				9.50		
	轻稀土				中稀土		
名　称	Tb_4O_7	Dy_2O_3	H_2O_3	Er_2O_3	Tu_2O_3	Yb_2O_3	Lu_2O_3	Y_2O_3
含量/%	0.8	4.7	0.8	2.4	0.3	1.9	0.2	29.7
各组含量/%	40.80							
	重稀土							

6）原料、材料及产品特性表见表 3-7。

表 3-7　原料、材料及产品特性表

序号	名　称	特　性	备　注
1	原料（混合氧化稀土）	$w(RE_2O_3) \geq 92\%$	
2	氯化轻稀土结晶	$w(RE_2O_3) \geq 45\%$	
3	盐酸	10 mol/L，密度 = 1.159 g/mL（kg/L）	$w(SO_4^{2-})/w(RE_2O_3) \leq 1\%$
4	氯化钡	纯度 ≥98%	
5	氯化铵	纯度 ≥98%	
6	P204	3M	
7	煤油	200 号磺化煤油	

7）每生产 1 t 氯化轻稀土消耗 P204 单耗为 8.3 kg/t 产品。

8）每生产 1 t 氯化轻稀土消耗煤油为 16.6 kg/t 产品。

解：有价成分与物料平衡合并计算如下：

（1）第1工序：酸浸澄清工序中，投入项有混合稀土氧化物、水、盐酸、$BaCl_2$、絮凝剂，产出项有酸浸渣、酸浸液。

1）投入量：

① 混合稀土氧化物原料量1000 kg，其中有价成分量 RE_2O_3 为：

$$P_1 = 1000 \times 92\% = 920 \text{ kg}$$

$$P_{1-轻} = 920 \times 49.7\% = 457.24 \text{ kg}$$

$$P_{1-中} = 920 \times 9.5\% = 87.40 \text{ kg}$$

$$P_{1-重} = 920 \times 40.8\% = 375.36 \text{ kg}$$

其他：$1000 \times 8\% = 80$ kg

② 调浆用水量：

因为固液比 = 1 : 3.5，即1000 kg原料，需加水3500 L，所以用水量为3500 kg。

③ 盐酸用量（10 mol/L）

矿酸比 1 : 1.25

需盐酸 $1000 \times 1.25 = 1250$ kg

10 mol/L盐酸的密度为 1.159 kg/L

所以，需加入盐酸体积：

$$\frac{1250}{1.159} = 1078.52 \text{ L}$$

④ $BaCl_2$ 用量：

已知原料中，$w(SO_4^{2-})/w(RE_2O_3) \leqslant 1\%$

按最大量，SO_4^{2-} 量为：$920 \times 1\% = 9.2$ kg

$BaCl_2$ 用量为理论量的1.2倍，纯度98%，则有：

$$SO_4^{2-} + BaCl_2 =\!=\!= BaSO_4\downarrow + 2Cl^-$$
$$\quad\ 96 \qquad 208.24$$
$$\quad\ 9.2 \qquad\quad\ x$$

计算得：$x = 19.96$ kg

$BaCl_2$ 实际用量：

$$\frac{19.96 \times 1.2}{98\%} = 24.44 \text{ kg}$$

⑤ 絮凝剂用量。每处理1 t矿，需0.3%絮凝剂（聚丙烯酰胺）液体500 L，密度约为1 kg/L，则重500 kg，其中的凝聚剂量 $500 \times 0.3\% = 1.50$ kg。水重为：

$$500 - 1.5 = 498.5 \text{ kg}$$

⑥ 投入量合计：

$$1000 + (3500 + 498.5) + 1250 + 24.44 + 1.5 = 6274.44 \text{ kg}$$

水总量：

$$3500 + 498.5 = 3998.5 \text{ kg}$$

2）产出量：

① 酸浸渣量。采用实际数据，每处理1 t矿，产出40 kg干渣，渣中含水率为50%，故含水渣重：

$$\frac{40}{1-50\%}=80\ \text{kg}$$

其中渣含水量：

$$80\times50\%=40\ \text{kg}$$

其中有价成分量：

$$X_1=920\times2.0\%=18.40\ \text{kg}$$
$$X_{1-\text{轻}}=18.40\times49.7\%=9.14\ \text{kg}$$
$$X_{1-\text{中}}=18.40\times9.5\%=1.75\ \text{kg}$$
$$X_{1-\text{重}}=18.40\times40.8\%=7.51\ \text{kg}$$

② 度酸浸液量（即 $RECl_3$ 溶液量）：

酸浸液量 = 投入量合计 − 含水渣量 = 6274.44 − 80 = 6194.44 kg

其中有价成分量：

$$M_1=920\times9.8\%=901.60\ \text{kg}$$
$$M_{1-\text{轻}}=901.60\times49.7\%=448.10\ \text{kg}$$
$$M_{1-\text{中}}=901.60\times9.5\%=85.65\ \text{kg}$$
$$M_{1-\text{重}}=901.60\times40.8\%=367.85\ \text{kg}$$

其他：

$$6194.44-901.60=5292.84\ \text{kg}$$

酸浸液体积：

$$3500+1078.52+500-40=5038.52\ \text{L}$$

则酸浸液中稀土浓度（以 RE_2O_3 计）：

$$\frac{901.6\times1000}{5038.52}=178.94\ \text{g/L}$$

pH 值为 3~3.5。

③ 产出量合计：

$$80+6194.44=6274.44\ \text{kg}$$

第 1 工序物料平衡表见表 3-8。

表 3-8　第 1 工序物料平衡表

序号	投　入　项			序号	产　出　项		
	物料名称	物料量/kg	有价成分/kg		物料名称	物料量/kg	有价成分/kg
1	原料	1000	920（其中：$P_{1-\text{轻}}=457.24$，$P_{1-\text{中}}=87.40$，$P_{1-\text{重}}=375.36$）	1	含水渣	80	18.40
2	盐酸	1250		2	酸浸液	1194.44	901.60（其中：$M_{1-\text{轻}}=448.10$，$M_{1-\text{中}}=85.65$，$M_{1-\text{重}}=367.85$）
3	水	3998.5					
4	$BaCl_2$	24.44					
5	凝聚剂	1.50					
合　计		6274.44	920	合　计		6274.44	920

（2）第 2 工序：萃取分组工序中，与本工序相关数据：

1）轻稀土回收率为99%，损失于中稀土中轻稀土为1%，萃余液酸度为 0.6~0.65 mol/L；

2）中稀土回收率为 99.85%，中稀土中有 0.05% 损失于轻稀土中，其余损失于重稀土中（0.1%），中稀土反出液酸度为 1.1~1.3 mol/L；

3）重稀土萃取率为 99.5%，有 0.5% 损失于中稀土中，反出液酸度为 4.0 ~ 4.2 mol/L；

4）流量比为有机相：料液：洗液：反中剂：反重剂 = 2.6：1：0.2：0.33：0.42；

5）洗涤剂为 0.8 mol/L HCl，反中剂为 1.8 mol/L HCl，反重剂为 5.0 mol/L HCl；

6）萃取级数：萃取段为 20 级，洗涤段为 22 级，反萃中稀土为 18 级，反萃重稀土段为 6 级；

7）生产 1 t 氯化轻稀土结晶（大约需处理 1 t 原料）需消耗 P_{204} 为 8.3 kg，需煤油 16.6 kg；

8）为简化计算不考虑萃取过程中的溶液体积变化与机械损失。

1）投入量：

① 萃取料液量：

酸浸液量为 6194.44 kg，其体积为 5038.52 L，其中：

$$P_2 = 901.60 \text{ kg}$$
$$P_{2-轻} = 448.10 \text{ kg}$$
$$P_{2-中} = 85.65 \text{ kg}$$
$$P_{2-重} = 367.85 \text{ kg}$$

稀释用水量：

萃取分组时，要求料液浓度为 100~110g/L，pH 值为 3~3.5

萃取料液体积为：

$$\frac{901.60 \times 1000}{110} = 8196.36 \text{ L}$$

需加入稀释水量：

$$8196.36 - 5038.52 = 3157.84 \text{ L(kg)}$$

萃取料液量：

$$6194.44 + 3157.84 = 9352.28 \text{ kg}$$

其中，有价成分 RE_2O_3 为 901.60 kg

其他：9352.28 - 901.6 = 8450.68 kg

② 有机相量：根据流量比计算（体积）。

有机相体积：8196.36 × 2.6 = 21310.54 L

其中，P204：$21310.54 \times \frac{1}{3} = 7103.51$ L

煤油：$21310.54 \times \frac{2}{3} = 14207.03$ L

③ 洗涤剂溶量：洗涤溶剂为 0.8mol/L HCl，则洗涤溶剂体积为：

$$8196.36 \times 0.2 = 1639.27 \text{ L}$$

洗涤溶剂用 10 mol/L 盐酸配制，故需 10 mol/L 盐酸体积为：

10 mol/L 盐酸：

$$\frac{1639.27 \times 0.8}{10} = 131.14 \text{L}$$

盐酸量：

$$131.14 \times 1.159 = 151.99 \text{ kg}$$

需水量：

$$1639.27 - 131.14 = 1508.13 \text{ L(kg)}$$

洗液量：

$$151.99 + 1508.13 = 1660.12 \text{ kg}$$

④ 反萃中稀土溶剂量：

反萃中稀土使用 1.8 mol/L HCl

反萃中稀土溶剂体积：

$$8196.36 \times 0.33 = 2704.80 \text{ L}$$

用 10 mol/L 盐酸：

$$\frac{2704.80 \times 1.8}{10} = 486.86 \text{ mol/L}$$

盐酸量：

$$486.86 \times 1.159 = 564.27 \text{ kg}$$

配制反中剂用水量：

$$2704.80 - 486.86 = 2217.94 \text{ L(kg)}$$

故反萃中稀土溶剂量：

$$2217.94 + 564.27 = 2782.21 \text{ kg}$$

⑤ 反萃重稀土溶剂量：

反萃重稀土需用 5 mol/L 盐酸的体积：

$$8196.36 \times 0.42 = 3442.47 \text{ L}$$

10 mol/L 盐酸体积：

$$\frac{3442.47 \times 5}{10} = 1721.24 \text{ L}$$

盐酸重：

$$1721.24 \times 1.159 = 1994.92 \text{ kg}$$

配制反萃重稀土试剂用水量：

$$3442.47 - 1721.24 = 1721.23 \text{ L(kg)}$$

反重剂重：

$$1994.92 + 1721.23 = 3716.15 \text{ kg}$$

⑥ 萃取工序投入量合计：

$$料液 + 洗液 + 反中剂 + 反重剂 + 有机相重$$
$$= 9352.28 + 1660.12 + 2782.21 + 3716.51 + 21310.54$$
$$= 38821.30 \text{ kg(L)}$$

2) 产出量：

① 萃余液量：萃余液即为氯化轻稀土溶液，在分馏萃取中为料液与洗涤剂合量。
其中，有价成分：

$$M_{2-轻} = 448.10 \times 99\% = 443.62 \text{ kg}$$
$$M_{2-中} = 85.65 \times 0.05\% = 0.04 \text{ kg}$$

萃余液重：

$$料液中其他量 + 洗液量 + 有价成分量$$
$$= 8450.68 + 1660.12 + 443.62 + 0.04$$
$$= 10554.46 \text{ kg}$$

萃余液浓度：

$$萃余液中有价成分量 / 萃余液体积$$
$$= 萃余液中有价成分量 / 料液体积 + 洗涤剂体积$$
$$= \frac{(443.62 + 0.04) \times 1000}{料液体积 + 洗液体积} = \frac{443.66 \times 1000}{8196.36 + 1639.27}$$
$$= 45.11 \text{ kg/L (RE}_2\text{O}_3)$$

酸度为 0.6~0.65 mol/L。

② 中稀土反出液量：

中稀土反出液中有价成分量：

$$M_{2-中} = 85.65 \times 99.85\% = 85.52 \text{ kg}$$
$$X_{2-轻} = 4481.0 \times 1\% = 4.48 \text{ kg}$$
$$X_{2-重} = 367.85 \times 0.5\% = 1.84 \text{ kg}$$

中稀土反出液重：

$$反中剂重 + 其中有价成分量$$
$$= 2782.21 + 85.52 + 4.48 + 1.84$$
$$= 2874.05 \text{ kg}$$

中稀土反出液稀土浓度：

$$\frac{91.84 \times 1000}{2704.80} = 33.95 \text{ g/L}$$

③ 重稀土反出液量：

重稀土反出液中有价成分量：

$$M_{2-重} = 367.85 \times 99.5\% = 366.01 \text{ kg}$$
$$X_{2-中} = 85.65 \times 0.1\% = 0.09 \text{ kg}$$

故重稀土反出液量：

$$重稀土反出剂量 + 有价成分质量$$
$$= 3716.15 + 366.01 + 0.09$$
$$= 4082.25 \text{ kg}$$

重稀土反出液浓度：

$$\frac{366.10 \times 1000}{3442.27} = 106.35 \text{ g/L}$$

④ 有机相体积：在不考虑机械损失的情况下，反萃后有机相体积等于投入工序的有机相体积，故有机相体积为 21310.54 L。

计算损失：

$$21310.54 \text{ L} - \frac{25.00}{0.9} \times (27.78 \text{ L}) = 21282.76 \text{ L}$$

⑤ 产出量合计：

$$10554.46 + 2874.05 + 4082.25 + 21310.54 \text{ (L)} = 38821.30 \text{ kg(L)}$$

在进行萃取工序物料平衡计算时，最重要的不是各项质量为多少，而是各项的体积、浓度和酸度，以便配置各种高位槽、储槽与计算产量。为此，其投入量与产出量的各项，必须计算出其体积、浓度、酸度以及质量。根据工艺要求，投入量与产出量的各分量，可以体积为单位，也可以质量为单位进行计算，但通常有机相以体积为单位计算方便。计算时务必注意，当某项在投入量以体积为单位时，在产出量中也必须以体积为单位，这样才能做到平衡。因此，投入量与产出量为质量与体积的复合量，其物料量单位可能是以 $\text{kg(L)}/d$，$\text{t(m}^3\text{)}/a$ 或 kg(L) 为单位。

（3）第 3 工序：浓缩结晶工序，与本工序计算有关数据：

1）结晶物中要求 $w(NH_4Cl)/w(RE_2O_3) = 1.5\% \sim 4\%$，取 2%；

2）本工序有价成分损失率为 1.2%，其中在蒸发过程中，由于抽真空等带走液体原因，损失率为 1.15%；而在结构包装过程中有价成分及物料机械损失率相应为 0.05%。

1）投入量：

① 萃余液量：10554.46 kg

其中，有价成分：

$$P_{3-轻} = 443.62 \text{ kg}$$
$$X_{2-中} = 0.04 \text{ kg}$$

② NH_4Cl 加入量：

$$\frac{(443.62 + 0.04) \times (1 - 1.15\%) \times 2\%}{98\%} = 8.95 \text{ kg}$$

③ 投入量合计：

$$10554.46 + 8.95 = 10563.41 \text{ kg}$$

2）产出量：

① 轻稀土氯化物结晶量：

结晶物中有价成分量：

$$(443.62 + 0.04) \times (1 - 1.15\%) = 438.56 \text{ kg (RE}_2O_3)$$

产出时轻稀土氯化物结晶量：

$$\frac{438.56}{45\%} = 974.58 \text{ kg}$$

包装损失：

$$438.56 \times 0.05\% = 0.22 \text{ kg}$$

实有：

$$A_{3-产} = 438.56 - 0.22 = 438.34 \text{ kg}$$

故实际产出轻稀土氯化物结晶量：

$$\frac{438.34}{45\%} = 974.09 \text{ kg}$$

② 物料机械损失：

$$974.58 \times 0.05\% = 0.49 \text{ kg}$$

其中：

$$X_{3-机} = 438.56 \times 0.05\% = 0.22 \text{ kg}(有价成分 0.22 \text{ kg})$$

③ 蒸发水及带走液体量：

$$本工序投入量合计 - 结晶物产出量 - 物料机械损失量$$
$$= 10563.41 - 974.09 - 0.49$$
$$= 9588.83 \text{ kg}$$

其中，有价成分：

$$X_{3-常} = 443.66 \times 1.15\% = 5.10 \text{ kg}$$

④ 产出量合计：

$$974.09 + 0.49 + 9588.83 = 10563.41 \text{ kg}$$

第 3 工序的物料平衡表见表 3-9。

表 3-9　第 3 工序的物料平衡表

序号	投 入 量			序号	产 出 量		
	物料名称	物料量/kg	有价成分/kg		物料名称	物料量/kg	有价成分/kg
1	萃余液	10554.46	443.66	1	氯化轻稀土结晶物	974.09	438.34
2	氯化铵	8.95		2	机械损失	0.49	0.22
				3	蒸发水及带走液体	9588.83	5.10
合　计		10563.41	443.66	合　计		10563.41	443.66

由混合稀土氧化物生产氯化轻稀土结晶年处理量与处理 1 t 原料的原材料消耗明细表见表 3-10。

表 3-10　原材料消耗明细表

序号	物料名称	单位	处理 1 t 原料的消耗量	年处理量的消耗量
1	混合稀土氧化物	t	1.0	400
2	工业盐酸	t	3.96	1584
3	水	t	12.60	5040
4	氯化钡	kg	24.44	9776
5	氯化铵	kg	8.95	3580
6	凝聚剂	kg	1.5	600
7	P204	kg	8.3	3320

序号	物料名称	单位	处理 1 t 原料的消耗量	年处理量的消耗量
8	煤油	kg	16.6	6640

注：（1）原材料消耗（kg/d）×T/1000＝原材料消耗(t)/年产量，T 为年工作日；

（2）年产量原材料消耗（t/a）/年产量＝原材料消耗量（t）/1 t（产品）

（3）设计为处理量时，经换算可得生产 1 t 产品所需原材料消耗值（即单耗值）。

（4）有价成分平衡验算及回收率计算

1）轻稀土：M_0 = 457.24 kg，M = 438.30 kg

验算：$M_0 = M + \sum X$

$$= 438.3 + 9.14 + 4.48 + 5.32 = 457.24 \text{ kg}$$

故轻稀土有价成分平衡计算，正确无误。

$$\varepsilon_{轻} = \varepsilon_1 \times \varepsilon_2 \times \varepsilon_3$$
$$= 98\% \times 99\% \times 98.8\% = 95.86\%$$
$$\eta_{轻} = M/M_0 \times 100\%$$
$$= 438.30/457.24 \times 100\% = 95.86\%$$

故轻稀土的流程回收率为 95.86%。

2）中稀土：M_0 = 87.40 kg，M = 85.52 kg

验算：$M_0 = M + \sum X$

$$= 85.52 + 1.75 + 0.09 + 0.04 = 87.40 \text{ kg}$$

故中稀土有价成分平衡计算，正确无误。

3）重稀土：M_0 = 375.36 kg，M = 366.01 kg

验算：$M_0 = M + \sum X$

$$= 366.01 + 9.35 = 375.36 \text{ kg}$$

故重稀土有价成分平衡计算，正确无误。

3.3　冶金过程能量平衡计算

3.3.1　冶金过程能量平衡计算的目的和要求

冶金过程的能量平衡计算包括电能平衡计算和热平衡计算。能量平衡是指进入某体系的能量与从该体系放出的能量之间的平衡关系，即 $A_{进入} = A_{放出}$。

冶金过程能量平衡计算一般都是以某一过程（如还原熔炼过程、浸出过程、电解过程等）来进行，而大部分冶金过程是在加热的情况下才能实现，如铜精矿造铜熔炼过程，钨精矿的碱分解过程、铜的电解精炼过程等，有的冶金过程消耗电能（如电炉熔炼过程的电解过程），有的冶金过程消耗燃料（如反射炉熔炼、闪速炉熔炼等）。在这种情况下，能量平衡计算的目的就是要计算出需要为过程的进行提供多少能量，即电能或燃料的消耗量，或两者兼有。有的冶金过程为放热反应，反应时放出的热量使过程的温度升高，这时就需要采取措施控制反应温度，有的过程反应放出的热量还可以加以利用。同时，火法冶炼过程中的烟气会带走大量的热，如何利用烟气中的这部分热量是冶金过程节能的一个重要方向。因此，通过对冶金过程能量平衡计算，要达到如下目的和要求：

（1）用于确定外加能量的数量或需要导出的多余能量的数量，从而确定燃料或电能的消耗量及进行加热器或散热器的设计。

（2）余热的利用。

（3）用于分析和研究节能的可能途径。

冶金过程的能量平衡计算是在物料平衡计算的基础上进行的。

3.3.2 冶金过程能量平衡计算的原则和步骤

冶金过程能量平衡计算的理论基础是能量守恒定理，即过程中经过各种途径吸收的能量必然等于经过各种途径放出的能量。因此，其总原则是"能量收入＝能量支出"。这就是说，如果过程支出的能量大于收入的能量，则需从外界提供能量（燃料或电能）；反之，若过程收入的能量大于支出的能量，则需从过程中导出多余的能量。

实际的冶金过程繁简不一，在进行能量平衡计算时有的比较简单，有的比较复杂。为使计算过程正确进行，通常应遵循以下步骤：

（1）确定计算体系。计算体系是指计算对象的边界或范围，由于能量平衡计算是以某一过程来进行，因此通常是以实现该过程的主体设备内进行反应的基本组成部分作为计算体系。如铜精矿的闪速熔炼过程是以闪速炉作为计算体系，浸出过程是以浸出槽作为计算体系。对于预焙阳极电解槽来说，可取槽底-槽壳-壳面-阳极作为计算体系。体系以外和体系有联系的物质则为环境。

（2）确定过程进行的各种工艺条件，如反应温度、压力、升温保温时间、加热方式等。

（3）准确的过程物料衡算数据。例如，使用的原料量、产品和中间产品量以及它们的化学成分和物相组成。

（4）确定过程中各种物料之间所发生的化学反应。

（5）确定过程所使用的主体设备的形状、尺寸、材料，以及所使用的保温材料的种类和炉子的构筑方法等。

（6）选定能量衡算的基准温度。因为物质能量的绝对值不知道，必须事先选定合适的基准状态。一般冶金炉的热平衡计算多以 0 ℃或工作温度为计算的温度基础；而电解槽的能量平衡计算，则多取电解的实际温度为计算基础，也有以车间温度为基础的。不管以哪种温度为基础进行计算，其能量平衡状态不变，只是计算项目不同。

（7）分别计算过程中进入体系的能量和体系消耗的能量，并列出平衡方程式：

$$\sum A_{入} = \sum A_{出} \tag{3-65}$$

（8）列出整个过程能量平衡表，并进行详细分析研究，寻找节能的措施。

3.3.3 能量平衡方程式的建立

进行能量平衡计算，首先是正确拟定能量平衡方程式，但选定的基准温度不同时，方程式的具体项目也不同。一般情况多选用 0 ℃或工作温度为计算的基准温度。

（1）以 0 ℃为计算基准。此时物料的化学反应热效应是以 0 ℃的反应物反应生成0 ℃的生成物的热效应，热收入包括进炉物料带入的物理显热 $Q_{显}$、0 ℃时的化学反应热效应 $Q_{反应}$（假设为放热反应），以及燃料燃烧（或电炉加热）提供的热 $Q_{外}$ 等项；热支出包括将 0 ℃的生成物升温到离炉温度时所需要的热 $Q_{产}$、消耗在反应设备上的热量 $Q_{设备}$（对于周期性作业的设备），以及设备向周围空气的热损失 $Q_{损失}$ 等项。其能量平衡方程式为：

$$Q_{外} + Q_{反应} + Q_{显} = Q_{产} + Q_{设备} + Q_{损失}$$
$$(热收入) \qquad\qquad (热支出) \tag{3-66}$$

（2）以工作温度 t_1 为计算基准。计算物料的化学反应热效应是以工作温度 t_1 下的反

应物反应生成 t_1 下的生成物的热效应，相应地热收入为工作温度 t_1 下的反应热效应 $Q_{反应}$（假设为放热反应），燃料燃烧（或电炉加热）提供的热 $Q_{外}$、温度为 t_1 的生成物改变为离炉温度 t_2 时留下的热量 $Q_{留}$；热支出为物料由入炉温度升至工作温度 t_1 时所需的热 $Q_{料}$、消耗在反应设备上的热 $Q_{设备}$（对于周期性作业的设备），设备向周围空气散失的热量 $Q_{损失}$。其能量平衡方程式为：

$$Q_{外} + Q_{反应} + Q_{留} = Q_{料} + Q_{设备} + Q_{损失}$$
$$\text{（热收入）} \qquad \text{（热支出）} \tag{3-67}$$

3.3.4　具体计算方法

冶金过程的能量平衡计算包括能量收入和能量支出两项。

3.3.4.1　能量收入

（1）过程参加反应物料的放热热效应 $Q_{反应}$（kJ）：

$$Q_{反应} = \sum G_i \Delta H_{iT} \times 10^3 / M_i \tag{3-68}$$

$$\Delta H_T = \Delta H_{298} + \int_{298}^{T} \Delta Cp\,dT \tag{3-69}$$

式中　G_i——参加反应的物料 i 的质量，kg；

ΔH_{iT}——参加反应的物料 i 摩尔反应热效应，kJ/mol；

M_i——参加反应的物流 i 的摩尔质量，g/mol。

（2）燃料燃烧热或电炉加热所供给的热 Q（kJ）外，其中燃料燃烧热为：

$$Q = GJ \tag{3-70}$$

式中　G——燃料的质量，kg；

J——燃料的燃烧发热值，kJ/kg。

如果是电炉供热，则供热 Q（kJ）：

$$Q = 3595 P_0 \tau \tag{3-71}$$

式中　P_0——炉子正常工作的实际功率，kW；

τ——炉子作业时间，h；

3595——换算系数（由 kW 转化为 kJ/h），1 kW = 3595 kJ/h。

（3）炉料的物理显热 $Q_{显}$（kJ）：

$$Q_{显} = GCt \tag{3-72}$$

式中　G——炉料的质量，kg；

C——炉料的比热，kJ/(kg·℃)；

t——炉料进入设备时的温度，℃。

（4）预热空气的物理显热 $Q'_{显}$（kJ）：

$$Q'_{显} = VCt \tag{3-73}$$

式中　V——预热空气的体积，m³（标态）；

C——预热空气的比热，kJ/(m³·℃)（标态）；

t——预热空气的温度，℃。

3.3.4.2　能量支出

（1）过程中参加反应物料的吸热反应热效应 $Q'_{反应}$（kJ），其计算方法和 $Q_{反应}$ 相同。

$$Q'_{反应} = \sum G_i \Delta H_{iT} \times 10^3 / M_i \tag{3-74}$$

$$\Delta H_T = \Delta H_{298} + \int_{298}^{T} \Delta Cp \mathrm{d}T \tag{3-75}$$

式中　G_i——参加反应的物料 i 的质量，kg；

ΔH_{iT}——参加反应的物料 i 摩尔反应热效应，kJ/mol；

M_i——参加反应的物流 i 的摩尔质量，g/mol。

（2）反应生成产物（主要产品、炉渣、烟尘等）带走的热量 $Q_{产}$(kJ)：

$$Q_{产} = \sum_{i=1}^{n} G_i C_i t \tag{3-76}$$

式中　G_i——反应生成物 i 的质量，kg；

C_i——反应生成物 i 的比热，kJ/(kg·℃)；

t——反应生成物的离炉温度，℃。

（3）烟气带走的热量 $Q_{烟}$（kJ，烟气组分一般为 SO_2、CO_2、H_2O、O_2、N_2等）

$$Q_{烟} = \sum_{i=1}^{n} V_i C_{p,i} t \tag{3-77}$$

式中　V_i——烟气中 i 组分的体积，m^3（标态）；

t——烟气离炉温度，℃。

$C_{p,i}$——烟气中 i 组分在温度 t 时的平均比热，kJ/(m^3·℃)（标态）；

（4）水分蒸发热 $Q_{蒸}$(kJ)：

$$Q_{蒸} = G(t_1 - t_0)C_1 + Gq + (t_2 C_3 - t_1 C_2)V \tag{3-78}$$

式中　G——水的质量，kg（标态）；

V——水蒸气体积，m^3（标态）；

t_0, t_1, t_2——水的始温、沸点和水蒸气离炉温度；

q——水的相变热，2253 kJ/kg；

C_1——水的比热，4.18 kJ/(kg·℃)；

C_2——100 ℃时水蒸气的比热，1.5 kJ/(m^3·℃)（标态）；

C_3——温度为 t_2 时水蒸气的比热，kJ/(mol·℃)（标态）；

（5）炉料由进炉温度加热到反应温度所需热量 $Q_{料}$(kJ)：

$$Q_{料} = GC(t_{反应} - t_{进炉}) \tag{3-79}$$

式中　G——炉料质量，kg；

C——炉料的比热，kJ/(kg·℃)；

$t_{进炉}$——炉料进炉时的温度，℃；

$t_{反应}$——炉料进行反应时的温度，℃。

（6）设备由室温加热到反应温度所需热量 $Q_{设备}$（kJ，对于周期性作业）：

$$Q_{设备} = GC(t_{反应} - t_{室}) \tag{3-80}$$

式中　G——反应设备的质量，kg；

C——反应设备的比热，kJ/(kg·℃)；

$t_{反应}$——反应温度，℃；

$t_{室}$——室温，℃。

（7）设备向周围散失的热量 $Q_{损失}$（kJ）：$Q_{损失}$的计算要根据炉子的结构和材料，耐火材料种类、传热方式（对流、传导、辐射）等具体情况进行，在热量传递学中已经学过，这里不再重复。有的在计算中取经验数据，如铜精矿闪速熔炼过程的热损失占总热损失的 15% 左右。

一般的蒸气加热浸出槽向周围空气的热损失可用下式计算：

$$Q_{损失} = F\alpha_{T}(t_{w} - t)\,\tau \tag{3-81}$$

式中　F——浸出槽的散热面积，m^2；

　　　α_{T}——散热表面向周围介质的散热系数，$kJ/(m^2 \cdot h \cdot \text{℃})$；

　　　t_{w}——浸出槽四壁的表面温度，℃；

　　　t——周围空气温度，℃；

　　　τ——过程的持续时间，h。

α_{T}的计算：空气作自然对流，壁面温度 50~350℃ 时，

$$\alpha_{T} = 8 + 0.5t_{w} \tag{3-82}$$

空气沿粗糙壁面作强制对流，当空气速度 $w \leqslant 5\ m/s$ 时，

$$\alpha_{T} = 5.3 + 3.6w \tag{3-83}$$

当空气速度 $w > 5\ m/s$ 时，

$$\alpha_{T} = 6.7w^{0.7} \tag{3-84}$$

进行能量平衡计算后，列出过程能量平衡总表。

电解槽的能量平衡是指电解槽单位时间内由外部供给的能量（电能）与电解槽本身同周围环境进行物质交换与能量交换过程中所消耗的能量之间的平衡。通过电解槽能量平衡计算，可以确定保证电解过程正常进行所消耗的电能量，同时也可以确定电解槽适宜的保温条件，即确定出适合的热损失与合理的极间距离，并为调整电解槽的热损失分配与事先估计电能效率提供必要的资料。根据能量平衡计算，可以分析能量在电解槽上的分配与利用，找出降低电耗的途径，为改善电解槽的工作提供条件。

3.3.5　冶金过程节能措施分析

冶金过程节能措施分析包括：

（1）将炉料进行预热和提高预热空气的温度，可增大进入体系的热量。

（2）强化燃料燃烧过程采用氧气或富氧鼓风，强化燃料燃烧过程，燃料中的热量可得到充分利用。同时，采用氧气或富氧鼓风，可减少烟气中 N_2 和 H_2O 的含量，使烟气中带走的热量减少。

（3）采用保温性能好的材料，防止热量损失。同时采用连续作业，可减少消耗在设备上的热量。降低反应产物出炉温度，使炉料干燥入炉，可减少由产物带走的热量和由于水分蒸发带走的热量。

（4）充分利用精矿本身的热能和烟气的余热。

稀土冶金生产工艺过程的设计

4.1 设计的基本原则及设计中重要问题的选择

4.1.1 设计的基本原则

萃取工艺设计，是将料液中欲提取（或分离）的有价金属，通过各个工序的安排获得需要产品的过程。因此，要取得最佳工艺设计必须要遵循以下原则：

（1）流程结构要紧凑，级数尽可能少；

（2）尽可能避免溶剂的预处理，力求萃取体系两相闭路循环，不排出对环境有害的污染物；

（3）平衡时间短，对料液组分和流量变化的适应性好；

（4）萃取剂净交换容量大，化学稳定性好，易于分相，不产生乳化物及第三相；

（5）选用的萃取器结构简单，效率高，处理能力大，易于操作；

（6）一次溶剂投入量少，溶剂夹带损失少，回收方便简单；

（7）比其他方法投资少或经营费用低。

4.1.2 设计中重要问题的选择

欲使金属萃取过程设计更接近实际，还需做好如下重要问题的选择。

（1）产品方案的选择。产品方案不仅取决于料液中回收（或分离）金属的浓度和杂质成分，而且还会影响流程的结构。例如，从稀土精矿制取稀土的工艺流程，产品方案可以是氧化物、稀土盐类或混合物。若产品为氧化物或盐，则反萃剂可以用盐酸或硫酸，反萃后富稀土溶液开路操作。由于多数稀土的价格高，采用何种产品方案对于流程的成本都是可行的，这时产品方案就要取决于市场需要。

（2）工艺流程的选择。萃取作为一种单元操作，其前道工序通常是将矿物中的有用元素通过浸出的方式以离子状态转入浸出液中；其后接工序通常是将要提取的金属经过电积或沉淀过程而得到所需要的产品（纯金属或中间产物）；作为中间工序的萃取操作必须与其前后工序相适应，包括体系和规模。对于萃取体系的选择要经过小型和扩大试验过程，通常小型试验是探索流程的可行性，同时确定有机物的组成、流比、混合时间、澄清速率等参数；扩大试验的目的一方面是考察流程的可靠性及稳定性等，另一方面是为工业设计提供工艺、设备、技术经济等方面的数据。

为了考察流程的稳定性，扩大试验的规模和运转时间的选定十分重要。一般来讲，比较成熟的流程，试验规模可以小些，运转时间可以短些；相反，则应该规模大些，时间长些。扩大试验对考察萃取剂的稳定性也十分重要，因此扩大试验得到的参数是选择工艺流程的主要依据。

（3）设备的选择。对于一个稳定可行、结构合理的萃取工艺，设备是工艺实现的保证。我国湿法冶金中，目前最常用的萃取设备是各种混合-澄清萃取槽。工业设计中追求最小的功率输入和最高的传质效率，追求操作方便、结构简单和易于维修。在满足传质要求的前提下，搅拌转速的确定十分重要，因为过高搅拌会增大澄清室的体积，增加工程投资。在开工时有机相的投入量对工程投资有较大的影响，因此对有机相的投入量要有合理的选择。

除主体设备之外，物料的输送设备、储存设备、事故处理设备也很重要，必须统筹考虑。不论是主体设备还是辅助设备（包括测试仪表），均要考虑介质的腐蚀问题。

（4）工艺参数的可靠性。萃取工艺参数包括萃取平衡、分相时间、级数、流比、溶剂净交换容量、萃取效率及设备的操作参数等，这些参数将决定工厂实际生产效率和设备尺寸。由于金属溶剂萃取的料液主要来自矿石或废杂金属浸出液（包括含金属废水），这些物料的组成因地而异，不仅可供回收的金属成分不同，杂质含量的差别也很大，而且萃取工厂料液浓度和流量时有变化，这对萃取过程的传质和水力学特性将会产生影响。所以设计选用的工艺参数不能仅仅依赖小型试验确定的参数，更不能用原理计算获得数据，因为这样设计的萃取工厂与实际情况不相符，投产后必然会出现很大的误差。迄今为止，所有萃取工厂的工艺设计参数，都必须采用真实料液进行半工业试验，或从同类工厂的生产实践中获得，这样取得的工艺参数才是可靠的。

（5）排放物的处理。萃取操作通常是无渣、闭路循环的作业，没有废渣处理的问题，所产生的废水也是少量的。通常把产生的废水在工业设计上并入工厂的废水处理系统，不单独处理，但要注意萃余液的合理利用。因为处理的料液常常含有多种有价金属，所以要考虑有价金属的综合回收等问题。要把废物资源化，既要回收有价金属，又要达到排放标准。

（6）经济合理性。经济合理对于任何一个工业设计都是十分重要的因素，对于萃取车间的工业设计，经济上要考虑的主要是基本建设投资和产品的成本费用。

在工厂基本建设诸多费用中，设备的投资大约占40%，设备的大小和数量的多少直接影响基本建设费用。建设中必须考虑各工序之间的衔接，减少物料的滞存量和存留时间。

产品的成本受多种因素的影响。对萃取车间而言，萃取剂和稀释剂（通常是煤油）的消耗是重点因素。工厂设计中除了考虑降低其消耗量外，还要考虑机械流失剂的有效回收。

选定萃取工艺时，根据不同金属的价格差异而确定。如果金属的价格比较低，在确定是否选用萃取工艺时要考虑最终的成本；如果金属的价格高，则金属的回收率是重点考虑的问题。

4.2 稀土分离设计

4.2.1 稀土分离方法的发展

由稀土精矿分解后所得到的混合稀土化合物中分离提取单一稀土元素，在化学工艺上是比较复杂和困难的。其主要原因首先是镧系元素之间的物理性质和化学性质十分相似，多数稀土离子半径在相邻两元素之间非常相近，在水溶液中都是稳定的+3价态；稀土离子与水的亲和力大，因受水合物的保护，其化学性质非常相似，分离提纯极为困难。其次是稀土精矿分解后所得到混合稀土化合物中伴生的杂质元素（如铀、钍、铌、钽、钛、锆、铁、钙、硅、氟、磷等）较多。因此，在分离稀土元素的工艺流程中，不仅要考虑化学性质极其相近的稀土元素之间的分离，而且还必须考虑稀土元素同伴生杂质元素之间的分离。

稀土生产中先后采用的湿法分离方法有分步法（分级结晶法、分级沉淀法和氧化还原法）、离子交换法和溶剂萃取法。

(1) 分步法是利用化合物在溶剂中溶解的难易程度（溶解度）上的差别来进行分离和提纯的。因为稀土元素之间的溶解度差别很小，必须重复操作多次才能将两种稀土元素分离开来，一次分离重复操作竟达 2 万次。因此，用这样的方法不能大量生产单一稀土元素。

(2) 离子交换法是利用稀土离子与络合剂形成的络合物的稳定性不同，在阳离子交换树脂柱入口端吸附待分离的混合稀土，然后用淋洗液洗脱。与淋洗液亲和力大的稀土离子向下流动快而先到达出口端，从而实现了分离。这种方法的优点是一次操作可以将多种元素加以分离，而且还能得到高纯度的产品；缺点是不能连续处理，一次操作周期花费时间长，还有树脂的再生、交换等所耗成本较高。因此，这种曾经是分离大量稀土的主要方法目前已被溶剂萃取法取代。但由于离子交换色层法具有获得高纯度单一稀土产品的突出特点，目前，为制取某些超高纯单一稀土产品以及分离一些重稀土元素，仍采用离子交换法。

(3) 溶剂萃取法在石油化工、有机化学、药物化学和分析化学方面应用较早。但近60 年来，由于原子能科学技术的发展，超纯物质及稀有元素生产的需要，溶剂萃取法在核燃料工业、稀有金属冶金工业等方面得到了很大的发展。

溶剂萃取法从 20 世纪 50 年代起成为稀土元素分离的研究重点之一。近二三十年来，无论在新型萃取剂的制备、萃取化学和萃取工艺的研究方面，还是在新型高效萃取设备的研制及应用等方面，都得到了较大的进展。

近年来，由于萃取设备的改进、最优化理论的建立、计算机在模拟设计和生产控制方面的应用，更加提高了萃取效率，从而为萃取工艺的广泛应用创造了条件。我国在萃取理论的研究、新型萃取剂的合成与应用和稀土元素分离的萃取工艺流程及产品质量等方面，均达到了很高的水平。

稀土分离工业广为应用的是分馏萃取方式，该种方式具有生产的产品纯度和回收率高、化学试剂消耗少、生产环境好、生产过程连续进行和易于实现自动化控制等优点。目前，除 Pm 以外的 16 种稀土元素，都可采用溶剂萃取法提纯到 6 mol/L（99.9999%）的纯度。

萃取冶金中，工艺条件较多，其中液料的多组分性、被萃组分与萃取剂生成的配合物的稳定性、萃合物在稀释剂中的溶解度均各有差异。即使同一种金属，只要料液组分不尽相同，设计时就应该考虑以上性质的差别。在设计中必须考虑产品与工艺流程、设备、工艺参数及环保等问题，并应做出合理的选择。因为它们影响着工艺过程的经济效益，而经济上的合理性则是工艺过程设计的核心。

4.2.2　稀土萃取理论

在萃取分离过程中，由于受到分配比和分离系数的限制，单级萃取通常难以达到稀土元素有效分离的目的，所以在实际生产中需要将多个萃取器串联起来进行萃取分离，这种把多个萃取器按照一定形式串联起来，进行多级萃取、洗涤以及反萃取的工艺过程称为串级萃取。按照有机相与水相进行接触时流动方式的不同，串级萃取可以分为错流萃取、逆流萃取、分馏萃取等多种，它们各自的适用范围不同，其中在稀土冶金中应用最为广泛的是分馏萃取工艺。下面简单介绍几种串级萃取方式。

4.2.2.1　错流萃取

错流萃取是指料液由第一级流入，以后各级的萃余液都与新鲜的有机相进行接触的串级萃取方式。该工艺的优点在于较少级数情况下保证易萃组分完全萃入有机相中，从而使萃余液中难萃组分纯度提高。但该工艺存在有机相用量大、难萃组分回收率低等缺点，两相流动方式如图 4-1 所示。

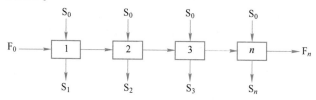

图 4-1　错流萃取两相流动示意图

S_0—空白有机相；F_0—料液；S_n—负载有机相；F_n—萃余水相

4.2.2.2　逆流萃取

逆流萃取是把料液和有机相从萃取器的两端加入，两相在级与级之间逆向流动的萃取方式。这样可使含有较少易萃组分的水相与新鲜有机相接触，而含有较多易萃组分的有机相与料液接触，使有机相得到充分利用，可以提高分离效果和收率。但该工艺一般只能获得一种纯产品，两相流动方式如图 4-2 所示。

图 4-2　逆流萃取两相流动示意图

S_0—空白有机相；F_0—料液；S_n—负载有机相；F_n—萃余水相

4.2.2.3　分馏萃取

分馏萃取是指有机相和洗涤液在萃取器两端以相反方向连续加入，含待分离元素的料液由串级萃取器的中间某级加入的萃取方式。有机相和水相（包括料液和洗涤液）也是在级与级之间逆向流动，实际上就是加上洗涤段的逆流萃取。因为只有逆流萃取段时，增加级数虽然可以提高收率但产品纯度下降，减少级数产品实收率下降，分馏萃取通过逆流萃取保证足够的实收率，利用逆流洗涤保证足够的纯度，能使性质相似的各元素得到较好的分离，因此最容易达到或接近最优化工艺指标，在工业上被广泛采用。其工艺过程如图 4-3 所示。

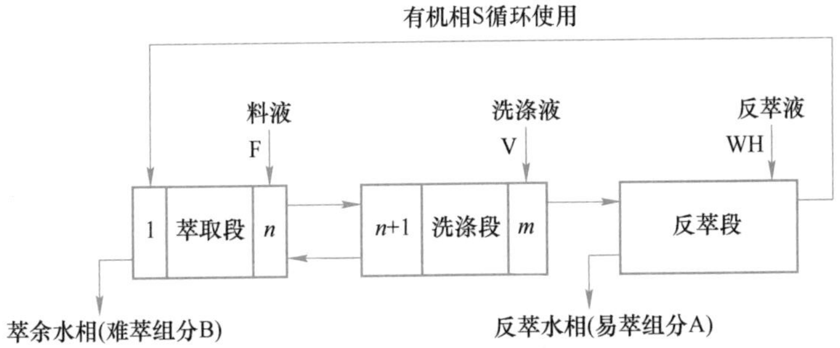

图 4-3 分馏萃取工艺过程主要阶段连接示意图

A 分馏萃取过程

分馏萃取过程主要阶段：一个分馏萃取工艺是由萃取段、洗涤段和反萃段三部分组成，由于反萃段的功能与萃取段每一级基本相同，所以实际上分馏萃取可以说是由萃取段和洗涤段两部分组成。萃取段和洗涤段既相互独立又有联系，料液经过逆流萃取可以保证水相中 B 的纯度和有机相中 A 的收率，再对有机相进行逆流洗涤可保证有机相中 A 的纯度和提高水相中 B 的收率。

（1）萃取段：萃取段由第 1～n 级组成。在第 n 级加入料液 F，在第 1 级混合室加入有机相 S 并且循环使用有机相 S，从该级澄清室流出含有难萃组分 B 的萃余水相。萃取段的作用是使料液中的易萃组分 A 和有机相经过 n 级的逆流接触后，与萃取剂形成萃合物而被萃取到有机相中，从而与难萃组分 B 分离。

（2）洗涤段：洗涤段由第 （n+1）～m 级组成。在第 m 级加入洗涤液（如酸溶液、去离子水等），使其与已经负载了被萃物的有机相经过 m-n+1 级的逆流接触。其作用是将机械夹带或少量萃取进入有机相的难萃组分 B 洗回到有机相中，以提高易萃组分 A 的纯度。

（3）反萃段。在反萃段中用水溶液（酸溶液、碱溶液、去离子水等）与有机相接触，使经过洗涤纯化的易萃组分 A 与有机相解离而返回水相。反萃是萃取过程的逆过程，反萃取是萃取反应的逆反应。反萃段所需的级数与被萃物的反萃率有关，一般在 8 级以下。经反萃的有机相可以循环使用。

B 分馏串级萃取工艺

分馏串级萃取工艺优化设计依据阿德斯（Alders）等人推导出的分馏萃取方程式，为了方便实际应用，徐光宪先生进一步提出了关于分馏萃取理论的四个基本假设。依此理论可以将分馏萃取分离为逆流萃取和逆流洗涤两个独立的部分，这使得分馏萃取计算过程简化，在生产实际中发挥了很大的指导作用。

a 分馏萃取理论中的基本假设

Alders 在研究分馏萃取理论时，在假定萃取比 E_A 和 E_B 在各级萃取中都是相同的前提下，推导出了恒定萃取比条件下的分馏萃取方程。虽然用此方程可以求解萃取段和洗涤段的级数，但由于方程过于复杂，实际应用不方便。徐光宪进一步提出了关于分馏萃取理论的四个基本假设，依此可以将分馏萃取分离为逆流萃取和逆流洗涤两个具有独立性的部分，这使得分馏萃取的计算过程简化，在生产实际中发挥了较大的作用。四个基本假设如下：

（1）两组分体系。分馏萃取的公式推导过程中，只考虑易萃组分 A 和难萃组分 B 的分离。例如，实际分离中有多个组分 A，B，C，D，…，假定分离界限在 A 和 B，C，D，…之间，则 A 为易萃组分，B，C，D，…合并为一个难萃组分。依此类推，分离界限将多组分的体系分为两组，易萃组统称为易萃组分，记为 A；难萃组称为难萃组分，记为 B。

（2）平均分离系数。严格说分馏萃取体系的各级萃取器中 A 和 B 的分离系数 β 是不相等的，但它们的变化不大，在串级萃取计算中可采用它们的平均值。有时候萃取段的平均分离系数和洗涤段的平均分离系数不相等，分别以 β 和 β' 表示，即 $\beta = E_A/E_B$，$\beta' = E'_A/E'_B$。

（3）恒定混合萃取比体系。Alders 恒定萃取比体系的假设与实际偏差较大，在实际的稀土萃取工艺中，为了使工艺条件易于控制，常把大部分级的有机相中金属离子浓度 M 调节到接近恒定（第 1 级和第 n 级除外），因而萃取段的混合萃取比 E_M 恒定，即

$$E_m = \overline{(A+B)}/(A+B) = \overline{M}/M \tag{4-1}$$

同理，洗涤段的混合萃取比 E_M 也可调节洗涤段有机相中的金属离子浓度 $\overline{M}'$，使其在大部分级中接近恒定（除 $n+m$ 级外），即

$$E'_m = \overline{(A+B)'}/(A+B)' = \overline{M}'/M' \tag{4-2}$$

例如，酸性萃取体系只要预先把有机相皂化到一定程度，就能符合恒定混合萃取比的条件。含有盐析剂的中性磷型萃取体系或铵盐萃取体系，E_m 和 E'_m 也接近恒定。

（4）恒定流比。流比是指萃取过程中料液进入流量、有机相流量、洗液流量三者的比例关系，分馏萃取的公式推导过程中假定流比恒定不变。

为了确定分馏萃取的工艺参数，徐光宪教授等在 Alders 分馏萃取理论基础上，提出了稀土串级萃取理论和最优化工艺参数计算方法。他们认为最优的串级萃取工艺是在萃取器总容积和日产量相同的条件下，分离效果最好的工艺，或者说是在萃取器总容积和分离效果相同的条件下，使日产量最大，生产单位产品原材料消耗最低的工艺。

b　分馏萃取系统中的物料分布

（1）水相进料的物料分布。被萃物以水溶液进入萃取体系中的方式称为水相进料萃取。在恒定混合萃取比体系中，水相进料萃取的特点是：有机相中金属离子浓度除有机出口外，其他各级中均接近最大萃取量 S；洗涤段各级水相中的金属离子浓度均接近最大洗涤量 W；萃取段除第一级外，其他各级水相中金属离子浓度均为洗涤量 W 料液进入量 M_F 的总和。根据物料平衡原理可以推导出萃取段和洗涤段水相的金属离子分布公式。例如

在洗涤段：

$$W = S - \overline{M}_{n+m} \tag{4-3}$$

在萃取段：

$$W + M_F = S + M_1 \tag{4-4}$$

分馏萃取全流程物料平衡式为：

$$M_1 + \overline{M}_{n+m} = M_F \tag{4-5}$$

式（4-5）两边同除 M_F，并令

$$f'_B = M_1/M_F, \quad f'_A = \overline{M}_{n+m}/M_F \tag{4-6}$$

则有：

$$f'_B + f'_A = 1$$

其中，f'_B 和 f'_A 分别是水相出口分数和有机相出口分数，它们与料液组成、产品纯度和收率有关，即

$$f'_B = f_B \cdot Y_B/P_{B,1} \tag{4-7}$$

$$f'_A = f_A \cdot Y_A/\overline{P}_{n+m} \tag{4-8}$$

由以上公式可以得出恒定混合萃取比 E_m 和 E'_m 在萃取过程中的表达式为

$$E_m = S/(S + M_1) \tag{4-9}$$

$$E'_m = S/(S - \overline{M}_{n+m}) \tag{4-10}$$

并可以进一步推导出 E_m 和 E'_m 的换算关系式：

$$E_m = E'_m \cdot f'_A/(E'_m - f'_B) \tag{4-11}$$

$$E'_m = E_m \cdot f'_B/(E_m - f'_A) \tag{4-12}$$

将上述公式编制成分馏萃取水相进料方式物料分布见表 4-1，可以更清楚地了解其分布规律。

表 4-1　分馏萃取水相进料方式物料分布表

萃取剂 S ↓　　　　　料液 M_F ↓　　　　　洗液 W ↓

段别	萃取段			洗涤段		
级别	1	i	n	$n+1$	j	$n+m$
有机相离子总量	S	S	S	S	S	M^*_{n+m}
水相离子总量	M_1	$W+M_F$	$W + M_F = S + M_1$	$W = S - M^*_{n+m}$	W	W
萃取比	$E_m = S/(S + M_1)$			$E'_m = S/(S - M^*_{n+m})$		

注：＊表示有机相。

（2）有机相进料。被萃物以有机相进入萃取体系中的方式称为有机相进料萃取。在恒定混合萃取比体系中，有机相进料的特点是：萃取段有机相中金属离子浓度各级中均接近最大萃取量 S；洗涤段各级有相中金离子浓度除 $n+m$ 级外，均为 $S=M_F$；萃取段水相中除第一级外，金属离子浓度均接近最大洗涤量 W；洗涤段各级水相中子也均为最大洗涤量 W，按照类似水相进料物料平衡的推导过程，可以得到分馏萃取有机进料的物料分布见表 4-2。

表 4-2　分馏萃取有机相进料方式物料分布表

萃取剂 S ↓　　　　　有机料液 M_F ↓　　　　　洗液 W ↓

段别	萃取段			洗涤段		
级别	1	i	n	$n+1$	j	$n+m$
有机相离子总量	S	S	$S + M^*_F$	$S + M^*_F$	$S + M^*_F$	M^*_{n+m}
水相离子总量	M_1	W	$W = S + M_1$	$W = S + M^*_F - M^*_{n+m}$		
萃取比	$E_m = S/W$			$E'_m = S + M^*_F/W$		

注：＊表示有机相。

c　最优萃取比方程

（1）串级萃取的最优化标准。在已经确定了萃取体系和分离系数等有关参数的前提下，萃取生产中所期望的是在产品的纯度和收率都很高的条件下，同时具有最大的生产量。根据这一要求制定的工艺流程称为最优化工艺。实际上，所谓最优化工艺就是经济效果最好的工艺，因此可以从分离效果和产量两个方面来作为判别萃取工艺是否是最优化的。符合这两个最优化标准之一的，即可认为是最优化的串级萃取工艺。这两个标准是：1）萃取器的总容积 $V_\text{总}$ 和日产量相同情况下，分离效果达到最好；2）萃取器的总容积 $V_\text{总}$ 和分离效果相同情况下，日产量达到最大。

（2）分馏萃取的级数计算公式。根据分馏萃取中萃取段和洗涤段相互独立的观点，应用 Kremer 逆流萃取方程可以得出萃取段的级数 n 的级数公式，即

$$b = \Phi_B/\Phi_A = (E_{A,\,n+1} - 1)(1 - E_B)/[(1 - E_{B,n+1})(E_A - 1)] \tag{4-13}$$

由于 $E_A > 1$，$E_B < 1$，于是 $E_{A,n+1} \gg 1$，$E_{B,n+1} \ll 1$，所以式（3-28）可以简化为

$$b = E_{An} \approx (\beta E_B)^n \tag{4-14}$$

对式（4-14）取对数，可以计算萃取段的级数 n，

$$n = \ln b/\ln(\beta E_B) \tag{4-15}$$

同理也可以得到洗涤段级数 m 的计算公式：

$$m + 1 = \ln a/\ln(\beta'/E_A') \tag{4-16}$$

（3）最优萃取比方程。在串级萃取的生产中，难萃组分 B 的产量和其萃取比 E_B 有如下关系：

$$Q_B = 1.44V_\text{总}(B)_n(1 - E_B)/[n(1 + r)t(1 + R)] \tag{4-17}$$

式中　Q_B——B 的日产量，kg/d；

　　$V_\text{总}$——萃取器混合室的总容积，L；

　　$(B)_n$——进料级 B 的浓度，g/L；

　　n——萃取段级数；

　　r——澄清室与混合室的体积比；

　　t——混合搅拌时间，min；

　　R——相比。

将式（4-15）代入式（4-17），得

$$\begin{aligned} Q_B &= 1.44V_\text{总}(B)_n(1 - E_B)/[n(1 + r)t(1 + R)] \\ &= 1.44V_\text{总}(B)_n(1 - E_B)/\ln(\beta E_B)/\ln[b(1 + r)t(1 + R)] \\ &= K[(1 - E_B)/(1 + R)]/\ln(\beta E_B) \end{aligned} \tag{4-18}$$

欲求 Q_B 的最大值，须对式（4-18）以 E_B 微分，使 $\partial Q_B/\partial E_B = 0$，并用 Taylor 级数展开微分结果，忽略高阶小数，得到了最优条件下的萃取比与分离系数的关系式。

$$E_B = 1/\sqrt{\beta'} \tag{4-19}$$

$$E_A' = \sqrt{\beta'} \tag{4-20}$$

式（4-19）和式（4-20）称为最优萃取比方程。将最优萃取比代入式（4-15）和式（4-16）则得到最优化标准条件下分馏萃取所用的级数。

$$n = \ln b/\ln(\beta/\sqrt{\beta'}) \tag{4-21}$$

$$m + 1 = \ln a / \ln(\beta'/\sqrt{\beta'}) \tag{4-22}$$

d 分馏萃取过程的控制

在分馏萃取过程中，为了提高产品 B 的纯度，可以提高萃取量 S，使水相中 A 被萃取得更彻底，但此时会使 B 的收率和产量降低，如果 S 提高过大可能会导致产品 A 纯度下降。同样，为了提高产品 A 的纯度，可以提高萃取量 W，使有机相中 B 洗涤得更彻底，但此时会使 A 的收率和产量降低，如果 W 提高过大可能会导致产品 B 纯度下降。如果同时提高 S 和 W，虽然短时间内可以获得高纯度的 A 和 B 两种产品，但是长期会造成萃取体系内 A 和 B 积累过高，当 A 和 B 的积累超过一定的限度时，使 A 和 B 作为杂质在两产品出口溢出，影响产品的纯度。只有合理地选择 S 和 W 值，才可保证 A 和 B 两种产品的纯度和收率同时很高。

为寻求最佳的 S 和 W 值，现引入最佳回萃比 J_S 和最佳回洗比 J_W 的概念。回萃比 J_S 的定义为萃取量与水相出口金属离子质量流量之比，即

$$J_S = S/M_1 \tag{4-23}$$

同样可以定义回洗比为洗涤量 W 与有机相出口金属离子质量流量之比，即

$$J_W = W/\overline{M}_{n+m} \tag{4-24}$$

对于恒定混合萃取比体系，可以由恒定的混合萃取比控制回洗比和回萃比。下面以水相进料为例，结合分配比、分离系数、萃取率和式（4-23）与式（4-24）推导它们之间的关系式：

$$E'_m = S/W = (W + \overline{M}_{n+m})/W = 1 + 1/J_W \tag{4-25}$$

$$E_m = S/(S + M_1) = J_S/(1 + J_S) \tag{4-26}$$

将最优萃取比方程式（4-19）和式（4-20）中 A 和 B 的萃取比以混合萃取比代替并代入式（4-25）和式（4-26）中，则得出恒定萃取比条件下最优回洗比和最优回萃比公式，即

$$J_W = (E'_m - 1)^{-1} = (\sqrt{\beta'} - 1)^{-1} \tag{4-27}$$

$$J_S = E_m/(1 - E_m) = (\sqrt{\beta'} - 1)^{-1} \tag{4-28}$$

分馏萃取工艺中，为了保证 A 产品的纯度，J_S 应采用式（4-28）的计算值。为了保证 B 产品的纯度，J_W 应采用式（4-27）时的计算值。应引起注意的是：在实际的稀土分离生产工艺中，E_A 和 E_B 并不恒定，只有混合萃取比基本恒定。对 E_A 而言，只有料液中的 A 是主要组分，洗涤段的大部分级数中 $P_A > 0.9$ 时，才有可能使 $E'_A \approx E'_m$，如果不符合此条件，将使得代入 E'_m 计算得出的 J_W 及洗涤段级数 m 不可靠。同理只有料液中的 B 是主要组分，萃取段的大部分级数中 $P_B > 0.9$ 时，才有可能使 $E_B \approx E_m$，如果不符合此条件，将使得代入 E_m 而计算得出的 J_W 及萃取段级数 n 不可靠。也就是说，在一个确定料液组成的分馏萃取过程中，E_B 和 E'_A 或 J_S 和 J_W 只能其中之一满足恒定萃取比条件。实际上 E_B 和 E'_A 或 J_S 和 J_W 是相互关联的两组变数，利用前述的有关公式不难证明它们之间的关系：

$$E'_m = E_m \cdot f'_B/(E_m - f'_A) \tag{4-29}$$

$$E_m = E'_m \cdot f'_A/(E'_m - f'_B) \tag{4-30}$$

合并式（4-27）和式（4-28）得到 J_S 和 J_W、f'_B 三者之间的关系式

$$J_W = [(1 + J_S) \cdot f'_B - 1]/(1 - f'_B) \tag{4-31}$$

由式（4-31）可见，随着 f'_B 改变，J_S 可以大于、小于或等于 J_W。当 $J_S = J_W$ 时，由式（4-27）和式（4-28）得

$$f'_B = \sqrt{\beta'}/(1 + \sqrt{\beta}) \qquad (4\text{-}32)$$

由式（4-32）可以判别出萃取过程所处的控制阶段。例如，$f'_B > \sqrt{\beta}/(1 + \sqrt{\beta})$ 时，$J_S < J_W$，则说明萃取过程为萃取段控制；$f'_B < \sqrt{\beta}/(1+\sqrt{\beta})$ 时，$J_S > J_W$，则说明萃取过程为洗涤段控制。如处于萃取段控制，则应首先使 E_m 满足最优化条件式（4-33），然后按式（4-29）计算 E'_m；如处于洗涤段控制，则首先使 E'_m 满足最优化条件式（4-34），然后按式（4-30）计算 E_m，随之再由式（4-35）和式（4-36）计算萃取量 S 和洗涤量 W。

$$E_m = 1/\sqrt{\beta'} \qquad (4\text{-}33)$$
$$E'_m = \sqrt{\beta'} \qquad (4\text{-}34)$$
$$S = E_m \cdot f'_B/(1 - E_m) \qquad (4\text{-}35)$$
$$W = S - f'_A \qquad (4\text{-}36)$$

与水相进料的推导过程相同，也可以得到有机相进料萃取过程控制段的判别式。表 4-3 中汇总了两种进料方式、四种控制状态下，以最优化方法计算 E'_m、E_m、S、W 的过程。

表 4-3　不同控制状态下最优化参数计算方法

进料方式	萃取段控制	洗涤段控制
水相进料	判别：$f'_B > \sqrt{\beta}/(1+\sqrt{\beta})$	判别：$f'_B < \sqrt{\beta}/(1+\sqrt{\beta})$
	$E_m = 1/\sqrt{\beta}$	$E'_m = \sqrt{\beta'}$
	$E'_m = E_m f'_B/(E_m - f'_A)$	$E_m = E'_m f'_A/(E'_m - f'_B)$
	$S = E_m f'_B/(1-E_m)$,　$W = S - f'_A$	
有机相进料	判别：$f'_B > \sqrt{\beta}(1 + \sqrt{\beta'})$	判别：$f'_B < \sqrt{\beta}(1 + \sqrt{\beta})$
	$E_m = 1/\sqrt{\beta}$	$E'_m = \sqrt{\beta'}$
	$E'_m = (1 - E_m f'_A)/f'_B$	$E_m = (1 - E_m f'_B)/f'_A$
	$S = E_m f'_B/(1 - E_m)$,　$W = S + f'_B$	

4.2.3　萃取体系

在有机溶剂萃取体系内，有互不相溶的两相，即水溶液和有机溶剂，它们按密度的差别分为两个液层，一般情况下两个液层间有明显的界面，分别称之为水相和有机相。通常有机相密度小于水相，所以总是在水相之上，故有人又把前者称为重相，把后者称为轻相。水相和有机相在萃取过程中含有不同的组分：有机相中有萃取剂、稀释剂、萃合物和添加剂等，水相中有料液、洗涤剂、反萃液、络合剂和盐析剂等。

4.2.3.1　有机相组成

（1）萃取剂。一般是指可与被萃物作用生成不溶于水相而易溶于有机相的化合物（大多为络合物）的有机试剂。稀土工业中常用的萃取剂及其性质见表 4-4，主要包括：

1）酸性萃取剂，如 P204、P507、环烷酸等；

2）中性萃取剂，如 TBP、P350、亚砜等；

3）离子缔合萃取剂，如胺类、季铵盐 N263 等。

表 4-4 稀土工业中常用的萃取剂和稀释剂

萃取剂和稀释剂	相对分子质量	密度 /g·mL^{-1}	水溶度 /g·L^{-1}	折射率	沸点/℃	燃点 /℃	闪点 /℃	黏度 η(25℃) /mPa·s	表面张力 /N·m^{-1}	介电常数 ε/F·m^{-1}
磷酸三丁酯（TBP）	266.32	0.973（25℃）	0.28（25℃）	1.4223（25℃）	142（313.3Pa）	212	146	3.32	0.0279（20℃）	8.05（25℃）
甲基膦酸二甲庚酯（P350）	320.3	0.9148（25℃）	约0.01（25℃）	1.436（25℃）	120~122（26.7Pa）	219	165	7.5677	0.0239（25℃）	4.55（20℃）
二（2-乙基己基）磷酸（P204）	322.43	0.97（25℃）	0.012（25℃）	1.4419（25℃）		233	206	0.42	0.0288	
2-乙基己基磷酸单2-乙基己基酯（P507）	306.4	0.9475	0.03							
三烷基叔胺（N235）	349	0.8153（25℃）	0.01（25℃）	1.4525（25℃）	180~230（400Pa）	226	189	10.4	0.0282（25℃）	2.44（20℃）
氯化甲基三烷基铵（N263）	459.2	0.8951		1.4687（25℃）		170	160	2.04	0.0311	
仲碳伯胺（N1923）	312.6		0.04							
环烷酸	200~400	0.953		1.4757						
丁醇	74	0.81337（15℃）		1.39922（20℃）	117.7			2.271	0.02457（20℃）	17.1
煤油		约0.8	0.007					0.02		2~2.2

（2）稀释剂。稀释剂是指萃取剂溶于其中构成连续有机相的溶剂，稀释剂虽与被萃物不直接化合，但往往能影响萃取剂的某些性能，如密度、黏度、流动性等。稀土萃取分离中，一般采用煤油作为稀释剂以改善萃取剂的黏度。

（3）萃合物。萃合物是指萃取剂与被萃物发生化学反应生成的不易溶于水相，而容易溶于有机相的化合物，如 RE(NO$_3$)$_3$·3P350、(RCOO)$_3$Y 等。

（4）添加剂。溶剂萃取过程中为了克服在水相与有机相之间出现第三相而添加的有机溶剂称为添加剂，例如通常应用的高碳醇等。它们不仅可以提高萃合物的溶解度，还可以抑制稳定乳化物的生成。

4.2.3.2 水相组成

水相组成包括：

（1）料液。料液，或称萃取原液，含有多种待分离元素的水溶液。如果溶液中含有元素 A、B，A 与萃取剂生成萃合物的能力大于 B，则 A 为易萃组分，B 为难萃组分。料液可以是矿物原料的浸出液，也可以是工业污水或其他需要净化的溶液。

（2）洗涤剂。洗涤剂是指洗去萃取液中难萃组分从而使易萃组分逐步富集的水相溶液，操作中这一过程称为洗涤。

（3）反萃液。使有机相中的被萃物与萃取剂解离，返回水相而使用的水溶液，操作中这一过程称为反萃取。

（4）配合剂。配合剂是指溶于水相且与金属离子生成各级络合物的配位体，配合剂可以分为抑萃配合剂和助萃配合剂两类。抑萃配合剂是指它们的加入有抑制萃取的作用，如 TBP 萃取硝酸稀土时水相中的硫酸根离子或磷酸根离子，它们与 RE^{3+} 生成配合物，但这些配合物不被萃取；助萃配合剂的加入有提高萃取效率的作用，如 TBP 萃取稀土离子时，硝酸根离子与稀土离子生成硝酸稀土，其中 $RE(NO_3)_3$ 可以被萃取，因而硝酸根离子是助萃配合剂。

（5）盐析剂。盐析剂是指可以溶于水相既不被萃取又不与金属离子配合，但可以增加萃取率的无机盐类，如 TBP 萃取硝酸稀土时，水相中的 $NaClO_4$ 有盐析作用。

在萃取生产和实验研究中，根据萃取机理或萃取过程中生成的萃合物性质，一般将萃取体系分为如下六大类型：

（1）简单分子萃取体系；

（2）中性配合萃取体系；

（3）酸性配合萃取体系；

（4）离子缔合萃取体系；

（5）协同萃取体系；

（6）高温萃取体系。

稀土工业上常用的是（2）~（5）类萃取体系，我国广泛使用的是（2）、（3）类萃取体系。

4.2.4　技术参数及技术指标的选择

4.2.4.1　技术参数

描述被萃取物在两相中分配规律的参数有分配比、萃取率、分离系数、取比，下面分别介绍它们的主要内容。

A　分配比 D

分配比是指萃取达到平衡时被萃取物在两相中的实际浓度比，用来表示该种物质的分配关系，即：

$$D = \frac{c_有}{c_水} \tag{4-37}$$

式中　D——分配比；

　　　$c_有$——萃取平衡时，被萃取物在有机相中的浓度；

　　　$c_水$——萃取平衡时，被萃取物在水相中的浓度。

D 值越大，表示该种被萃取物越容易被萃取。通过比较在某一萃取剂中几种金属离子的 D 值，可以排列出它们被萃取的顺序。在萃取分离中，可以根据待萃取物在萃取顺序中的位置确定分离界限。例如，在料液中含有溶质 A、B、C、D、…，通过测试在某萃取剂中的分配比，确定出其被萃取的顺序为 A>B>C>D>…。如果欲从此料液中提取纯 B，可以 B 与 C 之间为分离界限,将 A 和 B 归为易萃组分,其余归为难萃组分,经萃取提取 A 和 B 后,再以 A 与 B 之间为分离界限,则可以获得纯 B 和纯 A;也可以首先以 A 与 B 之间为分离界限,再以 B 与 C 之间为分离界限,同样能获得纯 B 和纯 A。实际生产中,分离界限的划分与萃取工艺流程有关,有时还会影响生产的成本和产品的纯度。

B 萃取率

萃取率表示萃取平衡时,萃入有机相中的被萃取物量与原料液中该种物质量的百分数,即:

$$
\begin{aligned}
q &= \frac{c_{有} V_{有}}{c_{有} V_{有} + c_{水} V_{水}} \times 100\% \\
&= \frac{c_{有} / c_{水}}{V_{水} / V_{有} + c_{有} / c_{水}} \times 100\% \\
&= \frac{D}{D + V_{水} / V_{有}} \times 100\%
\end{aligned}
\tag{4-38}
$$

式中 q——萃取率,%;

$V_{水}$——料液的体积;

$V_{有}$——有机相的体积。

如令 $R = V_{有} / V_{水}$,R 称为相比,则有:

$$
q = \frac{D}{D + 1/R}
\tag{4-39}
$$

由式(4-39)可见,萃取率不仅与分配比有关,而且与相比有关,相比 R 值越大,萃取率 q 越高。

C 分离系数 $\beta_{A/B}$

含有两种以上溶质的溶液,在同一萃取体系、同样的萃取条件下进行萃取分离时,各溶质分配比之间的比值称为分离系数,它用于表示两溶质之间的分离效果。其表达式为:

$$
\beta_{A/B} = \frac{D_A}{D_B} = \frac{c(A)_{有} \cdot c(B)_{水}}{c(A)_{水} \cdot c(B)_{有}}
\tag{4-40}
$$

式中 $\beta_{A/B}$——分离系数;

D_A,D_B——A、B 两种溶质的分配比。

通常将分配比较大的溶质记为 A,表示易萃组分;分配比较小的溶质记为 B,表示难萃组分。

一般来说,$\beta_{A/B}$ 值越大,A 与 B 的分离效果越好。但是应注意,当 A 和 B 同时足够大时,由于 A 和 B 的萃取率都很高,此时尽管 $\beta_{A/B}$ 值很高,但也不能说明 A 和 B 的分离效果很好。例如表 4-5 中的第一组数据,尽管 $\beta_{A/B}$ 值达到了 50,但是 A 和 B 的萃取率都分别达到了 99.97% 和 98.5%,此时 A 和 B 同时被萃入有机相,分离作用很小;而第二组数据虽然 $\beta_{A/B}$ 值比第一组小,但分离效果却优于第一组。对于第一组数据的情况,可以用下式积分分离系数来表达分离效果。

$$
V_{A/B} = \frac{\beta_{A/B} + D_A R}{D_A R + 1}
\tag{4-41}
$$

表 4-5 　分配比、分离系数和萃取比

试验组	D_A	D_B	$\beta_{A/B}$	$E_A/\%$	$E_B/\%$
第一组	2500	50	50	99.97	98.5
第二组	10	1	10	91	50

D　萃取比

在萃取过程连续进行时，常用被萃物在两相中的质量流量之比来表示平衡状态，即：

$$E_A = A_有 / A_水 \quad 或 \quad E_B = B_有 / B_水 \tag{4-42}$$

式中　E_A，E_B——A、B 的萃取比；

　　　$A_有$，$B_有$——A、B 在有机相中的质量流量；

　　　$A_水$，$B_水$——A、B 在水相中的质量流量。

由分配比的定义可知，$E_A = A_有 \times V_有 /(A_水 \times V_水) = D_A R$ 或 $E_B = B_有 \times V_有 /(B_水 \times V_水) = D_B R$，在此处 R 是连续萃取过程中有机相流量与水相流量之比。对于确定流比的连续萃取过程，则有 $\beta_{A/B} = E_A/E_B$。

4.2.4.2　串级萃取过程的基本参数

A　萃余分数和纯化倍数

在研究分馏串级萃取时，为了研究经 n 级萃取和 $m-n$ 级洗涤后产品所能达到的纯度与收率，或者说产品在达到一定纯度和收率的条件下所必需的萃取段级数和洗涤段级数，引用了萃余分数和纯化倍数的概念。下面分别介绍这两个参数的数学表达式及其与产品收率和纯度的关系式。

（1）萃余分数。萃余分数 Φ_A、Φ_B 是指经过萃取后，萃余水相中易萃组分 A、难萃组分 B 的剩余量与其在料液中的量的比值，其表达式为：

$$\Phi_A = 萃余水相中 A 的质量流量 / 料液中 A 的质量流量 = A_1/A_F \tag{4-43}$$
$$\Phi_B = 萃余水相中 B 的质量流量 / 料液中 B 的质量流量 = B_1/B_F \tag{4-44}$$

（2）纯化倍数。纯化倍数是指经萃取后萃取组分 A 和 B 纯度提高的程度。难萃组分 B 的纯化倍数 b 定义为：萃余水相中 B 与 A 的浓度比（或纯度比）与料液中 B 与 A 的浓度比（或纯度比）之比。在串级萃取中，萃余水相是指第 1 级水相出口处的萃余液，则 b 的表达式为：

$$b = \frac{c(B)_1}{c(A)_1} \bigg/ \frac{c(B)_F}{c(A)_F} = \frac{P_{B,1}}{1-P_{B,1}} \bigg/ \frac{f_B}{f_A} \tag{4-45}$$

易萃组分 A 的纯化倍数 a 定义为：在第 $n+m$ 级有机相出口处有机相中 A 与 B 的浓度比（或纯度比）与料液中 A 与 B 的浓度比（或纯度比）之比。同样有：

$$a = \frac{\overline{c(A)}_{n+m} \big/ \overline{c(B)}_{n+m}}{c(A)_F / c(B)_F} = \frac{\overline{P}_{A,n+m}/(1-\overline{P}_{A,n+m})}{f_A/f_B} \tag{4-46}$$

式中　$c(A)_1$，$c(B)_1$——第 1 级水相出口处萃余液中 A、B 的浓度；

　　　$c(A)_F$，$c(B)_F$——料液中 A、B 的浓度；

　　　$\overline{c(A)}_{n+m}$，$\overline{c(B)}_{n+m}$——有机相出口处有机相中 A、B 的浓度；

　　　$P_{B,1}$，$\overline{P}_{A,n+m}$——B 在第 1 级萃余液中的纯度、A 在第 $n+m$ 级出口处有机相中的

纯度；

f_A，f_B——料液中 A、B 的摩尔分数或质量分数。

（3）纯化倍数与萃余分数的关系。将式（4-43）和式（4-44）代入式（4-45）中，可以得到 B 组分经 $n+m$ 级分离后的纯化倍数 b 与萃余分数的关系为：

$$b = \Phi_B / \Phi_A \tag{4-47}$$

同样，可得到 A 组分的纯化倍数 a 与萃余分数的关系为：

$$a = (1 - \Phi_A) / (1 - \Phi_B) \tag{4-48}$$

式（4-47）和式（4-48）也可以写成如下形式：

$$\Phi_A = (a - 1) / (ab - 1) \tag{4-49}$$

$$\Phi_B = b(a - 1) / (ab - 1) \tag{4-50}$$

B 产品收率

由萃余分数的定义可知，料液中 B 组分在萃取过程中的收率 Y_B 实际上是 B 组分的萃余分数 Φ_B，同样可知，A 组分的收率 Y_A 是 $1-\Phi_A$，即：

$$Y_B = \Phi_B = b(a - 1) / (ab - 1) \tag{4-51}$$

$$Y_A = 1 - \Phi_A = a(a - 1) / (ab - 1) \tag{4-52}$$

4.2.4.3 技术指标

A P204-煤油-H₂SO₄系分离轻稀土

P204 萃取剂的酸性较高，与重稀土元素结合能力强，反萃困难，不适于重稀土分离。但是 P204 萃取剂具有较好的耐酸碱性能，而且不需皂化就有很高的萃取容量，这使得它在处理氟碳铈矿以及氟碳铈矿与独居石混合矿的硫酸浸出液方面具有独特的优越性。在氧化焙烧氟碳铈矿-硫酸浸出工艺中，利用 P204 萃取剂具有较好的耐酸碱性能，开发出 P204-TBP-煤油-H₂SO₄ 体系分离铈、非铈稀土、钍的工艺方法，可以在一步提取出纯度高达 99.99% 以上的铈产品的同时回收钍。利用 P204 萃取剂不需皂化就有很高的萃取容量的优点，在硫酸焙烧氟碳铈矿与独居石混合矿的工艺中，采用 P204-煤油-H₂SO₄ 体系分离轻稀土元素是 P204 萃取剂应用的成功典范，下面介绍该流程的主要内容。

a 工艺流程

P204-煤油-H₂SO₄ 体系分离轻稀土的原则工艺流程如图 4-4 所示。该流程有两个主要目的：其一，将硫酸稀土转化为氯化稀土，使其方便与后续的稀土加工过程相连接；其二，分离稀土元素，制备分组或单一的稀土产品。全流程由三部分组成，下面分别介绍各部分的主要功能和特点。

（1）钕钐分组。硫酸焙烧氟碳铈矿与独居石混合矿的浸出液中稀土浓度为 38~40 g/L，其中钙等中重稀土元素含量约为 2%。经过去除杂质的硫酸浸出液用少量氨水调整至酸度为 0.1 mol/L，以此硫酸溶液为萃取料液，经未皂化的 P204 萃取剂 20 级萃取分离钕钐和盐酸反萃后，产出硫酸稀土（La-Nd）萃余液和含有中重稀土氯化物的反萃溶液。萃余液用氨水调整至酸度 pH 值为 4~4.5 后，进入铈镨分离工序；反萃溶液采用碳酸氢铵沉淀和焙烧，制备中重稀土氧化物产品，反萃后的有机相循环使用。

（2）铈镨分离。以 Ce 和 Pr 为分离界限，经皂化的 P204 分离后，Pr 和 Nd 同时萃入有机相中。而后以盐酸反萃转化为氯化稀土溶液，再采用碳酸氢铵沉淀和焙烧制备镨钕氧

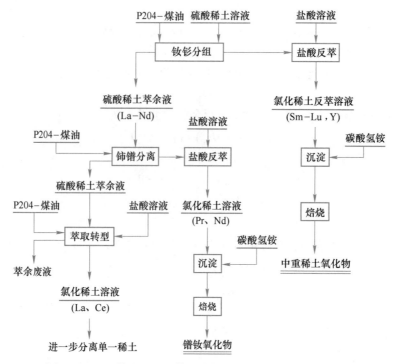

图 4-4　P204-煤油-H_2SO_4体系分离轻稀土的原则工艺流程图

化物产品。反萃后的有机相用铵水或氢氧化钠皂化后循环使用。萃余液是由 La 和 Ce 组成的氯化稀土溶液，由于分离效果和工艺条件控制的原因，萃余液中可能含有 1% 左右的 Pr。

（3）盐酸反萃转型。铈镨分离后的萃取液仍然是硫酸溶液，用铵水再次调整至酸度 pH 值为 4.5 后，用未皂化的 P204 全部萃入有机相中，再用盐酸反萃可得到氯化稀土溶液，反萃后的有机相循环使用。氯化稀土溶液经进一步的蒸发浓缩或用碳酸氢铵沉淀后再焙烧的方法，可以分别得到结晶镧铈氯化稀土和镧铈混合稀土氧化物产品，或进一步分离得到单一稀土产品。

采用盐酸反萃取转型方法不仅可以将硫酸稀土转化为氯化稀土，而且可以通过控制反萃液与有机相的流量比例，将溶液中的稀土浓度提高至 200 g/L 以上。

b　主要工艺技术条件

（1）钕钐分组如下：

1）有机相组成：1 mol/L P204-煤油；

2）料液（硫酸浸出液）：$c(REO)=0.25$ mol/L，pH 值为 4~4.5；

3）洗液：3 mol/L 硫酸；

4）反萃液：4.5 mol/L 盐酸；

5）分馏萃取级数：萃取段 13 级，洗涤段 7 级，反萃段 8 级；

6）萃余液中 $w(Sm_2O_3)/\sum w(REO)\leqslant0.2\%$，中重氯化稀土中 $w(Nd_2O_3)/\sum w(REO)\leqslant10\%$。

（2）铈镨分离如下：

1）有机相组成：1 mol/L P204-煤油，铵皂浓度为 0.35 mol/L；

2）料液（钕钐分组的萃余液）：$c(\mathrm{REO})=1.2$ mol/L，pH 值为 4~4.5；

3）洗液：3 mol/L 硫酸；

4）反萃液：4.5 mol/L 盐酸；

5）分馏萃取级数：萃取段 40 级，洗涤段 30 级，反萃段 10 级；

6）镨钕氧化物中 $[w(\mathrm{Pr}_6\mathrm{O}_{11})+w(\mathrm{Nd}_2\mathrm{O}_3)]/\sum w(\mathrm{REO})\geqslant 99\%$。

（3）盐酸反萃转型为：

1）有机相组成：1 mol/L P204-煤油；

2）料液（铈镨分离的萃余液）：$c(\mathrm{REO})=0.2$ mol/L，pH 值为 4~4.5；

3）反萃液：6 mol/L 盐酸；

4）逆流萃取级数：萃取段 7 级，反萃段 8 级。

B　P507-煤油-HCl 体系连续分离轻稀土

P507 萃取剂的酸性小于 P204，可在低酸度下萃取和反萃，这一特点弥补了 P204 萃取体系不适于分离重稀土元素的不足。因此 P507 萃取剂的问世，使得在一种萃取体系中轻、中、重稀土元素的连续萃取分离工艺得以实现，下面介绍 P507-煤油-HCl 体系连续分离轻稀土的工艺方法。

a　工艺流程

图 4-5 所示为 P507-煤油-HCl 体系连续分离轻稀土的原则工艺流程，该流程的工艺特点包括如下四个方面：

（1）该流程的主要产品是稀土永磁材料和石油化工行业需要的镨钕混合氧化物和镧铈混合氯化物，流程中同时产出中重稀土混合氧化物。生产中也可以根据需求继续采用 P507-煤油-HCl 体系分离镨钕和镧铈，生产单一的镧、铈、镨、钕的氧化物。

（2）该分离流程采用了首先以铈和镨为分离界限，得到分组的镨钕混合物以及镨钕与中重稀土的混合物，而后根据产品要求进一步分离单一稀土产品的技术措施。与传统的先分离钕钐、再分离铈镨的工艺相比，这一措施的优点在于：被萃取组分与难萃取组分的比例相差小，使萃取过程易于控制、运行平稳，能够有效地保障镨钕产品或钕产品中的钐含量小于 0.01%。

（3）钕钐分离以负载了镨钕和中重稀土的有机相为料液，减少了一次反萃取过程，节约了盐酸和皂化剂的用量。

（4）采用难萃组分部分回流的方式，提高了萃余液中镧铈稀土的浓度，有效地降低了蒸发法生产结晶氯化稀土的动力消耗。

b　主要工艺技术条件

（1）铈镨分离：

1）有机相组成：1.5 mol/L P507-煤油，皂化有机相浓度 0.52 mol/L；

2）料液（氯化稀土溶液）：$c(\mathrm{REO})=1.7$ mol/L，pH 值为 3.5~4；

3）洗液：2 mol/L 盐酸；

4）分馏萃取级数：萃取段 35 级，洗涤段 30 级；

5）萃余液中 $w(\mathrm{Pr}_2\mathrm{O}_3)/\sum w(\mathrm{REO})\leqslant 0.5\%$，氯化稀土中 $\sum c(\mathrm{REO})\geqslant 1.5$ mol/L；

6）负载有机相：有机相萃取量 $\sum c(\mathrm{REO})\geqslant 0.17$ mol/L，其中 $w(\mathrm{Sm}_2\mathrm{O}_3)/\sum w(\mathrm{REO})$

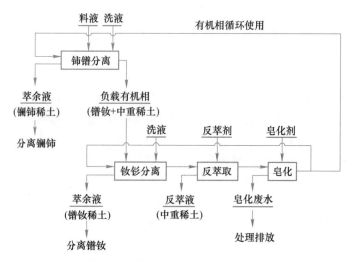

图 4-5　P507-煤油-HCl 体系连续分离轻稀土的原则工艺流程图

≤0.01%。

（2）钐钕分离：

1）有机相组成：1.5 mol/L P507-煤油，皂化浓度 0.52 mol/L；

2）料液：铈镨分离的负载有机相；

3）洗液：2 mol/L 盐酸；

4）反萃液：4.5 mol/L 盐酸；

5）分馏萃取级数：萃取段 13 级，洗涤段 7 级，反萃段 15 级；

6）镨钕氧化物中 $[w(Pr_6O_{11})+w(Nd_2O_3)]/\sum w(REO)\geqslant 99.95$，$w(Sm_2O_3)/\sum w(REO)\leqslant 0.01\%$；

7）中重稀土氧化物中 $w(Eu_2O_3)/\sum w(REO)\geqslant 8\%$。

C　P507-煤油-HCl 体系连续分离重稀土

a　工艺流程

图 4-6 所示为 P507-煤油-HCl 体系连续分离重稀土的原则工艺流程，该流程的工艺特点包括如下三个方面：

（1）全流程由三个系列组成。按 P507 的正萃取序列，由前至后分别为提取铕流程系列、提取铽流程系列和提取镝流程系列。该流程的特点是：每一流程系列由水相进料的分馏萃取流程（Ⅰ）、有机相进料的分馏萃取流程（Ⅱ）以及逆流反萃取流程（Ⅲ）三个子流程组成，这三个子流程由负载稀土的有机相串联贯通。其中，子流程Ⅰ的作用是分离待提取稀土元素与原子序数小于它的稀土元素，子流程Ⅱ的作用是分离待提取稀土元素与原子序数大于它的稀土元素。子流程Ⅱ采用有机相进料的优点是：相对于传统的以反萃余液作为下一次分离料液的工艺而言，省略了反萃取和料液中和调配过程，降低了酸、碱的消耗。

在这三个系列中，利用子流程Ⅱ的萃取段加强水相中单一稀土产品内易萃组分稀土杂质的萃取，可提高水相产品的纯度。例如，在提取镝流程系列中，为了保证水相中镝的纯度，可以提高 S_1 的流量，但是此条件下铽的被萃取量也会增加，使其收率降低。也正是

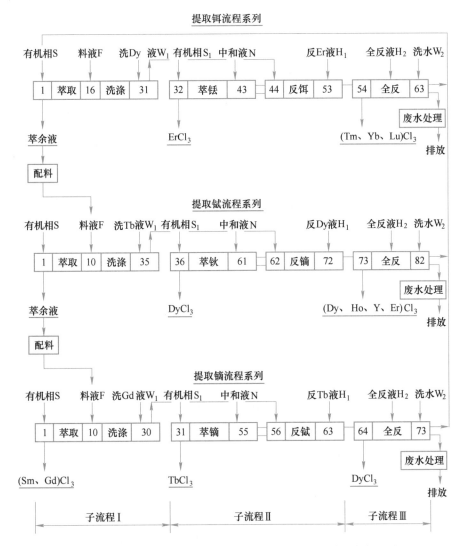

图 4-6 P507-煤油-HCl 体系连续分离重稀土的原则工艺流程图

由于这一原因，此系列中的铽后产品 Dy 只能是富集物。

（2）三个系列之间，上一系列的萃余液为下一系列的料液。为了满足下一系列萃取条件的要求，萃余液需要调整酸度。本流程中的料液酸度 pH 值均为 2，其他分离流程应视具体分离条件来确定料液的酸度。

（3）在多组分连续分离稀土元素的工艺中，随易萃稀土元素不断地被分离，萃余液中的稀土浓度越来越低。用低浓度的稀土溶液作为料液时，会使萃取器的容量增大而导致设备投资、有机相和稀土的槽存量、生产运行费用升高，过低时甚至会影响稀土分离效果和稀土收率，这是一个值得注意的问题。目前生产中解决该问题的方法有如下两种：

1）蒸发浓缩法。将低浓度的稀土萃余液在蒸发容器中加热蒸发水分，直至达到萃取条件要求的浓度，然后放置至达到室温，供下步萃取使用。

2）难萃组分回流萃取法。难萃组分回流萃取法也称稀土皂化法，其原理是：取部分水相出口的萃余液与皂化有机相接触，一般经4~6级逆流或并流萃取，使难萃组分重新萃入有机相（见图4-7），同时排除这部分萃余液的空白水相（$\rho(\text{REO})<0.1~1\text{ g/L}$），而后负载有难萃组分的有机相进入萃取段，有机相的难萃组分与水相中的易萃组分相互置换，难萃组分回到水相。这一过程中，皂化有机相萃取难萃组分的反应为：

$$\text{RE}^{3+}_{z(\text{水相})} + 3\text{NaA}_{(\text{有})} =\!=\!= \text{RE}_z\text{A}_{3(\text{有})} + 3\text{Na}^+_{(\text{水相})} \quad (\text{稀土皂化反应}) \quad (4\text{-}53)$$

难萃组分与易萃组分的置换反应为：

$$\text{RE}^{3+}_{z+1(\text{水相})} + \text{RE}_z\text{A}_{3(\text{有})} =\!=\!= \text{RE}^{3+}_{z(\text{水相})} + \text{RE}_{z+1}\text{A}_{3(\text{有})} \quad (4\text{-}54)$$

式中　RE^{3+}_z，RE^{3+}_{z+1}——难萃组分、易萃组分。

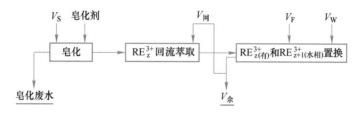

图4-7　难萃组分回流萃取法提高萃余液中稀土浓度的工艺示意图

　　经过难萃组分回流萃取的过程，萃余水相中的稀土浓度得到了富集，富集的程度与萃余液的回流流量有关，其回流量可以由下式计算：

$$\begin{cases} V_{\text{回}} = V_{\text{F}} + V_{\text{W}} - V_{\text{余}} \\ V_{\text{余}} = f_{\text{B}}/c(\text{REO})_{\text{余}} \end{cases} \quad (4\text{-}55)$$

式中　$V_{\text{回}}$——萃余液回流流量；

　　　$V_{\text{余}}$——难萃组分回流后的萃余液流出量；

$c(\text{REO})_{\text{余}}$——$V_{\text{余}}$中的稀土浓度。

　　（4）全流程连续分离可以同时得到两种高纯度和一种普通纯度的单一稀土产品，其纯度分别为：$w(\text{Tb}_4\text{O}_7)/\sum w(\text{REO})>99.9\%$，$w(\text{Dy}_2\text{O}_3)/\sum w(\text{REO})>99.9\%$，$w(\text{Er}_2\text{O}_3)/\sum w(\text{REO})>95\%$；此外，还可得到$\text{Dy}_2\text{O}_3(w(\text{Dy}_2\text{O}_3)/\sum w(\text{REO})>80\%)$、$\text{Gd}_2\text{O}_3$和$\text{Y}_2\text{O}_3$等中稀土富集物，各单一稀土产品的收率均在95%以上。

　　b　主要工艺技术条件

　　主要工艺技术条件如下：

　　（1）有机相组成：1.5 mol/L P507-煤油，皂化有机浓度0.52~0.54 mol/L。

　　（2）提取钾和提取镓流程系列的氯化稀土料液浓度（REO）为1 mol/L，提取镝流程系列的氯化稀土料液浓度为0.8 mol/L。

　　（3）萃取工艺的溶液浓度，见表4-6。

表4-6　萃取工艺的溶液浓度　　　　　　　　　　　　（mol/L）

溶液	F（料液）	W_1（洗液）	H_1（反液）	H_2（全反液）	N（氨水）
HCl浓度	pH=2	3.3	2.5	5	2

　　（4）各萃取工艺的流比，见表4-7。

表 4-7 各萃取工艺的流比

流　比	$V_S : V_F : V_{W_1}$	$V_{S+S_1} : V_{H_1}$	$V_{S_1} : V_{H_1} : V_N$	$V_{S+S_1} : V_{H_2}$	$V_{S+S_1} : V_{W_2}$
提取 Er 系列	20 : 2 : 3	20 : 3	5 : 4 : 2	5 : 1	2 : 1
提取 Tb 系列	40 : 3 : 5	71 : 9	31 : 9 : 0	71 : 14	71 : 24
提取 Dy 系列	35 : 5 : 6	51 : 6.5	16 : 6.5 : 2	51 : 10	3 : 1

D　环烷酸-混合醇-$RECl_3$体系提取 Y_2O_3

a　工艺流程

环烷酸萃取稀土元素的序列中 Y 位于最后，工业中利用这一性质来生产氧化钇。图 4-8 是环烷酸-混合醇-$RECl_3$体系提取高纯 Y_2O_3 的原则流程。

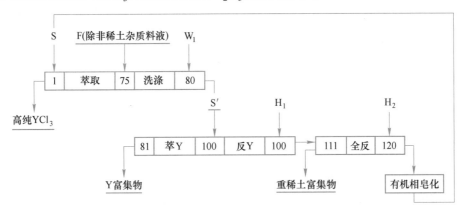

图 4-8　环烷酸-混合醇-$RECl_3$体系提取高纯 Y_2O_3 的原则流程

其工艺特点如下：

（1）环烷酸萃取稀土元素的 pH 值为 4.7~5.2，很多非稀土杂质在这个酸度下发生水解反应，生成絮状的氢氧化物，引起有机相乳化，影响萃取生产，因此料液在萃取前必须除去这些杂质。稀土溶液中加入硫化钠、硫化铵可以使重金属离子生成硫化物沉淀，从溶液中除去。溶液中的铁、铝杂质也可以调节 pH 值不小于 4.5 使其生成氢氧化物沉淀，与氯化稀土溶液分离。

用上述的化学沉淀分离方法可以除去稀土溶液中的大部分杂质，但有时仍不能满足环烷酸萃取的需要。对此可以采用环烷酸单级萃取使剩余杂质在萃取时以界面污析出，而后再集中处理界面污的方法，也可以采用先用 N235（三烷基胺）萃取体系除大部分铁、铅、锌等杂质，而后再按环烷酸单级萃取的方法。

N235（三烷基胺）萃取体系除铁、铅、锌的方法是：用 15% N235-15%混合醇-70%煤油组成的有机相按相比为 1 : 1 萃取稀土氯化物溶液（$c[HCl] \approx 2$ mol/L），萃取了铁、铅、锌杂质的有机相用纯水反萃铁、铅、锌后重复使用。

（2）与酸性磷氧性萃取剂相同，环烷酸使用前也需皂化，但不同的是环烷酸的溶水性很强，当用 NaOH 或 NH_4Cl 水溶液皂化时，将吸收大量的水，使有机相的体积增大。产生这一现象的原因是环烷酸的钠盐或铵盐以及添加剂混合醇都是表面活性剂，所以在皂化的同时，皂化有机相与水溶液形成油包水状微小透明液滴（直径为 20~200nm），使大量的碱溶液被包裹在有机相中，因此有机相的体积增大。实践表明，NaOH 或 NH$_4$Cl 水溶液的浓度越低，环烷酸有机相溶入水的量越大，因此生产中一般使用高浓度 NaOH 或 NH$_4$Cl 水溶液皂化。

包裹碱溶液的环烷酸有机相同稀土料液接触时，随萃取过程的进行，环烷酸盐（钠盐或铵盐）转变为环烷酸与稀土的萃合物，环烷酸盐（钠盐或铵盐）失去了表面活性剂的作用，使油包水状微小透明液滴破裂，碱溶液重新析出，使有机相体积减小，水相体积增加。由于碱液的析出，容易导致萃取过程中有机相乳化，因此实际生产中稀土料液的酸度（pH 值为 2）高于环烷酸萃取的最佳酸度（pH 值为 4.7 ~ 5.2）。在有机相入口（也是萃余水相出口）处更容易出现乳化，为了防止乳化应严格控制有机相的皂化度和料液的酸度，使其在有机相入口附近的几级酸度达到最佳。

（3）图 4-8 所示的流程中为了保证 Y$_2$O$_3$ 的高纯度，在第一段分馏萃取中降低了收率（约 85%），为了回收这部分 Y$_2$O$_3$ 和重稀土，设置了有机相进料的第二段分馏萃取。在第二段的萃取分离中，采用两段反萃方式分别回收 Y$_2$O$_3$ 和重稀土。

此工艺中两种钇产品的纯度分别为：高纯氧化钇 $w(Y_2O_3)/\sum w(REO) \geqslant 99.99\%$；钇富集物 $w(Y_2O_3)/\sum w(REO) \geqslant 94\%$（占原料的 14%）。

高纯氧化钇的收率为（包括乙二酸沉淀、灼烧）85%。

b 工艺技术条件

（1）有机相皂化值：NH$_4^+$ 0.6 mol/L；

（2）料液稀土浓度：$c(RECl_3) = 0.8$ mol/L，pH 值为 2 ~ 3；

（3）洗液和反液浓度：$W_1 = 2.6$ mol/L HCl，$H_1 = 1.27$ mol/L HCl，$H_2 = 3.0$ mol/L HCl；

（4）流比：略。

E N1923 从混合型稀土精矿硫酸浸出液分离钍和稀土工艺流程

a 工艺流程

氟碳铈和独居石混合型稀土精矿经硫酸焙烧后浸出液的组成为：$\sum REO$ 30 ~ 50 g/L，ThO$_2$ 0.2 g/L，Fe^{3+} 11 ~ 18 g/L，PO$_4^{3-}$ <10 g/L，残余 H$_2$SO$_4$ 0.4 ~ 0.6 mol/L。此浸出液为萃取料液用 N1923 提取混合氯化稀土的工艺流程，如图 4-9 所示。

b 工艺特点

全流程由三段萃取组成。

（1）第一段：采用 1% mol/L 1923-1% ROH（混合醇）-煤油体系分离钍，经萃取后得到的钍产品纯度为 $w(ThO_2)$ >99.5%，ThO$_2$ 收率大于 99%，萃余液中 $w(ThO_2)/\sum w(REO)$ <5×10^{-6}%。若进一步用 TBP-煤油-HNO$_3$ 体系提纯钍，可制取高纯度的硝酸钍产品。

（2）第二段：用 15% mol/L 1923-6% ROH（混合醇）-煤油体系，利用 N1923 在低酸度（H$_2$SO$_4$ 浓度 <0.5 mol/L）下萃取稀土而不萃取 Fe^{2+} 的原理，除去铁等非稀土杂质。反萃采用盐酸，将原硫酸稀土溶液转变为氯化稀土溶液。

料液中的铁离子基本上是以 Fe^{3+} 存在的，萃取时达不到与稀土分离的目的。因此萃取前在料液中加入铁屑，先将 Fe^{3+} 还原为 Fe^{2+}，然后再进行萃取。由于 Fe^{3+} 的还原率一般在 98% 左右，因此有少量的 Fe^{3+} 和 RE^{3+} 同时萃入有机相，此时可以采取还原洗涤（洗

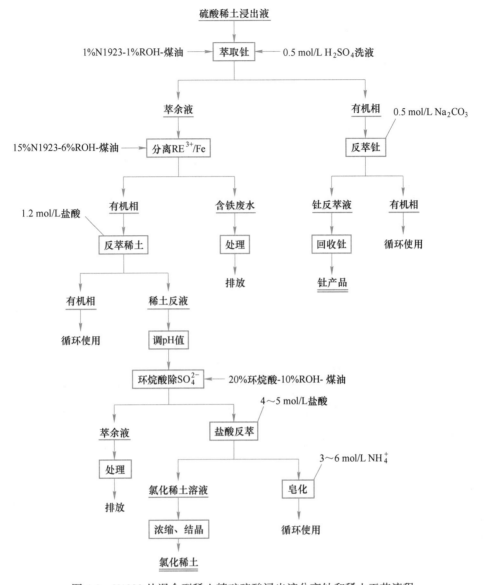

图 4-9 N1923 从混合型稀土精矿硫酸浸出液分离钍和稀土工艺流程

液中加入 H_2O_2）的方法，将其从有机相中除去。

有研究表明，料液中的 Fe/P_2O_5 质量比值对稀土与铁的分离有影响，其规律是分离系数 $\beta_{Re/Fe}$ 随 Fe/P_2O_5 质量比值的减小而明显增大。这说明 PO_4^{3-} 阴离子影响 $\beta_{Re/Fe}$。在洗液中加入 H_3PO_4 以减小 Fe/P_2O_5 质量比值，有利于稀土和铁的分离。

（3）第三段：采用 20%环烷酸-10%ROH-煤油萃取体系除氯化稀土溶液中的硫酸根离子。由于 N1923 在硫酸体系萃取稀土的萃合物中含有硫酸，因此在盐酸反萃稀土的同时，大量的 H_2SO_4 也进入氯化稀土水相中，从而影响氯化稀土产品的质量。选用环烷酸从盐酸反萃液中萃取稀土可排除硫酸根离子，有机相用高浓度的盐酸（4~6 mol/L）反萃，可以使萃余液中的稀土浓度得到富集。经环烷酸萃取和高浓度盐酸反萃的溶液中

$\sum c(\mathrm{REO})>150\ \mathrm{g/L},\mathrm{SO_4^{2-}}/\sum c(\mathrm{REO})<0.05\ \mathrm{g/L}$。

F　P204-HCl-H₃AOH 体系萃取轻稀土

工艺技术条件：有机相为 1.0 mol/L P204-磺化煤油，料液酸度为 0.1 mol/L，流比与生产线上的相同，即有机相流量（L/min）：料液流量（L/min）= 20∶1。

G　多组分联动串级萃取分离技术

a　工艺流程

在多组分连续分离的过程中，按照全流程中应分离产品的数量增加，初始料液（含多种产品所需组分的溶液）被分离的次数也相应增加。在原有的工艺流程中，通常每分离一次都要经历一次反萃取（洗涤）和有机相的皂化（对于皂化体系而言）。也就是说，多次分离过程中要重复地消耗酸（反萃剂或洗涤剂）和碱（皂化剂），这不仅增加了生产成本，同时由于化工原料的消耗增加，也增大了皂化废水的排出量和废水中的铵氮浓度。近年来开发的多组分联动串级萃取分离技术为解决这一问题提供了新的途径，该项技术的主要理论依据为：

（1）由于镧系元素的离子半径随原子序数的增加而减小，使其与 P507（以及 P204 等）萃取剂的络合能力随原子序数的增加而增加。在这样一个化学性质的影响下，在多组分稀土元素的分离过程中，水相中原子序数大的稀土离子与被萃入有机相的原子序数小的稀土离子相置换。根据这一原理，可以将负载了小原子序数的稀土离子的有机相，作为较大原子序数的稀土元素的皂化有机相使用。按照这一原则，负载稀土的有机相每作为皂化有机相使用一次，则节省一次皂化剂的消耗。在稀土元素的连续分离过程中，原料中的组分越多，分离产品越多，则节约皂化剂的效果越明显。

（2）由于镧系元素离子半径越小，其与萃取剂的络合能力越强，使得反萃的难度也由轻稀土元素至重稀土元素不断增大。因此重稀土的反萃取酸度较高，所得到的重稀土反萃液中的残留酸浓度可高达 1~2 mol/L。在传统的工艺中，无论用草酸还是用碳酸氢铵沉淀，都必须中和反萃液的残留酸，为此不仅消耗了中和剂（碳酸氢铵或氨水），还将造成沉淀废水中的铵氮浓度过高。在联动萃取技术中，利用重稀土反萃液作为轻稀土分离的洗液或反萃液，既利用了这部分残留酸，又有利于沉淀废水的处理。因此，在我国重稀土配分型稀土矿的稀土萃取分离生产中，已较为普遍地应用了该项技术。

图 4-10 所示为典型的轻稀土萃取分离与重稀土萃取分离两个流程的联动形式。此流程中包括铈镨萃取分离线和镧铈萃取分离线两条轻稀土分离线，以及一条由钇富集物提取纯钇的重稀土分离线。其中，通过铈镨萃取分离的负载有机相与萃取提取纯钇线相连接，萃入有机相中的镨、钕在 B 回流段被富钇料液中的重稀土元素置换进入水相，随萃余液从重稀土分离线排出，并作为洗涤液返回铈镨分离线。该流程的优点是：通过铈镨萃取分离线与钇提纯的重稀土分离线相联动，省去了皂化段以及皂化剂；钇提纯线产出的镨钕萃余液作为洗涤液返回铈镨分离线，节约了盐酸使用量，使生产成本降低。

b　主要工艺技术条件

（1）有机相组成：1.5 mol/L P507-煤油，皂化有机浓度为 0.52 mol/L；

（2）皂化剂：3 mol/L 氨水；

（3）洗涤剂：2 mol/L 盐酸；

（4）反萃剂：6 mol/L 盐酸；

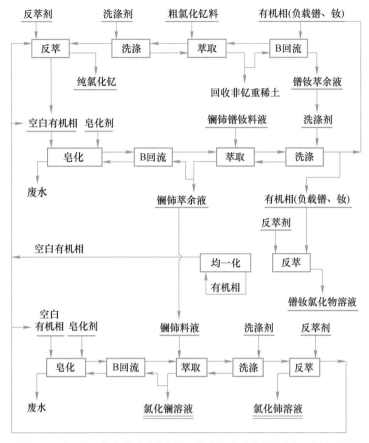

图 4-10　轻稀土萃取分离与提取钇联动萃取分离的原则工艺流程图

（5）铈镨分离萃取槽级数：萃取 23 级，洗涤 30 级，B 回流 8 级，皂化 4 级；

（6）镨钕反萃槽级数：均一化 5 级，反萃 40 级；

（7）镧铈分离萃取槽级数：萃取 62 级（其中包括镧纯化除钙槽 30 级），洗涤 30 级，反萃铈 10 级，B 回流 8 级，皂化 4 级；

（8）钇萃取提纯槽级数：萃取 19 级，洗涤 35 级，反萃 15 级，B 回流 18 级。

4.2.5　萃取工艺优化设计

4.2.5.1　最优化串级萃取工艺设计步骤

对一个确定的萃取体系进行最优化工艺设计的过程可分为 6 个主要步骤，下面进行介绍。

（1）确定分离系数。由单级萃取试验测试不同料液浓度、料液酸度、料液组成、有机相组成等萃取条件下各金属离子的分配比 D，划分分离界限，依据两组分的假设确定易萃组分 A 和难萃组分 B。以分离界限两相邻金属离子的分配比，计算萃取段和洗涤段的分离系数 β 和 β'。

（2）确定分离指标。分离指标是指萃取生产产品应达到的纯度和收率，分离指标的确定主要取决于产品方案。在生产实践中，根据原料中的稀土配分和市场对稀土产品的需求，通常有三种产品方案。第一种：易萃组分 A 为主要产品，规定了 A 的纯度 $\overline{P}_{A,n+m}$ 和收率 Y_A；第二种：难萃组分 B 为主要产品，规定了 B 的纯度 $P_{B,1}$ 和收率 Y_B；第三种：要求 A 和 B 同为主要产品，并同时规定了 A 和 B 的纯度。在萃取工艺的设计中为了计算方便，也常把纯化倍数 a、b 以及水相出口 B 的分数 f'_B，有机相出口 A 的分数 f'_A 归入分离指标中。由于三种产品方案给出的规定指标不同，计算纯化倍数 a、b 以及出口分数 f'_B、f'_A 的方法也随之分为如下三种。

1）规定了 A 的纯度 $\overline{P}_{A,n+m}$ 和收率 Y_A，则

$$\begin{cases} a = \dfrac{\overline{P}_{A,n+m}/(1-\overline{P}_{A,n+m})}{f_A/f_B} \\[2mm] b = \dfrac{a-Y_A}{a(1-Y_A)} \\[2mm] P_{B,1} = bf_B/(f_A+bf_B) \\[2mm] f'_A = f_A Y_A / \overline{P}_{A,n+m} \\[2mm] f'_B = 1 - f'_A \end{cases} \tag{4-56}$$

2）规定了 B 的纯度 $P_{B,1}$ 和收率 Y_B，则

$$\begin{cases} b = \dfrac{P_{B,1}/(1-P_{B,1})}{f_B/f_A} \\[2mm] a = \dfrac{b-Y_B}{b(1-Y_B)} \\[2mm] \overline{P}_{A,n+m} = af_A/(f_B+af_A) \\[2mm] f'_B = f_B Y_B / P_{B,1} \\[2mm] f'_A = 1 - f'_B \end{cases} \tag{4-57}$$

3）规定了 A 和 B 的纯度 $\overline{P}_{A,n+m}$ 和 $P_{B,1}$，则：

$$\begin{cases} a = \dfrac{\overline{P}_{A,n+m}/(1-\overline{P}_{A,n+m})}{f_A f_B} \\[2mm] b = \dfrac{P_{B,1}/(1-P_{B,1})}{f_B/f_A} \\[2mm] Y_B = b(a-1)/(ab-1) \\[2mm] Y_A = a(b-1)/(ab-1) \\[2mm] f'_A = f_A Y_A / \overline{P}_{A,n+m} \\[2mm] f'_B = \dfrac{f_B Y_B}{P_{B,1}} \end{cases} \tag{4-58}$$

（3）判别控制段。确定进料方式后，按表 4-8 中的规定判别萃取过程所处的控制段，并计算相关参数。

表 4-8 不同控制状态下最优化参数的计算方法

进料方式	萃取段控制	洗涤段控制
水相进料	判别:$f'_B > \sqrt{\beta}/(1+\sqrt{\beta})$ $E_m = 1/\sqrt{\beta}$ $E'_m = E_m f'_B/(E_m - f'_A)$	判别:$f'_B < \sqrt{\beta}/(1+\sqrt{\beta})$ $E'_m = \sqrt{\beta'}$ $E_m = E'_m f'_A/(E'_m - f'_B)$
	$S = E_m f'_B/(1-E_m), \quad W = S - f'_A$	
有机相进料	判别:$f'_B > \sqrt{\beta}(1+\sqrt{\beta'})$ $E_m = 1/\sqrt{\beta}$ $E'_m = (1 - E_m f'_A)/f'_B$	判别:$f'_B < \sqrt{\beta}(1+\sqrt{\beta})$ $E'_m = \sqrt{\beta'}$ $E_m = (1 - E'_m f'_B)/f'_A$
	$S = E_m f'_B/(1-E_m), \quad W = S + f'_B$	

注:E_m 和 E'_m 分别为萃取段混合萃取比和洗涤段混合萃取比,其意义可参考徐光宪著《萃取理论》等相关资料。

(4)计算最优化工艺参数和级数。将最优化的混合萃取比 E_m 和 E'_m 代入下述两个级数计算公式,得到恒定混合萃取比最优化条件下的分馏萃取级数为:

$$\begin{cases} n = \ln b/(\ln\beta E_m) \\ m + 1 = \ln a/\ln(\beta'/E'_m) \end{cases} \tag{4-59}$$

(5)计算萃取过程的流比。上述公式中萃取量 S 和洗涤量 W 都是以进料量 $M_F = 1\ mol/min$(或 g/min)为基准计算得到的质量流量,而实际生产中为了方便流量控制,采用的是体积流量(L/min)。质量流量与体积流量的换算关系是:

$$V_F = M_F/c_F = 1/c_F \tag{4-60}$$
$$V_S = S/c_S \tag{4-61}$$
$$V_W/c_W = 3W/c_W = 3\ (\text{假定从有机相中洗下 1 mol RE}^{3+}\text{需要 3 mol H}^+) \tag{4-62}$$

式中 V_F——进料的体积流量;
    M_F——进料量;
    c_F——料液的稀土浓度,mol/L 或 g/L;
    V_S——有机相的体积流量;
    S——萃取量;
    c_S——有机相的稀土饱和浓度,mol/L 或 g/L;
    V_W——洗液的体积流量;
    W——洗涤量;
    c_W——洗液的酸浓度,mol/L。

经常以 V_F 为单位来说明 V_F、V_S、V_W 的比例关系,即:

$$V_S : V_F : V_W = (V_S/V_F) : 1 : (V_W/V_F) \tag{4-63}$$

(6)计算浓度分布。由体积流量可以计算出水相出口金属离子浓度 $c(M)_1$、有机相出口金属离子浓度 $c(M)_{n+m}$ 以及萃取段与洗涤段各级中的水相金属离子浓度分布。

水相出口

$$c(M)_1 = M_1/(V_F + V_W) \tag{4-64}$$

当水相出口 B 的纯度 $P_{B,1}$ 足够高时,$M_1 = f'_B$,则:

$$c(M)_1 = \frac{f'_B}{V_F + V_W} \tag{4-65}$$

萃取段

$$c(M)_i = (M_F + W)/(V_F + V_W) \tag{4-66}$$

洗涤段

$$c(M)_j = W/V_W \tag{4-67}$$

有机相出口

$$\overline{c(M)}_{n+m} = \overline{M}_{n+m}/V_s \tag{4-68}$$

当有机相出口 A 的纯度足够高时，$\overline{M}_{n+m} = f'_A$，则：

$$\overline{c(M)}_{n+m} = f'_A/V_S \tag{4-69}$$

4.2.5.2　多组分两出口分馏串级萃取最优化工艺设计

A　两出口最优化工艺设计步骤

对一个确定的萃取体系，进行最优化工艺设计过程主要分为以下六个步骤。

（1）确定分离系数。由单级萃取实验测试不同料液浓度、料液酸度、料液组成、有机相组成等萃取条件下各金属离子的分配比 D，划分分离界限；依据两组分的假设确定易萃组分 A 和难萃组分 B，以分离界限两相邻金属离子的分配比计算萃取段和洗涤段的分离系数 β 和 β'。

（2）确定分离指标。分离指标是指萃取生产产品应达到的纯度和收率，分离指标的确定主要取决于产品方案。在生产实践中，根据原料中的稀土配分和市场对稀土产品的需求，通常有三种产品方案。第一种：易萃组分 A 为主要产品，规定了 A 的纯度 $\overline{P}_{A,n+m}$ 和收率 Y_A；第二种：难萃组分 B 为主要产品，规定了 B 的纯度 $P_{B,1}$ 和收率 Y_B；第三种：要求 A 和 B 同为主要产品并同时规定了 A 和 B 的纯度。在萃取工艺的设计中为了计算方便，也常把纯化倍数 a 和 b、水相出口 B 的分数 f'_B、有机相出口 A 的分数 f'_A 归入分离指标中。由于三种产品方案给出的规定指标不同，因此计算纯化倍数 a 和 b、出口分数 f'_B 和 f'_A 的方法随之也分为如下三种。

第一种：规定了 A 的纯度 $\overline{P}_{A,n+m}$ 和收率 Y_A，则

$$\begin{cases} a = [\overline{P}_{A,n+m}/(1 - \overline{P}_{A,n+m})]/(f_A/f_B) \\ b = (a - Y_A)/[a(1 - Y_A)] \\ P_{B,1} = b \cdot f_B/(f_A + b \cdot f_B) \\ f'_A = f_A \cdot Y_A/\overline{P}_{A,n+m} \\ f'_B = 1 - f'_A \end{cases} \tag{4-70}$$

第二种：规定了 B 的纯度 $P_{B,1}$ 和收率 Y_B，则

$$\begin{cases} b = [P_{B,1}/(1 - P_{B,1})]/(f_B/f_A) \\ a = (b - Y_B)/[b(1 - Y_B)] \\ \overline{P}_{A,n+m} = a \cdot f_A/(f_B + a \cdot f_A) \\ f'_B = f_B \cdot Y_B/P_{B,1} \\ f'_A = 1 - f'_B \end{cases} \tag{4-71}$$

第三种：规定了 A 和 B 的纯度 $\overline{P}_{A,n+m}$ 和 P_{B1}

$$\begin{cases} a = [\overline{P}_{A,n+m}/(1 - \overline{P}_{A,n+m})]/(f_A/f_B) \\ b = [P_{B,1}/(1 - P_{B,1})]/(f_B/f_A) \\ Y_B = b(a - 1)/(ab - 1) \\ Y_A = a(b - 1)/(ab - 1) \\ f'_A = f_A \cdot Y_A / \overline{P}_{A,\,n+m} \\ f'_B = f_B \cdot Y_B / P_{B,1} \end{cases} \tag{4-72}$$

（3）判别控制段。确定进料方式后，按表 4-8 中规定判别萃取过程所处的控制段。

（4）计算最优化工艺参数和级数。按照表 4-8 的计算程序计算 E'_m、E_m、S 和 W，最优化的混合萃取比 E_m 和 E'_m 代入级数式（4-21）和式（4-22），得到恒定混合萃取比最优化条件下的分馏萃取级数计算公式。

$$n = \ln b/(E_m \cdot \ln\beta) \tag{4-73}$$

$$m + 1 = \ln a/\ln(\beta'/E'_m) \tag{4-74}$$

（5）计算萃取过程的流比。在以上的公式中萃取量 S 和洗涤量 W 都是以进料量 $M_F = 1$ 为基准计算得到的质量流量（g/min），而实际生产中为了方便流量控制，采用的是体积流量（L/min）。质量流量与体积流量的换算关系为

$$V_F = M_F/c_F = 1/c_F \tag{4-75}$$

$$V_S = S/c_S \tag{4-76}$$

$$V_W = 3W/c_H（假定从有机相中洗下 1\ mol\ RE^{3+} 需要 3\ mol\ H^+） \tag{4-77}$$

式中　V_F——进料的体积流量；

　　　c_F——料液中稀土浓度，mol/L 或 g/L；

　　　V_S——有机相的体积流量；

　　　c_S——有机相的稀土饱和浓度（mol/L 或 g/L）；

　　　V_W——洗液的体积流量；

　　　c_H——洗液的酸浓度，mol/L。

流比的表示经常以 V_F 为单位来说明 V_F、V_S、V_W 的比例关系，则

$$V_S : V_F : V_W = (V_S/V_F) : 1 : (V_W/V_F) \tag{4-78}$$

（6）计算浓度分布。由体积流量可以计算水相出口浓度 $(M)_1$、有机相出口浓度 $(M)_{n+m}$ 和萃取段与洗涤段各级中的水相金属离子浓度分布，则

水相出口

$$(M)_1 = M_1/(V_F + V_W) \tag{4-79}$$

当水相出口 B 的纯度 $P_{B,1}$ 足够高时 $M_1 = f'_B$，则

$$(M)_1 = f'_B/(V_F + V_W) \tag{4-80}$$

萃取段

$$(M)_i = (M_F + W)/(V_F + V_W) \tag{4-81}$$

洗涤段

$$(M)_j = W/V_W \tag{4-82}$$

有机相出口

$$(\overline{M})_{n+m} = \overline{M}_{n+m}/V_S \tag{4-83}$$

当有机相出口 A 纯度足够高时 $\overline{M}_{n+m} = f'_A$，则

$$(\overline{M})_{n+m} = f'_A/V_S \tag{4-84}$$

B　应用实例

【例 4-1】　混合稀土矿配分的氯化稀土原料，经以镨钕为界线分离后，反萃液中稀土浓度为 1.4 mol/L，其中各稀土元素的摩尔分数为：Nd_2O_3 89.3%、Sm_2O_3 7.0%、Er_2O_3 1.0%、Gd_2O_3+重稀土 2.7%。现用酸性磷型萃取剂提取 Nd_2O_3，并要求其纯度 $P_{B,1} \geqslant$ 99.99%，收率 $Y_B \geqslant 99.5\%$。已知 $\beta_{Sm/Nd} = \beta'_{Sm/Nd} = 8.0$，试计算分馏萃取的优化工艺参数。

解：

（1）确定分离界限。根据酸性磷型萃取剂萃取稀土的序列可知 Nd_2O_3 为难萃组分，Sm_2O_3 和其余稀土为易萃组分，分离界限选择在 Sm/Nd 之间，因此有：

$$B = \beta'_{Sm/Nd} = \beta_{A/B} = \beta'_{A/B} = 8.0$$

$$f_{Nd_2O_3} = f_B = 0.893, \quad f_{Sm_2O_3+重稀土} = f_A = 0.107$$

$$P_{Nd_2O_3} = P_{B,1} = 0.9999, \quad Y_B = 0.995$$

（2）计算分离指标。此题属于以 B 为主要产品，规定了 $P_{B,1}$ 和 Y_B 类型的工艺，可按前面所述三种分离指标计算方法计算本题中分离指标。

$$b = [P_{B,1}/(1 - P_{B,1})]/(f_B/f_A) = (0.9999/0.0001)/(0.893/0.107) = 1198.089$$

$$a = (b - Y_B)/[b(1 - Y_B)] = (1198.089 - 995)/[1198.089 (1 - 0.995)] = 199.834$$

$$\overline{P}_{A,n+m} = af_A/(f_B + af_A) = 199.834 \times 0.107/(0.893 + 199.834 \times 0.107) = 0.96$$

$$f'_B = f_B \times Y_B/P_{B1} = 0.893 \times 0.995/0.9999 = 0.889$$

$$f'_A = 1 - f'_B = 0.111$$

$$Y_A = a(b - 1)/(ab - 1) = 199.834 \times (1198.089 - 1)/(199.834 \times 1198.089 - 1) = 0.999$$

（3）控制段。水相进料的控制段判别值为 $\sqrt{\beta}/(1 + \sqrt{\beta})$ 代入 $\beta = 8.0$，并与 $f'_B = 0.889$ 比较得出：

$$f'_B > \sqrt{\beta}/(1 + \sqrt{\beta}) = 2.828/(1 + 2.828) = 0.739$$

根据判别原则，本题的萃取过程属于萃取段控制。

（4）计算优化工艺参数和级数。按照表 4-8 所示的程序，工艺参数计算如下：

$$E_m = 1/\sqrt{\beta} = 1/\sqrt{8} = 0.354$$

$$E'_m = E_m \times f'_B/(E_m - f'_A) = 0.354 \times 0.889/(0.354 - 0.111) = 1.295$$

$$S = E_m \times f'_B/(1 - E_m) = 0.354 \times 0.889/(1 - 0.354) = 0.487$$

$$W = S - f'_A = 0.487 - 0.111 = 0.376$$

$$n = \ln b/(E_m \cdot \ln\beta) = \ln 1198.089/(\ln 8 \times 0.354) = 6.809 \approx 7 \text{级}$$

$$m + 1 = \ln a/\ln(\beta'/E'_m) = \ln 199.849/\ln(8.0/1.296) = 2.9 \approx 3 \text{级}$$

$$m \approx 2$$

（5）计算流比。当有机相饱和萃取量 $c_S = 0.20$ mol/L、洗液酸度 $c_H = 4.5$ mol/L 时，并已知料液稀土浓度 $c_F = 1.4$ mol/L，可将质量流量换算为体积流量。

$$V_F = M_F/c_F = 1/1.4 = 0.714 \text{ L/min}$$
$$V_S = S/c_S = 0.488/0.20 = 2.44 \text{ L/min}$$
$$V_W = 3W/c_H = 3 \times 0.377/4.5 = 0.251 \text{ L/min}$$

流比为

$$(V_S/V_F) : 1 : (V_W/V_F) = 3.417 : 1 : 0.352$$

（6）计算浓度分布。题中 $P_{B,1} = 0.9999$ 为高纯度，则 $M_1 = f'_B = 0.889$；$\overline{P}_{A,n+m} = 0.96$ 不是高纯度，因此

$$\overline{M}_{n+m} = M_F f Y_A / \overline{P}_{A,\ n+m} = 1 \times 0.107 \times 0.999/0.96 = 0.111$$

水相出口

$$(M)_1 = M_1/(V_F + V_W) = 0.889/(0.714 + 0.251) = 0.921 \text{ mol/L}$$

萃取段

$$(M)_i = (M_F + W)/(V_F + V_W) = (1 + 0.377)/(0.714 + 0.251) = 1.427 \text{ mol/L}$$

洗涤段

$$(M)_j = W/V_W = 0.377/0.251 = 1.502 \text{ mol/L}$$

有机相出口

$$(\overline{M})_{n+m} = \overline{M}_{n+m}/V_S = 0.111/2.44 = 0.045 \text{ mol/L}$$

应该说明的是：实际生产中萃取分离所用的级数及其他工艺参数与理论计算值有时差别较大，这主要是由于萃取过程中的分离效率（级效率）不高。生产中影响级效率的因素很多，有萃取器的设计问题，也有分离系数随各级中组成变化而波动和多组分体系中有效分离系数的计算等问题，初步设计中可以选择一个经验的级效率系数对理论计算级数进行校正，而后再经模拟实验确认。

4.2.5.3 多组分三出口分馏串级萃取最优化工艺设计

A 多组分两出口工艺各组分在各级中的分布

前文分馏萃取工艺设计中是以两组分假设为基本条件进行计算的。实际上对于稀土萃取分离工艺而言，大多数情况下料液是三种或三种以上稀土元素组成的混合溶液，在两出口的萃取过程中，每种组分在各级中按一定的规律分布。

生产实践和萃取计算机模拟实验证明，在料液成分一定时，各组分的级分布状态与萃取量 S 和洗涤量 W 有关。当 S 增大时，中间组分的积累峰向有机相出口方向移动；当 W 增大时，中间组分的积累峰向水相出口方向移动。

在多组分两出口的萃取过程中，正确地控制 S 和 W 有利于中间组分积累峰稳定，而使萃取过程处于最佳的平衡状态下，利用中间组分积累峰的生成规律，调整 S 和 W 可以使积累峰增高（提高中间组分的纯度）。两出口的分馏萃取工艺中，在中间组分积累峰附近开设一个出口，可以增加一种富集物产品。两出口的分馏萃取工艺新开设出口后萃取平衡将受到影响，需要调整 S 和 W 以及级数 $n+m$ 建立新的平衡，一般情况下增加出口，S 和 W 以及级数 $n+m$ 也会增加。对于含有 λ 个稀土组分的萃取体系而言，在级数 $n+m$、S、W 能满足要求的条件下，可以新开设 $\lambda-2$ 个出口，在一个分馏萃取生产线上可以生产出两种纯产品和 $\lambda-2$ 富集物产品。

多组分多出口的萃取生产工艺具有产品品种多、工艺灵活性强、生产流程简单、化工

原料消耗低的优点，这一工艺的出现降低了生产成本，促进了稀土应用的发展。

　　B　三出口的出口分数、纯度和收率计算的基本关系式

　　多组分体系三出口工艺设计的过程中，将 λ 个组分 f_1，f_2，f_3，…，$f_{\lambda-1}$，f_λ 分为三组。如果想得到两种纯产品 f_1 和 f_λ 及一种富集物产品 $f_2+f_3+\cdots+f_{\lambda-1}$，则可以将入组分划分成 A、B、C 三种产品，规定 $A=f_\lambda$ 代表易萃组分；$B=f_2+f_3+\cdots+f_{\lambda-1}$ 代表中间组分；$C=f_1$ 代表难萃组分。B 产品的出口可以是萃取段或洗涤段中某一级的水相出口或有机相出口，记为 I，称为第三出口。对多组分按三组分定义后可以仿照两组分两出口串级萃取工艺设计方法进行计算。对三出口工艺而言，有 A、B、C 三种产品，其纯度、收率指标共有 6个，即

　　A 产品的纯度、收率：$\overline{P}_{A,n+m}$、Y_A；

　　B 产品的纯度、收率：$P_{B,I}$（或 $\overline{P}_{B,I}$）、Y_B；

　　C 产品的纯度、收率：$P_{C,1}$、Y_C。

　　当料液中的摩尔分量为 f_A、f_B、f_C 时，对于水相开设第三出口的体系，有

$$f_A = A_1 + A_I + \overline{A}_{n+m}$$
$$f_B = B_1 + B_I + \overline{B}_{n+m}$$
$$f_C = C_1 + C_I + \overline{C}_{n+m}$$
$$f_A + f_B + f_C = 1 \tag{4-85}$$

式中　A_1，A_I，$\overline{A}_{n+m}$——A 组分在第 1 级、第 I 级、第 $n+m$ 级出口的摩尔分量（余者类似）；此时，出口分数 f'_A、f'_B、f'_C 分别为

$$\begin{cases} f'_A = \overline{A}_{n+m} + \overline{B}_{n+m} + \overline{C}_{n+m} \\ f'_B = A_I + B_I + C_I \\ f'_C = A_1 + B_1 + C_1 \\ f'_A + f'_B + f'_C = 1 \end{cases} \tag{4-86}$$

　　对于有机相开设第三出口的体系，亦有类似的基本关系式。根据纯度及收率的定义，有

$$\begin{cases} \overline{P}_{A,\,n+m} = \overline{A}_{n+m}/f'_A \\ P_{B,I} = B_I/f'_B \\ P_{C,1} = C_1/f'_C \end{cases} \tag{4-87}$$

$\overline{P}_{B,n+m}$、$\overline{P}_{C,n+m}$、$P_{A,I}$、$P_{C,I}$、$P_{A,1}$、$P_{B,1}$ 的计算类同。

$$\begin{cases} Y_A = \overline{A}_{n+m}/f_A \\ Y_B = B_I/f_B \\ Y_C = C_1/f_C \end{cases} \tag{4-88}$$

得

$$\begin{cases} Y_A = f'_A \overline{P}_{A,n+m}/f_A \\ Y_B = f'_B P_{B,I}/f_B \\ Y_C = f'_C P_{C,1}/f_C \end{cases} \tag{4-89}$$

实际计算中，令 $A_1 \approx 0$、$\overline{C}_{n+m} \approx 0$，可以简化上述算式，并且对计算结果影响不大。

C 分离指标的确定

对于 $\overline{P}_\lambda$、P_λ（$\lambda =$ A、B、C）即 $\overline{P}_{A,n+m}$、$P_{B,I}$（或 $\overline{P}_{B,I}$）、$P_{C,1}$、Y_A、Y_B、Y_C 6 个分离指标，当进行 $A_1 \approx 0$、$\overline{C}_{n+m} \approx 0$ 简化计算时，大多数情况只需规定 4 个指标就能计算另外 2 个分离指标及出口分数 f'_A、f'_B、f'_C，因而共有 3 种类型，15 种组合形式。

（1）$Y_{\lambda,1}$、$P_{\lambda,1}$、$Y_{\lambda,2}$、$P_{\lambda,2}$ 类型，有 9 种组合方式：

1）$\overline{P}_{A,n+m}$、Y_A、$P_{C,1}$、Y_C；2）$\overline{P}_{A,n+m}$、Y_A、$P_{B,I}$、Y_B；3）$P_{B,I}$、Y_B、$P_{C,1}$、Y_C；
4）$\overline{P}_{A,n+m}$、Y_A、$P_{B,I}$、Y_C；5）$P_{B,I}$、Y_A、$P_{C,1}$、Y_C；6）$\overline{P}_{A,n+m}$、Y_B、$P_{B,I}$、Y_C；
7）$P_{C,1}$、Y_B、$P_{B,I}$、Y_A；8）$\overline{P}_{A,n+m}$、Y_A、$P_{C,1}$、Y_B；9）$\overline{P}_{A,n+m}$、Y_C、$P_{C,1}$、Y_B；

（2）$\overline{P}_{A,n+m}$、$P_{B,I}$、$P_{C,1}$、Y_λ 类型，有 3 种组合形式：

1）$\overline{P}_{A,n+m}$、$P_{B,I}$、$P_{C,1}$、Y_A；2）$\overline{P}_{A,n+m}$、$P_{B,I}$、$P_{C,1}$、Y_C；3）当规定了 $\overline{P}_{A,n+m}$、$P_{B,I}$、$P_{C,1}$、Y_B 4 个指标时，则因指标不够，无法求解 f'_A、f'_B、f'_C，必须规定 Y_A、Y_C 两者之一，方可求解。

（3）Y_A、Y_B、Y_C、P_λ 类型，有 3 种组合形式：

1）Y_A、Y_B、Y_C、$\overline{P}_{A,n+m}$；2）Y_A、Y_B、Y_C、$P_{C,1}$；3）当规定了 Y_A、Y_B、Y_C、$P_{B,I}$ 4 个指标时，则因指标不够，无法求解 $\overline{P}_{A,n+m}$、$P_{C,1}$、f'_A、f'_B、f'_C，必须规定 $\overline{P}_{A,n+m}$、$P_{C,1}$ 两者之一，方可求解。

以上三种类型的组合中，以第（2）种在三出口萃取工艺的设计中应用最为广泛，故下面以 $\overline{P}_{A,n+m}$、$P_{B,I}$、$P_{C,1}$、Y_λ 类型中，规定 $\overline{P}_{A,n+m}$、$P_{B,I}$、$P_{C,1}$、Y_λ 4 个指标为例，推导 Y_B、Y_C、f'_A、f'_B、f'_C 的计算公式，其余计算公式可以参照此过程推导。

由式，得

$$f'_A = f_A Y_A / \overline{P}_{A,n+m} \tag{4-90}$$

根据物料平衡原理，并且令 $A_1 \approx 0$、$C_{n+m} = 0$，则有

$$A_I = f_A - f'_A \overline{P}_{A,n+m} \tag{4-91}$$

$$\overline{B}_{n+m} = f'_A(1 - \overline{P}_{A,n+m}) \tag{4-92}$$

因为

$$B_I = f'_B - A_I - C_I = B_I/P_{B,I} - A_I - C_I$$

所以

$$B_I = (A_I + C_I)P_{B,I}/(1 - P_{B,I}) \tag{4-93}$$

又因为

$$B_1 = f'_C - C_1 = C_1/P_{C,1}$$
$$C_1 = f_C - C_1$$

所以

$$B_1 = (f_C - C_1)(1 - P_{C,1})/P_{C,1} \tag{4-94}$$

由物料平衡，又知

$$B_1 + B_I = f_B - \overline{B}_{n+m} \tag{4-95}$$

将式（4-93）和式（4-94）代入式（4-95），得

$$C_I = [\, f_B - \overline{B}_{n+m} - f_C(1 - P_{C,1})/P_{C,1} - A_I P_{B,I}/(1 - P_{B,I}) \,]/$$
$$[\,(1 - P_{C,1})/P_{C,1} + P_{B,I}/(1 - P_{B,I}) \,] \tag{4-96}$$

于是，得出分离指标

$$\begin{cases} f'_B = A_I + B_I + C_I \\ f'_C = 1 - f'_A + f'_B \\ Y_B = B_I/f_B \\ Y_C = C_I/f_C \end{cases} \tag{4-97}$$

D 萃取量 S 的确定

理论分析和实验均表明，在同样分离指标下，第三出口开设于萃取段水相或有机相，洗涤段水相或有机相所需要的萃取量是不同的。徐光宪的串级萃取理论中，根据恒定混合萃取比的基本特点，提出了三出口萃取量 S 的计算方法，现介绍该计算方法。

a 最小萃取量原则

体系为达到三出口分离的目的，必须满足各组分的纯化要求：

$$\begin{cases} P_{C,i} > P_{C,i+1} & (i = 1, 2, \cdots, (n+m)) \\ P_{A,j} < P_{A,j+1} & (j = 1, 2, \cdots, (n+m)) \end{cases} \tag{4-98}$$

为达到上述要求，体系应存在一个最小萃取量 $S_{\min}$。根据最小萃取比方程的意义，当第一级水相和 $n+m$ 级有机相出口的产品均为高纯度时，$S_{\min} = [1/(\beta - 1)] + f_A$，或 $W_{\min} = S_{\min} - f_A = 1/(\beta - 1)$。故如果第三出口位于萃取段，将进料形式为水相或有机相时的最小萃取量分别以 $S_{\min}$ 或 $(S_{\min})_O$ 表示；若第三出口设在同洗涤段，将进料形式为水相或有机相的最小萃取量分别以 $S'_{\min}$ 或 $(S'_{\min})_O$ 表示。根据体系的分离系数、分离指标和原料条件，有萃取平衡和物料平衡关系，可以推导出有关 $S_{\min}$、$(S_{\min})_O$、$S'_{\min}$、$(S'_{\min})_O$ 的计算公式：

$$S_{\min} = f'_C \cdot \{[\beta_{A/C} \cdot P_{C,1}(1 - P_{C,I}) - \beta_{A/B} \cdot P_{B,1} \cdot P_{C,I}]/$$
$$P_{C,I}[\beta_{A/C}(1 - P_{C,I}) - P_{A,I} - \beta_{A/B} \cdot P_{B,I}] - 1\} \tag{4-99}$$

$$(S_{\min})_O = S_{\min} \tag{4-100}$$

$$S'_{\min} = f'_A \cdot [(\overline{P}_{A,n+m}/P_{A,I}) - 1](\beta_{A/C} \cdot P_{A,I} + \beta_{B/C} \cdot P_{B,I} + P_{C,I})/$$
$$[\beta_{A/C}(1 - P_{A,I}) - \beta_{B/C} \cdot P_{C,I}] \tag{4-101}$$

$$(S'_{\min})_O = S'_{\min} \tag{4-102}$$

由式（4-99）~式（4-102）可见最小萃取量是分离指标、原料组成和分离系数等条件的函数。根据最小萃取量的不同，可以简便地判断第三出口的优化位置和相别。对于水相进料方式，若 $S_{\min} < S'_{\min}$，则第三出口设于萃取段；若 $S_{\min} > S'_{\min}$，则第三出口设于洗涤段更合理；对于有机相三出口体系判别方式类同。

计算表明，在最小萃取量条件下，体系的分离效果很差，因而体系需要相当多的级数才能达到分离目的。因此，实际工艺设计中，萃取量 S 应大于最小萃取量，即

$$S = [1/(\beta^k - 1)] + f'_A > S_{\min} \quad \text{或} \quad W = [1/(\beta^k - 1)] > W_{\min}(0 < k < 1)$$

$$\tag{4-103}$$

利用式（4-103）计算时可以变化 k 值计算出一组与之相对应的 W 和 S，从中选择出适应工艺条件优化的要求 W 和 S。

b 三出口体系的物料分布

随进料方式、第三出口相别和 I 级的位置不同，三出口体系共有 8 种物料分布形式，表 4-9～表 4-12 中仅列出了较常见的萃取段开设第三出口的物料分布情况，洗涤段三出口体系也有类似的物料分布。

表 4-9 水相进料、水相开设第三出口体系

	S $\downarrow$		f'_B $\uparrow$		M_F $\downarrow$		$W=S-f'_A$ $\downarrow$
级序	1	2~$(I-1)$	I	$(I+1)$~$(n-1)$	n	$(n+1)$~$(n+m-1)$	$n+m$
M^*	S	S	S	S	S	S	f'_A
M	f'_C	$S+f'_C$	$W+1$	$W+1$	$W+1$	W	W

注：M^* 表示有机相总金属离子质量流量。

表 4-10 有机相进料、水相开设第三出口体系

	S $\downarrow$		f'_B $\uparrow$		M_F $\downarrow$		$W=S+1-f'_A$ $\downarrow$
级序	1	2~$(I-1)$	I	$(I+1)$~$(n-1)$	n	$(n+1)$~$(n+m-1)$	$n+m$
M^*	S	S	S	S	$S+1$	$S+1$	f'_A
M	f'_C	$S+f'_C$	W	W	W	W	W

注：M^* 表示有机相总金属离子质量流量。

表 4-11 水相进料、有机相开设第三出口体系

	S $\downarrow$		f'_B $\uparrow$		M_F $\downarrow$		$W=S-f'_A-f'_B$ $\downarrow$
级序	1	2~$(I-1)$	I	$(I+1)$~$(n-1)$	n	$(n+1)$~$(n+m-1)$	$n+m$
M^*	S	S	S	$S-f'_B$	$S-f'_B$	$S-f'_B$	f'_A
M	f'_C	$S+f'_C$	$W+1$	$W+1$	$W+1$	W	W

注：M^* 表示有机相总金属离子质量流量。

表 4-12 有机相进料、有机相开设第三出口体系

	S $\downarrow$		f'_B $\uparrow$		M_F $\downarrow$		$W=S-f'_C$ $\downarrow$
级序	1	2~$(I-1)$	I	$(I+1)$~$(n-1)$	n	$(n+1)$~$(n+m-1)$	$n+m$
M^*	S	S	S	$S-f'_B$	$S+1-f'_B$	$S+1-f'_B$	f'_A
M	f'_C	$W+1$	$W+1$	$W+1$	$W+1$	W	W

注：M^* 表示有机相总金属离子质量流量。

c 优化洗涤量 W 和优化萃取量 S 及萃取比 E_m 和 E'_m

将三出口工艺分为三个逆流萃取分离段后，按照两出口的极值计算式（4-103），可以分段计算洗涤量 W，而后再根据不同进料形式、I 及开口位置和相比的物料分布规律，找

出 S 与 W 的关系式，计算萃取量 S。由于计算过程类同，所以仅以水相进料、萃取段水相开第三出口为例，说明计算过程。

$$W = 1/(\beta^k - 1) \qquad (0 < k < 1) \qquad (4\text{-}104)$$

式中　β——某段的分离系数。

在萃取段开第三出口后，可将萃取体系视为三个逆流萃取分离部分。第 1 级至第 I 级主要是组分 C 与 B 的分离，分离系数应选择 $\beta_{(B/C)}$；第 I+1 级至第 n 级主要是 C+B 与 A 分离，分离系数应选择 $\beta_{A/(B+C)}$；第 n+1 级至第 n+m 级为洗涤段，主要是 B 与 A 分离，分离系数应选择 $\beta_{A/B}$。由表 4-9 中的物料分布情况，对于各段的萃取量 S 及萃取比 E_m 和 E'_m 可分别用如下关系式进行初步计算。

第 1 级至第 I 级：

$$\begin{cases} W = 1/(\beta_{B/C}^k - 1) \\ S = W + f'_A \\ E_m = S/(S + f'_C) \end{cases} \qquad (4\text{-}105)$$

第 I+1 级至第 n 级：

$$\begin{cases} W = 1/(\beta_{A/(B+C)}^k - 1) \\ S = W + f'_A \\ E_m = S/(W + 1) \end{cases} \qquad (4\text{-}106)$$

洗涤段第 n+1 级至第 n+m 级：

$$\begin{cases} W = 1/(\beta'^k_{A/B} - 1) \\ S = W + f'_A \\ E'_m = S/W \end{cases} \qquad (4\text{-}107)$$

当 $0<k<1$ 时，变化 k 的数值，可以得到一组 W、S、E_m 和 E'_m 根据最小萃取量原则，选择 $S>S_{min}$。计算发现，S 越小分离所用的级数越多。实际设计中，考虑到设备投资、有机相和物料在萃取中存储量及化工原料消耗等问题，一般选择萃取量 S 和总级数 n+m 的乘积 R 中最小值作为评价优化工艺的指标。显然，R 是关于建设投资和化工原料消耗的综合评价指标，R 最小是指分离效果和产量不变，建设投资与化工原料消耗的综合值最小的设计方案。

　　E　三出口工艺级数的计算

三出口工艺分为三个分离段后，用两组分两出口的级数计算，式（4-57）和式（4-58）可以简便地计算各段的级数。下面是水相进料，第三出口开在萃取段和洗涤段的纯化倍数和混合萃取比的计算方法。

　　a　萃取段开设第三出口的工艺

一般情况下，此类三出口工艺除要求两端出口为纯产品外，还要求 A 组分有较高的收率，因此第三出口中的 A 含量很少。体系的分离过程可以分为如下三段。

（1）第 1 级至第 I 级：主要是 B/C 分离过程，级数计算中可将该段看作以 I 级为进料级，B/C 分离体系的萃取段，因此 C 组分的纯化倍数 c 定义为：

$$c = [P_{C,1}/(1 - P_{C,1})]/[P_{C,I}/(1 - P_{C,I})] \qquad (4\text{-}108)$$

（2）第 I+1 级至第 n 级：主要为 A/(B+C) 分离过程，级数计算中可将该段看作以 n

级为进料级，$B+C$ 是 I 出口的产品，$A/(B+C)$ 分离的萃取段，因此 B+C 组分的纯化倍数 bc 定义为：

$$bc = \left[(P_{B,I} + P_{C,I})/P_{A,I} \right]/\left[(f_B + f_C)/f_A \right] \qquad (4\text{-}109)$$

（3）洗涤段的第 $n+1$ 级至第 $n+m$ 级：主要为 A/B 分离过程，级数计算中可将该段看作以 n 级为进料级，A 是 $n+m$ 有机出口的产品，$A/(B+C)$ 分离的洗涤段，因此 A 组分的纯化倍数 a 定义为：

$$a = \left[P_{A,n+m}/(1 - P_{A,n+m}) \right]/\left[f_A/(f_B + f_C) \right] \qquad (4\text{-}110)$$

由以上看出，三个分离段的混合萃取比计算已分别示于式（4-108）、式（4-109）和式（4-110）。

　　b　洗涤段设第三出口的工艺

（1）第 1 级至第 n 级：主要为 $(A+B)/C$ 分离过程，由于该段 A 组分少，接近于 B/C 分离。级数计算中可将 n 级看作进料级，第一级出口产品是 C 的萃取段，因此 C 组分的纯化倍数定义为：

$$c = \left[P_{C,1}/(1 - P_{C,1}) \right]/\left[f_C/(f_B + f_A) \right] \qquad (4\text{-}111)$$

此时

$$E_m = S/(W + 1 - f_B') \qquad (4\text{-}112)$$

（2）第 $n+1$ 级至第 I 级：由于第三出口产品中 C 含量很少，因此级数计算中可视 n 为进料级，$(\overline{A+B})_I$ 是第三出口 I 的产品，此段是 $(A+B)/C$ 萃取分离体系的洗涤段，因此 $(\overline{A+B})_I$ 的纯化倍数定义为：

$$ab = \left[(\overline{P}_{A,I} + \overline{P}_{B,I})/\overline{P}_{C,I} \right]/\left[(f_A + f_B)/f_C \right] \qquad (4\text{-}113)$$

此时

$$E_m' = S/(W - f_B') \qquad (4\text{-}114)$$

（3）第 $I+1$ 级至第 $n+m$ 级：该段可看作以第 I 级为进料级，A 为出口产品的 A/B 萃取分离体系的洗涤段，A 的纯化倍数定义为：

$$a = \left[\overline{P}_{A,n+m}/(1 - \overline{P}_{A,\,n+m}) \right]/\left[P_{A,I}/(P_{B,I} + P_{C,I}) \right] \qquad (4\text{-}115)$$

此时

$$E_m' = S/W \qquad (4\text{-}116)$$

将式（4-111）~式（4-116）和适当的分离系数代入式（4-73）和式（4-74），则可以得到各段的级数 I、n、m。

　　F　三出口工艺设计实例

【例 4-2】　某皂化酸性磷型萃取剂体系萃取分离 Sm/Eu/Gd 三组分混合料液，欲采用三出口工艺，试计算各工艺参数。

已知：物料组成：$f_{A(Gd)} = 0.39$，$f_{B(Eu)} = 0.10$，$f_{C(Sm)} = 0.51$。

　　　　分离系数：$\beta_{Gd/Eu} = 1.40$，$\beta_{Eu/Sm} = 2.00$

求：产品 Gd_2O_3 的纯度 $\overline{P}_{A,n+m} = 0.999$，$Sm_2O_3$ 的纯度 $P_{C,1} = 0.9999$，回收率 $Y_C = 0.999$，中间出口 I 水相中 Eu_2O_3 的富集度 $P_{B,I} \geqslant 0.40$。

解：根据已知条件计算如下：

（1）计算参数。由题意可知，这是 $\overline{P}_{A,n+m}$、$P_{B,I}$、$P_{C,1}$、Y_C 类型组合，并且 Sm_2O_3 的纯度和回收率都很高，Eu_2O_3 中的杂质只是 Gd_2O_3，于是可设定 $A_1 \approx 0$，$\overline{C}_{n+m} \approx 0$，因此可参考前文中有关计算方法进行计算出口分数和回收率。

$$C_1 = f_C \cdot Y_C = 0.50949$$
$$f'_C = C_1/P_{C,1} = 0.50954$$
$$B_1 = f'_C - C_1 = 5.0 \times 10^{-5}$$
$$C_I = f_C - C_1 = 5.1 \times 10^{-5}$$
$$B_I = \left[(1 - f'_C)\overline{P}_{A,n+m} - C_I - f_A\right]/\left[1 - (1 - \overline{P}_{A,n+m})/P_{B,I}\right] = 0.9971$$
$$f'_B = B_I/P_{B,I} = 0.24927$$
$$A_I = f'_B - B_I - C_I = 0.14905$$
$$f'_A = 1 - f'_B - f'_C = 0.24119$$
$$\overline{A}_{n+m} = f_A - A_I = 0.24095$$
$$\overline{B}_{n+m} = f_B - B_1 - B_I = 2.4 \times 10^{-4}$$
$$Y_B = B_I/f_B = 0.9971$$
$$Y_A = \overline{A}_{n+m}/f_A = 0.67182$$
$$P_{A,I} = A_I/(A_I + B_I + C_I) = 0.59795$$
$$P_{C,I} = C_I/(A_I + B_I + C_I) = 0.00205$$

（2）最小萃取量和第三出口位置。由式（4-99）和式（4-101）计算得到第 I 级设于萃取段和洗涤段的最小萃取量分别为：$S_{min} = 424.732$ 和 $S'_{min} = 1.23757$。根据最小萃取量原则，由于 $S_{min} > S'_{min}$，第 I 级出口应设在洗涤段，萃取量应大于最小萃取量，即 $S > 1.23757$。第三出口设在洗涤段的物料分布见表4-13。

表4-13 萃取体系的物料分布及参数计算公式

	S ↓	M_F ↓		f'_B ↑			$W=S-f'_A$ ↓
级序	1	2~(n-1)	n	(n+1)~(I-1)	I	(I+1)~(n+m-1)	n+m
M^*	S	S	S	S	S	S	f'_A
M	f'_C	$S+f'_C$	$S+f'_C$	$S+f'_C$	W	W	W
萃取比	$E_m = S/(S+f'_C)$			$E'_m = S/(S+f'_B)$		$E'_m = S/W$	
分离系数	β_1			β_2		β_3	
级数	$n=lnc/ln(\beta_1 \cdot E_m)$			$I=ln(ab)/ln(\beta_2/E'_m)$		$m+1=lna/ln(\beta_3 \cdot E'_m)$	

（3）计算纯化倍数：

1）式（4-111）计算1级至第 n 级纯化倍数 c：
$$c = \left[P_{C,1}/(1-P_{C,1})\right]/\left[f_C/(f_A+f_B)\right] = 9607$$

2）式（4-113）计算第 $n+1$ 级至第 I 级中间产品纯化倍数 ab：
$$ab = \left[(\overline{P}_{A,I} + \overline{P}_{B,I})/\overline{P}_{C,I}\right]/\left[(f_A+f_B)/f_C\right]$$

其中，$\overline{P}_{A,I}$、$\overline{P}_{B,I}$、$\overline{P}_{C,I}$ 可由萃取物料平衡得出与 $P_{A,I}$、$P_{B,I}$、$P_{C,I}$ 的关系式：

$$\overline{P}_{\lambda,I} = [P_{\lambda,I+1} - (E'_m - 1)\overline{P}_{A,n+m}]/E'_m \qquad (\lambda = A、B、C) \qquad (4-117)$$

其中，$P_{\lambda,I+1}$ 与 $P_{\lambda,I}$ 相差不大时，可以认为 $P_{\lambda,I+1} \approx P_{\lambda,I}$，则可计算出：

$$\overline{P}_{\lambda,I} = 0.28467$$

$$\overline{P}_{C,I} = P_{C,I}/E'_m = 0.00142 \qquad (\overline{P}_{C,n+m} \approx 0)$$

$$\overline{P}_{B,I} = 1 - \overline{P}_{A,I} - \overline{P}_{C,I} = 0.71391$$

由此纯化倍数 ab 为：

$$ab = 732$$

3）由式（4-115）计算第 $I+1$ 级至第 $n+m$ 级 A 的纯化倍数 a 为：

$$a = [\overline{P}_{A,n+m}/(1 - \overline{P}_{A,n+m})/P_{A,I}]/[(P_{B,I} + P_{C,I})] = 669$$

（4）优化萃取量和级数。应用极值公式 $W = 1/(\beta^k - 1)$ 和 $S = W + f'_A$ 代入适当的分离系数 β 和递增的 k 值（$0 < k < 1$），可以得到一组 S 值。根据本例中物料分布的特点，将逐渐递增 S 值代入表4-10中相关的 E_m、E'_m 和级数计算公式，能得到一组可供选择的工艺参数。其计算结果见表4-14。

比较表4-14中的 R 值，$S = 1.5000$ 时 R 值最小，设计时可以选用。此组数据同 $S = 2.0000$ 组数据相比，后者尽管萃取量较大，但所用级数较少；生产实践中，根据生产现场的具体情况，如果现有的萃取槽级数较少（不计级效率，约有 60 级），也可以选用后者。

表 4-14　三出口萃取工艺参数

萃取量 S	级　　数					R
	I	n	m	$n+m$	$I-n$	
1.4000	39	22	63	85	17	119
1.5000	36	21	55	76	15	114
1.7500	32	19	47	66	13	115
2.0000	30	18	42	60	12	120
2.2500	29	18	39	57	11	128
2.5000	28	17	38	55	11	137

4.2.5.4　多组分四出口分馏串级萃取最优化工艺设计

在以氟碳铈矿、独居矿以及两者的混合型矿为原料的稀土分离工业生产中，被分离的原料通常含有镧、铈、镨、钕和少量的中重稀土元素，这种萃取体系可以视为镧、铈、镨和钕加中重稀土元素四种组分的体系。生产中采用的分馏萃取分级工艺中，如果恰当地选择分离界限，可以使中间组分铈和镨分别在萃取段和洗涤段出现积累峰。在此分馏萃取线上的萃取段和洗涤段分别增开一个出口，可以在原有的萃取体系上新增加富铈和富镨两个富集物产品，这就是所谓的四出口工艺。类似三出口工艺计算公式的推导过程，四出口工艺有如下计算公式。

A 出口分数、纯度和收率计算

a 基本关系式

四出口工艺有 A、B、C、D 四种产品，其纯度、收率指标共有 8 个，即

A 产品的纯度、收率：$\overline{P}_{A,n+m}$、Y_A；

B 产品的纯度、收率：$\overline{P}_{B,I_2}$、Y_B；

C 产品的纯度、收率：P_{C,I_1}、Y_C；

D 产品的纯度、收率：$P_{D,1}$、Y_D。

当料液中的摩尔分量为 f_A、f_B、f_C、f_D 时，对于水相开设第三出口的体系，有

$$\begin{cases} f_A = A_{I_1} + \overline{A}_{I_2} + \overline{A}_{n+m} & (A_1 \approx 0) \\ f_B = B_1 + B_{I_1} + \overline{B}_{I_2} + \overline{B}_{n+m} \\ f_C = C_1 + C_{I_1} + \overline{C}_{I_2} + \overline{C}_{n+m} \\ f_D = D_1 + D_{I_1} + D_{I_2} & (D_{n+m} \approx 0) \\ f_A + f_B + f_C + f_D = 1 \end{cases} \quad (4\text{-}118)$$

式中，A_1、A_{I_1}、$\overline{A}_{I_2}$、$\overline{A}_{n+m}$ 分别为 A 组分在第 1 级、第 I_1 级、第 I_2 级、第 $n+m$ 级出口的摩尔分量（余者类似）；此时，出口分数 f'_A、f'_B、f'_C、f'_D 分别为：

$$\begin{cases} f'_A = \overline{A}_{n+m} + \overline{B}_{n+m} + \overline{C}_{n+m} & (\overline{D}_{n+m} \approx 0) \\ f'_B = \overline{A}_{I_2} + \overline{B}_{I_2} + \overline{C}_{I_2} + \overline{D}_{I_2} \\ f'_C = A_{I_1} + B_{I_1} + C_{I_1} + D_{I_1} \\ f'_D = B_1 + C_1 + D_1 & (A_1 \approx 0) \\ f'_A + f'_B + f'_C + f'_D = 1 \end{cases} \quad (4\text{-}119)$$

对于有机相开设第四出口的体系，亦有类似的基本关系式。

根据纯度及收率的定义，有

$$\begin{cases} \overline{P}_{A,n+m} = \overline{A}_{n+m}/f'_A \\ P_{B,I_2} = B_{I_2}/f'_B \\ P_{C,I_1} = \overline{C}_{I_2}/f'_C \\ P_{D,1} = D_1/f'_D \end{cases} \quad (4\text{-}120)$$

$\overline{P}_{B,n+m}$、$\overline{P}_{C,n+m}$、P_{A,I_1}、P_{C,I_1}、P_{D,I_1}、P_{A,I_2}、P_{C,I_2}、P_{D,I_2}、$P_{B,1}$、$P_{C,1}$ 的计算类同。

$$\begin{cases} Y_A = \overline{A}_{n+m}/f_A \\ Y_B = \overline{B}_{I_2}/f_B \\ Y_C = C_{I_1}/f_C \\ Y_D = D_1/f_D \end{cases} \quad (4\text{-}121)$$

由式（4-97）和式（4-98），得

$$\begin{cases} Y_A = f'_A \cdot \overline{P}_{A,n+m}/f_A \\[2mm] Y_B = f'_B \cdot \overline{P}_{B,I_2}/f_B \\[2mm] Y_C = f'_C \cdot P_{C,I_1}/f_C \\[2mm] Y_D = f'_D \cdot P_{D,1}/f_D \end{cases} \qquad (4\text{-}122)$$

实际计算中，令 $A_1 \approx 0$、$B_1 \approx 0$、$\overline{C}_{n+m} \approx 0$、$\overline{D}_{n+m} \approx 0$，$A_{I_1} \approx 0$、$D_{I_2} \approx 0$ 可以简化上述算式，并且对计算结果影响不大。

b 分离指标的确定

对于 $\overline{P}_\lambda$（$\lambda = A$、B、C、D）即 $P_{A,n+m}$、P_{B,I_2}、P_{C,I_1}、$P_{D,1}$、Y_A、Y_B、Y_C、Y_D 的 8 个分离指标，当进行 $A_1 \approx 0$、$B_1 \approx 0$、$\overline{C}_{n+m} \approx 0$、$\overline{D}_{n+m} \approx 0$，$A_{I_1} \approx 0$、$D_{I_2} \approx 0$ 简化计算时，大多数情况只需规定 6 个指标就能计算另外 2 个分离指标及出口分数 f'_A、f'_B、f'_C、f'_D，因而共有以下 4 种类型、28 种组合形式：

（1）Y_λ、P_λ、$Y_{\lambda-1}$、$P_{\lambda-1}$、$Y_{\lambda-2}$、$P_{\lambda-2}$ 类型，有 4 种组合方式；

（2）Y_λ、P_λ、$P_{\lambda-1}$、$Y_{\lambda-1}$、$P_{\lambda-2}$、$P_{\lambda-3}$ 类型，有 6 种组合方式；

（3）Y_λ、P_λ、$Y_{\lambda-1}$、$P_{\lambda-1}$、$Y_{\lambda-2}$、$P_{\lambda-2}$ 类型，有 12 种组合方式；

（4）Y_λ、P_λ、$Y_{\lambda-1}$、$P_{\lambda-1}$、$Y_{\lambda-2}$、$Y_{\lambda-3}$ 类型，有 6 种组合方式。

除了两种组合 Y_A、$P_{A,n+m}$、Y_B、Y_C、Y_D、P_{C,I_1} 和 Y_A、$\overline{P}_{B,I_1}$、Y_B、Y_C、Y_D、P_{C,I_1} 因所给条件不足而无法求解外，其余组合均能求解。下面是 Y_A、Y_D、$P_{A,n+m}$、P_{C,I_1}、P_{B,I_2}、$P_{D,1}$ 求解 Y_C、Y_D 以及 f'_λ 的例子，其他组合可以仿照此例求解。

由式（4-122）得

$$f'_A = Y_A \cdot f_A/\overline{P}_{A,n+m}$$
$$f'_D = Y_D \cdot f_D/P_{D,1}$$

由式（4-121）得

$$\overline{A}_{n+m} = f_A \cdot Y_A$$
$$D_1 = f_D \cdot Y_D$$

由式（4-118）得

$$\overline{A}_{I_2} = f_A - A_{I_1} - \overline{A}_{n+m}$$
$$D_{I_1} = f_D - D_{I_2} - D_1$$

由式（4-119）得

$$\overline{B}_{n+m} = f'_A - \overline{A}_{n+m}$$
$$C_1 = f'_D - D_1 - B_1$$

由式（4-118），当 A 产品纯度很高时，可设 $\overline{C}_{n+m} \approx 0$，则

$$C_{I_1} + \overline{C}_{I_2} = f_C - C_1 \qquad (4\text{-}123)$$

由式（4-119）和式（4-120），当 A 产品纯度很高时，可设 $D_{I_2} \approx 0$，则

$$
\begin{cases}
\overline{C}_{I_2} = f'_B - \overline{B}_{I_2} - \overline{A}_{I_2} \\
f'_C = 1 - f'_A - f'_B - f'_D \\
C_{I_1} = f'_C \cdot P_{I_1} \\
\overline{B}_{I_2} = f'_B \cdot \overline{P}_{B,I_2}
\end{cases}
\tag{4-124}
$$

将式（4-124）代入式（4-123），整理得

$$
f'_B = [f_C - C_1 + \overline{A}_{I_2} - (1 - f'_A - f'_D)P_{C,I_1}]/(1 - \overline{P}_{B,I_2} - P_{C,I_1})
\tag{4-125}
$$

将 f'_B 代入式（4-124），可求出 f'_C、$\overline{B}_{I_2}$、C_{I_1}、$\overline{C}_{I_2}$。

由式（4-122），可得出 Y_B、Y_C。

B　各段级数的计算

a　四出口萃取体系的取料分布

由萃取段开设 C 组分富集物产品水相出口和洗涤段开设 B 组分富集物产品有机相出口的萃取平衡关系，得出的四出口萃取体系的物料分布同萃取比计算公式和级数计算公式一起列入表4-15中。

表 4-15　四出口萃取体系的物料分布及参数计算公式

	S ↓	f'_C（水相）↑		M_F ↓	f'_B（有机相）↑	$W = S - f'_B - f'_C$ ↓
级序	1	$2\sim(I_1-1)$	$I_1\sim n$	$(n+1)\sim(I_2-1)$	$I_2\sim(n+m-1)$	$n+m$
M^*	S	S	S	S	$S-f'_B$	f'_A
M	f'_D	$W+1-f'_C$	$W+1$	W	W	W
萃取比	$E_m = S/(W+1-f'_C)$	$E'_m = S/(W+1)$		$E'_m = S/W$	$E'_m = (S-f'_B)/W$	
分离系数	β_1	β_2		β_3	β_4	
级数	$n = \ln c/\ln(\beta_1 \cdot E_m)$	$I_1 = \ln(cd)/\ln(\beta_2 \cdot E_m)$		$I_2 = \ln(cd)/\ln(\beta_3 \cdot E'_m)$	$m+1 = \ln a/\ln(\beta_4/E'_m)$	

b　纯化倍数的计算

第 1 级至第 I_1-1 级，此段为 D 与 C+B 分离的萃取段，分离系数 $\beta_1 = \beta_{(C+B)/D}$。将第三出口 I_1 看作进料级，D 组分的纯化倍数 d 为

$$
d = [P_{D,1}/(1-P_{D,1})]/[P_{D,I_1}/(1-P_{D,I_1})]
\tag{4-126}
$$

第 I 级至第 n 级，此段为 D+C 与 A+B 分离段，分离系数 $\beta_2 = \beta_{(C+D)/(B+A)}$。将第 n 级看作进料级，第 I_1 级出口产品为 C+D 组分的萃取段，其纯化倍数 cd 为

$$
cd = [(P_{C,I_1}+P_{D,I_1})/P_{B,I_1}]/[(f_C+f_D)/(f_A+f_B)]
\tag{4-127}
$$

第 n 级至第 I_2-1 级，此段为 A+B 与 C 分离段，分离系数 $\beta_3 = \beta_{(A+B)/C}$。将第 n 级看作进料级，第 I_2 有机相出口产品为 A+B 组分的洗涤段，其纯化倍数 ab 为

$$
ab = [(\overline{P}_{B,I_2}+\overline{P}_{A,I_2})/\overline{P}_{C,I_2}]/[(f_A+f_B)/(f_C+f_D)]
\tag{4-128}
$$

第 I_2 级至第 m 级，此段为 A 与 B 分离段，分离系数 $\beta_4 = \beta_{A/B}$。将第 I_2 看作有机进料级，第 m 级为有机相出口产品为 A 的洗涤段，其纯化倍数 a 为

$$a = \left[\overline{P}_{A,n+m}/(1 - \overline{P}_{A,n+m})\right]/\left[\overline{P}_{A,I_2}/(1 - \overline{P}_{A,I_2})\right] \tag{4-129}$$

c 级数计算

与三出口萃取工艺计算方法基本相同，应用极值公式 $W = 1/(\beta^k - 1)$ 和 $S = W + f'_A + f'_B$ 代入适当的分离系数 β 和递增的 k 值（$0<k<1$），可以得到一组 S 值。根据四出口萃取体系物料分布的特点，将逐渐递增的 S 值代入表 4-15 中相关的 E_m、E'_m 和级数计算公式，能得到一组可供选择的工艺参数。

C 四出口萃取工艺的设计实例

【例 4-3】 我国轻稀土原料的典型组成见表 4-16。按照前文计算方法，将得出此种原料的四组分体系四出口萃取工艺的各参数值一同列入表 4-16 中。

表 4-16 轻稀土萃取分离工艺参数表

料液组成	$f_A = f_{Nd} = 0.155$，$f_B = f_{Pr} = 0.06$，$f_C = f_{Ce} = 0.505$，$f_D = f_{La} = 0.28$
分离系数	$\beta_{A/B} = 1.5$，$\beta_{B/C} = 2.0$，$\beta_{C/D} = 5.0$
分离指标	$P_{A,n+m} = P_{Nd} = 0.998$，$P_{B,I_2} = P_{Pr} = 0.480$
	$P_{C,I_1} = P_{Ce} = 0.87$，$P_{D,1} = P_{La} = 0.999$
	$Y_B = Y_{Nd} = 0.999$，$Y_D = Y_{La} = 0.999$
出口分数	$f'_A = 0.15346$，$f'_B = 0.06546$，$f'_C = 0.54284$，$f'_D = 0.23824$

从极值公式（4-80）和四出口工艺中 S 与 W 的关系式 $W = S - f'_B - f'_C$ 计算得到的一组数值中，选取萃取量 $S = 1.85000$ 并代入表 4-15 中各公式，计算得到级数和出口位置为：$I_1 = 11$、$I_2 = 39$、$n = 29$、$m = 30$。

4.2.5.5 多组分联动串级萃取分离工艺设计

联动萃取技术通过设置多组分分离流程中不同分离单元间的联动运行，最大限度地发挥化工试剂消耗所产生的分离功，以达到降低总流程试剂消耗的目的。最小萃取量和最小洗涤量代表给定分离过程所需的化工试剂理论最小消耗量，尽可能接近理论最小萃取量和最小洗涤量是稀土分离工艺设计的重要内容。

联动萃取流程的工艺流程设计有别于传统工艺，需考虑多组分分离单元中间组分在两端出口如何分配、分离单元间如何进行最优化衔接等。

A 流程设计原则

联动萃取技术通过将流程中不同分离单元进行联动衔接，互相提供含待分离组分的萃取有机相或洗涤液，使酸碱等化工试剂消耗产生的分离功在流程中得以尽可能充分使用，可达到降低流程整体化工试剂总消耗的目的。为使联动萃取总流程具有理论的最小萃取量和最小洗涤量，流程设计应包括：（1）分离单元自身的优化，需使流程中所有分离单元中均不存在萃取有机相和洗涤液分离功的浪费；（2）分离单元间的联动衔接优化，分离单元间需彼此提供萃取有机相或洗涤液，实现最大限度地相互利用分离功。

B 用于联动萃取分离流程设计的理论公式

a 出口联动分离单元优化关系式

对于一个料液中含有 A_1，A_2，$\cdots$，A_t 共 t 个组分的出口衔接分离单元，其中各组分在萃取体系中的萃取顺序为 $A_1 > A_2 > \cdots > A_t$，为使分离单元中萃取有机相和洗涤液的分离功同时得到最大限度地利用，需采取（$A_t A_{t-1} \cdots A_2$）/（$A_{t-1} A_{t-2} \cdots A_1$）分离模式，且中间组分 A_i（$2 \leqslant i \leqslant t-1$）在两端出口的流量应满足以下公式：

$$\left.\begin{array}{l} x_{A_i,1} = \dfrac{\beta_{A_1/A_t} - \beta_{A_i/A_t}}{\beta_{A_1/A_t} - 1} \cdot f_{A_i,a} + s_{A_i} \\[4mm] y_{A_i,n+m} = \dfrac{\beta_{A_i/A_t} - 1}{\beta_{A_1/A_t} - 1} \cdot f_{A_i,a} + w_{A_i} \end{array}\right\} \text{（水相料液）}$$

(4-130)

(4-131)

$$\left.\begin{array}{l} x_{A_i,1} = \dfrac{\beta_{A_1/A_i} - 1}{\beta_{A_1/A_t} - 1} \cdot f_{A_i,o} + s_{A_i} \\[4mm] y_{A_i,n+m} = \dfrac{\beta_{A_i/A_t} - \beta_{A_1/A_i}}{\beta_{A_1/A_t} - 1} \cdot f_{A_i,o} + w_{A_i} \end{array}\right\} \text{（有机相料液）}$$

(4-132)

(4-133)

$$\left.\begin{array}{l} x_{A_i,1} = \dfrac{\beta_{A_1/A_i} - 1}{\beta_{A_1/A_t} - 1} \cdot (\beta_{A_i/A_t} f_{A_i,a} + f_{A_i,o}) + s_{A_i} \\[4mm] y_{A_i,n+m} = \dfrac{\beta_{A_i/A_t} - 1}{\beta_{A_1/A_t} - 1} \cdot (f_{A_i,a} + \beta_{A_1/A_t} f_{A_i,o}) + w_{A_i} \end{array}\right\} \text{（双相料液）}$$

(4-134)

(4-135)

式中　$x_{A_i,1}$，$y_{A_i,n+m}$——A_i组分在第 1 级水相出口和第（$n+m$）级有机相出口的分流量；

x，y——水相和有机相流量，它们的下标 A_i 代表组分，下标 1 和（$n+m$）代表萃取器编号；

β_{A_i/A_t}—— A_i 和 A_j 两组分间的分离系数（$1 \leqslant i < j \leqslant t$）；

$f_{A_1,a}$，$f_{A_2,a}$，$\cdots$，$f_{A_t,a}$——A_1，A_2，$\cdots$，A_t 各组分在水相料液中的流量；

$f_{A_1,o}$，$f_{A_2,o}$，$\cdots$，$f_{A_t,o}$——它们在有机相料液中流量，且有：$f_{A_1,a} + f_{A_2,a} + \cdots + f_{A_t,a} = f_a$，$f_{A_1,o} + f_{A_2,o} + \cdots + f_{A_t,o} = f_o$，$f_{A_i} = f_{A_i,a} + f_{A_i,o}$（$t \geqslant i \geqslant 1$）；

s_{A_2}，s_{A_3}，$\cdots$，s_{A_t}——在第 1 级引入的萃取有机相中含 A_2，A_3，$\cdots$，A_t 组分的流量；

w_{A_1}，w_{A_2}，$\cdots$，$w_{A_{t-1}}$——在第（$n+m$）级进入的洗涤液中含 A_1，A_2，$\cdots$，A_{t-1} 组分的流量，所有流量单位均为 mol/单位时间。

优化的出口联动分离单元最小萃取量 S_{min} 和最小洗涤量 W_{min} 分别按以下公式计算：

$$\left.\begin{array}{l} S_{min} = \dfrac{\sum\limits_{i=1}^{t}(\beta_{A_i/A_t} f_{A_i,a})}{\beta_{A_1/A_t} - 1} \\[6mm] W_{min} = \dfrac{f_a}{\beta_{A_1/A_t} - 1} \end{array}\right\} \text{（水相料液）}$$

(4-136)

(4-137)

$$\left.\begin{array}{l} S_{min} = \dfrac{f_o}{\beta_{A_1/A_t} - 1} \\[6mm] W_{min} = \dfrac{\sum\limits_{i=1}^{t}(\beta_{A_1/A_t} f_{A_i,o})}{\beta_{A_1/A_t} - 1} \end{array}\right\} \text{（有机相料液）}$$

(4-138)

(4-139)

$$S_{\min} = \frac{\sum\limits_{i=1}^{t}(\beta_{A_i/A_t}f_{A_i,a}+f_{A_i,o})}{\beta_{A_1/A_t}-1}\quad\text{(4-140)}$$

$$W_{\min} = \frac{\sum\limits_{i=1}^{t}(f_{A_i,a}+\beta_{A_1/A_i}f_{A_i,o})}{\beta_{A_1/A_t}-1}\quad\text{(4-141)}$$

（双相料液）

b 进料级联动分离单元优化关系式

当分离单元设置与其他分离单元进行进料级联动时，如料液含有 A_1，A_2，…，A_t 共 t 个组分，仍需采取 $(A_tA_{t-1}\cdots A_2)/(A_{t-1}A_{t-2}\cdots A_1)$ 分离模式，中间组分 $A_i(2\leqslant i\leqslant t-1)$ 在两端出口的流量则应满足以下公式：

$$x_{A_i,1} = \frac{\beta_{A_1/A_i}-1}{\beta_{A_1/A_t}-1}\cdot(\beta_{A_i/A_t}\cdot f_{A_i,a}-y_{A_i})\quad\text{(4-142)}$$

$$y_{A_i,n+m} = \frac{\beta_{A_i/A_t}-1}{\beta_{A_1/A_t}-1}\cdot(f_{A_i,a}-\beta_{A_1/A_i}\cdot y_{A_i})\quad\text{(4-143)}$$

（水相料液）

$$x_{A_i,1} = \frac{\beta_{A_1/A_i}-1}{\beta_{A_1/A_t}-1}\cdot(f_{A_i,o}-\beta_{A_i/A_t}\cdot x_{A_i})\quad\text{(4-144)}$$

$$y_{A_i,n+m} = \frac{\beta_{A_i/A_t}-1}{\beta_{A_1/A_t}-1}\cdot(\beta_{A_1/A_i}\cdot f_{A_i,o}-x_{A_i})\quad\text{(4-145)}$$

（有机相料液）

式中 y_{A_1}，y_{A_2}，…，y_{A_t}——自水相进料级引出有机相流中所含 A_1，A_2，…，A_t 组分的流量，且有 $y_{A_1}+y_{A_2}+\cdots+y_{A_t}=y_{sum}$；

x_{A_1}，x_{A_2}，…，x_{A_t}——自有机相进料级引出水相流中所含 A_1，A_2，…，A_t 组分的流量，且有 $x_{A_1}+x_{A_2}+\cdots+x_{A_t}=x_{sum}$。

优化的进料级联动分离单元最小萃取量 $S_{\min}$ 和最小洗涤量 $W_{\min}$ 分别按下式计算：

$$S_{\min} = \frac{\sum\limits_{i=1}^{t}(\beta_{A_i/A_t}f_{A_i,a})-y_{sum}}{\beta_{A_1/A_t}-1}\quad\text{(4-146)}$$

$$W_{\min} = \frac{f_a-\sum\limits_{i=1}^{t}(\beta_{A_1/A_i}\cdot y_{A_i})}{\beta_{A_1/A_t}-1}\quad\text{(4-147)}$$

（水相料液）

$$S_{\min} = \frac{\sum\limits_{i=1}^{t}(f_{A_i,o}-\beta_{A_i/A_t}\cdot x_{A_i})}{\beta_{A_1/A_t}-1}\quad\text{(4-148)}$$

$$W_{\min} = \frac{\sum\limits_{i=1}^{t}(\beta_{A_1/A_i}\cdot f_{A_i,o})-x_{sum}}{\beta_{A_1/A_t}-1}\quad\text{(4-149)}$$

（有机相料液）

c 分离单元间联动的优化

对位于同一分离层级进行横向联动的两相邻分离单元 I 和分离单元 II 衔接优化时，首先比较 $[(y^0_{\text{sum},n+m})_I + (W_{\min})_I]$ 与 $(S_{\min})_{II}$，$[(x^0_{\text{sum},1})_{II} + (S_{\min})_{II}]$ 与 $(W_{\min})_I$ 之间的大小。其中，$(W_{\min})_I$ 和 $(y^0_{\text{sum},n+m})_I$ 分别为分离单元 I 最小洗涤量和联动前有机相出口各组分总流量，$(S_{\min})_{II}$ 和 $(x^0_{\text{sum},1})_{II}$ 分别为分离单元 II 最小萃取量和联动前水相出口各组分总流量。将可能出现以下三种情形：

$$\begin{cases} (y^0_{\text{sum},n+m})_I + (W_{\min})_I > (S_{\min})_{II} & (4\text{-}150) \\ (x^0_{\text{sum},1})_{II} + (S_{\min})_{II} < (W_{\min})_I & (4\text{-}151) \end{cases}$$

$$\begin{cases} (y^0_{\text{sum},n+m})_I + (W_{\min})_I < (S_{\min})_{II} & (4\text{-}152) \\ (x^0_{\text{sum},1})_{II} + (S_{\min})_{II} > (W_{\min})_I & (4\text{-}153) \end{cases}$$

$$\begin{cases} (y^0_{\text{sum},n+m})_I + (W_{\min})_I \geqslant (S_{\min})_{II} & (4\text{-}154) \\ (x^0_{\text{sum},1})_{II} + (S_{\min})_{II} \geqslant (W_{\min})_I & (4\text{-}155) \end{cases}$$

不会出现第四种情形，即两式中左边同时小于右边的情形。如果式（4-150）和式（4-151）同时成立，则横向联动后净输出有机相，同时需为分离单元 I 补充洗涤液；如果式（4-152）和式（4-153）同时成立，则联动后净输出水相，同时需为分离单元 II 补充萃取有机相；如果式（4-154）和式（4-155）同时成立，则联动后同时净输出水相和有机相，洗涤液和萃取有机相均无须补充。

当两分离单元所在层级处于流程的非最低层级时，不足的萃取有机相或洗涤液需由下一层级与此横向衔接点进行纵向衔接的分离单元采取进料级联动方式提供；当两分离单元所在层级处于流程的最低层级时，首先考虑是否可在各衔接点间建立交换段，以彼此补充萃取有机相或洗涤液不足，之后萃取有机相或洗涤液仍有不足的部分需在相应分离单元处补充空白萃取有机相或洗涤液。

对于纵向衔接中采取进料级联动的分离单元，由于其引出的有机相和水相总流量越大，则越有利于降低流程的总最小萃取量和最小洗涤量，因而最优化的设计为引出的有机相或水相总流量需恰能满足高层级分离单元最小萃取量或最小洗涤量的不足，此为设置纵向联动衔接所需遵循的基本原则。

C 实例

【例 4-4】 La/Ce/Pr/Nd 全分离流程设计。待分离料液为含 $NdCl_3$、$PrCl_3$、$CeCl_3$ 和 $LaCl_3$ 4 个待分离组分的水相，它们在料液中的流量 $f_{\text{Nd,a}}$，$f_{\text{Pr,a}}$，$f_{\text{Ce,a}}$，$f_{\text{La,a}}$ 分别为0.1500，0.0500，0.5000 和 0.3000，合计流量 f_a 为 1.0000，分离目标为获得 $LaCl_3$、$CeCl_3$、$PrCl_3$ 和 $NdCl_3$ 4 种纯产品。采取 P507-煤油作为萃取有机相，该萃取分离体系中 Ce/La、Pr/Ce、Nd/Pr 分离系数 $\beta_{\text{Ce/La}}$、$\beta_{\text{Pr/Ce}}$ 和 $\beta_{\text{Nd/Pr}}$ 分别为 6.83、2.03 和 1.55。分离过程中，含酸性萃取剂 P507 的萃取有机相皂化需消耗碱，洗涤段洗涤过程需消耗酸。

解：传统 La/Ce/Pr/Nd 分离流程采用如图 4-11 所示的两出口分离工艺，其中包含 3 个分离单元，分别为（La Ce）、（Pr Nd）、La/Ce 和 Pr/Nd 分离，各个分离单元独立消耗皂化用碱和洗涤用酸，流程的总最小萃取量 $(S_{\min})_{\text{sheet}}$ 和总最小洗涤量 $(W_{\min})_{\text{sheet}}$ 分别为 3 个分离单元所需最小萃取量和最小洗涤量之和，由图 4-11 可知：

$$\begin{cases} (S_{\min})_{\text{sheet}} = 0.6965 + 0.6372 + 0.3636 = 1.6973 \\ (W_{\min})_{\text{sheet}} = 0.4965 + 0.1372 + 0.4136 = 1.0473 \end{cases}$$

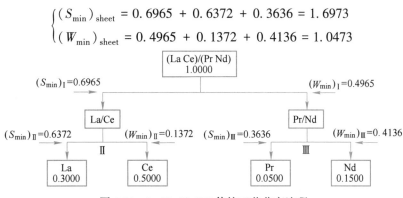

图 4-11　La/Ce/Pr/Nd 传统工艺分离流程

【例 4-5】　如何利用前述系列理论公式设计得到一个具有酸、碱理论最小消耗的联动萃取全分离流程。

解：

（1）设计一个如图 4-12 所示流程图框架，其中包括（La Ce Pr）/（Ce Pr Nd）、（La Ce）/（Ce Pr）、（Ce Pr）/（Pr Nd）、La/Ce、Ce/Pr、Pr/Nd 共 6 个分离单元，依次分别记为分离单元 A、B、C、D、E、F。图 4-12 中，实线箭头代表有机相流，虚线箭头代表水相流，"?"处需按前面所述方法进行横向衔接优化后确定流量情况。

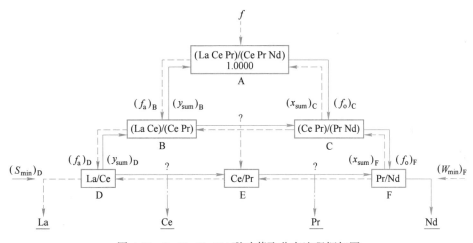

图 4-12　La/Ce/Pr/Nd 联动萃取分离流程框架图

分离单元 A 料液中的 Nd 全部由有机相出口流出，La 全部由水相出口流出，因而在与其他分离单元联动前，分离单元 A 水相出口中 La 组分的流量 $(x^0_{\text{La},1})_A$ 和有机相出口中 Nd 组分的流量 $(y^0_{\text{Nd},n+m})_A$ 分别为：

$$\begin{cases} (x^0_{\text{La},1})_A = 0.3000 \\ (y^0_{\text{Nd},n+m})_A = 0.1500 \end{cases}$$

中间组分 Ce 和 Pr 在分离单元 A 两端出口的水相流量 $(x^0_{\text{Ce},1})_A$、$(x^0_{\text{Pr},1})_A$ 和有机相流量 $(y^0_{\text{Ce},n+m})_A$、$(y^0_{\text{Pr},n+m})_A$ 分别按式（4-130）和式（4-131）计算如下：

$$\begin{cases} (x_{Ce,1}^0)_A = 0.3577 \\ (x_{Pr,1}^0)_A = 0.0186 \end{cases}$$

$$\begin{cases} (y_{Ce,n+m}^0)_A = 0.1423 \\ (y_{Pr,n+m}^0)_A = 0.0314 \end{cases}$$

再由式（4-136）和式（4-137）分别计算分离单元 A 所需的最小萃取量 $(S_{min})_A$ 和最小洗涤量 $(W_{min})_A$ 为：

$$\begin{cases} (S_{min})_A = 0.3725 \\ (W_{min})_A = 0.0488 \end{cases}$$

（2）计算分离单元 B。分离单元 B 采取水相进料级联动模式，引出有机相流与所提供的水相料液处于萃取平衡，因而其中 La、Ce 和 Pr 三组分的流量 $(y_{La})_B$、$(y_{Ce})_B$ 和 $(y_{Pr})_B$ 可由以下方程组中求解得到：

$$\begin{cases} (y_{La})_B + (y_{Ce})_B + (y_{Pr})_B = (S_{min})_A \\ \beta_{Ce/La} = [(y_{Ce})_B/(y_{La})_B] \times \{[(x_{La,1}^0)_A + (y_{La})_B]/[(x_{Ce,1}^0)_A + (y_{Ce})_B]\} \\ \beta_{Pr/Ce} = [(y_{Pr})_B/(y_{Ce})_B] \times \{[(x_{Ce,1}^0)_A + (y_{Ce})_B]/[(x_{Pr,1}^0)_A + (y_{Pr})_B]\} \end{cases}$$

求解可有：

$$\begin{cases} (y_{La})_B = 0.0194 \\ (y_{Ce})_B = 0.2537 \\ (y_{Pr})_B = 0.0994 \end{cases}$$

于是，分离单元 B 的料液中 La、Ce 和 Pr 三组分的分流量 $(f_{La,a})_B$、$(f_{Ce,a})_B$ 和 $(f_{Pr,a})_B$ 分别为：

$$\begin{cases} (f_{La,a})_B = (x_{La,1}^0)_A + (y_{La})_B = 0.3194 \\ (f_{Ce,a})_B = (x_{Ce,1}^0)_A + (y_{Ce})_B = 0.6114 \\ (f_{Pr,a})_B = (x_{Pr,1}^0)_A + (y_{Pr})_B = 0.1180 \end{cases}$$

进而，可由式（4-146）和式（4-147）分别计算分离单元 B 的最小萃取量 $(S_{min})_B$ 和最小洗涤量 $(W_{min})_B$ 为：

$$\begin{cases} (S_{min})_B = 0.4476 \\ (W_{min})_B = 0.0129 \end{cases}$$

净流入分离单元 B 的所有 La 组分均自水相出口流出，所有 Pr 组分均由有机相出口流出，在与其他分离单元联动前，分离单元 B 水相出口中 La 组分的流量 $(x_{La,1}^0)_B$ 和有机相出口中 Pr 组分的流量 $(y_{Pr,n+m}^0)_B$ 分别为：

$$\begin{cases} (x_{La,1}^0)_B = 0.3000 \\ (y_{Pr,n+m}^0)_B = 0.0186 \end{cases}$$

中间组分 Ce 在分离单元 B 两端出口的水相流量 $(x_{Ce,1}^0)_B$ 和有机相流量 $(y_{Ce,n+m}^0)_B$ 分别由式（4-142）和式（4-143）计算如下：

$$\begin{cases} (x_{Ce,1}^0)_B = 0.3140 \\ (y_{Ce,n+m}^0)_B = 0.0437 \end{cases}$$

（3）计算分离单元 C。分离单元 C 采取有机相进料级联动模式，引出水相流与所提供的有机相料液处于萃取平衡，其中 Ce、Pr 和 Nd 三组分的流量 $(x_{Ce})_C$、$(x_{Pr})_C$ 和 $(x_{Nd})_C$ 可由以下方程组求解得到：

$$\begin{cases} (x_{Ce})_C + (x_{Pr})_C + (x_{Nd})_C = (W_{min})_A \\ \beta_{Pr/Ce} = [(x_{Ce})_C/(x_{Pr})_C] \times \{[(y^0_{Pr,n+m})_A + (x_{Pr})_C]/[(y^0_{Ce,n+m})_A + (x_{Ce})_C]\} \\ \beta_{Nd/Pr} = [(x_{Pr})_C/(x_{Nd})_C] \times \{[(y^0_{Nd,n+m})_A + (x_{Nd})_C]/[(y^0_{Pr,\,n+m})_A + (x_{Pr})_C]\} \end{cases}$$

求解有：

$$\begin{cases} (x_{Ce})_C = 0.0353 \\ (x_{Pr})_C = 0.0034 \\ (x_{Nd})_C = 0.0101 \end{cases}$$

于是，分离单元 C 的料液中 Ce、P 和 Nd 三组分的分流量 $(f_{Ce,o})_C$、$(f_{Pr,o})_C$ 和 $(f_{Nd,o})_C$ 分别为：

$$\begin{cases} (f_{Ce,o})_C = (y^0_{Ce,n+m})_A + (x_{Ce})_C = 0.1775 \\ (f_{Pr,o})_C = (y^0_{Pr,n+m})_A + (x_{Pr})_C = 0.0348 \\ (f_{Nd,o})_C = (y^0_{Nd,n+m})_A + (x_{Nd})_C = 0.1610 \end{cases}$$

进而，可由式（4-148）和式（4-149）分别计算分离单元 C 的最小萃取量 $(S_{min})_C$ 和最小洗涤量 $(W_{min})_C$ 为：

$$\begin{cases} (S_{min})_C = 0.1390 \\ (W_{min})_C = 0.3372 \end{cases}$$

净流入分离单元 C 的所有 Ce 组分均自水相出口流出，所有 Nd 组分均由有机相出口流出，因而联动前分离单元 C 水相出口中 Ce 组分的流量 $(x^0_{Ce,1})_C$ 和有机相出口中 Nd 组分的流量 $(y^0_{Nd,n+m})_C$ 分别为：

$$\begin{cases} (x^0_{Ce,1})_C = 0.1423 \\ (y^0_{Nd,n+m})_C = 0.1500 \end{cases}$$

中间组分 Pr 在分离单元 C 两端出口的水相流量 $(x^0_{Pr,1})_C$ 和有机相流量 $(y^0_{Pr,n+m})_C$ 分别由式（4-144）和式（4-145）计算如下：

$$\begin{cases} (x^0_{Pr,1})_C = 0.0071 \\ (y^0_{Pr,n+m})_C = 0.0243 \end{cases}$$

（4）分析分离单元 B 与 C 进行出口联动衔接后的情况。本例中分析易知：

$$\begin{cases} (y^0_{sum,n+m})_B + (W_{min})_B < (S_{min})_C \\ (x^0_{sum,1})_C + (S_{min})_C > (W_{min})_B \end{cases}$$

其中，$(y^0_{sum,\,n+m})_B$ 和 $(x^0_{sum,\,1})_C$ 分别为联动衔接前 Ce 和 Pr 两组分在分离单元 B 有机相出口中的总流量和分离单元 C 水相出口中的总流量，因此分离单元 C 存在萃取有机相不足，需由下层级分离单元采取进料级联动模式提供。

分离单元 B 与 C 横向联动衔接前后流量变化如图 4-13 所示。联动衔接前，分离单元 B 有机相出口 Ce、Pr 两组分总流量 $(y^0_{sum,\,n+m})_B$ 为 0.0623；由比较知，分离单元 B 所需最小洗涤量 $(W_{min})_B$ 可完全由此处的联动衔接提供，因而联动衔接后分离单元 B 有机相出口流量 $(y^0_{sum,\,n+m})_B = 0.0623 + 0.0129 = 0.0752$。分离单元 C 所需的最小萃取量 $(S_{min})_C$ 为 0.1390，而分离单元 B 所能提供的有机相仅为 0.0752，因而分离单元 C 需补充的萃取有机相流量 $(S_{add})_C$ 为 0.0638，将由下一层级的分离单元 E 以进料级联动方式提供。在分离单元 B 和 C 横向衔接后、与分离单元 E 纵向联动前，分离单元 C 的水相出口流量为 0.2246，扣除提供给分离单元 B 作为洗涤液的水相后，提供给下一层级分离单元 E 的水相料液流量为 0.2117，其中 Ce 和 Pr 两组分的分流量可计算为：

$$\begin{cases} (f_{Ce,a}^0)_E = (y_{Ce,n+m}^0)_B + (x_{Ce,1}^0)_C = 0.1860 \\ (f_{Pr,a}^0)_E = (y_{Pr,n+m}^0)_B + (x_{Pr,1}^0)_C = 0.025 \end{cases}$$

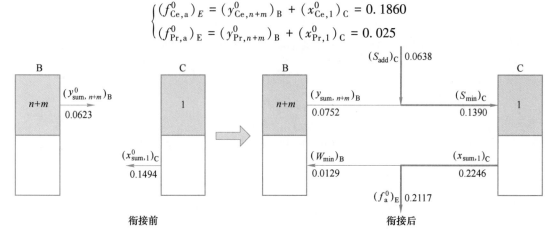

图 4-13　分离单元 B 和 C 间的联动衔接流量变化

（5）分离单元 D 进行的是水相进料级联动 La/Ce 分离，初始料液流量为分离单元 B 水相出口流量，分离单元 B 水相出口组分 Ce 和 La 的联动前流量 $(x_{Ce,1}^0)_B$ 和 $(x_{La,1}^0)_B$ 分别为：

$$\begin{cases} (x_{Ce,1}^0)_B = 0.3140 \\ (x_{La,1}^0)_B = 0.3000 \end{cases}$$

自分离单元 D 进料级引出的有机相流量 $(y_{sum})_D$ 需恰好满足分离单元 B 最小萃取量要求，即：

$$(y_{sum})_D = (S_{min})_B = 0.4476$$

引出有机相中 Ce 和 La 的分流量 $(y_{Ce})_D$ 和 $(y_{La})_D$ 和 $(y_{La})_D$ 可由如下方程组求得：

$$\begin{cases} (y_{Ce})_D + (y_{La})_D = (y_{sum})_D \\ \beta_{Ce/La} = [(y_{Ce})_D/(y_{La})_D] \times \{[(x_{La,1)_B}^0 + (y_{La})_D]/[(x_{Ce,1}^0)_B + (y_{Ce})_D]\} \end{cases}$$

求解可知：

$$\begin{cases} (y_{Ce})_D = 0.4202 \\ (y_{La})_D = 0.0274 \end{cases}$$

此时，联动后实际进入分离单元 D 进料级的 Ce、La 料液流量 $(f_{Ce,a})_D$ 和 $(f_{La,a})_D$ 分别为：

$$\begin{cases} (f_{Ce,a})_D = (x_{Ce,1}^0)_B + (y_{Ce})_D = 0.7342 \\ (f_{La,a})_D = (x_{La,1}^0)_B + (y_{La})_D = 0.3274 \end{cases}$$

分离单元 D 所需的最小萃取量和最小洗涤量分别由式（4-123）和式（4-124）计算如下：

$$\begin{cases} (S_{min})_D = 0.8395 \\ (W_{min})_D = 0.0779 \end{cases}$$

料液中净流入分离单元 D 的所有 La 组分均由水相出口流出，所有 Ce 组分均由有机相出口流出，因而横向联动前流出分离单元 D 水相出口 La 组分流量 $(x_{La,1}^0)_D$ 和有机相出口 Ce 组分流量 $(y_{Ce,n+m}^0)_D$ 分别为：

$$\begin{cases} (x_{La,1}^0)_D = 0.3000 \\ (y_{Ce,n+m}^0)_D = 0.3140 \end{cases}$$

此时水相出口得到的即为纯 La 产品，流量等于初始料液中的 La 组分流量，即所有由料液中输入的 La 组分均自分离单元 D 水相出口得到其纯产品。

（6）分析分离单元 E。分离单元 E 进行水相进料级联动的 Ce/Pr 分离，进料级引出的有机相流量 $(y_{sum})_E$ 需恰好等于分离单元 C 最小萃取量不足部分 $(S_{add})_C$，即：

$$(y_{sum})_E = (S_{add})_C = 0.0638$$

流入分离单元 E 进料级 Ce 和 Pr 的净流量 $(f_{Ce,a}^0)_E$ 和 $(f_{Pr,a}^0)_E$ 已由上层级分离单元 B 与 C 衔接计算中得到。分离单元 E 进料级引出的有机相流与实际进入槽体的水相料液处于萃取平衡，可有如下方程组：

$$\begin{cases} (y_{Ce})_E + (y_{Pr})_E = (y_{sum})_E \\ \beta_{Pr/Ce} = [(y_{Pr})_E/(y_{Ce})_E] \times \{[(f_{Ce,a}^0)_E + (y_{Pr})_E]/[(f_{Pr,a}^0)_E + (y_{Pr})_E]\} \end{cases}$$

求解可得到分离单元 E 引出有机相中 Pr 和 Ce 组分的分流量 $(y_{Ce})_E$ 和 $(y_{Pr})_E$：

$$\begin{cases} (y_{Ce})_E = 0.0176 \\ (y_{Pr})_E = 0.0463 \end{cases}$$

此时进入分离单元 E 进料级的水相料液中两组分流量 $(f_{Pr,a})_E$ 和 $(f_{Ce,a})_E$ 分别为：

$$\begin{cases} (f_{Pr,a})_E = (f_{Pr,a}^0)_E + (y_{Pr})_E = 0.7342 \\ (f_{Ce,a})_E = (f_{Ce,a}^0)_E + (y_{Ce})_E = 0.32323 \end{cases}$$

再由式（4-146）和式（4-147）分别计算分离单元 E 所需的最小萃取量 $(S_{min})_E$ 和最小洗涤量 $(W_{min})_E$ 为：

$$\begin{cases} (S_{min})_E = 0.2488 \\ (W_{min})_E = 0.1592 \end{cases}$$

横向联动前，流出分离单元 E 水相出口 Ce 组分流量 $(x_{Ce,1}^0)_E$ 和有机相出口 Pr 组分流量 $(y_{Pr,n+m}^0)_E$ 分别为：

$$\begin{cases} (x_{Ce,1}^0)_E = 0.1860 \\ (y_{Pr,n+m}^0)_E = 0.0258 \end{cases}$$

（7）分析最后一个分离单元 F。分离单元 F 进行有机相进料级联动的 Pr/Nd 分离，料液来自于分离单元 C 的有机相出口，流入分离单元 F 的料液中 Nd 和 Pr 的净流量 $(f_{Nd,o}^0)_F$ 和 $(f_{Pr,o}^0)_F$ 分别为：

$$\begin{cases} (f_{Nd,o}^0)_F = (y_{Nd,n+m}^0)_C = 0.1500 \\ (f_{Pr,o}^0)_F = (y_{Pr,n+m}^0)_C = 0.0243 \end{cases}$$

进料级引出的水相流量 $(x_{sum})_F$ 需恰好满足分离单元 C 最小洗涤量 $(W_{min})_C$ 需求，即：

$$(x_{sum})_F = (W_{min})_C = 0.3372$$

求解如下方程组：

$$\begin{cases} (x_{Pr})_F + (x_{Nd})_F = (x_{sum})_F \\ \beta_{Nd/Pr} = [(x_{Pr})_F / (x_{Nd})_F] \times \{[(f^0_{Nd,o})_F + (x_{Nd})_F]/[(f^0_{Pr,o})_F + (x_{Pr})_F]\} \end{cases}$$

可得到分离单元 F 引出水相中 Nd 和 Pr 组分的分流量 $(x_{Nd})_F$ 和 $(x_{Pr})_F$：

$$\begin{cases} (x_{Nd})_F = 0.1873 \\ (x_{Pr})_F = 0.1499 \end{cases}$$

此时进入分离单元 F 进料级的有机相料液中 Nd 和 Pr 两组分的分流量 $(f_{Nd,o})_F$ 和 $(f_{Pr,o})_F$ 分别为：

$$\begin{cases} (f_{Nd,o})_F = (f^0_{Nd,o})_F + (x_{Nd})_F = 0.3373 \\ (f_{Pr,o})_F = (f^0_{Pr,o})_F + (x_{Pr})_F = 0.1742 \end{cases}$$

再由式（4-148）和式（4-149）可分别计算得到分离单元 F 的最小萃取量和最小洗涤量如下：

$$\begin{cases} (S_{min})_F = 0.1295 \\ (W_{min})_F = 0.4910 \end{cases}$$

分离单元 F 水相出口只有 Pr 组分，有机相出口只有 Nd 组分，两端出口流量分别为：

$$\begin{cases} (x^0_{Pr,1})_F = 0.0243 \\ (y^0_{Nd,n+m})_F = 0.1500 \end{cases}$$

此时有机相出口得到的即为纯 Nd 产品，流量与其在初始料液中也完全相同。最后，采用与分离单元 B 与 C 进行横向衔接中相同的方法分别进行分离单元 D 和 E、分离单元 E 和 F 间的联动衔接计算，结果分别如图 4-14 和图 4-15 所示。

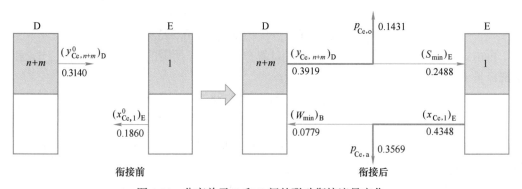

图 4-14　分离单元 D 和 E 间的联动衔接流量变化

图 4-14 中，分离单元 D 和 E 衔接后，可同时满足分离单元 D 的最小洗涤量和分离单元 E 的最小萃取量需求，得到的产品 Ce 水相流量 $p_{Ce,a}$ 为 0.3569、有机相流量 $p_{Ce,o}$ 为 0.1431，合计共 0.5000，与初始料液中的 Ce 流量相同。

图 4-15 中，分离单元 E 和 F 联动后，分离单元 E 的最小洗涤量不能得到满足，而此时最低分离层级仅有此处有洗涤量不足，不满足层级间建立交换段的条件，需补充空白洗涤液，流量 $(W_{add})_E$ 为 0.0055，得到的纯 Pr 产品为有机相，流量 $p_{Pr,o}$ 为 0.0500，同样与其在初始料液中相同。

最低层级分离单元 D 的最小萃取量 $(S_{min})_D$ 为 0.8395，因分离单元 D 和 E、E 和 F 联

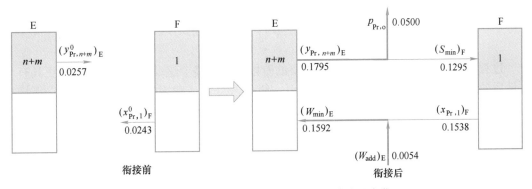

图 4-15　分离单元 E 和 F 间的联动衔接流量变化

动衔接后，均无最小萃取量不足，因而分离单元 D 的最小萃取量即为流程的总最小萃取量 $(S_{min})_{sheet}$，即 $(S_{min})_{sheet}$ = 0.8395。分离单元 F 的最小洗涤量为 0.4910，而因分离单元 E 和 F 衔接后，需在衔接处补充空白洗涤量 0.0055，这样流程所需的理论总最小洗涤量 $(W_{min})_{sheet}$ 为两者之和，即 $(W_{min})_{sheet}$ = 0.4965。与图 4-11 中传统分离流程相比可见，La/Ce/Pr/Nd 分离流程采用联动设计可大幅降低代表酸碱消耗水平的总最小萃取量和最小洗涤量，同时相应降低盐排放量。

根据各分离单元出口所有组分的流量数据，如果设置一定的计算精度要求，即可通过静态逐级计算的方法计算得到各分离单元萃取段所需级数 n 和洗涤段所需级数 m。

通过上述计算，设计得到的具有理论最小萃取量和最小洗涤量的全分离流程图如图 4-16 所示，图中给出了各分离单元间的衔接方式以及流量情况，所设计流程最终得到的 La 产品为单一水相，Ce 产品为部分水相、部分有机相，Pr 和 Nd 产品均为有机相。

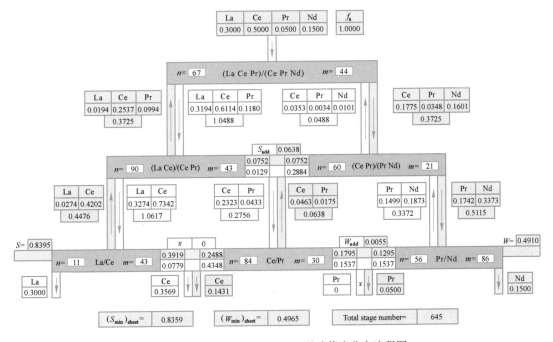

图 4-16　设计的 La/Ce/Pr/Nd 联动萃取分离流程图

4.3 萃取过程的计算机辅助设计

过程设计是萃取冶金中一个非常重要的阶段，也是整个建设项目中第一个真正具有工程性质的环节。虽然这一阶段的设计费用一般仅占总设计费用的 10% 以下，但它直接决定的固定资产投资则超过总投资的 80%。萃取冶金设计的主要内容是工艺流程的选择、工艺参数的确定、流程的物料衡算和热量衡算、设备的选型及其工艺尺寸确定、成本核算等。

计算机辅助冶金化工过程设计是指应用计算机系统，协助工程技术人员完成上述冶金化工过程设计的任务。计算机辅助过程设计的研究开始于 20 世纪 50 年代末，当时，人们将独立进行单元操作计算的程序串联起来以计算实际过程中的物料流，最早的实践是 Kesler 开发的 Flexible Flowsheet 软件。随后，很快出现了一批流程模拟软件，Evans 等人于 1968 年发表了有关这一方面的综述性文章，介绍了当时出现的一些流程模拟系统，首次使用了计算机辅助冶金化工过程设计（computer-aided chemical process design）这个名词。对于溶剂萃取过程，虽然从目前来看，其计算机辅助过程设计的应用程序从总体上要低于精馏、吸收等其他分离过程，一些通用的工程过程设计软件用于工业溶剂萃取过程的能力往往较弱，但不论是在有关萃取过程的物性数据、数学模型，还是在计算机辅助技术的使用方面都得到了很大的发展，一些研究机构和企业也针对溶剂萃取过程开发了专用辅助设计软件。

4.3.1 计算机辅助设计系统的计算机环境

计算机环境是开展计算机辅助设计的基础。在此从一般的意义上讨论 CAD 计算机环境的构成与配置，同时也针对计算机辅助过程设计，介绍其在计算机环境配置的特殊性。

CAD 系统的计算机环境配置取决于系统的应用领域和使用者的条件。总的来讲，CAD 系统由硬件和软件两大部分组成。

4.3.1.1 计算机辅助设计系统的硬件

计算机辅助设计的硬件系统一般由如下几个部分组成：

（1）计算机（主机），主要由中央处理器和内存储器组成；

（2）外存储设备，如硬盘、软盘及光盘驱动器、磁带机等；

（3）输入设备，包括键盘、数字化仪、扫描仪、鼠标器等；

（4）输出设备，包括显示器、打印机、绘图仪等。

4.3.1.2 计算机辅助设计系统的软件

计算机辅助设计系统在硬件环境确定以后，仅仅是为 CAD 作业过程提供了基本的工具，要实现 CAD 的作业过程，还必须配备相应的软件。CAD 工作涉及的软件按其内涵可分为：系统软件、支撑软件和应用软件三个层次。

系统软件包括操作系统、高级语言编译系统等，在系统软件的支持下可以开发和运行一般的应用软件。要开发和使用 CAD 应用软件往往还需要有特殊的支撑软件环境，支撑软件从功能上看是介于操作系统和应用软件之间，它是既带有一定的专门性又具有普遍性的一类软件，如数据库管理系统、Auto CAD 绘图软件等。系统软件和支持软件一般是同计算机硬件一起购进的，三者共同构成 CAD 的计算机系统，用户在系统提供的软、硬件环境下使用购置的应用软件或进行软件开发工作。

4.3.1.3　CAD 计算机系统的基本形式

CAD 计算机系统主要有三种基本形式，包括集中型系统、工作站系统、个人机系统。

（1）集中型系统：这类系统的主机以大、中型通用机为中心，用分时操作系统支持较多的用户终端。集中型系统通用性强，计算能力大，能用于复杂、大型的计算机辅助设计作业。其主要缺点是：1）一旦主机出现故障，将影响所有用户；2）随着同时使用的终端数目的增加，或计算工作量的加大，系统的响应性变差；3）原始投资较大，这类系统适用于大型企业。

（2）工作站系统：工作站系统通常以超级微机为基础，配有高级整数和浮点数运算处理器以及高速、大容量的内存和外存，具有较强的网络通信功能和友好的人机交互图形显示功能，可以配置高精度、高速度的图形输入输出设备。这类系统通常有较丰富的应用软件和图形支撑软件，并可以把设计、分析和图形处理结合起来，进行复杂的 CAD 作业。

（3）个人机系统：个人计算机（PC）从产生至今发展非常迅速，其 CPU 芯片从 20 世纪 80 年代初的 8086 到 1997 年出现的 Pentium Ⅱ 仅经过了十几年的时间，个人机在字长、运算速度、内存及外存容量以及图形、多媒体等方面的性能在不断提高，应用软件日益丰富。因此，利用个人计算机组成 CAD 系统不仅成为可能，而且发展很快。个人机 CAD 系统的特点是价格低廉、使用方便。随着硬、软件功能的不断提高，个人机系统在 CAD 推广应用和普及中发挥着越来越大的作用。

4.3.1.4　计算机辅助设计系统的网络配置

计算机网络具有以下功能：计算机之间实现数据传送；网内各站点上的计算机及其软件和外设等资源共享；网内各站点可互为后备，以提高系统的可靠性，网内各站点实现负荷合理分配。

由于网络的功能特点，建立网络 CAD 系统的主要优点有：（1）设计的各个专业可以相对独立地开展工作，各个站点在独立工作时不受其他站点负荷的影响；（2）由于实现了资源共享和信息传递，能够保证不同作业环节之间的协调与衔接；（3）软件及外设的共享，可以避免重复购置，节约投资；（4）容易扩展，网络增加站点的操作非常简单，用户可逐步将网络扩展到整个企业。总之，用少量投资将微机或工作站联网，可使用户获得相当于大中型机的数据处理能力，投资风险小、效益大。

计算机网络有广域网和局域网两种。广域网用于地区之间的远距离通信，需采用调制解调器和使用邮电部门的通信线路，传送速率较低。局域网的顶盖面积跨度可达数千米，采用专用的线路，如光纤、同轴电缆、双纹线等。由于线路较短，可直接传送数字信号，不必进行调制解调，传输速率较快。CAD 系统采用的网络属于局域网。

局域网的拓扑结构主要包括总线网、树形网、环形网、星形网等，可供应用的网络操作系统很多，如 NOVEL、Windows NT 和 Windows 95 等。

4.3.2　计算机辅助过程设计软件的性能要求及选择

在配置了完善的计算机系统（硬件、软件和支撑软件）以后，建立计算机辅助过程设计系统所剩的任务便是计算机辅助过程设计软件的配置，CAPD 软件是完成计算机辅助过程设计任务的核心。计算机辅助过程设计软件一般是以流程模拟为核心的软件系统，因此有时又称之为流程模拟系统。计算机辅助过程设计软件根据其结构和适应性，可分为专用软件和通用软件。通用软件是针对特定流程专门开发的，带有通用性的计算机辅助过程设计软件，一般在市场上购买的是通用软件；而专用软件则往往是一些单位根据自己的需要开发的。本节针对通用软件介绍计算机辅助过程设计软件的性能要求、选择原则以及溶剂萃取过程对软件的特殊要求。

4.3.2.1 通用计算机辅助过程设计软件的性能要求

一个好的计算机辅助过程设计软件应尽可能地满足以下几方面的性能要求。

（1）收敛的稳定性与速度。收敛是对流程模拟系统的最基本要求，在其应用范围内，软件对不同的冶金、化工流程和物料组成均应具有良好的收敛性和收敛速度。

（2）结构上的通用性。计算机辅助过程设计通用软件在结构上应该有能力处理任意的流程、任意相态的物流（液体、气体和固体），以及物流中任意组分数。在流程的设置上，应该允许无限制地将设备单元进行连接，并可以任意设置循环回路和输入、输出流股。在组分的设置上，用户应该能够自由地选择所需要的组分。当然，上述所谓的"任意"是有限度的，仅指软件在结构上要满足这样的任意性。软件要为用户提供设置和选择的手段，而可供用户设置的范围决定了计算机辅助过程设计软件的通用程度。

（3）丰富的物性数据和单元操作模型。上述软件结构上的通用性仅为软件的通用提供了可行性，软件的实际应用范围取决于其所能提供的物性数据范围和所能处理单元操作的丰富程度。软件应在尽可能广的纯组分范围，提供过程设计所需的物性数据，这包括下面两方面的内容。

1）基础物性数据。与状态无关的物质固有属性，如相对分子质量、临界参数、偏心因子等；标准状态下物质的某些属性，如生成热、燃烧热、生成自由焓等；一定状态物质的某些属性，如密度、热容、饱和蒸气压等，这些属性通常被关联成一定形式的方程式，方程式中的个数也属于基础物性数据。

2）物性估算系统。它包括基础物性估算程序和利用基础物性数据估算一定状态下的纯组分或混合物的基础物性、热力学性质及传递性质数据，对于一些重要性质，最好能够提供多种估算系统供用户选择。软件同时也应该拥有尽可能丰富的单元模块库，或能够处理尽可能广泛的化工单元操作模型方程，使其能够对由各种各样的冶金、化工单元操作组成的冶金、化工过程进行设计计算，常用的单元操作包括闪蒸、精馏、吸收、萃取、热交换、反应、固体处理（如过滤、旋风分离）、流体流动（如泵、压编机、物流混合与分离）等。

（4）功能的多样性。除最基本的稳态流程模拟，即物料平衡和热量平衡外，计算机辅助过程设计软件最好还具有其他功能，以更好地辅助工程技术人员进行工程设计，这些功能包括设备的工艺设计（即确定设备的工艺尺寸）、投资与操作费用的计算、经济评价、优化以及流程合成、动态模拟等。

（5）友好的用户界面。输入、输出界面的友好与否决定了软件使用的难易程度，目前大多数的商品化软件都具有良好的图形界面，通过人机交互完成流程、设备、物料的设置，并以图、表和文档等多种方式输出设计结果。

（6）方便用户添加。由于任何软件所能提供的物性数据和单元操作模型的范围都是有限的，用户要处理的问题往往会超出软件的范围，因此有必要为用户提供方便的添加功能。用户添加相应地也包括两个方面，即物性数据的添加和单元模型的添加。

4.3.2.2 萃取过程时 CAPD 软件的特殊性要求

溶剂萃取过程的实现总要伴随其他的冶金、化工单元操作，而不可能独立存在，萃取过程严格上讲包含萃取操作的冶金、化工过程。因此上述对计算机辅助过程设计软件的一般性要求都适用于萃取过程，但萃取又具有区别于其他单元操作的特殊性，最根本的区别就在于溶剂的使用和液-液平衡。

用于萃取过程的 CAPD 软件，首先要具有能够处理复杂萃取过程的单元模型；其次，物性数据库中应包括广泛的萃取剂数据，尤其是液-液平衡数据。但是，这两点从目前看常常是一些商品化软件的薄弱环节。

4.3.2.3 计算机辅助过程设计软件的选择

目前市场上的计算机辅助过程设计软件相当丰富，它们在上述功能方面有很大差别，同时价格也是很悬殊的，对通用设计软件的选择要针对应用区域和经济条件，综合考虑上述 6 个方面的功能来进行。如果可能，可选择一、二个工艺流程加以试用。一些使用者曾试图设计标准测试流程，但由于用户应用领域的差别很大，所选择的流程很难具有代表性。

针对萃取过程，在软件的选择上要特别注意软件对萃取单元操作的计算能力及数据库中所含萃取剂的范围。

4.3.3 通用计算机辅助过程设计软件用于萃取过程设计

应用通用的计算机辅助冶金、化工过程设计软件进行过程设计的一般步骤包括数据输入、设计计算、结果的浏览与编辑等三个步骤。如果对设计结果不满意，可调整设计变量并重复这一过程。上述三个步骤中，设计计算是软件自动完成的，用户的操作主要在前、后两个步骤上。

4.3.3.1 数据输入

数据输入主要包括以下几方面的内容：

（1）流程的设置与输入。根据所设计的过程，确定流程的结构并将流程结果输入计算机。主要内容包括单元设备的类型、编号及其连接，物料的流向与编号等。

（2）物料体系的确定。报据所处理的物料，在软件的纯组分从数据库中选择组分或利用用户添加功能加入组分，形成设计计算的对象体系。对于复杂的物料，可选择代表性组分或关键组分进行计算。

（3）热力学及物性计算方法的选择。报据所处理的体系和单元操作，选择适用的计算方法，包括相平衡、焓的计算、传递性质及其他性质的计算等。

（4）进料流股的设置。例如，输入进料流股的组成、流量、温度、压力等。

（5）单元设备的设计变量。例如，萃取塔的理论级数、塔顶压力、塔压降、进料及侧线采出位置等，一些软件可根据给定的工艺要求确定某些设计变量或通过优化选择最优的设计参数。

（6）收敛方法的选择。一些软件对流程模拟以及某种类的单元设备提供了不同的收敛方法供用户选择，可根据软件的提示和通过试用、比较，选择合适的方法。

（7）单位制的选择。根据需要选择国际单位制、米制、英制等。

（8）输出方式选择。报据需要选择结果输出的内容及其详细程度。

过程设计软件的输入方法一般有两种，即文本输入和图形输入。文本输入需要用户按软件要求的格式，将上述输入内容按顺序输入文件中，常用关键词输入的方式，即软件针对需要输入的内容定义一系列关键词，输入数据时用户在文件中为这些关键词赋值。图形输入则是利用软件提供的图形用户界面，在计算机屏幕上通过绘图、菜单选项、鼠标点动、填表等方式进行数据输入。过程设计软件所提供的图形界面越来越方便用户的操作，如通过鼠标在流程图上点动流线，单元设备便可直接进入相关内容的数据输入界面。某些软件还通过颜色提示用户哪些是必须输入的内容；哪些系统提供了缺少值，但用户可以修复；哪些用户输入是可以接受的；哪些输入超出了正常范围等。

4.3.3.2　结果的浏览、编辑与输出

较新版本的软件一般均提供了查看计算结果的功能，可在菜单中选择这一项目进行结果的浏览、编排及打印输出。对于没有提供结果查看功能的软件，则可利用常用的文本编辑器或文档处理软件进行浏览、编辑和输出，如 DOS 环境下的 Edit、MS Windows 3. x/Windows95 环境下的 Notepad、Wordpad 和 Word 等。较新版本的软件一般均提供了丰富的图形输出，包括流程图和单元设备的性能曲线等，并在结果输出格式上尽量符合工程设计文档的要求，如生成带物流表的工艺流程图等。同时也可自动将数据传到一些工具软件中，如 Microsoft excel、Microsoft Word 等，以供用户进一步对计算结果进行处理和编辑生成设计报告。对于未提供数据传送功能的软件，用户可利用文档处理软件的"复制（copy）""粘贴（past）"功能，自己进行数据的传送。

4.3.4　分馏串级萃取试验的计算机模拟

新设计的串级萃取工艺应在实验室进行串级萃取模拟试验，以验证它的合理性。通过试验不仅可以验证新工艺的分离效果，还可以测得从启动到平衡的过程中每一级各组分的变化，以及萃取量 S、洗涤量 W、料液的变化对萃取平衡过程的影响，这些信息对萃取生产具有重要的指导意义。

串级萃取试验也可以采用人工摇漏斗的方法进行，但是对类似于稀土分离这样萃取级数多、平衡时间长的工艺，人工摇漏斗实验方法是不可能完成的。用计算机技术模拟人工摇漏斗的方法进行串级萃取试验，克服了人工实验方法的缺点，并具有试验周期短、计算数值可靠、输出信息量大等优点，是目前被广泛采用的试验方法。

4.3.4.1　计算机串级萃取模拟试验程序设计原理

计算机串级萃取模拟试验程序主要由 8 个部分组成，下面对各部分的设计原理分别介绍。

A　设置漏斗

根据串级萃取级数的要求，取 $n+m+2$ 个漏斗。为了方便漏斗间的相转移（相流动），将漏斗分为奇数排和偶数排（见图 4-17），并将奇数排向偶数排完成一次相转移记为 I（摇动一个整数排次）。实验中，得到产品所要求纯度时的 I 值越大，说明该萃取工艺达到

平衡的时间越长。如果摇动排数 I 不断增加，但产品纯度仍达不到要求，甚至有下降的趋势，则说明此萃取工艺参数不合理，应重新设计。

萃取达到平衡的时间与萃取工艺级数有关。在平衡度相同的条件下，级数越大，达到平衡的时间越长。为了正确表达摇动排数 I 与平衡度之间的关系，需引入排级比 G 的概念，即：

$$G = I/(n + m) \tag{4-156}$$

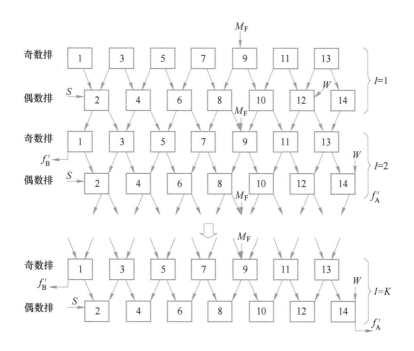

图 4-17 两出口分流串级萃取（$n=8$，$m=4$）漏斗设置示意图

B 输入参数

（1）规定参数。规定参数包括：f_λ，$f_{\lambda-1}$，$f_{\lambda-2}$，$f_{\lambda-i}$，$f_{\lambda-i+1}$，…，f_1；P_λ，$P_{\lambda-1}$，$P_{\lambda-2}$，$P_{\lambda-i}$，$P_{\lambda-i+1}$，…，P_1；Y_λ，$Y_{\lambda-1}$，$Y_{\lambda-2}$，$Y_{\lambda-i}$，$Y_{\lambda-i+1}$，Y_1；$\beta_{\lambda/(\lambda-1)}$；$\beta_{\lambda-1/(\lambda-2)}$；$\beta_{\lambda-2/(\lambda-3)}$；$\beta_{2/1}(\lambda=1，2，…)$。

（2）计算参数。计算参数包括：f'_λ，$f'_{\lambda-1}$，$f'_{\lambda-2}$，$f'_{\lambda-i}$，…，f'_1；n；$I_{\lambda-2}$，$I_{\lambda-i}$，$I_{\lambda-i+1}$，I_1；m；规定参数中未指明的纯度 P_i 及收率 Y_i（$1<i<\lambda$）。

（3）控制参数。控制参数是指进料方式（水相或有机相进料）、分离界限（如 A/（B+ C）或 A+B/C 等方式）和摇振排级比 G 等参数。

确定各参数后，由相应的出口方式计算不同萃取量 S 下的各段级数，然后根据串级萃取工艺的计算结果，结合生产的具体情况，从计算结果中选取一组最优化参数，进行串级萃取的计算机模拟试验。

C 启动前的充料

根据所选择的进料方式的物料分布，对奇数级或偶数级充入料液，即：

$$\begin{cases} M_{A,i} = (\overline{M}_i + M_i)f_A \\ M_{B,i} = (\overline{M}_i + M_i)f_B \\ M_{C,i} = (\overline{M}_i + M_i)f_C \\ \qquad\downarrow \\ M_{\lambda',i} = (\overline{M}_i + M_i)f_\lambda \end{cases} \tag{4-157}$$

式中 $\overline{M}_i$ ——各漏斗的有机相中金属离子含量的总和；

M_i ——各漏斗的水相中金属离子含量的总和。

以水相进料为例，式（4-157）中：

$$M_i + \overline{M}_i = \begin{cases} S + f'_B & (i = 1) \\ S + W + 1 & (i = 1, 2, 3, \cdots, n) \\ S + W & (i = n + 1, \cdots, n + m - 1) \\ f'_A + W & (i = n + m) \end{cases} \tag{4-158}$$

D   萃取平衡操作

（1）各级物料的总量。由恒定混合萃取比的特点可知，各级漏斗中有机相 A、B、⋯、λ 的总量 M 和水相 A、B、⋯、λ 的总量 M 在全萃取过程中均为恒定值，同时各组分的总量 M_A、M_B、⋯、M_λ 也是已知的。

（2）萃取平衡关系式。萃取平衡后，各级漏斗中有机相、水相的金属离子含量分别由 y_A、y_B、⋯、y_λ 和 x_A、x_B、⋯、x_λ 表示。对于第 i 级漏斗有下列关系式：

$$\begin{cases} M_{A,i} = y_{A,i} + x_{A,i} \\ M_{B,i} = y_{B,i} + x_{B,i} \\ M_{C,i} = y_{C,i} + x_{C,i} \\ \qquad\downarrow \\ M_{\lambda,i} = y_{\lambda,i} + x_{\lambda,i} \end{cases} \tag{4-159}$$

$$\begin{cases} \overline{M}_i = y_{A,i} + y_{B,i} + y_{C,i} + \cdots + y_{\lambda,i} \\ M_i = x_{A,i} + x_{B,i} + x_{C,i} + \cdots + x_{\lambda,i} \end{cases} \tag{4-160}$$

$$\begin{cases} \beta_{A/B} = y_{A,i} \times x_{B,i}/(y_{B,i} \times x_{A,i}) \\ \beta_{B/C} = y_{B,i} \times x_{C,i}/(y_{C,i} \times x_{B,i}) \\ \qquad\downarrow \\ \beta_{\lambda/(\lambda-1)} = y_{\lambda,i} \times x_{\lambda-1}/(y_{\lambda-1} \times x_{\lambda,i}) \end{cases} \tag{4-161}$$

其中，计算用分离系数为单级实验测定的数值或取其平均值，$1 \leqslant i \leqslant n+m$。

式（4-159）~式（4-161）的等号左边项均为已知数，等号右边项共有 2λ 个变量，所以采用带入消元法求解上述方程，可以得到一个关于某组分在第 i 级水相和有机相中含量的一元 λ 次方程。以求解两组分体系中组分 A 在某级水相中的含量为例，有一元二次方程：

$$ax_B^2 + bx_B + c = 0 \tag{4-162}$$

其中 $a = \beta_{A/B} - 1$

$$b = -\left[\beta_{A/B}(M_B + W) + M_A - W\right]$$

$$c = \beta_{A/B} W M_B$$

采用一元二次方程的求根公式可以解出 x_B，将其代回式（4-162）能进一步求得其他三个变量 x_A、y_A、y_B。

同理，对于三组分体系，有一元三次方程：

$$ax_A^3 + bx_A^2 + c\,x_A + d = 0 \tag{4-163}$$

其中

$$a = (\beta_{A/B} - 1)(\beta_{B/C} - 1)$$
$$b = M_B\,\beta_{A/B}(\beta_{A/C} - 1) + M_C\,\beta_{A/C}(\beta_{A/B} - 1) - aM$$
$$c = M_A\{M_B\,\beta_{A/B} + M_C\,\beta_{A/C} - M[(\beta_{A/B} - 1) + (\beta_{A/C} - 1)]\}$$
$$d = -MM_A^2$$

其中，$\beta_{A/C} = \beta_{A/B} \times \beta_{B/C}$。

对于四组分体系，有一元四次方程：

$$ax_A^4 + bx_A^3 + cx_A^2 + d\,x_A + e = 0 \tag{4-164}$$

式中

$$a = (\beta_{A/B} - 1)(\beta_{A/C} - 1)(\beta_{A/D} - 1)$$

$b = a\{[1/(\beta_{A/B} - 1) + 1/(\beta_{A/C} - 1) + 1/(\beta_{A/D} - 1)]M_A - M + M_B\beta_{A/B}/(\beta_{A/B} - 1) + M_C\beta_{A/C}/(\beta_{A/C} - 1) + M_D\beta_{A/D}/(\beta_{A/D} - 1)\}$

$c = [(\beta_{A/B} - 1) + (\beta_{A/C} - 1) + (\beta_{A/D} - 1)]M_A^2 - a[1/(\beta_{A/C} - 1) + 1/(\beta_{A/B} - 1) + 1/(\beta_{A/D} - 1)]M_A M + \{[(\beta_{A/C} - 1) + (\beta_{A/D} - 1)]M_B\beta_{A/B} + [(\beta_{A/B} - 1) + (\beta_{A/D} - 1)]M_C\beta_{A/C} + [(\beta_{A/B} - 1) + (\beta_{A/C} - 1)]M_D\beta_{A/D}\}M_A$

$d = M_A^3 - \{[(\beta_{A/B} - 1) + (\beta_{A/C} - 1) + (\beta_{A/D} - 1)]M - M_B\beta_{A/B} - M_C\beta_{A/C} - M_D\beta_{A/D}\}M_A^2$

$e = -MM_A^3$

其中，$\beta_{A/D} = \beta_{A/B}\beta_{B/C}\beta_{C/D}$。

采用解析法或牛顿迭代法求解式（4-163）和式（4-164），可以得到满足 $0 < a < M_A$ 的解。将所有的 x_A 代入式（4-159）~式（4-161），可分别计算出萃取器各级在萃取平衡时，各组分在两相中的分配数据。

E 研究动态平衡的几个参数

为了研究串级萃取动态平衡过程中各级各组分的变化，引入了下列变量。

（1）各组分在某一级以及该级水相和有机相中的含量分数，计算如下：

$$P_{M_{\lambda,i}} = M_{\lambda,i}/(\overline{M}_i + M_i) = m_{\lambda,i}/(M_{A,i} + M_{B,i} + \cdots + M_{\lambda,i}) \tag{4-165}$$

$$P_{x_{\lambda,i}} = x_{\lambda,i}/M_i = x_{\lambda,i}/(x_{A,i} + x_{B,i} + \cdots + x_{\lambda,i}) \tag{4-166}$$

$$P_{y_{\lambda,i}} = y_{\lambda,i}/\overline{M}_i = y_{\lambda,i}/(y_{A,i} + y_{B,i} + \cdots + y_{\lambda,i}) \tag{4-167}$$

（2）各组分在萃取段、洗涤段和分馏萃取全过程中的平均积累量，计算如下：

$$T_{S,\lambda}（萃取段积累量） = \begin{cases} \sum M_{\lambda,i}/n & （水相进料） \\ \sum M_{\lambda,i}/(n - 1) & （有机相进料） \end{cases} \tag{4-168}$$

$$T_{W,\lambda}（洗涤段积累量） = \begin{cases} \sum M_{\lambda,i}/n & （水相进料） \\ \sum M_{\lambda,i}/(n - 1) & （有机相进料） \end{cases} \tag{4-169}$$

$$T_{M,\lambda}（分馏萃取全过程累积量） = \sum M_{\lambda,i}/(n + m) \tag{4-170}$$

（3）进出萃取器的物料平衡度，计算如下：

$$XY_\lambda = (x_{\lambda,1} + y_{\lambda,n+m})/f_\lambda \tag{4-171}$$

F　相转移操作

经萃取平衡操作后，有机相由第 i 级向第 $i+1$ 级转移，水相由第 i 级向第 $i+1$ 级转移。相转移的表达式为：

$$\begin{cases} M_{A,i} = y_{A,i-1} + x_{A,i-1} \\ M_{B,i} = y_{B,i+1} + x_{B,i+1} \\ \qquad\downarrow \\ M_{\lambda,i} = y_{\lambda,i-1} + x_{\lambda,i+1} \end{cases} \tag{4-172}$$

$$\begin{cases} x_{A,n+m+1} = 0 \\ x_{B,n+m+1} = 0 \\ \qquad\downarrow \\ x_{\lambda,n+m+1} = 0 \end{cases} \tag{4-173}$$

$$\begin{cases} y_{A,0} = 0 \\ y_{B,0} = 0 \\ \qquad\downarrow \\ y_{\lambda,0} = 0 \end{cases} \tag{4-174}$$

G　加料及中间出口出料操作

每摇完一排并进行相转移后，再在第 n 级加入一份料液。加料的操作表达式为：

$$\begin{cases} M'_{A,n} = M_{A,n} + f_A \\ M'_{B,n} = M_{B,n} + f_B \\ \qquad\downarrow \\ M'_{\lambda,n} = M_{\lambda,n} + f_\lambda \end{cases} \tag{4-175}$$

H　萃取过程达到平衡时的条件

在萃取模拟实验从启动至平衡的过程中，两个排级比 G 与 $G+1$ 之间各组分含量的差值逐渐减小，当达到规定的小数 ε 时，如 $|x_{A,G} - x_{A,G+1}| < \varepsilon$，则认为萃取过程达到了平衡。判断时可依据物料平衡度（见式（4-171）），若 $|XY_\lambda - 1| < \varepsilon$，则判定为萃取达到平衡。

I　数据输出

计算机每计算一个排级比后，可以得到各出口产品的纯度以及每一级各组分在水相和有机相中的分布。将这些数据以表格形式或曲线图形式输出，有助于了解萃取过程的变化。

4.3.4.2　计算机串级萃取模拟试验程序

由上述的计算机串级萃取模拟试验程序设计原理，可以编制计算程序。图 4-18 为四组分四出口的计算机串级萃取模拟实验程序图，其他组分或出口数量不同的萃取工艺计算程序与此类似，可依此原理编制。

图 4-18 中，fag1%和 fag2%分别为第三出口 I_1 和第四出口 I_2 产品是否达到要求的判断条件，达到为"1"、未达到为"0"。

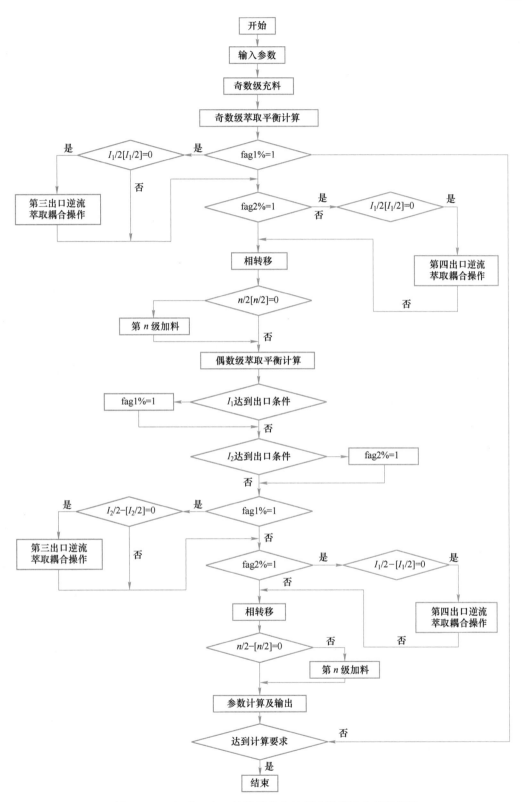

图 4-18 四组分四出口的计算机串级萃取模拟试验程序框图

4.3.4.3　计算机串级萃取模拟试验实例

【例 4-6】　我国轻稀土原料的典型组成和分离要求见表 4-17。根据多组分多出口串级萃取工艺的设计方法可计算得出四组分四出口串级萃取的级数，一并列入表 4-17 中。

表 4-17　轻稀土萃取分离工艺参数（选取萃取量 $S=1.85\ \mathrm{g/L}$）

料液组成	$f=f_{\mathrm{Nd}}=0.155,\ f_{\mathrm{B}}=f_{\mathrm{Pr}}=0.06,\ f_{\mathrm{C}}=f_{\mathrm{Ce}}=0.505,\ f_{\mathrm{D}}=f_{\mathrm{La}}=0.28$
分离系数	$\beta_{\mathrm{A/B}}=1.5,\ \beta_{\mathrm{B/C}}=2,\ \beta_{\mathrm{C/D}}=5$
分离指标	$P_{\mathrm{A},n+m}=P_{\mathrm{Nd}}=0.998,\ P_{\mathrm{B},I_2}=P_{\mathrm{Pr}}=0.48,\ P_{\mathrm{C},I_1}=P_{\mathrm{La}}=0.87$
	$P_{\mathrm{D},1}=P_{\mathrm{La}}=0.999,\ Y_{\mathrm{A}}=Y_{\mathrm{Nd}}=0.999,\ Y_{\mathrm{D}}=Y_{\mathrm{La}}=0.999$
出口分数	$f_{\mathrm{A}}=0.15346$
级数和出口位置	$I_1=11,\ I_2=39,\ n=29,\ m=30$

用图 4-18 所示的计算程序进行萃取平衡模拟试验。当排级比 $G=1000$、平衡度 $XY_\lambda\approx1$ 时，萃取器内各组分的分布如图 4-19 和图 4-20 所示。从图 4-19 和图 4-20 中可以看到，C 组分积累峰位于萃取段的 11~23 级间，峰高度达到 87%；A 组分积累峰在萃取段的 30~40 级间，峰最高为 74%。实验结果证实了本例所设计的四组分四出口串级萃取工艺参数是可行的。

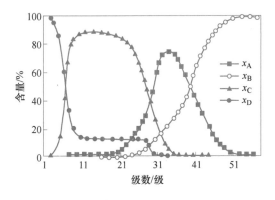

图 4-19　平衡水相物料分布图

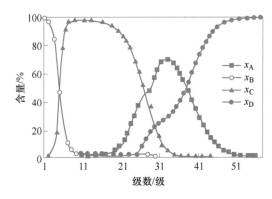

图 4-20　平衡有机相物料分布图

4.4　稀土金属及其合金的制取优化设计

4.4.1　稀土熔盐电解的电化学理论

4.4.1.1　稀土熔盐电解的概念

熔盐或称熔融盐，是盐的熔融态液体。形成熔融态的无机盐在固态时大部分为离子晶体，在高温下熔化后形成离子熔盐。稀土熔盐电解是在电解槽内直流电场的作用下，稀土熔盐中的稀土离子向阴极迁移获得电子，从而还原成稀土金属的生产方法。按照稀土熔盐体系的不同，稀土熔盐电解分为稀土氯化物熔盐体系的电解和稀土氧化物在氟化物熔盐体系的电解两类。

氯化物熔盐电解是以稀土氯化物和碱金属氯化物等盐类组成电解质，以石墨为阳极，液态金属或钼为阴极，在电解槽内的直流电场作用下进行电解，可简化为图 4-21 所示的过程。在电解过程中，$RECl_3$被电解，电解质中的阳离子 RE^{3+} 向阴极迁移，在阴极表面得到电子被还原成金属，而阴离子 Cl^- 则向阳极迁移，在阳极表面失去电子被氧化成 Cl_2 放出，总反应为：

$$2RECl_3 \rightleftharpoons 2RE + 3Cl_2$$

电解过程中消耗的是电能和 $RECl_3$，只要不断补充 $RECl_3$ 就能保持电解质成分不变，即能连续电解。

稀土氧化物熔盐电解是将稀土氧化物溶解在碱金属氟化物熔盐中，以石墨为阳极，以钨或钼为阴极进行电解，在阴极上析出稀土金属，阳极处析出氧，氧进一步与石墨作用生成 CO 或 CO_2，总反应为：

$$RE_2O_3 + 3C \longrightarrow 2RE + 3CO(\text{或} CO_2)$$

和稀土氯化物电解一样，只要不断补充稀土氧化物，电解就能连续进行。

稀土熔盐电解之所以采用氯化物和氟化物

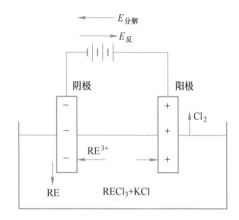

图 4-21 稀土氯化物熔盐电解过程示意图

体系熔盐电解质，取决于稀土金属及稀土氧化物和卤化物的热化学性质。这些性质从本质上决定了稀土熔盐电解的电化学特性，是决定稀土熔盐电解各项技术经济指标的内因。在制定熔盐电解生产稀土金属或稀土合金产品结构方案时，除了依据产品需要外，首先要了解稀土金属的熔点（见表4-18）和稀土合金的相图，以判断熔盐电解法的可行性；然后参照稀土氯化物、氟化物及各种混合盐的熔点、沸点等性质，决定采用哪类稀土熔盐。由表4-18中数据可知，La、Ce、Pr、Nd 等稀土金属的熔点不高，混合稀土金属的熔点为 800 ℃，而它们的卤化物的熔点和沸点较高，故普遍采用熔盐电解法生产这组金属。Sm、Eu、Yb、Tm 的沸点低并能形成二价化合物，常用 La、Ce 或 REM 等金属还原其氧化物的方法来制备。而其余重稀土金属的熔点高，常用金属钙还原其氧化物的方法来生产。

表 4-18 稀土金属热性质

金属	熔点/℃	沸点/℃	熔化热/kJ·mol⁻¹	升华热/kJ·mol⁻¹	比热容/kJ·(mol·℃)⁻¹
La	920±1	3454	6.201	430.9±2.0	26.2
Ce	798±3	3257	5.180	466.9	27.1
Pr	931±5	3212	6.912	372.7	27.0
Nd	1016±5	3127	7.134	370.6±4.2	27.4
Pm	1080±10	2460	8.117	267.8	27.2
Sm	1073±1	1778	8.623	206.3±2.9	28.5
Eu	822±5	1597	9.213	177.8±2.5	27.1
Gd	1312±2	3233	10.054	400.6±2.1	27.4
Tb	1353±6	3041	10.807	393.1	28.5
Dy	1409	2335	11.213	297.9±1.4	27.5
Ho	1470	2720	12.175	299.9±12.1	27.2
Er	1522	2510	19.916	311.7±31.8	28.1

金属	熔点/℃	沸点/℃	熔化热/kJ·mol^{-1}	升华热/kJ·mol^{-1}	比热容/kJ·(mol·℃)$^{-1}$
Tm	1545±15	1727	16.820	293.9±3.3	27.0
Yb	816±2	1193	7.657	159.8±7.9	25.8
Lu	1663±12	3315	19.037	427.4	27.0
Sc	1539	2832	14.096	380.7±4.2	25.5
Y	1526±5	3337	11.431	416.7±5.0	26.5

稀土熔盐电解在高温下进行，因而具有电导率高、浓差极化小、能以高电流密度电解等优点。但正因为高温，氯化物盐和氟化物盐的腐蚀性大，电解所产生的气体如 Cl_2、CO_2 的反应强烈，因而设备材料方面出现的问题较多。稀土熔盐电解槽的设计难度较大，要对电极形状、电极插入深度、电流密度、电解质循环速度等参数进行充分考虑，使电解金属容易聚积、电解气体又快又容易地从阳极逸出。稀土金属在高温熔化时几乎能与所有元素作用，因此选择电解槽、电极、金属或稀土合金盛器材料很困难。此外，稀土熔盐电解还有电解质成分容易挥发、氧化、燃烧以及耗电量大等缺点。就电解产品性质而言，稀土金属和铝、镁等金属有差异，它的活性很强；在含稀土的熔盐中，它的溶解度和溶解速度大，某些稀土离子呈现多价态等特性，均不利于熔盐电解生产。

4.4.1.2　稀土金属的电极电位和分解电压

金属插入熔盐中，在金属和熔盐的界面产生一定的电位差，称为电极电位。

在水溶液中经常用标准氢电极作为参比电极，测量待测电极与氢电极之间的电位差。在熔融盐中常用 Cl_2/Cl^- 电极、Ag/Ag^+ 电极和 Pt/Pt^{2+} 电极作为参比电极，这类参比电极电位值可以互换。由于实验上的困难，稀土及其他金属的电极电位，主要是根据热力学函数计算的理论分解电压来编制的。

理论分解电压是使一定电解质分解所需的最小理论电压。由物理化学原理可知，在没有极化和去极化作用，并且电流效率等于100%时，可以对熔盐的分解电压理论值进行计算，这个数值等于由析出于电极上的两种物质组成的可逆电池的电动势。因此化合物的理论分解电压数值可以从该化合物的标准生成自由能变化 ΔG 计算出来，即

$$\Delta G = -nEF \tag{4-176}$$

或

$$E = -\Delta G/(nF) \tag{4-177}$$

某些金属氯化物、氧化物和氟化物的理论分解电压值分别见表 4-19~表 4-21。

表 4-19　固体或熔融氯化物的理论分解电压　　　　　　(V)

金属离子	800 ℃	1000 ℃	1500 ℃	金属离子	800 ℃	1000 ℃	1500 ℃
K^+	3.441[①]	3.155	2.598	Ca^+	3.362[①]	3.078	2.667
Sm^{2+}	3.661[①]	3.559	3.317	Rb^+	3.314[①]	3.001	2.428(1381 ℃, V)
Ba^{2+}	3.568	3.412[①]	3.079	Sr^{2+}	3.469	3.333[①]	2.977
Li^+	3.457[①]	3.352	3.122(1382 ℃, V)	Y^{3+}	2.643[①]	2.548	2.329
Na^+	3.240	3.019[①]	2.366(1465 ℃, V)	He^{3+}	2.610[①]	2.511	2.283

续表 4-19

金属离子	800 ℃	1000 ℃	1500 ℃	金属离子	800 ℃	1000 ℃	1500 ℃
Ca^{2+}	3.323[①]	3.208	2.926	EP^+	2.589[①]	2.488	2.257(1497 ℃, V)
LA^{3+}	2.997	2.876	2.607	Tm^{3+}	2.553	2.447[①]	2.221(1487 ℃, V)
Ce^{3+}	2.945	2.821[①]	2.540	Yb^{3+}	2.542	2.434[①]	2.449(1027 ℃, D)
Pr^{3+}	2.911	2.795	2.523	Mg^{2+}	2.460[①]	2.346	1.974(1418 ℃, V)
Nd^{3+}	2.856[①]	2.736	2.455	Lu^{3+}	2.478	2.356[①]	2.108(1477 ℃, V)
Pm^{3+}	2.884[①]	2.784	2.554	Se^{3+}	2.375	2.264[①]	
Sm^{3+}	2.861	2.763	2.712(1107 ℃, D)	Mn^{3+}	1.807[①]	1.725	1.649
Eu^{3+}	2.828[①]	2.815 (>827 ℃, D)		C^{2+}	1.352	1.262[①]	1.137
Gd^{3+}	2.807[①]	2.709	2.483	G^{2+}	1.113	1.006	
Tb^{3+}	2.858[①]	2.657	2.433	Fe^{2+}	1.118[①]	1.050	1.041(1026 ℃, V)
Dy^{3+}	2.690[①]	2.599[①]	2.359	Ag^+	0.826	0.784	0.665

注：D、V 分别表示分解、蒸发的温度，在稍低于该温度的分解电压列于括号左方。

①表示熔融氯化物的理论分解电压，其余为固体氯化物的理论分解电压。

表 4-20　部分固体或熔融氧化物的理论分解电压 （V）

金属离子	500 ℃	1000 ℃	1500 ℃	2000 ℃	金属离子	500 ℃	1000 ℃	1500 ℃	2000 ℃
Mn^{2+}	1.705	1.515	1.305	1.103[①]	Mg^{2+}	2.686	2.366	1.905	1.370
Ca^{2+}	2.881	2.626	2.354	1.882	Li^+	2.147	1.489	1.689	0.932
La^{3+}	2.840	2.550	2.317	2.901[①]	S^{2+}	2.659	2.409	2.105	1.642
Ac^{3+}	2.882	2.687°	2.503	2.350[①]	Y^3	2.677	2.459	2.250	2.036
Pr^{3+}	2.838	2.608	2.770	2.139	Se^{3+}	2.602	2.367	2.127	1.878
Nd^{3+}	2.836	2.264	2.334	2.095	Ce^{4+}	2.171	1.954	1.734	1.519
Ce^{3+}	2.772	2.526	2.280	2.066[①]	Ba^{2+}	2.508	2.224	2.021	1.673
Cr^{3+}	1.383	1.019	0.651		Al^{3+}	2.468	2.188	1.909	1.637
Sm^{3+}	2.738	2.507	2.260	2.021	Fe^{3+}	1.066	0.855	0.645	

①表示熔融氧化物的理论分解电压，其余为固体氧化物的理论分解电压。

表 4-21　固体或熔融氟化物的理论分解电压 （V）

金属离子	500 ℃	800 ℃	1000 ℃	1500 ℃	金属离子	500 ℃	800 ℃	1000 ℃	1500 ℃
Eu^{2+}	5.834	5.602	5.457	5.101	Li^+	5.564	5.256	5.071	4.495
Ca^{2+}	5.603	5.350	5.182	4.785	Ba^{2+}	5.547	5.310	5.154	4.083
Sm^{2+}	5.617	5.385	5.236	4.884	La^{3+}	5.408	5.174	5.020	4.648
Sr^{2+}	5.602	5.364	5.203	4.768	Ce^{3+}	5.335	5.097	4.938	4.555
Pr^{3+}	5.329	5.109	4.965	4.621	Th^{4+}	4.565	4.355	4.220	3.962
Nd^{3+}	5.245	5.004	4.843	4.458	Z_2^{3+}	4.458	4.225	4.133	3.785
Sm^{3+}	5.213	4.992	4.850	4.517	Be^{2+}	4.407	4.247	4.073	4.058

金属离子	500 ℃	800 ℃	1000 ℃	1500 ℃	金属离子	500 ℃	800 ℃	1000 ℃	1500 ℃
Gd^{3+}	5.198	4.977	4.836	4.504	Zt^+	4.242	4.045	3.964	—
Tb^{3+}	5.140	4.920	4.778	4.447	U^{4+}	4.217	4.015	3.881	3.626
Dy^{3+}	5.111	4.891	4.749	4.419	H^+	4.134	3.939	3.860	—
Y^{3+}	5.097	4.876	4.735	4.407	Tr^{3+}	4.009	3.828	3.712	3.499
Ho^{3+}	5.068	4.847	4.706	4.376	$(Al^{3+})_2$	3.867	3.629	3.471	3.275
Na^+	5.119	4.818	4.529	3.781	V^{3+}	3.577	3.398	3.284	3.087
Mg^{2+}	5.013	4.746	4.567	3.994	C^{2+}	3.400	3.227	3.115	2.883
Lu^{3+}	5.025	4.804	4.662	4.336	C^{2+}	3.267	3.076	2.954	2.954
E^{2+}	5.025	4.804	4.662	4.333	Zm^{3+}	3.265	3.068	2.912	2.439
Ew^{3+}	5.010	4.790	4.648	4.316	Ge^{3+}	3.055	2.923	—	—
Tm^{3+}	5.010	4.789	4.648	4.320	Fe^{2+}	3.094	2.905	2.780	2.529
K^+	5.017	4.674	4.355	3.630	Ni^{2+}	2.890	2.697	2.573	2.338
Yb^{3+}	4.793	4.573	4.431	4.104	Pb^{2+}	2.865	2.654	2.525	2.350
Se^{3+}	4.701	4.495	4.363	4.076	Fe^{3+}	2.832	2.640	2.513	2.354

对于熔盐分解电压的大量测定结果说明，熔盐的分解电压与下列因素有关：

（1）随着温度的升高，分解电压降低。由于化合物的标准生成自由能 ΔG 一般均随着温度的升高而增加，而 E 与 $-\Delta G$ 成正比，因此随着温度升高分解电压下降。

（2）在同一温度下，分解电压随着熔盐阳离子半径的变化而有规律地改变。稀土氯化物、氧化物、氟化物的分解电压随其阳离子半径的减小而减小，碱金属氟化物的分解电压则由氟化锂到氟化钾随阳离子半径的增加而减小。

析出电位与分解电压不同，它是指在熔盐中，某一离子或离子簇在不同电极材料上析出时的电位值。各种金属离子在熔盐中的析出电位即电极电位，按照其分解电压与参比电极电位的差值排列，以 Cl_2/Cl^- 电极为参比电极计算得到的金属离子析出电位均为负值。按析出电位的大小可判断各种离子的放电次序即电化序。在水溶液中，各种离子电化序是根据标准电压值排列而成，熔盐中的电化序则是以分解电压值为基础建立起来的。熔盐本身阴离子的性质，以及作为"溶剂"的熔融介质的性质都会对电化序中各金属的相对位置产生影响，故在不同的熔盐中电化序是不同的。

4.4.1.3　电解质

熔盐导电性好，交换电流大，这对电解析出金属是有利条件。但由于温度高，对坩埚结构材料的要求高，熔盐挥发损失大，在阴极析出的金属易熔于电解质中，而且还易和结构材料作用，不仅经济指标下降而且质量也受影响，所以在选择电解质时，必须突出熔盐的优点，抑制其缺点。经过长期的生产实践总结出：为了使稀土熔盐电解生产达到高产、优质、低消耗，与氯化稀土组成电解质的盐类必须满足以下条件：

（1）稀土氯化物可按不同比例溶解在所选的电解质中，这些物质才能被电离，通电后才能被电解。

（2）选取比被电解物质分解电压高的盐作为电解质，否则电解质先分解而被电解的物质不易分解，或同时分解，污染了金属。碱金属、碱土金属的氯化物及氟化物分解电压较高，可以选作电解质。

（3）选导电性好的盐作为电解质。电解质有良好的导电性，使其在熔融状态下有较小的电压降，以利于降低电能消耗，提高电流效率。

（4）选黏度小的盐作为电解质。电解质的黏度小，则流动性就好，有利于阳极氧气的排出及电解质组成的均匀性。

（5）电解质组元的蒸气压要低，且不与石墨阳极和阴极材料发生作用，并希望它们能形成堆积密度大、稳定性好的配合体。

（6）电解出的金属在电解质中溶解度较小，否则金属损失大、电流效率低。

（7）尽可能选取资源丰富、价格便宜的材料作为电解质，以降低成本。稀土氯化物与氯化钾在熔融状态时会形成配合物，而稀土氯化物与氯化钠在熔融状态时，即使形成配合物，其稳定性也很差。因此，在工业实践中，稀土氯化物电解时常采用氯化钾作熔剂，比采用氯化钠、氯化钙、氯化钡作熔剂要好。其原因之一是前者形成配合物的堆积密度大，电解析出的金属溶解度小；原因之二是配合物的稳定度高，不易被空气中的水分和氧分解。但是，由于氯化钠比氯化钾价格低，工业氯化钾中又常含有少量的氯化钠，因而也有使用氯化钠的。

三元体系如 $RECl_3$-KCl-NaCl 也很受人们的注意。值得指出的是，$RECl_3$-$BaCl_2$-$CaCl_2$-KCl 四元体系的效果也很好，它的特点是 $RECl_3$ 可以在很低的浓度下进行电解，而不影响电流效率。因为 Li^+ 的半径比 K^+ 小，从而减少金属溶解损失、降低电能消耗、提高电流效率方面考虑，LiCl 比 KCl 或 NaCl 都好，但因 LiCl 价格较高，所以实际上使用甚少。

4.4.2 技术参数及指标的选择

4.4.2.1 电流密度（D）的选择

电流密度的选择在电解生产中占有很重要的地位。电流密度有阳极电流密度（D_A）和阴极电流密度（D_K），电流密度计算公式如下：

$$D = I/S \tag{4-178}$$

式中　D——阳极或阴极电流密度，A/cm^2；

　　　I——平均电流强度，A；

　　　S——阳极或阴极的有效面积，即阳极与阴极相对应的那一部分面积，cm^2。

提高阴极电流密度 D_K，单位金属表面上析出的金属量增加，金属的损失相对减少，电流效率则相应提高。若阴极电流密度过大时，电解体系中的其他阳离子放电析出的概率增加，则会降低电流效率与污染稀土金属同时使槽电压升高，电能消耗增加。此外，过高的阴极电流密度有可能导致阴极区，以致整个熔盐过热，使金属溶解增加，则破坏电解正常进行。阴极电流密度过低，电流效率也会降低。因此，阴极电流密度一般以 2~7 A/cm^2 为宜。

阳极电流密度 D_A 也应适当控制，太大时在阳极上将排出大量的氯气，增加了电解质的循环速度，使金属在熔盐中的溶解和二次作用增加。当阳极电流密度增大到临界电流密度时，将发生阳极效应，使正常电解条件遭到破坏。若阳极电流密度太小，电解质循环性差，电解质的温度和浓度不易维持均匀，可能出现电解槽局部过热现象，负电性金属易于在阴极上析出，这样也会降低电流效率。在工业生产中，阳极电流密度一般为 $0.5 \sim 1.02$ A/cm^2。

当电流密度 D 和电流强度选定后，则可算出电极表面积 S，即可算出阴极、阳极尺寸与根（块）数。

4.4.2.2　电流效率的计算

A　稀土金属的电化学当量

电化学当量是指电解时理论上每安培小时所能析出的金属质量，表示为：

$$C = M/(nF) \tag{4-179}$$

式中　M——1 mol 元素原子的质量，其值等于元素的相对原子质量，g/mol；

n——元素的原子价数；

F——法拉第常数，$F = N_A \times e = 9.648456(27) \times 10^4$，C/mol。

因此，稀土元素的电化学当量计算公式为：

$$C = M/(3600N_A \times e) \tag{4-180}$$

依据此方程式计算的稀土电化学当量见表 4-22。在大电流电解槽的电流效率计算上应依据表 4-22 的数据。在近似计算时，+3 价离子稀土 $C(g/(A \cdot h)) = M/80.4$。混合稀土金属的电化学当量值为 1.757 $g/(A \cdot h)$。

表 4-22　稀土元素的电化学当量

稀土元素	价数	相对原子质量	电化学当量 /g·(A·h)$^{-1}$	稀土元素	价数	相对原子质量	电化学当量 /g·(A·h)$^{-1}$
Sc	3	44.955910 (9)	0.5591	Ce	3	140.115 (4)	1.7426
Y	3	88.90585 (2)	1.1057	Ce	4	140.115 (4)	1.3070
La	3	138.9055 (2)	1.7276	Pr	3	140.90765 (3)	1.7525
Nd	3	144.24 (3)	1.7939	Dy	3	162.50 (3)	2.0210
Sm	3	150.36 (3)	1.8706	Ho	3	164.93032 (3)	2.0213
Eu	3	151.965 (9)	1.8900	Er	3	167.26 (3)	2.0802
Gd	3	157.25 (3)	1.9557	Tm	3	168.93421 (3)	2.1011
Tb	3	158.92534 (3)	1.9766	Yb	3	173.04 (3)	2.1521
Tb	4	158.92534 (3)	1.4824	Lu	3	174.967 (1)	2.1761

注：表中括号内数字表示相对原子质量的末位数精确至该值的"±"范围内。

例如：推算铈的电化学当量，铈的电化学当量 = (140.115÷3)/(96487÷3600) = 1.743 $g/(A \cdot h)$。

B　电流效率

根据法拉第定律，直流电解时，电极上析出的物质质量与电流、电流通过电解槽的时间及电化学当量成正比：

$$m = CIt \qquad (4-181)$$

式中　m——在电极上析出的物质质量，g；

　　　I——电流，A；

　　　t——电解时间，h；

　　　C——电化学当量，g/(A·h)。

在电解过程中，伴有二次反应和副反应，因此在电极上析出的金属量比理论量少。用一定的电量，实际在电极上析出的金属量（Q）与法拉第定律计算出的理论析出量 G 的比值称为电流效率：

$$\eta = \frac{Q}{G} = \frac{Q}{GIt} \times 100\% \qquad (4-182)$$

电流效率是电解生产的一项重要技术经济指标，熔盐电解的电流效率一般在 30% ~ 90% 范围内。在生产实际中电解得到的稀土金属量比理论量少得多，即电流效率比较低，这主要有以下两方面的原因：

（1）电解电流没有全部用来产生稀土金属，主要是由于不完全放电。例如，$Sm^{3+}+e \rightleftharpoons Sm^{2+}$ 反复的氧化还原反应；非稀土元素的析出；电子导电，如 Ce-CeCl$_3$，La-LaCl$_3$ 等熔盐具有电子导电特点；电解槽漏电等。

（2）电解过程中沉积的金属发生化学反应或物理的二次作用损失，主要有稀土金属的溶解，稀土金属和熔盐的置换反应，稀土金属与电解槽炉衬材料、石墨电极、空气等发生相互作用。

综上所述，稀土金属电解电流效率低的主要原因是由于它自身的活性和变价特点。

4.4.2.3　电能效率

熔盐电解过程中除要求有较高的电流效率外，还有许多其他指标，如要求生产率高、电能消耗低、金属回收率高和质量高等。这些指标是互相关联的，某些因素既影响到电流效率又影响其他指标。因此，在控制电解条件提高电流效率时，还应充分估计到对其他指标的影响。

熔盐电解电能消耗的高低常用电能效率来评价，有时称为电耗率。通常用生产 1 kg 产物所需的功率来表示电能效率，其单位是 kW·h/kg。氯化物体系电解生产稀土金属的电能效率波动在 12 ~ 40 kW·h/kg 之间，氟化物体系电解生产稀土金属的电能效率为 12 kW·h/kg 左右，但同时消耗阳极碳。以资比较的是铝精炼作业的电能效率为 20 kW·h/kg，铜精炼作业的电能效率近似为 0.2 kW·h/kg。

有时电能效率可表示为：

$$\eta_{电} = \frac{\eta \cdot E}{V} \times 100\% \qquad (4-183)$$

据此可研究电能效率和电流效率的关系。如果所加电压保持不变，则电流效率提高，电能效率随之增大，即用于电解的有用功率占所需功率的份额增加。若电流效率保持恒定，改变所加电压，情况就比较复杂。提高电压，功率输入增加了，但所加电压必须有一部分用于克服电解槽中极化效应和电阻效应的增加，而这个份额显著增大；降低电压，可以减少输入功率，但是有一个最低电压值，低于此值时电解无法以有意义的速度进行。所以，实际上要依靠电流效率与电能效率间的平衡来达到最佳条件。

    稀土电解生产的电能效率较低，不仅电解要消耗能量，而且为保持电解质熔融，加大了电解质电阻以提供热量，也消耗了大部分能量。这时，改进电能效率的办法是尽可能用大容量设备。此外，应研究其他的低能量流程。总之，电解时最重要的变数是输入电流，是因为这决定了电解槽的产量。

4.4.2.4 电解槽数量的计算

    根据设计年产金属量 $Q_{年}$，年工作日 T，每个电解槽每日实际产金属量 $G_{实际}$，可用下式计算出所需电解槽个数（n）：

$$n = \frac{\dfrac{Q_{年}}{T}}{G_{实际}} \times 1000 + K = \frac{\dfrac{Q_{年}}{T}}{C \times I \times 24 \times \eta} \times 1000 + K \tag{4-184}$$

式中 $Q_{年}$——设计年产稀土金属量，kg；

         T——年工作日，d；

    $G_{实际}$——每个电解槽每日实际产金属量，g；

   1000 ——由 g 换算为 kg；

        K——备用槽数，台；

        C——稀土金属电化学当量，g/(A·h)；

         I——平均电流强度，A；

     24——每日电解时数，h；

        η——电流效率，%。

4.4.2.5 电解槽的生产率与电耗率

    稀土电解槽的生产指标，最重要的是生产率和电耗率两项。

    （1）电解槽的生产率 $Q_{日}$。电解槽的生产率 $Q_{日}$，即是电解槽日产稀土金属千克数，也称槽昼夜产量。

$$Q_{日} = C \times I \times 24 \times \eta / 1000 \tag{4-185}$$

式中   1000——由 g 换算为 kg；

        C——稀土金属电化学当量，g/(A·h)；

         I——平均电流强度，A；

     24——每日电解时数，h；

        η——电流效率，%。

    由此式可见，电解槽生产率，在一定电流强度下与电流效率成正比。

    （2）电耗率。电耗率为单位稀土产量（kg）所消耗的电能（kW·h），电解槽昼夜生产所消耗的电能 W(kW·h/d)：

$$W = I \times V_{平均} \times 24 / 1000 \tag{4-186}$$

得到

$$P = W / Q_{日} = (I \times V_{平均} \times 24 / 1000)/(C \times I \times 24 \times \eta / 1000) = V_{平均}/(C \times \eta) \tag{4-187}$$

式中 $V_{平均}$——电解平均电压，V；

        C——稀土金属电化学当量，g/(A·h)；

η——电流效率,%。

可见,电耗率与$V_{平均}$成正比,与η成反比。因此,降低槽电压,提高电流效率都可以降低电耗率。

4.4.3 电工计算

4.4.3.1 电解槽平均电压$V_{平均}$

稀土熔盐电解时,电解槽的电压平衡式,可用下式表示:

$$V_{平均} = V_{分解} + V_{电解质} + V_{阳} + V_{阴} + V_{母线} \tag{4-188}$$

式中　$V_{平均}$——电解槽平均电压,V;

　　　$V_{分解}$——在电解条件下稀土氯化物的分解电压,V;

　　$V_{电解质}$——在电解条件下电解质中的电压降,V;

　　　$V_{阳}$——阳极部分电压降,V;

　　　$V_{阴}$——阴极部分电压降,V;

　　$V_{母线}$——电解槽体系外线路压降均摊值,V。

下面对上述各项分别讨论如下:

(1) $V_{分解}$系指在电解条件下稀土氯化物的分解电压降。

(2) $V_{电解质}$为在电解条件下电解质中的电压降,系指对应阴极的阳极表面到阴极稀土液面这一段的电压降。一般采用按几何平均电流密度的方法进行计算:

$$V_{电解质} = \rho \times L \times \sqrt{D_A \times D_K} \tag{4-189}$$

式中　ρ——在电解温度下的电解质的比电阻,$\Omega \cdot cm$;

　　　L——极距,cm;

D_A,D_K——阳极和阴极的电流密度,A/cm^2。

(3) $V_{阳}$为阳极部分电压降,对于10 kA电解槽,它通常包括软铜带、铝阳极框架、低熔点合金、阳极引出钢棒、石墨电极各段上的电压降及各段之间的接触压降的总和。

(4) $V_{阴}$为阴极部分电压降,对于10 kA电解槽,它通常包括钼棒阴极、阴极钢棒、低熔点合金、阴极导电槽各段上的电压降及各段之间的接触压降的总和。

(5) $V_{母线}$系指在电解槽体系外母线上的电压降均摊值。对于10 kA电解槽,通常采用7~8片100 mm×10 mm的铜排母线。

在计算$V_{阳}$、$V_{阴}$、$V_{母线}$的电压降时,凡属于单一导电部件的电压降,用下式进行计算:

$$V = RI = I\rho_t \frac{L}{S} \tag{4-190}$$

$$\rho_t = \rho_0(1 + at) \tag{4-191}$$

式中　ρ_t——在工作温度下的导电体的比电阻,$\Omega \cdot cm$;

　　　S——导电体的断面积(可根据其导体的允许电流密度计算),cm^2;

　　　L——导体的长度,cm;

　　　ρ_0——0 ℃时的导体比电阻,$\Omega \cdot cm$;

　　　a——比电阻系数;

　　　t——工作温度,℃。

不同材质的导体连接点，可用压接或焊接，但因焊接的接触压降小，为降低电耗率，应尽量采用焊接。另外，为了节约费用，铜排和软铜带也可用铝排和软铝带代替。

10 kA 电解槽母线上某些部位的接触电压降应接近或符合下列数值：

（1）阳极立母线与阳极横母线焊接时小于 5 mm；压接时小于 10 mm；

（2）阳极横母线与阳极框架焊接时小于 10 mm；压接时小于 20 mm；

（3）阳极框架输入端与石墨阳极总电压小于 100 mm；

（4）钢棒阴极与阳极母线总电压降小于 120 mm。

6 台 10 kA 稀土电解槽串联时，总电压一般可达 50~60 V。

当电解槽的电压衡算结束后，再列入表，见表 4-23。

表 4-23   电解槽的电压衡算法

序号	收入项	电压/V	占比/%	序号	支出项	电压/V	占比/%
1	槽平均电压			1	分解电压		
				2	电解质压降		
				3	阳极压降		
				4	阴极压降		
				5	母线压降均摊值		
合　计			100.00	合　计			100.00

4.4.3.2　槽电压与结构参数的关系

熔盐电解的槽电压由化合物的分解电压、电极过电压、熔盐压降、母线压降和阳极效应分摊压降等组成。对 3 kA 钕电解槽的电场计算表明，在 2200 A 工作电流、1030 ℃ 电解温度下，熔盐电压降为 3~4.5 V，占总槽电压的 40%~50%；Nd_2O_3 的实际分解电压与阳极电流密度的关系为 $E = 1.71 + 0.32\ln J_a$；母线和电极导电部分压降基本是固定的，实际测量值为 2.9 V。

熔盐压降 $U = IR = IK/x$，式中 K 为电阻常数，cm^{-1}，x 为熔盐电导率，S/m。电解槽的电阻常数与其结构参数之间的依存关系非常重要，因为这是设计电解槽和进行电解操作控制的主要依据。本书采用 KCl 水溶液模拟法测定稀土电解槽的电阻常数，确定了电阻常数与结构参数之间的关系。当 $L \geq D$ 时，电阻常数的理论计算值为：

$$K = \frac{1}{2\pi L}\ln\frac{D}{d} = \frac{1}{2\pi L}\ln\frac{J_c}{J_a} \tag{4-192}$$

式中　K——电解槽的电阻常数，cm^{-1}；

　　　D——电解槽阳极直径，cm；

　　　d——电解槽阴极直径，cm；

　　　L——阴极在电解质中的插入深度，cm；

　　　J_a——阳极电流密度，A/cm^2；

　　　J_c——阴极电流密度，A/cm^2。

生产实践证明，稀土电解槽增大容量后，不仅提高了产量，对于提高金属的一致性、保证产品质量和降低电能消耗也都取得了明显效果。但对于大容量电解槽的设计，应重新配置电极的结构参数，进一步降低槽电压以节约电能消耗。在给定槽容量、电解工艺条件一定时，熔盐压降正比于 K 值，因此结构参数的选择应以 K 值最小为最优化设计的目标函数，约束条件有：

$$L \geq D$$
$$D \geq (J_c/J_a)d$$
$$D - d \geq c$$
$$\pi DLJ_a \leq I$$

式中　c——阳极和阴极表面之间的间距，cm；

其余符号意义同前。

可从中选择限制条件，用拉格朗日乘数法求解方程组，得到电解槽结构参数的优化配置。

目前，大多按照电解槽的电压和输入电流确定输入功率。电解槽能耗由电解能耗和散热两项构成，其能量平衡的基本关系式为：

$$IV = A + Q \tag{4-193}$$

式中　I——输入电流，kA：

V——槽电压，V；

A——电解能耗，kW·h/h；

Q——电解槽散热量，kW·h/h。

对于氟化物-氧化物熔盐体系电解金属钕，取电解温度 1050 ℃，熔盐的电导率 $x = 5.5$ S/cm，阳极电流密度 $J_a \leq 1$ A/cm²。如果取 $I = 10$ kA、$L = 80$ cm、$c = 14$ cm，得出 $D = 40$ cm、$d = 26$ cm、$K = 8.57 \times 10^{-4}$、$U = 1.558$ V、$J_c = 1.53$ A/cm²。如果取分解电压 1.7 V、电极压降 2.9 V，则槽电压为 $V = 6.16$ V，故有

$$Q = IV - A = 6.16I - 2.976I = 3.18 \times 10 = 31.8 \text{ kW·h/h}$$

即电解槽输入功率 $IV = 61.6$ kW·h/h。在电解槽能量分配中，电解耗能 $A = 29.76$ kW·h/h，占 48.3%；熔盐电阻耗能 $IU = 15.58$ kW·h/h，占 25.3%；电极电阻耗能 $Q - IU = 16.2$ kW·h/h，占 26.3%。如果取电流效率 80%，则电解槽产率 $G = CI\eta = 1.7939 \times 10 \times 0.8 = 14.35$ kg/h，金属电耗率为 $IV/G = 61.6/14.35 = 4.29$ kW·h/kg（Nd），比目前最好指标 9.07 kW·h/kg（Nd）节电约 53%。

综合上述研究成果的数据，稀土电解槽的设计应着重考虑以下问题：

（1）在以上电解槽结构参数配置中，取 $L = 80$ cm，仅参考了镁电解槽电极深度 $L = 0.8 \sim 1.0$ m 的数据，有条件的企业应经过稀土电解工业实验检验。L 值加大后，阳极和阴极表面间距取 $c = 14$ cm，对于电解质循环、气体排出和电流效率等的影响应重新进行数值模拟研究。

（2）目前的敞口式电解槽结构，电解质辐射散热量占到总散热量的 40%~45%，是稀土电解节能降耗应解决的首要问题，应尽快研制槽口封闭式槽型结构。

（3）目前的电极导电连接方式不便于电解槽槽口封闭，而且结构压降过大，如 3 kA 工业槽的电极压降 2.9 V，占槽电压的 1/3，造成电能的无功消耗。应尽快研制新型电极导电连接方式，并与槽口封闭技术结合在一起考虑。

（4）如果柱面平行电极机构在阳极电流密度 $J_a \leq 1$ A/cm²、阴极电流密度 $J_c \leq 1.5$ A/cm²

的工艺条件下，电解稀土金属具有较高的电流效率得到工业验证，开发下埋阴极式平面平行稀土电解槽就具备了可能性。

4.4.3.3 实例

对氟盐体系氧化物熔盐电解制取金属钕的 3 kA 电解槽进行电压平衡计算。

A 电解槽各部分的电压计算

在新设计电解槽时，计算电解槽各部分电压的目的在于校核极距及估计电解槽所产金属的单位电能消耗。

3 kA 金属钕电解槽的槽电压包括阳极电压降 $V_{阳}$、阴阳极母线电压降 $V_{线}$ 和有关接点压降 $V_{接}$ 之和。3 kA 金属钕电解槽电解过程典型工艺参数见表 4-24。

表 4-24　3 kA 金属钕电解槽电解过程典型工艺参数

电流 /A	槽电压 /V	电解温度 /℃	NdF_3 : LiF	阴极电流密度 /A·cm^{-2}	阴极直径 /mm	阳极直径 /mm	阳极外径 /mm	电极深度 /mm	阳极电流密度 /A·cm^{-2}
2300	9.6	1030	85.5 : 14.5	6.37	50	240	300	230	1.33

a 电解槽的阳极欧姆电压降计算

氟盐体系氧化物熔盐电解制备稀土金属过程中石墨阳极 1000 ℃ 的电阻率为 (9.2 ± 1.4) $\Omega \cdot mm^2/m$，电阻温度系数为 0.002 ℃$^{-1}$。石墨阳极的电阻率 ρ 与温度的关系：

$$\rho_t = \rho_{1000} + \alpha(t - 1000) \tag{4-194}$$

式中　ρ_t, ρ_{1000}——t ℃和 1000 ℃时的电阻率；

　　　　α——电阻温度系数。

石墨阳极的电压降可根据其平均电阻率等参数积分获得，设阳极插入深度为 L，即：

$$V_{阳} = \int_0^L \rho dx/S \cdot (L - x)L \cdot I \tag{4-195}$$

由于

$$D_{截} = I/S$$

所以

$$V_{阳} = \frac{\rho L}{2 D_{截}}$$

式中　$V_{阳}$——石墨阳极的电压降；

　　　　ρ——石墨阳极的电阻率；

　　　$D_{截}$——石墨阳极的截面电流密度；

　　　　S——截面积；

　　　　I——电流，A。

根据上式计算，3 kA 金属钕电解槽中，$V_{阳} = 0.6048$ V。

b 电解槽的阴极欧姆电压降计算

目前，氟盐体系氧化物熔盐电解制备稀土金属过程中阴极材料多为金属钨。钨的电阻率与温度的关系，见表 4-25。

表 4-25 钨的电阻率与温度的关系

温度/℃	电阻率/$\Omega \cdot mm^2 \cdot m^{-1}$
20	0.055
300	0.2714
1200	0.40
2000	0.66
2430	0.811
3030	1.033

通常，电解过程中阴阳极插入深度相同。同阳极类似，钨阴极的电压计算公式为：

$$V_{阴} = \rho L / (2D_{截})$$

式中　$V_{阴}$——钨阴极的电压降；

　　　ρ——钨阴极的电阻率；

　　　$D_{截}$——钨阴极的截面电流密度。

根据上式计算，3 kA 金属钕电解槽中，$V_{阴} = 0.1080$ V。

　c　电解槽的电解质欧姆电压降计算

电解质的电阻率与电解质的成分和温度有关。在电解钕生产中，我国一般采用 NdF_3、LiF 二元系电解质。在含 85.5% NdF_3 和 14.5% LiF 的电解质中添加 2% Nd_2O_3，温度为 1030 ℃，熔盐电导率为：

$$k = -2.254 + 8.0 \times 10^{-3} \times 1030 \times 0.97 = 5.806 \text{ S/cm}$$

$$\rho_{电} = 1/k = 1.722 \times 10^3 \ \Omega \cdot mm^2/m$$

电解质的理论电压降 $V_{电}$ 按下式积分获得：

$$V_{电} = \int_r^R \rho_{电} \, dr \cdot I/r = \rho/2 \cdot (I/L) \cdot \ln(r/r)$$

经推导，

$$V_{电} = \rho_{电} D_k r \ln(D_k/D_A)$$

式中　$V_{电}$——电解质的理论电压降；

　　　$\rho_{电}$——电解质的电阻率；

　　　D_k——阴极电流密度；

　　　r——阴极半径；

　　　R——阳极半径（内）；

　　　D_A——阳极电流密度。

根据上式计算，3 kA 金属钕电解槽中，$V_{电} = 4.3015$ V。

　d　电解槽的分解电压降

电解过程的理论分解电压，可以通过热力学数据计算获得，其与化学反应的生成吉布斯自由能的关系如下：

$$E_T^0 = -\Delta G_T^0/(nF) \tag{4-196}$$

式中　E_T^0——理论分解电压，V；

　　　ΔG_T^0——化学反应的生成吉布斯自由能，J/mol；

n——化合价，钕的化合价，$n = 3$；

F——法拉第常数，96500 C/mol。

3 kA 金属钕电解槽电解过程的理论分解电压为：$E_T^0 = 1.72$ V。

在工业生产中，因阴阳极的极化作用，电解过程的实际分解电压由理论分解电压和阴、阳极过电位组成，而电极过电位与电解温度、电解质成分、氧化物浓度及电极电流密度等有关。3 kA 金属钕电解槽电解过程的实际分解电压为：$V_分 = 2.05$ V。

　e　电解槽的结构电压测算

电解槽的结构电压包括阴阳极母线电压降和接点压降。通过在 3 kA 金属钕电解槽上用数字电压表进行逐段测量，发现结构压降不容忽视，且距高温区越近压降越高。具体测量结果见表 4-26。

表 4-26　结构电压测量结果

序　号	项　目	结构电压测量值/V
1	阳极母线电压降	0.143
2	阳极母线、卡具接点压降	0.316
3	阳极卡具、阳极接点压降	0.70
4	阴极母线电压降	0.143
5	阴极母线与升降机接点压降	0.169
6	升降机横、竖臂接点压降	0.343
7	阴极钨、铜接点压降	0.73
总　计		2.544

　B　电解槽的电压平衡

电解槽的电压平衡见表 4-27。由电解槽的电压平衡表可以看出，在氧化物熔盐电解制备稀土金属的过程中，分解电压占总槽压的比例约 20%，可见其电压效率很低。由于电解质电压降和结构压降占总槽压的比例超过 70%，因此主要围绕降低电解质电压降和结构压降的措施开展讨论。

表 4-27　电解槽的电压平衡表

序　号	项　目	电压降/V	占比/%
1	阳极电压降	0.6048	6.30
2	阴极电压降	0.1080	1.12
3	电解质电压降	4.3015	44.77
4	分解电压降	2.05	21.33
5	结构压降	2.544	26.50
总　计		9.6083	

4.4.4 工业电解槽生产混合稀土金属工艺技术条件和结果

工业电解槽生产混合稀土金属工艺技术条件和结果见表 4-28 和表 4-29。

表 4-28 工业电解槽生产混合稀土金属工艺技术条件和结果

名 称	电解槽类型		
	800A 石墨圆槽	3000A 陶瓷型方槽	10000A 陶瓷型方槽
结构材料	石墨	高铝砖	高铝砖
阳极	石墨坩埚	石墨	石墨
阴极	钼棒	钼棒	钼棒
电解质组成	$RECl_3$-KCl	$RECl_3$-KCl	$RECl_3$-KCl
$w(RECl_3)$/%	25~40	30~50	30~50
平均温度/℃	870±20	870±20	870±20
极距/mm	30~50	平行电极间 40~50，上下电极间 80~120	平行电极间 40~50，上下电极间 120±40
电解气氛	敞开	敞开	敞开
平均电流/A	750	2500	9000 左右
平均电压/V	14~18	9~11	8~9
阳极电流密度/$A \cdot cm^{-2}$	0.95±0.05	0.8±0.05	0.5±0.05
阴极电流密度/$A \cdot cm^{-2}$	4~7	2.5±0.5	2.5±0.5
体电流密度/$A \cdot cm^{-3}$	0.18±0.02	0.08±0.005	0.04±0.005
回收率/%	90 左右	80~85	90 左右
电流效率/%	60 左右	40 左右	30 左右
电耗/$kW \cdot h \cdot kg^{-1}$	25 左右	25 左右	18~22

表 4-29 工业电解槽生产 La、Ce、Pr 条件和结果

类 别	产 品 名 称		
	La	Ce	Pr
槽型	石墨铁壳槽	陶瓷槽	石墨铁壳槽
结构材料	石墨	高铝砖	石墨
金属接收器	瓷坩埚	高铝砖砌阴极室	瓷坩埚
阳极	石墨坩埚	石墨	石墨坩埚
阴极	钼棒	钼棒	钼棒
电解质组成	$LaCl_3$-KCl	$CeCl_3$-KCl	$PrCl_3$-KCl
$w(RECl_3)$/%	25~40	30~45	25~40
电解温度/℃	900~920	870~910	900~950
极距/mm	30~50	平行电极间 40~50，上下电极间 80~120	30~50
电解气氛	敞开	敞开	敞开

类　别	产 品 名 称		
	La	Ce	Pr
平均电流/A	800	2500	800
平均电压/V	14~18	10~11	14~18
阳极电流密度/A·cm^{-2}	0.95±0.05	0.8±0.05	0.9±0.05
阴极电流密度/A·cm^{-2}	4~7	2.5±0.5	4~7
体电流密度/A·cm^{-3}	0.20±0.02	0.08±0.005	0.2±0.05
直收率/%	90~95	90 左右	90 左右
电流效率/%	70~75	63	60~65

4.5　熔盐电解法生产稀土合金

熔盐电解法制取稀土合金，按熔盐体系可分为氯化物熔盐体系氯化物电解、氟化物熔盐体系氧化物电解以及氟化物熔盐体系氟化物电解三种方法。按金属离子在阴极的电化学析出行为和阴极状态的不同，工业中常分为共沉积、液态阴极和自耗阴极电解制取稀土合金三类方法。

4.5.1　共沉积法电解制取稀土合金

共沉积法电解稀土合金是指两种或两种以上的金属离子在阴极上共同析出并合金化制取合金的方法。在氯化物电解质体系中适合于制备熔点低、合金组元易挥发的稀土合金；氟化物体系由于电解尾气主要成分为 CO_2，且具有对环境的污染小以及电流效率高等优点而应用更广泛。

4.5.1.1　氯化物体系电解生产稀土合金

采用 YCl_3-$MgCl_2$-KCl 低温熔盐体系，在钨或钼阴极上 Y^{3+} 和 Mg^{2+} 共同沉积，形成二元低熔点合金滴落在电解槽底部的瓷坩埚内被收集。氯化物熔盐电解在石墨坩埚中进行，石墨坩埚既是容器又是阳极，阴极由上部插入电解中，瓷坩埚位于底部。阳极和阴极的电流密度由其直径和浸在电解质中的高度决定。电解以合金出金属为周期间歇操作，电解周期的长短与瓷坩埚的容量有关。合金中 Y 和 Mg 的比例主要由其在电解质中的浓度比控制。表 4-30 中给出的是共沉积法制备 Y-Mg 合金的工艺条件和技术指标。

表 4-30　共沉积法制备 Y-Mg 合金的工艺条件和技术指标

工艺条件	Y-Mg 合金	富 Y-Mg 合金
电解质组成（质量分数）	25%~35% YCl_3， 4%~5% $MgCl_2$， 余量为 KCl	25%~35%富 $RECl_3$， 4%~10% $MgCl_2$， 余量为 KCl
电流强度/A	30	30
阴极电流密度/A·cm^{-2}	20~30	25

工艺条件	Y-Mg 合金	富 Y-Mg 合金
电解温度/℃	850~860	850
合金中 Y 含量（质量分数)/%	55~65	55~65（富 Y）
电流效率/%	65~80	>70
稀土直收率/%	70~80	70~80

4.5.1.2 铝电解质氟盐体系电解生产 RE-Al 合金

继冰晶石熔体中添加氧化稀土和氧化铝电解制取了稀土铝合金后，该方法在工业铝电解中又得到了广泛的应用。

稀土铝合金的电解制备工艺。在现行工业铝电解槽中添加稀土化合物（氧化物或碳酸盐等)，既可制取中间合金（含稀土 6%~10%)，也可直接制取应用合金（一般含稀土 0.2%~0.6%)。生产实践证明，稀土铝合金中的稀土含量与其在电解质中的含量存在着平衡关系，该关系可以用铝合金中的稀土含量 y 与稀土化合物的加入量 x 的直线方程 $y = a + bx$ 表示，其中常数 a 和 b 与电解质的体积、电流强度、加料制度等工艺条件有关。例如，60 kA 电解槽生产 0.4%~0.6% RE-Al 的主要工艺条件为：

电流强度：60 kA；

电解质体系：2.7（分子比）Na_3AlF_6-3%~5% MgF_2-3%~8% Al_2O_3-3%~6% CaF_2；

电解质水平：18~20 cm；

槽中金属水平：34~36 cm；

加工制度：2 h/次。

在上述工艺条件下铝合金中稀土含量的控制方程为 $y = 0.4056 + 0.01536x$。

生产稀土铝中间合金的控制原理与上述应用合金基本相同，铝合金中的稀土含量要求越高，则电解质中的稀土浓度应越高。例如，若要制取含稀土 8.5% 左右的中间合金，由于稀土氧化物在铝电解质中溶解度有限，电解质中稀土含量仅可保持在 2.4% 左右；为了满足合金中的稀土含量要求，其做法是增加添加稀土化合物的次数，以维持电解质和电解铝液中稀土含量的平衡关系；否则，一次加料量过大会造成沉淀，影响稀土的收率。

向工业铝电解槽中添加稀土化合物的操作过程是：将电解质壳面保温料推开，然后均匀铺上稀土化合物，然后再覆盖一层 Al_2O_3，待下一次加料时稀土化合物即进入电解质中。在加入稀土氧化物的初期，铝中的稀土含量较低，一般经过 3~5 d 即可达到预定值，生产稀土含量高的中间合金达到预定值的时间更长一些。铝中的稀土含量达到预定值后，应及时调整稀土氧化物的加入量与时间，待铝中稀土含量趋于稳定后，按控制方程设定稀土的加入制度。稀土铝的生产过程与普通铝电解相比，电解工艺条件基本相同，而电流效率却可提高 1%~2%。向铝电解槽中添加稀土化合物的同时，加入某些其他化合物，可以制取铝稀土三元或多元合金。例如，加入氧化硅、氧化锰或氧化钛，则可分别电解共析出 Al-Si-RE、Al-Mn-RE 或 Al-Ti-RE 合金。在炉外配镁，可制得 Al-Mg-Si-RE 等四元合金。

此外，在 YF_3-LiF 熔体中添加 Y_2O_3 和 Al_2O_3，在 1005 ℃ 左右使钇和铝在钨阴极上共析出，选择合适的 Y_2O_3/Al_2O_3 配比可以获得 Y-Al 合金。

4.5.2　液体阴极电解制取稀土合金

熔盐电解法制取稀土合金（RE-Mg）是工业上采用较多的工艺方法，其主要优点是：采用该方法易实现连续、大规模工业化生产，产品具有合金成分偏析较少、产品质量较好、制造成本较低等优点。

熔盐电解法制取稀土合金，根据电解过程中阴极状态的不同可分为：液态阴极和固态自耗阴极两种电解工艺。液态阴极电解制取稀土合金的主要工艺是利用低熔点的非稀土液态金属作为电解过程的阴极制备含稀土的合金，下面介绍液态阴极电解制取稀土合金的主要特点。

（1）具有明显的去极化作用。由于稀土与非稀土金属在液态阴极上形成金属间化合物，使稀土在非稀土金属液态阴极上的析出电位向正方向偏移，亦即产生去极化作用的重要原因。

（2）由于去极化作用，稀土离子易在阴极上析出，这对于电解过程提高电流效率、降低槽电压和电解电能消耗、提高电解过程的经济技术指标具有重要作用。

以液态金属镁作阴极为例，在熔盐电解过程中，由于电解温度高于金属镁的熔点，且熔盐的密度较液态金属镁密度大，因此在电解过程中液态金属镁浮在电解质表面，即所谓的上部液态阴极。以 $NdCl_3$-KCl-NaCl 为电解质，$NdCl_3$ 含量为 20%，电解温度为（820±20）℃，阴极电流密度为 1.5 A/cm^2。在电解开始时，液态镁阴极浮在电解质上部，随着电解过程的继续镁阴极中的钕含量不断增加，即所形成的合金密度不断增大。当合金密度大于电解质密度时，合金开始下沉，落入底部接收器中。电解过程中，由于钕在液态镁表面的不断析出，增加镁合金的搅拌可以加快钕向合金内部的扩散，强化合金化过程，电解稀土合金的电流效率和稀土金属回收率均能明显提高。应用该方法制备的镁合金中钕含量可达到 30% 左右，电流效率为 65%～70%，钕的直收率为 80%～90%。

同样，以液态金属镁作阴极还可以制备 Y-Mg、La-Mg、Ce-Mg、Dy-Mg、Gd-Mg 等稀土镁合金。表 4-31 中列出的是 Y-Mg、Y-Al 合金的电解工艺条件。

表 4-31　Y-Mg、Y-Al 合金的电解工艺条件和技术指标

工艺条件	Y-Mg 合金	Y-Al 合金
电解质组成（摩尔分数）	LiF∶YF_3＝3∶1	LiF∶YF_3＝3∶1
Y_2O_3 加入量	电解质质量的 7%	电解质质量的 7%
电解温度/℃	760	785～815
产品中 Y 含量（质量分数）/%	48.8	22
电流效率/%	60	>100

表 4-31 中 Y-Al 合金的电流效率大于 100% 的原因，是铝加热还原 Y_2O_3 生成金属钇所致。

4.5.3　自耗阴极电解制取稀土合金（Nd-Fe）

以非稀土金属作为固体阴极，如铁、钴、镍、铜等，在其熔点之下进行电解，而稀土与其形成合金的熔点低于电解温度，即可以得到相应的 RE-Fe、RE-Co、RE-Ni、RE-Cu 等合金，此种电解方式称为自耗阴极电解。合金中稀土含量可以依据稀土元素与该种合金非稀土元素相图的液相线，选择电解温度进行调整；为了提高合金中的稀土含量也可以采用提高阴极电流密度、造成阴极局部过热的方法。

自耗阴极电解制取稀土合金的设备与非自耗固体阴极电解基本相同，不同的是阴极便于下降。在自耗阴极的电解过程中，阴极不断地消耗，使得阴极电流密度随之增加，合金的组成也发生变化。如果电解槽的容量较小，将导致各批次产品稀土含量不一致。解决这个问题的方法是：（1）随电解的进行，及时调整阴极在电解质中的深度，保持电流密度稳定；（2）增大槽存金属的量，扩大单批金属的产量；（3）将多批次金属合并、重熔、再铸锭。

自耗阴极电解制取稀土合金按电解质体系的区别可分为氯化物和氟化物两大类，表 4-32 中列出的是两类典型电解质体系生产 Nd-Fe 合金的工艺参数。

表 4-32　自耗阴极电解制取 Nd-Fe 合金工艺参数

工 艺 条 件	氯化物体系	氟化物体系
电解质组成（质量分数）/%	$30NdCl_3-70KCl$	$83NdF_3-17LiF$
电解温度/℃	720~780	960~980
电流强度/A	800	3000
阴极电流密度/A·cm^{-2}	7~10	7~15
稀土加料量（质量分数）	保持电解质中 $NdCl_3$ 为 30%	保持电解质中 Nd_2O_3 为 2%~4%
合金中 Nd 含量（质量分数）/%	85	85~89
电流效率/%	35	≥60
Nd 收率/%	≥80	≥90

4.6　金属热还原法制取稀土金属

4.6.1　金属还原剂

稀土金属与某些金属还原剂的氯化物和氟化物的生成热和自由焓值列于表 4-33 中。从表中数值可知，稀土氯化物和稀土氟化物的自由焓皆随温度的升高而下降。对于稀土氯化物而言，最适宜的还原剂为金属钠、金属锂和金属钙。对于稀土氟化物而言，最适宜的还原剂为金属钙和金属锂。但金属钠还原稀土氯化物时，无法获得与渣很好分离的金属锭。

表 4-33　稀土金属和某些金属还原剂的氯化物和氟化物的生成热和自由焓

元素	氯化物/kJ·mol^{-1}（氯）				氟化物/kJ·mol^{-1}（氟）			
	$-\Delta H_{298}$	$-\Delta G_{298}$	$-\Delta G_{1000}$	熔点/℃	$-\Delta H_{298}$	$-\Delta G_{298}$	$-\Delta G_{1000}$	熔点/℃
La	736.8	689.0	583.6	852	1173.4	1120.6	1003.4	1504
Ce	726.0	678.2	575.2	802	1160.0	1106.4	989.0	1432

元素	氯化物/kJ·mol⁻¹（氯）				氟化物/kJ·mol⁻¹（氟）			
	$-\Delta H_{298}$	$-\Delta G_{298}$	$-\Delta G_{1000}$	熔点/℃	$-\Delta H_{298}$	$-\Delta G_{298}$	$-\Delta G_{1000}$	熔点/℃
Pr	720.2	672.4	571.8	786	1123.2	1098.0	984.0	1399
Nd	709.2	661.4	561.0	835	1143.4	1089.8	972.4	1373
Sm	692.4	647.2	550.2	678	1129.0	1076.2	959.0	1304
Eu	650.4	605.2	510.8	774	1089.8	1047.4	922.2	1276
Gd	684.0	638.8	544.2	609	1126.6	1076.2	959.0	1229
Tb	588.6	544.2	452.0	588	1114.8	1064.6	947.2	1172
Dy	658.8	613.6	519.2	654	1109.8	1059.6	942.2	1153
Ho	650.4	605.2	505.0	720	1101.4	1051.2	936.0	1142
Er	647.2	602.8	502.4	776	1093.0	1042.8	928.0	1141
Tm	638.8	594.4	491.4	821	1089.8	1039.4	928.0	1158
Yb	596.8	552.6	449.6	854	1047.8	997.4	886.2	1158
Lu	636.2	588.6	942.2	892	1093.0	1042.8	930.4	1182
Y	628.8	621.8	557.8		1145.6	1123.8	1072.4	1152
Li	811.4	—	—	614	1223.6	—	—	995
Na	823.0	770.4	642.2	800	1137.4	1078.8	941.4	992
Ca	798.0	753.6	654.6	782	1213.4	1163.4	1043.6	1418
Mg	641.4	590.2	482.2	714	1099.8	1053.6	943.0	—
Al	465.6	427.0	397.6	181（升华）	900.4	852.8	751.0	1270

　　以稀土氯化物或稀土氟化物为原料时，由于稀土氯化物吸湿性强，易受潮，故一般采用稀土氟化物为原料较易操作。但从稀土氟化物中除去微量氧较困难，工业上稀土氟化物脱水较困难，稀土氧氟化物进入稀土金属而影响纯度。

　　卤化物还原法只能制取除钐、铕、镱以外的稀土金属。金属还原法还原钐、铕、镱的卤化物时，只能将其还原为低价化合物，不能还原为稀土金属。制取这三种稀土金属可用金属镧或金属铈作还原剂，还原钐、铕、镱的氧化物，并同时将它们蒸馏出来。

4.6.2　金属钙还原稀土氟化物

　　金属钙还原稀土氟化物的基本反应为：

$$2REF_3 + 3Ca \longrightarrow 2RE + 3CaF_2$$

　　反应在惰性气体（氩气）保护下密闭的不锈钢制反应器中进行。将预先经蒸馏净化的纯金属钙以理论量的 110% 与无水稀土氟化物混合，放入反应器的钽坩埚中，用感应电炉加热。反应开始的温度依所制取的稀土金属而异，在加热至 800~1000 ℃时，反应材料本身温度突然升高，表明反应已开始，仍需继续加热使渣和稀土金属均熔化以获得与渣很好分离的稀土金属锭。一般制取金属镧、铈、镨、钕、钆、铽、镝等的温度大约为1500 ℃。制取熔点更高的稀土金属时，温度以高于该金属熔点 50 ℃左右为宜；达到预定温度后，保持十几分钟以使反应完全，并使稀土金属与渣充分离析。冷却后剥去上层脆性渣，脱去钽坩埚，获得稀土金属锭。稀土金属纯度为 97%～99%，其中主要杂质为钙，其含量为 0.1%～2%，可用真空蒸馏法除去。

此法制取的稀土金属中杂质钽的含量较高，金属镧、铈、镨、钕中的杂质钽含量为 $(200～300)×10^{-6}$。重稀土金属中的钽杂质含量更高，为 $(1000～5000)×10^{-6}$。由于钽溶于稀土金属中，但不与稀土金属生成金属间化合物，因此不会改变稀土金属性质。还原时也可采用钨坩埚，钨很少溶解于稀土金属中。

4.6.3　金属锂还原稀土氯化物

曾用金属锂还原稀土氯化物法制取高纯金属钇，其基本反应为：

$$YCl_3 + 3Li \longrightarrow Y + 3LiCl$$

使用的无水氯化钇预先经真空蒸馏净化并熔成块状。为了防止金属还原剂带入杂质，采用锂蒸气与熔融的氯化钇作用，反应在密闭的不锈钢制反应器进行，将氯化钇放入反应器的钛坩埚中，将金属锂放在反应器底部。在氩气保护下，用感应电炉加热反应器的中下部位，当温度达 900～1000 ℃ 时坩埚中的氯化钇熔化，并与反应器底部蒸发出来的锂蒸气反应。在真空条件下，将反应产物氯化锂蒸馏出来，并凝结于反应器上部的蛇形管冷凝器上。此法获得海绵状金属钇结晶，然后采用自耗电极电弧熔炼为金属钇锭。

此外，可用此法制取金属镧、铈、镨、钕、钆、镝、铽、钬、铒、镥等，纯度达 99.9% 以上，但还原剂金属锂的成本较高。

4.6.4　中间合金法制取金属钇

中间合金法在低于 1000 ℃ 温度下，用金属钙还原氟化钇，生成与渣很好分离的钇-镁合金锭，然后采用真空蒸馏的方法除去镁，获得海绵状金属钇，再熔化铸锭。反应在钛坩埚内进行，也可采用锆坩埚，但钛比锆的抗腐蚀性强（对熔融的钇-镁合金而言）。坩埚上部设密封料斗，装入氟化钇和氯化钙混合料，料斗顶部接真空系统。坩埚内盛金属钙和金属镁，镁量按 Y-24% Mg 计量，钙量为理论量的 110%。密封后抽真空，逐渐升温至 750 ℃。空气排净后，通入约 0.2 MPa 的惰性气体。继续升温至 900 ℃ 使钙和镁熔化。通过料斗的螺旋加料器将氟化钇和氯化钙的混合料逐渐加至坩埚内，加料速度以使温度保持在 800 ℃ 以上为宜。将料加完后，升温至 960 ℃，使物料全部熔化至反应完全。冷却时使反应器缓慢倾斜成一定角度，以便取出冷凝金属和渣。为了除去合金产物中的镁和过剩钙，需在真空条件下加热至 1200 ℃ 进行真空蒸馏，获得海绵状金属钇。

有时海绵状金属钇中的钙、镁含量较高（约 0.2% 或更高）。若钙镁总量大于 0.05% 时，会给电弧熔炼造成困难。为此，可在 900～1000 ℃ 温度条件下，在 $399×10^{-5}$ Pa 的真空度下长时间加热（约 30 h），可使海绵状金属钇中的钙镁含量降至 0.01% 以下。

电弧熔炼时，预先将海绵状金属钇压成电极棒，压力为 2000 MPa，压制的钇电极在电弧炉中于 5～8 kPa 的氩气气氛下熔炼成金属钇锭。

实践表明，用块状的金属钙和金属镁，比用粒状的金属钙和金属镁所制取的金属钇的纯度高，杂质氧含量较低。

4.6.5　还原钐、铕、镱氧化物

稀土金属的蒸气压与温度的关系列于表 4-34 中。从表中数据可知，金属钐、铕、镱的沸点低，蒸气压大，远大于还原剂金属镧、铈的蒸气压。因此，用金属镧、铈作还原剂还原钐、铕、镱氧化物时，可使金属钐、铕、镱蒸馏出来，此法也可用于制取金属铥、镝、铒等。

表 4-34　稀土金属的蒸气压与温度的关系

金属	蒸气压为 1.33 Pa 时的温度/℃	蒸气压为 133 Pa 时的温度/℃	蒸气压为 133 Pa 时的蒸馏速度/g·(cm²·h)⁻¹	沸点/℃
La	1754	2217	53	3454±5
Ce	1744	2174	53	3257±30
Pr	1523	1968	56	3212±30
Nd	1341	1759	60	3127±5
Sm	722	964	83	1752±15
Eu	613	837	90	1597±5
Gd	1583	2022	59	3233±5
Tb	1524	1939	60	3041±30
Dy	1121	1439	71	2335±20
Ho	1179	1526	69	2572±20
Er	1271	1609	68	2510±20
Tm	850	1095	83	1732±20
Yb	471	651	108	1193±5
Lu	1657	2098	61	3315±5
Y	1637	2082	43	3337±5
Sc	1397	1773	33	2832±15

还原蒸馏的条件列于还原蒸馏的条件列于表 4-35 中。实践表明，采用未经压块的原料时反应难以进行，主要原因是还原剂金属镧、铈暴露于空气中易氧化，生成一层难熔的氧化膜，阻碍金属镧、铈在钐、铕、镱氧化物的固体颗粒表面自由流散。预先用很大压力将其压制成团块时，可使还原剂金属表面的氧化膜发生显著的变形，破坏了表面层的完整性，使还原剂金属易浸润被还原金属氧化物的颗粒表面并与其发生作用。但随着压制压力的增大，降低了团块的孔隙率，增加了排除气态产物的阻力。此外，还与氧化物的结构和性质有关，如在低于 700 ℃ 条件下煅烧的钐、铕、镱氧化物比更高温度下煅烧的氧化物易还原。

表 4-35　还原钐、铕、镱氧化物的条件

RE₂O₃	还原剂 /mol·L⁻¹	M：RE₂O₃ 摩尔比	压块压力/MPa	还原蒸馏温度 /℃	真空度 /Pa	金属产出率/Pa
Sm₂O₃	La、Ce	2.5~3.0	250~500	1200	1.33×10⁻²	90
Eu₂O₃	La、Ce	2.5~3.0	250~500	900	1.33×10⁻²	90
Yb₂O₃	La、Ce	2.5~3.0	250~500	1100	1.33×10⁻²	90

还原蒸馏设备如图 4-22 所示。将空气反应物料放入反应器底部，保持真空度不低于 $1.33×10^{-2}$ Pa 条件下缓慢加热至约 1400 ℃。当温度升至 1250 ℃时，还原出来的金属产物开始蒸馏，蒸馏出来的金属吸收器内残余气体，使反应器内的真空度急剧升至接近于 $1.33×10^{-5}$ Pa。在上部冷凝器上凝结的金属呈粗大的结晶物附着在冷凝器上，所得金属含钽或钼大约为 0.05%，几乎不含还原剂金属，回收率约 90%。

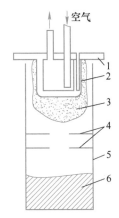

图 4-22 用镧从氧化物中还原钐、铕和镱的装置
1—铜冷凝器；2—热电偶套；3—冷凝金属；4—挡板；5—钽坩埚；6—炉料

4.7 稀土金属提纯

熔盐电解法或金属钙还原法制取的稀土金属，可用熔盐萃取法、电泳法、真空熔炼法、真空蒸馏法和区域熔炼法进行净化提纯，制取高纯度的稀土金属。

4.7.1 熔盐萃取法

熔盐萃取法是熔融态的金属相和盐相之间杂质重新分布的金属提纯方法。如金属钙还原氟化钇制取的钇镁合金中的杂质氧含量为 0.2%~0.5%，经一次熔盐萃取可使钇镁合金中的杂质氧含量降至 0.05%~0.14%。该方法是在真空条件下，用氟化钇和氯化钙的混合盐萃取剂在熔融状态下进行萃取。混合盐萃取剂中的氟化钇量大致相当于钇镁合金中金属钇的质量，氯化钙的量应足以保证在萃取条件下氟化钇有足够的流动性，氟化钇中尚含有 0.04%的氧杂质。萃取作业在带搅拌器的钛坩埚中进行，操作时将钇镁合金和混合盐放入坩埚中，抽空气并加热至 950 ℃，将搅拌器伸入熔体中缓慢搅拌 30 min 即可。

各种熔盐萃取剂从钇镁合金中除氧、氟杂质的结果列于表 4-36 中。从表中数据可知，氟化钇与氯化钙混合盐熔盐萃取剂除氧效果最佳，氯化钇熔盐萃取剂的除氟效果最佳。

表 4-36 熔盐萃取钇镁合金中杂质的结果 （%）

钇镁合金及熔盐萃取剂	O_2	F
未经净化的钇镁合金	0.20	0.12

熔盐萃取净化		
CaCl$_2$	0.17	0.045
YF$_3$-CaCl$_2$	0.05	0.070
YCl$_3$	0.06	0.035
YF$_3$-CaCl$_2$（二次）	0.03	0.070
第一次用 YF$_3$-CaCl$_2$，第二次用 YCl$_3$	0.018	0.007

熔盐萃取后，产品金属钇中的杂质含量列于表 4-37 中。

表 4-37　熔盐萃取后金属钇中的杂质含量

杂 质	含量/%	杂 质	含量/%
Fe	0.030	Cu	0.004
Ni	0.020	N	0.002
O$_2$	0.015	Ca	0.001
Si	<0.015	H	0.001
Ta	<0.010	Mg	0.001
C	0.008	Ti	0.001
F	0.006	非钇稀土	<0.050

4.7.2　电泳法

　　将一支合金棒长时间通以直流电流后，合金成分从一端至另一端发生变化的金属提纯方法称为电泳法。当一种合金放在电场中，原子在电场中不是中性，某种原子比另一种原子可以获得较多或较少的正电荷，产生不同的离子化行为，结果是带较多正电荷的原子趋向于阴极，带较多负电荷的原子趋向于阳极，发生选择性迁移的结果使带电荷的原子迁移于传导棒的一端。

　　电泳法可用于稀土金属的净化提纯。如熔盐电解法制得金属铈的纯度最高为 99.8%，其中主要杂质为铁、氧、碳、钼等，若将其再熔化并制成长约 160 mm、直径约 13 mm 的金属棒；然后在惰性气体保护的密闭容器中，将金属铈棒夹于水冷电极头的夹具中，通以 120 V 和 500 A 的直流电流，将金属铈棒加热至 600 ℃ ±10 ℃（约低于金属铈熔点 200 ℃）。在此温度下长时间通电进行电泳，杂质铁、铜、硅和碳移向阳极一端，证明它们具有比金属铈高的离子化势，获得比金属铈更负的电荷而移向阳极。电泳法提纯金属铈的结果列于表 4-38 中。实践证明，碳杂质的有效迁移约需 100 h，杂质铁的有效迁移约需 50 h。

表 4-38　电泳前后金属铈中的杂质含量

杂质元素	提纯前组成均匀的棒	提纯后棒的中间段
C	400×10^{-6}	140×10^{-6}
O$_2$	50×10^{-6}	350×10^{-6}

续表 4-38

杂质元素	提纯前组成均匀的棒	提纯后棒的中间段
Fe	$1300×10^{-6}$	$30×10^{-6}$
Cu	$120×10^{-6}$	$40×10^{-6}$
Mo	$400×10^{-6}$	$440×10^{-6}$
Al	$500×10^{-6}$	$200×10^{-6}$
Ca	$20×10^{-6}$	$10×10^{-6}$
Mg	$10×10^{-6}$	$40×10^{-6}$
Si	$250×10^{-6}$	$70×10^{-6}$
合 计	$3050×10^{-6}$	$1320×10^{-6}$
金属铈纯度/%	99.69	99.89

曾用电泳法提纯金属钇。将金属钇制成直径约 10 mm 和 20 mm 的金属棒，在氩气保护下，通以 300~700 A 的直流电流，在温度为 1230 ℃ 的条件下电泳 200 h，所得结果列于表 4-39 中。

表 4-39　电泳法提纯金属钇的结果（1230 ℃，200 h）

杂质	电泳前	电泳后		
		近阴极部分	中间部分	近阳极部分
O_2	$3330×10^{-6}$	$665×10^{-6}$	$3100×10^{-6}$	$10900×10^{-6}$
N	$510×10^{-6}$	$366×10^{-6}$	$570×10^{-6}$	$700×10^{-6}$
Si	$50×10^{-6}$	$100×10^{-6}$	$10×10^{-6}$	$140×10^{-6}$
Fe	$150×10^{-6}$	$60×10^{-6}$	$50×10^{-6}$	$600×10^{-6}$
Mn	$9×10^{-6}$	$<1×10^{-6}$	$<1×10^{-6}$	$6×10^{-6}$
Mg	$5×10^{-6}$	$10×10^{-6}$	$<5×10^{-6}$	$6×10^{-6}$
Zr	$9000×10^{-6}$	$9000×10^{-6}$	$9000×10^{-6}$	$7000×10^{-6}$
Ni	$250×10^{-6}$	$50×10^{-6}$	$100×10^{-6}$	$1000×10^{-6}$
Cr	$80×10^{-6}$	$20×10^{-6}$	$20×10^{-6}$	$30×10^{-6}$
B	$7×10^{-6}$	$3×10^{-6}$	$6×10^{-6}$	$15×10^{-6}$
Ti	$9×10^{-6}$	$<3×10^{-6}$	$<3×10^{-6}$	$30×10^{-6}$
Co	$1×10^{-6}$	$<1×10^{-6}$	$<1×10^{-6}$	0

4.7.3　真空蒸馏法

真空蒸馏法是基于元素的不同蒸发速度而使金属净化提纯的方法，是除去某些金属杂质较有效的方法。用此法提纯时影响金属纯度的主要因素为蒸馏温度、真空度、原始金属纯度、冷凝表面的温度等。

操作时将稀土金属置于与钽冷凝器相连接的钽坩埚中，坩埚和冷凝器放入与真空系统相连接的石英管内，用感应电炉加热坩埚。稀土金属在低于 $1.33×10^{-3}$ Pa 的条件下熔化，熔化金属镝钬、铒时，坩埚保持 1600~1700 ℃，冷凝器应保持 900~1000 ℃。净化提纯熔点更高的稀土金属（如金属钇、铽、镥）时，坩埚应保持 2000～2200 ℃，冷凝器保持 1300～1400 ℃。真空蒸馏可将微量（0.1%～0.01%）的杂质如铁、镁、铝、硅、铜、钛、镍、碳等的含量降低一个数量级。

4.7.4　真空熔炼法

金属热还原法制取稀土金属时，常用真空再熔炼的方法除去残留在稀土金属中的金属还原剂杂质，如金属钙等。该方法是在 0.133 Pa 的真空度下对稀土金属进行再熔炼，可将金属钙还原制取稀土金属中的钙含量由 1% 降至 $150×10^{-6}$ 以下。

4.7.5　区域熔炼法

区域熔炼法是将棒状金属沿棒长按确定方向和移动速度从一端宽度不大的熔区逐渐向另一端移动，棒中所含杂质发生不同的取向而向首尾两端转移的净化提纯方法。

一般熔区的宽度应与金属棒的直径大小相适应，熔区移动速度一般为 0.5 cm/min 左右。区域熔炼法提纯金属钇的结果列于表 4-40 中。

表 4-40　区域熔炼法提纯金属钇的结果

杂质	提纯前	提 纯 后		
		前端	中间部分	尾端
O_2	$5800×10^{-6}$	$7600×10^{-6}$	$6170×10^{-6}$	$5310×10^{-6}$
N	$270×10^{-6}$	$280×10^{-6}$	$250×10^{-6}$	$250×10^{-6}$
Fe	$500×10^{-6}$	$500×10^{-6}$	$300×10^{-6}$	$100×10^{-6}$
Zr	$4700×10^{-6}$	$4300×10^{-6}$	$8100×10^{-6}$	$2750×10^{-6}$
Ni	$50×10^{-6}$	$50×10^{-6}$	$50×10^{-6}$	$50×10^{-6}$
Cr	$10×10^{-6}$	$10×10^{-6}$	$<1×10^{-6}$	$<1×10^{-6}$
Ti	$100×10^{-6}$	$100×10^{-6}$	$100×10^{-6}$	$100×10^{-6}$
Cu	$10×10^{-6}$	$2×10^{-6}$	$0.5×10^{-6}$	$5×10^{-6}$

另外，先进材料的发展对稀土金属纯度提出更高要求，以便提高材料性能，因此需不断研究开发提高电解产品附加值的新技术，如固态电迁移法（SSE）深度提纯技术，离子液体、熔盐电脱氧（FFC）低温电解技术等。

稀土冶金设备的设计与选择

5.1 概　述

当选定的生产工艺流程进行物料平衡计算后，就应进行设备的设计与选择，其目的是确定车间内所有工艺设备的型号、台数和主要尺寸。

设备可分为标准设备和非标准设备。标准设备是指工厂能够完成成批生产，其结构、生产能力、尺寸大小、功率和规格等都标准化了，无须进行设计计算，只要根据生产需要选择使用。而非标准设备是根据生产需要进行设计，需特殊加工制造。

根据设备在生产中所起的作用，设备还可以分为主要设备、辅助设备和运输设备。

在生产过程中使物料发生重大物理化学变化的设备称为主要设备（或主体设备），如氯化炉、还原炉、电解槽、萃取槽、浸出槽、萃取塔和回转窑等。

在生产过程中与主体设备相配套的附带设备或副产品进行加工的设备称为辅助设备。如各种炉子可能用的加料系统、供热系统、排烟系统、冷却系统的设备均属于辅助设备，但某项设备在某一流程中为主体设备，而在其他流程中为辅助设备。

冶金工厂使用的设备多种多样，按使用功能可分为如下几种：

(1) 动力设备：如蒸气锅炉或余热锅炉（常配发电机组）等；

(2) 热能设备：如煤气发生炉、热风炉等；

(3) 起重运输设备：如皮带运输机、吊车、斗式提升机等；

(4) 备料设备：如各种破碎机、圆盘配料机、调湿与混合机、制粒机、压团机等；

(5) 流体输送设备：如各种类型的泵、空压机、通风排气设备等；

(6) 电力设备：如各种电动机、变压器、整流设备等；

(7) 火法冶金设备：如各种冶炼炉；

(8) 收尘设备：如旋风收尘器、袋式收尘器和电收尘器等；

(9) 湿法冶金设备：如浸出槽、高压釜等；

(10) 液固分离设备：如浓缩槽、抽滤机、压滤机等；

(11) 电冶金设备：如水溶液电解槽、熔盐电解槽等。

上述 11 类设备按其在冶金过程中所起的作用，前六种可称为辅助设备，后五种可称为主体设备。辅助设备并不是它们的作用是次要的，如电解车间的整流器，无论是对电解过程的顺利进行，还是节约电能，都起着极为重要的作用，设计时必须高度慎重选用。"选用"对于具体设计工作来说，当然是处在次要的地位，有一些辅助设备如运输设备对冶金过程的作用当然是次要的。

冶金工厂设备虽然复杂，但在选型与设计计算中一般将其分为两大类，即：

(1) 定型设备（即标准设备），在冶金工厂多为辅助设备；

（2）非定型设备（即非标设备），在冶金工厂多为主体设备。

冶金工厂是由一系列定型或标准设备、非标准设备、冶金炉、工艺管道、控制系统以及公用工程设施等组成，它的核心是标准设备和非标准设备。

冶金工厂使用的辅助设备，大都是定型产品，应尽量从定型产品中选用，在迫不得已的条件下，才按冶金过程的特殊要求定购。

冶金工厂使用的主体设备，几乎全是非标准产品，应根据冶金过程的要求及原料特性等具体条件进行精心设计。对于某些收尘设备及液固分离设备，在有专门厂家生产时，亦可以选用为主，以减少设计投资费用。

冶金工厂设备的设计任务有：

（1）正确选用辅助设备；

（2）精心设计冶金主体设备；

（3）全车间乃至全厂的设备能力平衡统计。

为完成上述任务，应该掌握的资料包括：

（1）全冶金过程的物料衡算与能量衡算数据；

（2）厂外的供电、供水及交通条件，水文气象资料；

（3）冶金过程的有毒气体与含尘气体的排放，热辐射等条件；

（4）冶金过程的高温熔体、腐蚀流体的产生情况。

5.1.1　设备的选择与设备的配备原则

在设计设备流程时，需要考虑下列配备原则：

（1）根据生产方法，先确定主体设备，然后根据主题设备要求，再进一步确定配合主体设备的各种辅助设备。

（2）设备的相对高低位置对生产操作、动力消耗、劳动生产率等都有密切关系，因此，在设计设备流程时，应尽可能使物料借助重力自上顺流而下，但也要考虑车间布置与厂房建筑的合理性。

（3）在设备配置时，由于同一工艺过程可以用不同的方法和设备来完成，这可根据生产要求，选择一种最合理的方法和设备。例如，输送液体的方法有压送法、真空吸入法以及采用各种类型的泵来输送。

5.1.2　设备设计与选择的基本原则

设备设计与选择的基本原则如下：

（1）合理性。设备必须满足工艺要求、设备与工艺流程、生产规模、工艺操作条件与控制水平相适应，在设备的许可范围内能够最大限度地保证工艺的合理和优化并运转可靠。

（2）先进性。工艺设备的型式牌号多种多样，实现某一冶金单元过程可能有多种（台）设备，要求设备的运转可靠性、自控水平和施工自控的条件、转化率、收得率、效率要尽可能达到高的先进水平。在运转过程中波动范围小，保证运行质量可靠；操作上方便易行，有一定的弹性，维修容易，备件易于加工等。

（3）安全性。设备的选型和工艺设计（制造）要求安全可靠、操作稳定、无事故隐患。对工艺和建筑、地基、厂房等无苛刻要求，工人在操作时，劳动强度小，尽量避免高温高压高空作业，尽量不用有毒有害的设备附件附料。

（4）经济性。设备投资节省，设备易于加工、维修、更新，没有特殊的维护要求，减少运行费用。例如，引进先进设备应反复对比报价，考察设备性能，易于被国内消化吸收改进利用，避免盲目性。在国内有类似设备的情况下，非到万不得已，一般不要盯着国外设备。总之，设备的工艺设计和选用的原则是一个统一的、综合的原则，不能只知其一、不知其二，要综合工艺合理、技术先进、运行安全、经济节省的原则，审慎地研究，认真地设计。

5.2　冶金主体设备设计

冶金工厂的主体设备类型繁多，形式多样，规模不一。进行冶金主体设备的设计是冶金工艺设计的重要组成部分，是在过程衡量计算的基础上，进一步具体完成冶金过程的工艺设计，将为整个冶金过程的顺利投产打下可靠的基础。因此冶金主体设备的设计，是冶金工厂设计的重要内容，也是主要内容，具体包括以下几个方面：

（1）设备的选型与主要结构的分析和研究；

（2）主要尺寸的计算与确定；

（3）某些结构改进的论述；

（4）相关设备的配备；

（5）主要结构材料的选择与消耗量的计算；

（6）对外部特殊条件的要求等。

5.2.1　冶金主体设备的选型与结构的改进

在进行冶金主体设备设计时，首先应该对冶金过程的主要目的、发生的主要化学反应及其特点有很深入的了解，并开展广泛的调查研究，了解完成某一冶金过程曾经采用过什么设备、发展过程如何，目前国内工厂通常采用哪一种设备，国外还有哪些更为先进的设备与技术等。有了这些概略的认识，便可选定某几个工厂进行现场生产实践考察，作出较为详细与论证充分的考察报告，根据需要还可出国考察。

冶金设备的设计计算是指在设计过程中对设备的数量、规格的计算。冶金设备的设计计算一般有以下两种处理方法。

（1）设计计算。对于冶炼的主体设备，如鼓风炉、高炉、热风炉、转炉、电炉等各种冶金炉，要进行较详细的设计计算。主体设备的设计计算一般都采用"以炉建炉"的方式进行。

采用"以炉建炉"的方式，首先收集大量现有同类行业中正在进行生产的炉子的参数，分析其优、缺点，通过总结、归纳，得到设计的"经验公式"，再用"经验公式"进行设计计算。

经验方法的最大优点是设计计算较容易，并切实可靠；缺点是它固有的保守性，使设备设计工作局限于该设备的现状，难以有较大的发展。

冶金工厂使用的主体设备，几乎全是非标准产品，应根据冶金过程的要求及原料特性等具体条件进行精心设计。对于某些收尘设备及液固分离设备，在有专门厂家生产时，亦可以选用为主，以减少设计投资费用。

（2）选型计算。对于冶金工厂所需的各种辅助设备，如动力设备、热能设备、起重运输设备、备料设备、流体输送设备、电力等，通常采用选型计算的方法。其步骤为：生产规模→计算设备大小→选标准系列→校核

也就是说，由于冶金工厂使用的辅助设备大都是定型产品，应尽量从定型产品中选用，在迫不得已的条件下才按冶金过程的特殊要求订购。"选用"对于具体设计工作来说，看起来好像是处在次要的地位。

5.2.1.1 冶金主体设备的尺寸确定

当设备选型已经确定，在进行施工图之前，应该确定设备的主要尺寸，一般需要经过准确的计算。冶金设备的主要尺寸的计算方法，通常以工厂实践资料为依据，由于设备的类型差别较大，故计算方法也就较多，基本上可以分为三类：

（1）按设备主要反应带的单位面积生产率计算，几乎所有火法冶金炉都可按这种方法计算。

（2）按设备的有效容积生产率计算，湿法冶金的大部分设备是以这种方式进行设计的。

（3）按设备的负荷强度计算，如各种电解过程所用的电解槽，是以通过的电流强度来计算的。

这些计算方法是目前设计工作中常用的，下面将分别举例加以说明。关于确定设备尺寸的理论计算法，已有一些文献资料介绍，但由于目前的研究还不够完善，只能作为辅助手段，要达到与生产实践完全吻合的程度，需要进一步开展这方面的研究工作。

A 按单位面积生产率计算

用冶金设备单位面积生产率来确定其主要尺寸时，一般可用下式表示：

$$F = \frac{A}{a} \tag{5-1}$$

式中 F——所需设备的有效面积，m^2；

A——冶金过程一天所需处理的物料质量，t；

a——单位面积生产率，$t/(m^2 \cdot d)$。

应用这个公式求出所需设备的有效面积，以及利用单位面积生产率这些数据时，必须明确这个面积是指主体设备的哪一部分。例如，经过计算需要建一台 80 m^2 沸腾炉，这个 80 m^2 面积系指沸腾炉空气分布板上沸腾层处的横切面，所以在计算时利用的工厂数据 a 也是指这个位置，切不能将这个面积算作炉子的扩大部分，这也是在进行单位面积生产率调查时应注意的问题。

在设计时，还必须正确选择单位面积生产率数据。例如，设计一台铅鼓风炉，经过调查获得的单位面积生产率波动在 50~80 $t/(m^2 \cdot d)$；在设计计算时，如果取 50 $t/(m^2 \cdot d)$ 的数据，生产率要比 80 $t/(m^2 \cdot d)$ 低许多，于是计算出的鼓风炉面积要扩大得多，因而大大地增加了建炉费用。如果取 80 $t/(m^2 \cdot d)$ 的生产数据，可能又是高指标，投产后达不到。这就要求设计者不仅要作详细的调查研究，同时在设计过程中还要采用一些先进工艺和设备，才能保证在投产后达到这种先进的指标。

处理量 A 是通过物料衡算决定的。当冶金设备有效面积确定之后，再进一步确定各种具体尺寸。

B 按设备单位有效容积生产率计算

湿法冶金的浸出过程与溶液的净化过程，常用到各种浸出槽与净化槽。对这类设备进行计算时，一般是按设备有效容积生产率计算。下面分常压与高压两种作业条件下的设备进行计算说明。

a 常压设备的计算

精矿或经磨碎后的其他金属物料，大都采用搅拌浸出与溶液净化，搅拌方式常用机械搅拌或空气搅拌。这种设备的设计首先是计算确定设备的容积，其计算式如下：

$$V_{总} = \frac{V_{液} \cdot t}{24\eta} \tag{5-2}$$

式中　$V_{总}$——设备的总容积，m^3；

　　　$V_{液}$——每天需处理的矿浆或溶液的总体积，m^3；

　　　t——矿浆在槽内停留的总时间，h；

　　　η——设备容积的利用系数。

每天需处理的矿浆或溶液的体积，是根据物料衡算来确定的。对于固体物料的浸出，在物料衡算时，往往只知道物料的处理量，需要根据该冶金生产过程的液固比及矿浆的密度来计算出 $V_{液}(m^3)$，其计算式如下：

$$V_{液} = \left(Q + \frac{L}{S}Q \right) / \gamma \tag{5-3}$$

式中　Q——日处理的固体物料量，t/d；

　　　L/S——液体与固体物料的质量比，简称液固比；

　　　γ——液体与固体混合浆料的密度，t/m^3。

当 $V_{总}$ 求出之后，需要计算所需槽数 N，计算式如下：

$$N = \frac{V_{槽}}{V_0} + n = \frac{V_{液} \cdot t}{24V_0\eta} + n \tag{5-4}$$

式中　N——所需槽数，台；

　　　V_0——选定单个槽的几何容积，m^3；

　　　n——备用槽数，台；

　　　η——槽体容积的利用系数。

b 高压湿法冶金容器的设计计算

高压湿法冶金近年来有所发展，在冶金中使用最普遍的是氧化铝的生产，稀土冶金中涉及不多。

C 按设备的负荷强度来进行计算

冶金的电化冶金过程，如铜、铅的电解精炼，硫酸锌水溶液的电积，铝的熔盐电解，这些过程所用的电解槽都是按电流强度，即按通过电解槽的电流大小来设计计算的，而电流强度是与选定的电流密度和生产规模等许多因素有关，只有通过许多调查研究之后才能正确地决定。

5.2.1.2 冶金主体设备生产能力和数量的确定

A 设备的生产能力确定

计算设备数量首先要确定设备的生产能力，其计算方法主要有以下几种：

(1) 按理论式计算。某些设备可按其理论公式计算生产能力，如颚式破碎机、皮带运输机等，选定某一型号设备，再依据被处理物料的特性，即可算出设备的生产能力。

(2) 按经验公式计算，来自生产实际。

(3) 按单位负载定额计算。这是较常用的计算方法，即在单位时间内某一设备的单位容积 (m³)，或单位截面积 (m²)，或单位长度 (m) 的生产量。

(4) 按单位电力消耗定额计算。某些设备的产品产量直接与电力消耗有关，如电解槽、熔炼矿石用电弧炉等都用此法计算其生产能力。

(5) 按处理物料在设备中停留 (反应) 的时间计算。对浸出、沉淀、浓缩结晶、干燥、煅烧等作业设备，可按此法计算其生产能力。

(6) 对标准设备，还可按产品目录或手册确定其生产能力，但应注意设备规格、适用条件范围等是否符合要求。

B 设备数量计算

a 设备填充系数

设备填充系数 (也称设备容积利用系数)，是指设备的有效容积 (工作时物料所占体积) $V_{有效}$ 与设备的几何容积 $V_{几何}$ 之比。

$$K_{填} = \frac{V_{有效}}{V_{几何}} \tag{5-5}$$

设备的有效容积总是小于其几何容积的，$K_{填}$ 是由物料在生产过程中所处的状态 (是否飞溅、爬壁)、反应是否剧烈、是否搅拌等因素决定的，一般为 0.6~0.8。标准设备在说明书中已经标明，非标准设备则根据生产实践数据确定。

b 设备利用系数

在实际生产中往往由于某种临时原因或事故，造成生产所用设备不能按时启动使用，则使上下工序生产进度不平衡以致停产。如果根据实际生产情况，选取一定数量的备用设备，则可保证生产正常进行。故实际生产 (设计) 需要的设备台数与选定的设备台数之比为设备利用系数 η_k：

$$\eta_k = \frac{N_{实}}{N_{选}} = \frac{N_{实}}{N_{实} + N_{备}} \tag{5-6}$$

式中 $N_{实}$——实际生产需要的设备台数，个；

$N_{备}$——实备用的设备台数，个；

$N_{选}$——选取的设备台数，个。

也就是说，设计计算出的设备台数除以设备利用系数，等于应选取的设备台数。

由于设备的利用系数 $\eta_k < 100\%$ 以及考虑到扩建的需要，在实际生产中必须有一定数量的备用设备，其数量多少，应视某设备所处生产的具体条件、管理维护情况以及是否经济合理等实际情况而定。

c　设备数量计算

（1）连续性生产的设备数量：

$$N = \frac{Q}{P} \qquad (5\text{-}7)$$

式中　Q——产品产量或原料的年处理量，kg/a；

　　　P——单个设备的年产量或年处理量，kg/（个·a）。

或

$$N = \frac{q}{p \cdot t} \qquad (5\text{-}8)$$

式中　q——产品的日产量或原料的日处理量，kg；

　　　p——单个设备每小时产量或处理量，kg；

　　　t——设备昼夜开动的时间，h。

（2）周期性生产的设备数量：

$$N = \frac{q}{\dfrac{Q_0}{t} \times 24} = \frac{Q}{\dfrac{Q_0}{t} \times 24 \times T} \qquad (5\text{-}9)$$

式中　q——产品的日产量或原料的日处理量，kg；

　　　Q_0——炉次产量，kg/周期；

　　　t——周期所需时间，h；

　　　Q——产品的年产量或原料的年处理量，kg；

　　　T——设备一年内实际工作天数，d；

　　　24——每天设备工作的小时数，h。

（3）湿法生产的设备数量：

$$N = \frac{V}{\dfrac{V_{有效}}{t} \times 24} = \frac{\dfrac{P}{D}}{\dfrac{V_{有效}}{t} \times 24} \qquad (5\text{-}10)$$

式中　V——每天需处理的液体体积，m^3；

　　$V_{有效}$——设备有效容积，m^3；

　　　t——液体（物料）在设备中反应（停留）时间，h；

　　　24——每天设备工作的小时数，h；

　　　P——每天需处理的液体质量，kg；

　　　D——需处理的液体比重（密度），kg/m^3。

（4）液体贮槽数量：

$$N = \frac{V \cdot T}{V_{有效}} \qquad (5\text{-}11)$$

式中　V——每天需储存的液体体积，m^3；

　　　T——液体需储存的天数，d；

　　$V_{有效}$——单个储槽有效容积，m^3。

　　显然，当液体需储存 2 d 时，就比储存 1 d 多用 1 倍的储槽。

【例 5-1】　用热还原法每年生产某金属 3 t，还原炉操作周期为 48 h，炉次产量为 25 kg，炉子实际年工作日为 320 d，求需用多少台还原炉？

解：

$$N = \cfrac{q}{\cfrac{Q_0}{t} \times 24} = \cfrac{3 \times 10^3}{\cfrac{25}{48} \times 24 \times 320} = 0.75 \text{ 台} \tag{5-12}$$

因此，选用 1 台还原炉。

计算所需设备数量时，往往不是整数，需进为整数台数。若与所进整数相差较大时（当计算台数小于 0.4 时），可考虑改变设备尺寸，另行确定生产能力后，再重新计算台数，否则设备潜力过大。

【例 5-2】　每天有 2.0×10^5 kg 液体（密度为 1.2×10^3 kg/m³），需用 4 m³ 标准槽（槽的填充系数为 0.8）进行处理，每次处理需用 3 h，反应槽每天工作 24 h，反应槽的利用系数为 96%，求需用槽的台数？

解：

$$N = \cfrac{V}{\cfrac{V_{有效}}{t} \times 24 \cdot \eta_k} = \cfrac{\cfrac{2.0 \times 10^5}{1.2 \times 10^3}}{\cfrac{4 \times 0.8}{3} \times 24 \times 96\%} = 6.8 \text{ 台} \tag{5-13}$$

因此，选用 7 台标准槽。

5.2.2　萃取设备的分类

萃取设备可以按不同的方法来分类。例如，可以根据它们的操作方式分为两大类：逐级接触式（级式接触式）萃取设备和连续接触式（微分接触式）萃取设备。

5.2.2.1　混合澄清槽

逐级接触式萃取设备由一系列独立的接触级组成，混合澄清槽就是其中典型的一种，如图 5-1 所示。两相在这类设备的混合室中充分混合，传质过程接近平衡，再进入另一个澄清区进行两相的分离，然后它们分别进入邻近的级，实现多级逆流操作。

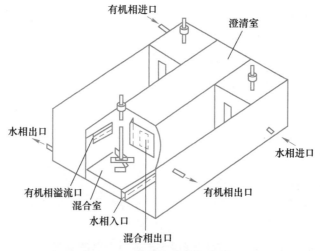

图 5-1　混合澄清槽的单级结构

在连续接触式萃取设备中，两相在连续逆流流动过程中接触并进行传质，两相浓度连续地发生变化，但并达不到真正的平衡，各种柱式萃取设备大多属于这一类。

此外，萃取设备也可以根据所用的两相混合或产生逆流的方法进行分类，即不搅拌和搅拌的萃取设备，或借重力产生逆流的萃取设备和借离心力产生逆流的萃取设备等类别。例如，最简单的萃取器（如喷淋柱、填料柱等）是利用重力，即由两相的密度差来达到混合逆流流动。机械搅拌的萃取器，如转盘塔、脉冲筛板柱等，都引入了机械搅拌来促进两相的分散和混合，但是仍然利用重力来达到两相的逆流流动。为了提高设备的处理能力、传质效率并同时缩短接触时间，发展了多种采用高速搅拌和借离心力实现两相分离和逆流的离心萃取器。

5.2.2.2 塔式萃取设备

各种塔式萃取设备按混合方式不同，大致可分为脉冲塔、振动塔和机械搅拌塔三类。

A 脉冲萃取塔

采用脉冲搅拌的办法，可以明显地改善简单萃取塔的性能。使塔内流体做快速的往复脉动，既可以粉碎浓滴、增加分散相存留分数、大大地增加两相接触面积，又可以增大流体的湍动，改善两相的接触。因此，脉冲萃取塔的传质效率比简单的重力作用萃取柱塔高得多。与此同时，采用脉冲搅拌，萃取塔内没有运动部件和轴承，对处理强腐蚀性和强放射性物料特别有利，脉冲萃取塔在核化工、有色冶金与石油化工中得到广泛的应用。脉冲萃取塔分脉冲填料塔和脉冲筛板塔两种。按脉冲产生的方法来分，又有机械脉冲与空气脉冲两类。其结构和工作原理如图 5-2 和图 5-3 所示。

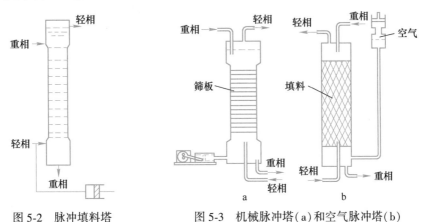

图 5-2　脉冲填料塔　　　图 5-3　机械脉冲塔(a)和空气脉冲塔(b)

a 脉冲填料塔

脉冲填料塔的结构与一般填料塔相似，在垂直的圆柱形塔体内装有填料。各种填料都能应用，主要是应使填料的材质优先浸润连续相，以防止分散相浓滴在填料表面上大量聚合而减小传质表面积，也要注意防止乱堆填料在脉冲作用下发生定向排列而导致沟流现象。分散相液滴通过填料层与连续相逆向流动，然后在塔顶或塔底的界面处聚合。

脉冲填料塔的传质效率在很大程度上取决于液滴分散的程度，液滴平均直径是决定塔性能的重要因素。此外，脉冲强度对塔性能也有一定的影响，脉冲强度过大，将导致纵向混合的加剧，降低了传质的推动力。因此，脉冲填料塔操作时，应控制适当的脉冲强度。

b　脉冲筛板塔

脉冲筛板塔的塔内安装了一组水平的筛板，与普通筛板塔不同的是它们没有降压管。筛板孔径通常约为 3 mm，板间距约为 50 mm，筛板的开孔率一般为 20%~25%。

由于筛板的孔径与开孔率较小，当两相界面张力比较大时，单靠密度差将无法使两相通过筛板做逆流流动。塔内流体周期性地上、下脉动作用，既能使液体得到很好的分散和混合，又能使流体通过筛板，实现两相逆流流动。萃取塔的两端分别设有上、下澄清段，以保证两相得到比较完全的澄清与分离。在操作时，两相界面位置取决于分散相的选择。如果重相分散，则两相界面在塔底；如果轻相分散，则两相界面在塔顶。分散相的选择根据工艺要求和体系特性而定。

由于脉冲筛板塔具有传质效率高、处理能力较大、塔内无运动部件、便于远距离操作等优点，因此在核化工和湿法冶金等领域中得到广泛应用。

B　振动筛板塔

振动筛板塔也称为内脉冲萃取塔，它的脉冲运动是由塔顶的机械装置带动塔内筛板做往复运动，如图 5-4 所示。两液相在往复运动的筛孔切割下混合，进行萃取。塔身结构简单，制造容易，动力消耗低，塔效率较高。近年来，这种塔的应用和发展逐步赶上外脉冲萃取塔。

C　转盘萃取塔

转盘萃取塔是一种最简单的搅拌塔，塔壁内装有固定的空心挡板，搅拌叶片为旋转的圆盘，如图 5-5 所示。中心轴转动时，液体在转盘与固定挡板之间造成径向环流，从而提高相际接触表面，强化了萃取过程。转盘塔没有沉降室，两相经逆流漂移在塔顶和底部发生分相。这种塔的效率与挡板间距、固定环内径、转盘尺寸及搅拌器转速有关。通常塔径 D_k 与转盘直径 d 的比值应保持在 1.5~3，塔径与固定环间距之比应为 2~6。转盘直径应略大于固定环开口直径，转盘转速为 80~150 r/min。这种塔的内阻力小，生产能力大，理论级当量高度通常在 0.3~0.5 m，在早期的石油工业中应用最广。

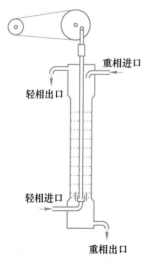

图 5-4　振动筛板萃取塔

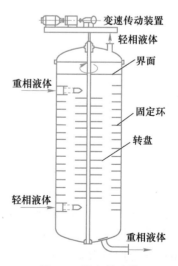

图 5-5　转盘萃取塔

塔式萃取设备易于密闭，液体挥发少，有利于防止放射性气溶胶挥发，占地面积小，设备生产能力大，贮液量相对较少。该类设备的不足之处在于：两相流量要求严格控制，操作不易稳定，放大性能差，而且多塔串联困难，不易满足多级萃取的要求，停车时平衡打乱，需重新平衡，此外需要高厂房及各种输液泵等辅助设备。

5.2.2.3　离心萃取机

离心萃取机的结构如图5-6所示。它主要是将一个多孔的长带卷成可以高速旋转的螺旋转子，装在一个固定的外壳中，离心萃取机旋转速度为2000~5000 r/min。操作时，轻液相被送至螺旋的外圈，而重液相则由螺旋的中心引入。在离心力场的作用下，重液相由里向外，通过小孔运动，两相发生密切接触，因而萃取的效率是较高的。但由于单机不能造得过大，故一般单机只能提供几个平衡级。

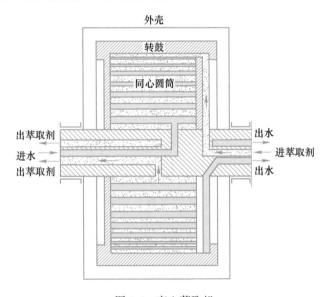

图5-6　离心萃取机

离心萃取机的特点在于：高速度旋转时，能产生500~5000倍于重力的离心力来完成两相的分离，所以即使密度差很小，容易乳化的液体都可以在离心萃取机内进行高效率的萃取。离心萃取机的结构紧凑，可以节省空间，降低机内储液量，再加上流速高，使得料液在机内停留时间很短。但离心萃取机结构复杂，制造较困难，设备投资高，消耗能量又大，使其推广应用受到了限制。

塔式萃取设备具有占地面积小、溶剂装量少、混合强度小和便于密封等优点，其在核燃料后处理和石油化工领域中应用最为广泛。在稀土行业中，振动筛板塔和混合澄清塔式萃取设备的研究和应用较多。

萃取设备的分类见表5-1。应该指出，萃取设备的发展是层出不穷的，表5-1中列出的只是一些工业生产中常用的有代表性的萃取器。此外，萃取设备的分类也是相对的。以脉冲筛板柱为例，当它在乳化区操作时，两相是连续逆流接触的；但当它处于混合澄清区操作时，每2块筛板之间产生一个分散—聚合—再分散循环，所以也可把它列入逐级接触式萃取设备。在实际生产过程中，考虑到为了提高传质效率，往往控制脉冲筛板柱在乳化区操作，所以在表5-1中把它列入了连续接触式设备。

表 5-1　萃取设备的分类

产生逆流的方式	重　力					离心力
相分散的方法	重力	机械搅拌	机械振动	脉冲	其他	
逐级接触设备（级式接触式设备）	筛柱板	多级混合澄清槽，立式混合澄清槽，偏心转盘柱		空气脉冲混合，澄清设备		圆筒式离心萃取器，LN-168N 型多级离心萃取器
连续接触设备（微分接触式设备）	喷淋柱，填料柱，挡板柱	转盘柱（RDC），带搅拌器的填料萃取柱（Scbeibel），带搅拌器的挡板萃取柱（Oldshue-Rushtom 萃取柱），淋雨桶式萃取器	振动筛板柱（Karr 萃取柱），带溢流口的振动筛板柱，双向振动筛板柱	脉冲填料柱，脉冲筛板柱，控制循环脉冲筛板柱	静态混合器，超声波萃取器，管道萃取器，参数泵萃取器	波式离心萃取器

5.2.3　萃取设备的特点

萃取设备是多种多样的。在萃取柱中，两相在连续逆流过程中不断地进行萃取，在混合澄清槽中两相在一些独立的接触级中进行萃取；而在离心萃取器中，两相则凭借离心作用进行混合和分离。然而，它们都有一些共同的特点。为了更好地理解影响萃取设备性能的主要因素，可以把溶剂萃取过程视为是三个阶段的循环：

（1）将一相分散到另一相中，形成很大的相界面面积。

（2）在分散相液滴和连续相接触的一段时间内，使传质过程进行到接近平衡的程度。

（3）分散相液滴聚合，两相分离并分别进入下一级或做进一步的处理（如反萃、浓缩等）。

这种"分散—传质—聚合"，然后再"分散—传质—聚合"的循环，对设备性能具有重要的影响。

在溶剂萃取过程中，两种液相密度差小，而黏度和界面张力比较大。因此，两相的混合和分离比气-液传质过程（如吸收、精馏等）困难得多。为了使萃取过程进行得比较充分，就要使一相在另一相中分散成细小的液滴。液滴平均直径越小，相际传质表面面积越大，一般来说，越有利于传质。采用机械搅拌、空气脉冲等手段，可以使液滴得到良好的分散。但是，伴随而来的问题是液滴的聚合，即两相的分离就比较困难。因此，在液-液萃取过程中，液滴的分散和聚合这对矛盾显得比较突出。

从设备的性能方面来分析，需要正确处理一些重要的关系，如传质效率和处理量的关系、设备操作强度和溶剂损失的关系等。当前萃取设备发展的重要方向之一是输入能量，以期获得更高的效率而不降低处理量。例如，采用脉冲筛板柱可以使设备的传质效率和处理量比一般筛板柱有大幅度的提高；又如在核燃料后处理中采用离心萃取器，可以在几秒钟的两相接触时间内，达到很高的萃取率，从而大大地降低溶剂的辐照降解。此外，随着环境保护的要求越来越严格以及一些昂贵的高效萃取剂的应用,在努力提高设备操作强度的同时,必须严格限制萃余液中有机溶剂的夹带量。

萃取塔的另一特点是轴向混合的影响比气-液传质设备严重得多,下述因素都会引起轴向返混:

(1) 连续相在流动方向上速度分布不均匀。

(2) 连续相内存在涡流旋涡,局部速度过大处可能夹带分散相液滴,造成分散相的返混。

(3) 分散相液滴大小不均匀及分散相液滴速度分散不均匀,都可能造成部分液滴的返混。

(4) 当分散相流速较大时,也会引起液滴周围连续相液滴的返混。

轴向混合对萃取塔的性能产生很不利的影响,它不仅降低了传质推动力,而且降低了萃取塔的处理能力。据估计,对于一些大型的工业萃取塔,有 60%~70% 的高度是用来补偿轴向混合的,轴向混合也是小型萃取塔放大到工业萃取塔时传质效率急剧下降的主要原因。

对于比较复杂的机械搅拌萃取塔或脉冲萃取塔,外界输入能量虽有粉碎液滴和强化传质的作用,当搅拌过度时,也会使返混加剧。因此,在设计工业上使用的萃取塔时必须采取一切可能的手段来抑制轴向混合的产生。

5.2.4 萃取设备的选型原则

由于萃取塔种类很多,影响因素极为复杂,因此在为一种新的萃取过程对萃取塔设备选型时,往往使人感到困惑。在选择萃取设备选型时,通常要以以下几个因素为原则:

(1) 体系的特性,如稳定性、流动性和分相的难易性等;

(2) 完成特定分离任务的要求,例如所需的理论级数;

(3) 处理量的大小;

(4) 厂房条件,如面积大小和厂房高度等;

(5) 设备投资和维修的难易;

(6) 设计和操作经验等。

实际上,很多萃取设备是根据特定的工艺要求而发展的,然后再推广应用于其他领域。从技术上和经济上来看,不能说哪一种设备对所有的溶剂萃取过程都是最好的,应该根据体系的物理化学性质、处理量和萃取要求等来评价和选择萃取设备。表 5-2 介绍了几类萃取设备的主要优缺点和应用领域。

表 5-2　几类萃取设备的优缺点和应用领域

设备分类	优　点	缺　点	应用领域
混合澄清槽	相接触好,级效率高;处理能力大,操作弹性好;在很宽的流比范围内均可稳定操作;扩大设计方法比较可靠	滞留量大,需要的厂房面积大;投资较大;级间可能需要用泵输送液体	化工,湿法冶金,化肥,核工业

续表 5-2

设备分类		优　点	缺　点	应用领域
无机械搅拌萃取柱		结构最简单，设备费用低；操作和维修费用低；容易处理腐蚀性燃料	传质效率低，需要高的厂房；对密度差小的体系处理能力低，不能处理流比很高的情况	石油化工，化学工业及冶金工业
机械搅拌萃取柱	脉冲筛板柱	HETS 低，处理能力大，柱内无运动部件，工作可靠	对密度差小的体系处理能力较低，不适用于处理流比很高的情况；处理易乳化的体系有困难；扩大设备方法比较复杂	化工，湿法冶金，化肥，核工业
	转盘柱	处理量大，级效率高，结构简单，操作和维修费用低		石油化工，湿法冶金，制药工业
	振动筛板柱	HETS 低，处理能力大，结构简单，操作弹性好		石油化工，湿法冶金，制药工业，化学工业
离心萃取器		能处理两相密度差小的体系；设备体积小，接触时间短，传质效率高；滞留量小，溶剂积压量小	设备费用大，操作费用高，维修费用大	制药，化工，核能，石油，湿法冶金等工艺

　　为了进行设计而对各类萃取设备进行比较是一项困难的任务，应该全面考虑设备的处理能力和传质效率等因素的影响；并且只有在体系、溶液浓度、分散相的选择和相比等条件相同时，进行比较才是有意义的。

　　设备的处理能力通常用比负荷或比流速来表示。比负荷即单位时间内通过单位设备截面积的两相总流量，其单位为 L/(dm^2·h) 或 m^3/(m^2·h)。比流速即空柱流速，通常用 m/s 来表示。

　　设备的传质效率对萃取柱来讲，一般用传质单元高度 HTU 或理论当量高度 HETS 来表示，对混合澄清槽则用级效率 η 来表示。为了综合考虑设备处理能力和传质效率两个方面的因素，也可以用操作强度 J [m^3/(m^3·h)] 作为综合评价萃取效率的指标：

$$J = \frac{V_c + V_d}{HETS} \tag{5-14}$$

　　操作强度 J 表示萃取设备单位容积在萃取效率达到一个理论级时所能处理的物料量，同时反映了设备的生产能力与萃取效率。有的资料也把操作强度 J 的倒数称为理论级停留时间 θ，$\theta = 1/J$，其单位通常用 s。

　　国外工业上使用萃取塔的最大直径、最大通量和最大负荷见表 5-3，我国适用的最大直径达到 3.2 m。

表 5-3　选取萃取设备的一般参考原则

塔　型	最大直径/m	最大负荷/m^3·h^{-1}	最大通量/m^3·(m^2·h)$^{-1}$	塔　型	最大直径/m	最大负荷/m^3·h^{-1}	最大通量/m^3·(m^2·h)$^{-1}$
Graesser 萃取器	1.5	25	<20	RDC	3.0	2000	~40
Scheibel 塔	1.0	16	<20	Kuhni 塔	3.0	350	~50

续表 5-3

塔 型	最大直径 /m	最大负荷 /m³·h⁻¹	最大通量 /m³·(m²·h)⁻¹	塔 型	最大直径 /m	最大负荷 /m³·h⁻¹	最大通量 /m³·(m²·h)⁻¹
ARD 塔	4.0	250	~20	脉冲板式塔	3.0	420	~60
Lurgi 塔	8.0	1500	~30	Karr 塔（往复振动筛板塔）	1.5	<180	80~100
脉冲塔	2.0	120	~40				

应该指出，萃取器的选择既是一门科学，也是一种技巧，它在很大程度上取决人们的经验。往往在进行中间实验以前，就必须对设备性能、放大设计方法、投资和维修、使用者的经验和操作的可靠性等进行全面的考虑和评价。虽然经济效果是十分重要的，但在很多情况下，过去的经验和实践往往是决定性因素。综上所述，下面介绍对设备的要求和选择中应考虑的主要问题（参照表 5-2 和表 5-3）。

（1）对萃取设备的要求，视具体情况不同而不同，归纳起来有如下几点：

1）传质速度要快，设备的流通量要大，综合起来考虑就是设备的效率要大；

2）设备结构要简单，操作要可靠，控制要容易；

3）设备投资和操作费用要少；

4）两相分离要好，互相夹带要少；

5）劳动条件要好，要有利于环境保护；

6）对生产量量化的工厂，要求设备的适应性能好。

一种设备很难满足上述全部要求，因为各种条件之间往往是矛盾的。所以，只能根据具体情况有所侧重。

（2）选择萃取设备还应考虑以下几个方面的因素。

1）萃取体系性质如下：

① 通常密度差较小、界面张力小的系统，容易混合而不易澄清分离；密度差大、界面张力大的系统，不易混合而易于澄清分离；连续相浓度大的系统不易澄清分离。因此对于容易混合而不易澄清分离的系统，应选用外加能量的萃取设备。

② 若萃取过程有慢的化学反应，则不宜选用接触时间短的离心萃取器。当反应时间在5 min 以上时，许多塔式设备也不宜选用，此时，选用箱式混合澄清槽较合适。当利用两种物质反应速度的差异进行分离时，选离心萃取器最合适。

③ 若萃取系统的化学性质不稳定，此时减少停留时间是关键，应选离心萃取器或其他高效萃取设备，而不宜选用混合澄清槽。对于试剂价格高昂、级数又大的体系，也不宜选用混合澄清槽。

④ 如有放射性及其他有害气体、液体，选用密封性好或防护比较容易的萃取设备。特别是对于挥发性大的萃取体系，不宜选用混合澄清槽，而应选密封性好、蒸发表面积小的设备。

2）生产能力。当物料处理量少、级数又只有 3~4 级时，可选无外加能量的萃取备。中等及高处理量时，应选用一些效率因素大的萃取设备或混合澄清槽。

3）所需级数。当级数很大时，选用高效的塔式设备或离心萃取器较好；当级数中等

（50~100 级）时，则高效的塔式设备、离心萃取器和箱式混合澄清槽等都是可以选用的萃取设备；当级数只有 1~4 级时，几乎所有的萃取设备均可选用。

4）操作条件和现场条件包括以下几个参数。

相比：相比对分散相滞液量和返混均有严重影响，当相比相差悬殊时，大多数外加能量的塔式设备的返混严重，宜选用混合澄清槽或离心萃取器。

矿浆萃取：很多萃取器要定期停工清理，此时应选用可防止固体颗粒沉积的矿浆萃取澄清槽、脉冲筛板塔、转盘塔等设备。

当厂房高度受到限制时，不宜选用立式设备；当厂房面积受到限制时，不宜使用混合澄清槽。此外，还必须考虑设备材料、设备加工、维修条件，以免影响生产。

5）总的经济效果。这是最重要的一个方面，前面介绍的影响因素都将对此产生影响。可以认为，这一项包括建厂投资（也包括物料投资）和产品成本。毫无疑问，应尽量选择经济合理的萃取设备。

在正式确定设备选型时，应根据上述影响因素进行方案比较，抓住主要矛盾进行综合评比，使选出的设备安全可靠，而且技术经济指标先进。

5.3　萃取设备设计

5.3.1　箱式混合澄清槽的构造及工作原理

国内使用最广泛的萃取设备为箱式混合澄清槽，其他萃取设备应用较少。本节较详细介绍箱式混合澄清槽的结构及其设计计算方法，其他萃取设备可参考有关专著。

混合澄清槽有各种不同结构，现常用的清液萃取用的卧式混合澄清槽如图 5-7 所示。它由若干混合室、澄清室和潜室（前室）组成，级间通过相口紧密相连。混合室内装有搅拌器，两相借搅拌桨的吸送作用实现逆流，保证级间水相和混合相的顺利输送。混合室下部为潜室，其作用是使水相连续稳定地进入混合区。潜室的一侧有一个重相口与下一个邻室的澄清室相通，通过搅拌器的作用可将下一室的重相从进口处抽吸过来。混合室的另一侧上部有一个轻相进口，它与上一室的澄清室溢流口相通，轻相靠搅拌器搅拌造成的液位差从上一级流入混合室。在本室的混合室和澄清室的隔板中部开有相口，混合后的混合相经此相口进入澄清室澄清分层。澄清室的作用是使两相静止澄清分层。澄清室一侧上部有溢流口，另一侧下部有重相出口，分别将轻相流入下一级，将重相流入上一级，使重相和轻相相向流出澄清室，分别进入上一级和下一级的混合室。因此，在混合澄清槽内，两相液流在同级做顺流流动。在各级间两相液流做逆流流动，如图 5-8 所示。卧式混合澄清槽结构简单，操作稳定，易维修制造，所需厂房高度小，级效率高，级间不用泵输送；但其占地面积大，动力消耗较大，物料滞留量大，平衡时间长，易挥发组分损失大。

混合澄清槽在工业上使用了几十年，为了减小占地面积，提高处理量和级效率，人们作了不少改进，下面介绍几种改进方法。

（1）为了防止轻相短路，将轻相改为从下面进入混合室。对澄清室界面不易稳定的体系将某一相口高度改为可调（如调节重相口）。将混合室和澄清室各占一边，以便于操作人员观察。

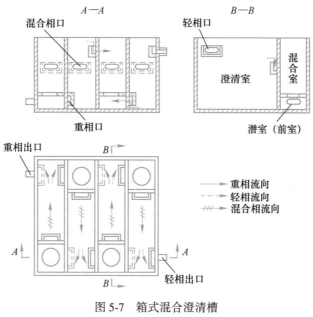

图 5-7　箱式混合澄清槽

（搅拌器未画出）

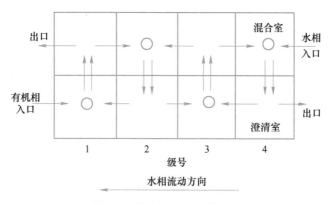

图 5-8　混合-澄清槽两相流向

（2）在混合室顶部装折流挡板，以消除室内液流漩涡和促进循环。在澄清室设折流挡板，使混合室进来的混合相进入分散带，可减小澄清室面积。

（3）大型槽中，将混合室和澄清室分开。采用浅澄清室以减小物料滞留量，如一个820 m³/h 流量的萃取槽，混合室尺寸：长×宽×高 = 5.3 m×5.9 m×3.7 m，澄清室尺寸：长×宽×高 = 36.5 m×12.2 m×0.76 m。

（4）在大型槽的澄清室中放置能被分散相浸润的填料或挡板，以促进液滴聚合，可提高澄清速度和增加流量。

（5）设置回流装置，使某相从澄清室中部分返回到同级混合室中以改变槽中萃取相比。

（6）取消潜室以增加两相混匀程度。

　　用于清液萃取的混合澄清槽还有泵式混合澄清器（见图 5-9），两相在泵中进行强力混合，然后泵至立式澄清器中进行静止澄清分层。其特点是混合效率高，受黏度影响小，可使用不稀释的萃取剂和高浓度的原始料液，而且可依据溶液性质选择不同形式的混合器。立式澄清器澄清分层效果好，修理维护方便灵活。

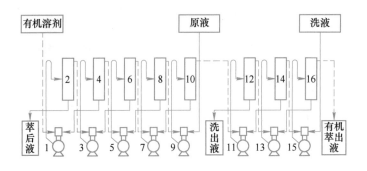

图 5-9　泵式混合澄清器

1，3，5，7，9，11，13，15—泵混合器；2，4，6，8，10，12，14，16—澄清器

　　用于矿浆萃取的混合澄清槽如图 5-10 所示，为我国株洲硬质合金厂研制的，称为双孔斜底箱式混合澄清槽，与清液萃取的箱式混合澄清槽的区别在于澄清室内有斜底，以利于矿浆下滑至混合室。混合室无假底、无潜室，混合室的进料和出料依靠上下两个相口。在本级混合室和澄清室隔板下部有一矩形孔，称为下相口；其作用是进矿浆和出有机相，用插板调节其大小以控制澄清室内矿浆液面高度。在级间隔板上部有一矩形孔称为上相口；其作用是进有机相、出混合矿浆和使有机相回流，操作时以强制逆流原理进行工作。矿浆进入最末级澄清室沿斜底下滑至下相口，由于搅拌作用进入混合室与有机相混合，混合相自上相口甩出进入上一级澄清室进行分层，以此方式完成各级萃取。萃余矿浆由第一级混合室底部排出。有机相自第一级进入，顺序通过各级混合室、澄清室与矿浆逆流接触，负载有机相从最末级澄清室滤流排出。该类型设备宜处理固体含量为 20%~30% 经稀释或分级稀释后的浸出矿浆，目前已用于国内钽铌萃取工艺中。

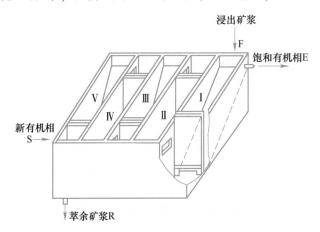

图 5-10　双孔斜底箱式混合澄清槽

5.3.2 非箱式混合澄清槽

通过对箱式混合澄清槽进行一些更深层次的改造，发展了一系列具有特殊结构的混合澄清槽。这类萃取槽与箱式混合澄清槽的主要差别是其混合室与澄清室可以有不同尺寸；混合室与澄清室可以分开，而且级与级也可分开，其间用管道连接，因此可称为非箱式混合澄清槽。它们的处理量可以很大，有的萃取槽的总流通量可达 900 m^3/h。图 5-11 为全逆流混合澄清槽结构示意图。

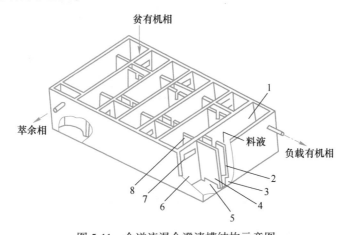

图 5-11　全逆流混合澄清槽结构示意图
1—澄清室；2—挡油板；3—挡水板；4—隔板；5—下相口；6—混合室；7—上相口；8—挡流板

5.3.3 箱式混合澄清槽的槽体设计

5.3.3.1 萃取设备设计步骤

由于通过液-液界面的传质以及液滴的行为很复杂，在设计时仅依据公式计算不够准确，因此尽可能和实验并行。其设计步骤如图 5-12 所示。

在设计萃取设备以前，首先要确定萃取体系和萃取剂，然后确定有机相组成，其中包括稀释剂的选择和萃取剂浓度的确定。在确定萃取剂浓度时要考虑料液中被萃取组分的浓度，其浓度越高，萃取剂的浓度也越高。但浓度过高时既不利于相分离，也不利于反萃取，因此可考虑添加剂的添加问题。

在有机相组成确定后再确定相比。确定相比一船是按使负载有机相的浓度约为饱和浓度的 80%。相比越大，所需理论级数越少，但萃取剂的用量则越大，储存量也越大，投资及回收费也越高；过小的相比，即水相过多，也将导致有机相的大量损失。

在有机相和相比确定后，通过实验 1 的分批模拟试验，求平衡数据和掌握萃取系的特性，进一步确定溶剂用量和理论级数之间的关系。观察液-液界面的现象，例如，界面污染（三相生成）和乳化（相分离难易）等掌握萃取系的特性，进行萃取设备的选择。

如果选用箱式萃取设备，则可通过小型模拟试验，比例放大。如果选用塔式萃取设备，则要设计塔径和塔高。由通用公式计算传质动力学数据和流体动力学数据，可直接计算塔径和塔高；或在小型设备中进行模拟试验，由流动试验（实验 3）确定液泛速度和滞

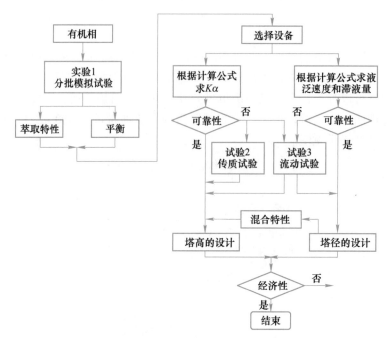

图 5-12　萃取设备设计步骤

液量。通过在此试验中观察到的该系统特有的流动状态和通过传质试验（实验2）确定传质系数、传质单元高度，或等板高度等传质动力学数据。

　　萃取塔的比例放大性能较差，为提高其性能，常根据塔径的大小确定混合特性，即确定混合扩散系数用于计算塔高。

　　最后进行经济核算，其中主要包括设备投资、溶剂回收和溶剂损失等。如果经济性不好，则应另选设备，重复计算和试验。

　　关于萃取塔的设计可参考吸收塔的计算方法，本章主要介绍箱式萃取器设计。

5.3.3.2　混合澄清槽的单元设计

　　由于箱式混合澄清槽结构简单、操作方便，因此得到广泛应用。它由紧密排列的混合室和澄清室组成，其外形很像一个水平放置的箱子，槽体内各级之间、同一级的混合室和澄清室之间均用隔板隔开。为了实现两相的流动，在隔板上各开有混合相口、重相口和轻相溢流口。

　　在槽体的进料级和出料级相应的位置上装有进出料液的管接头。

　　两相的混合、水相和混合相的输运靠搅拌器的作用。由于搅拌器的旋转运动，在混合室液面和澄清室造成液位差，使轻相的有机相溢流入下一级混合室，而澄清室中的液体澄清分离依靠重力。

　　箱式混合澄清槽的槽体设计，大致可分为三个方面：

　　(1) 混合室有效体积和结构尺寸的确定；

　　(2) 澄清室有效体积和结构尺寸的确定；

　　(3) 各相口位置和结构尺寸的确定。

A　混合室有效体积和结构尺寸的确定

a　混合室体积

混合室的大小是根据所要求的生产能力和为达到一定的级效率所需的两相接触时间而确定的。

在分馏萃取中，具体计算公式如下：

$$V_M = (Q_水 + Q_有)t = (Q_料 + Q_洗 + Q_有)t \qquad (5-15)$$

式中　　V_M——混合室有效体积，L；

　　　　$Q_水$——水相流量，L/min；

　　　　$Q_料$——料液流量，L/min；

　　　　$Q_洗$——洗涤剂流量，L/min；

　　　　$Q_有$——有机相流量，L/min；

　　　　t——两相在混合槽内接触时间，min。

对于工业规模混合澄清槽的混合室设计，通常还引入一个流量增大系数 f（或称为流量波动系数），即

$$V_M = f(Q_料 + Q_洗 + Q_有)t \qquad (5-16)$$

一般取 $f = 1.1$，对于小型混合澄清槽可不考虑。

b　混合室尺寸

在箱式混合澄清槽的设计中，混合室的截面通常采用正方形，它比矩形截面的混合室搅拌均匀、死角少。

当混合室有效体积确定后，长、宽、高的比例可采用经验数据确定。一般取

$L(长)：L'(宽)：H_M(有效高度) = 1：1：(1.1 \sim 1.5)$

在混合室的有效体积确定后，便可根据以上比例进行计算，如 $H_M = 1.1L$ 时，

$$V_M = L \times L \times 1.1L = 1.1L^3$$

得到：

$$L(dm) = \sqrt[3]{\frac{V_M}{1.1}} \qquad (5-17)$$

则混合室的 $L(长)：L'(宽)：H_M(有效高度)$，便可求出。

为了使萃取槽操作稳定，在生产中不发生冒槽现象，混合室的实际高度 H_M' 应大于其有效高度 H_M。

实际高度

$$H_M' = \frac{H_M}{K} \qquad (5-18)$$

式中　　K——混合室容积利用系数，通常取 $K \approx 0.8$。

也有资料称：

$$H_M' - H_M = M \qquad (5-19)$$

式中　　M——混合室液面到混合室顶端距离，称为安全距离，视操作情况及槽子的大小而定，对于中小型槽为 $6 \sim 12$ cm。

这样在由混合室的有效高度 H_M 求其实际高度 H_M' 时，便可进行计算。

c　潜室尺寸

为了保证混合澄清槽的槽子有较大的适应性，通常在机械搅拌的混合室下面，装置一个潜室（或称前室）。潜室与混合室间的隔板称为汇流板，中间开一个适度圆孔，连通两者，称为汇流孔。为了既使两相通过时阻力最小，同时又能保证一定的抽力，开孔直径要适宜，其大小可以用流体力学的锐孔公式计算。

$$Q_{总} = rF\sqrt{2g\Delta p} \tag{5-20}$$

式中　$Q_{总}$——总流量；

r——锐孔的流量系数，一般取 0.6；

F——孔截面积，m^2；

g——重力加速度，$g = 9.8\ m/s^2$；

Δp——孔板两端压力差，mH_2O（$1\ mH_2O = 9806.65\ Pa$）。

Δp 应取得小一些，一般小型试验取 $0.002\ mH_2O$（即 $19.61\ Pa$），大型的取 0.05 mH_2O（$490.33\ Pa$）；这样由于设置了潜室，会加大设备高度，但停槽以后，再开车时易于实现稳定操作。潜室高度 H_f 一般取 $5 \sim 20\ cm$。

d　混合室总高度

混合室总高度（见图 5-13），按下式计算：

$$H = H'_M + H_f$$

式中　H——混合室总高度，cm；

H'_M——混合室实际高度，cm；

H_f——潜室高度，cm。

B　澄清室有效体积和结构尺寸的确定

在箱式混合澄清槽中，混合室和澄清室是相连的，两者的宽和高相同，即 L' 为澄清室宽，澄清室总高度为 H。

在理论上，由于其宽度为已知，则只要按"面积原则"计算出一定处理量所需的澄清截面积，即可算出澄清室的长度 L''，即

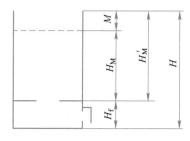

图 5-13　混合室各高度示意图

H_M—混合室有效高度，cm；

M—安全距离，cm

$$\begin{cases} A' = \dfrac{Q'}{Q/A} \\[2mm] A' = L' \times L'' \\[2mm] L'' = \dfrac{A'}{L'} \end{cases} \tag{5-21}$$

式中　A'——澄清室截面积，dm^2；

Q'——要求的处理量，L/min；

Q/A——对应于一定澄清室液面高度的比澄清速度，$L/(dm^2 \cdot min)$；

L'——澄清室宽度（即混合室宽度），dm；

L''——澄清室长度，dm。

但实际上 Q/A 比澄清速度难以获得，因此一般按经验取澄清室长度，即澄清室的设计主要考虑澄清室的边长与混合室边长比。究竟采用多大的边长最为适宜，这主要由混合

液的性质，即澄清难易情况决定。

通常澄清室与混合室的边长比为 1~4 倍。

长度 L'' 可根据澄清时间确定：

$$V_M = (Q_水 + Q_有)t = (Q_料 + Q_洗 + Q_有)t \qquad (5\text{-}22)$$

C　混合澄清槽中各相口尺寸的计算

相口包括混合相口、重相口和轻相口，这些相口是各级之间以及混合室与澄清室之间相互连接的通道，也是保证流体流通和正常稳定操作所必要的。

各相口的位置和结构尺寸的确定，必须考虑以下因素：

(1) 保证液流流动畅通，且有较小的阻力损失。因此，要求各相口要有足够的流通截面，并且结构不能过于复杂。

(2) 防止液流短路。所谓短路就是进入混合室的两相，未经充分混合和传质便进入了澄清室，短路将使设备的效率下降。

(3) 防止液流返混。返混是指已经进入澄清室的混合液或澄清后的某一相又返回了混合室，返混将影响设备的效率和稳定操作。

a　相口的形式

混合相流通口有洞孔式、罩式和百叶窗式三种，如图 5-14 所示。

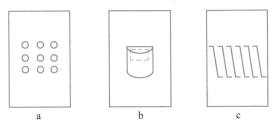

图 5-14　混合相流通口的形式

a—洞孔式；b—罩式；c—百叶窗式

图 5-15 为有机相溢流口和水相底流口的形式，有机相溢流口要防止轻相短路和混合相倒流。水相底流口罩子或水堰能防止澄清室中的水相不被抽光，以保持界面稳定。

b　混合相口

(1) 假定混合相口出口为简单的锐孔（见图 5-16），可应用伯努利方程式求出相口的截面积：

$$f_1 = \frac{Q_1}{m_1\sqrt{2gH_1}} \qquad (5\text{-}23)$$

式中　f_1——混合相出口截面积，m^2；

　　　Q_1——混合相流量+有机相返流量+洗涤剂流量，m^3/s；

　　　m_1——流量系数，一般取 0.6；

　　　g——重力加速度，$g=9.8\ m/s^2$；

　　　H_1——出口两边液体的压头差，一般取 0.005 m。

(2) 模拟混合相出口流速进行放大，根据经验取混合相出口流速 $v_混$ 为 0.1~0.2 m/s，则

$$f_1 = Q_1/v_混 \qquad (5\text{-}24)$$

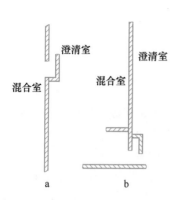

图 5-15 有机相溢流口和水相底流口

a—有机相溢出口；b—水相底流口

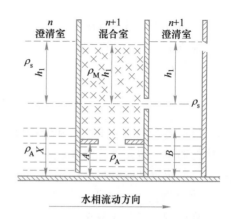

图 5-16 混合-澄清槽的静压平衡

c 重相入口

（1）假定重相入口为简单的锐孔，可应用伯努利方程式求出相口的截面积：

$$f_2 = \frac{Q_F}{m_2\sqrt{2gH_2}} \tag{5-25}$$

式中 f_2——重相入口截面积，m^2；

       Q_F——水相流量，m^3/s；

       m_2——流量系数，一般取 0.6；

       g——重力加速度，$g = 9.8\ m/s^2$；

       H_2——重相入口两边液体的压头差，一般取 0.005 m。

（2）模拟重相入口流速进行放大，根据经验取重相入口流速 v_F 为 0.1~0.2 m/s，则

$$f_2 = Q_F/v_F \tag{5-26}$$

d 轻相口

（1）按标准堰方程式计算：

$$f_3 = \frac{Q_s}{m_3\sqrt{2gH_3^{1.5}}} \tag{5-27}$$

式中 f_3——堰宽度，m；

       Q_s——有机相溢流量，m^3/s；

       m_3——流量系数，一般取 0.4；

       g——重力加速度，$g = 9.8\ m/s^2$；

       H_3——堰边液体深度，一般取 0.01~0.015 m。

（2）模拟轻相溢流口流速进行放大，根据经验取轻相溢流口流速 v_s 为 0.1~0.2 m/s，则

$$f_3 = Q_s/(v_s H) \tag{5-28}$$

D 混合澄清槽中各相口位置的计算

在箱式混合澄清槽中，通常各级的轻相口、重相口和混合相口分别处于相同位置，如图 5-17 所示。

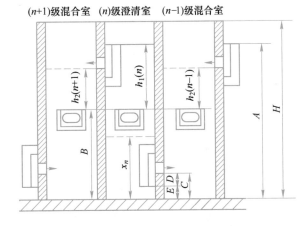

图 5-17　混合澄清槽结构和工作示意图

H—混合澄清槽总高；A—轻相口挡板顶端至槽底的距离（可近似地认为是澄清室液位的高度）；

B—混合相口挡板至槽底的距离；C—重相孔口底至槽底的距离；D—重相孔口底至重相口挡板下端的高度；

E—挡板下端至槽底的距离；x_n—澄清室中两相接触界面高度；h_1—澄清室液面至混合相口挡板顶端的距离；

h_2—混合室液面至混合相口挡板顶端的距离；n—所属级号

为使混合澄清槽稳定运转，各孔口位置应满足下面两个条件：

（1）任何上一级澄清室液位比下一级混合室液位高出一定数值，即 $h_1(n) - h_2(n + 1) > 0$，这样第 n 级的轻相才能通过轻相口自然地流入第（$n+1$）级混合室，第（$n+1$）级混合室液位和第 n 级澄清室液位互不影响。

（2）任何一级澄清室内的两相接触界面高度比同一级混合相口的位置低，即 $x_n < B$。这样混合室液位和同级澄清室两相接触界面高度互不影响，从而保证了混合澄清槽各级在流体力学上的独立性。

假设：

（1）在混合室内，两相混合均匀；

（2）在澄清室内两相分离完全，假想为完全澄清的两层；

（3）在萃取过程中，两相体积变化可以忽略不计；

（4）各相孔口阻力很小，可以忽略不计。

于是，对任一同级混合相口作静压平衡有：

$$h_1(n)r_s(n) = h_2(n)r_M(n)$$

r_M 可用下式计算：

$$r_M = \phi_s r_s + \phi_A r_A \tag{5-29}$$

式中　r_s，r_A——有机相和水相的密度，kg/L；

　　　ϕ_s，ϕ_A——有机相和水相在混合液中所占的体积分数。

对任一相邻两级之间的重相口作静压平衡有：

$$[B + h_1(n) - x_n]r_s(n) + (x_n - C)r_A(n) = [B + h_2(n - 1) - C]r_M(n - 1)$$

整理得：

$$x_n = [B + h_2(n-1) - C]r_M(n-1) - [B + h_1(n)]r_s(n) + Cr_A(n)/[r_A(n) - r_s(n)]$$

$$(5-30)$$

各相孔口位置确定用如下方法。

(1) A 值（即轻相口）的确定：一般澄清室液面比混合室液面稍高：

$$A = H_M + H_f + \Delta h \tag{5-31}$$

式中　Δh——混合室液面与澄清室液面之间的距离。

$$\Delta h = h_1(n) - h_2(n+1) \tag{5-32}$$

为了保证轻相顺利地流入混合室，通常 Δh 应大于 1 cm，一般取为 2~5 cm。

(2) C 值（即重相口）的确定：

$$C = D + E \tag{5-33}$$

其中，D 值与物料密度和搅拌强度有关，由小型试验确定，一般 $D = 2~5$ cm（有潜室的小些，无潜室的大些）。E 值由流量确定，保证流体阻力很小即可。

(3) B 值（即混合相口）的确定：采用试算法，先假设一个 B 值，通常 B 值等于 $(1/2~1/3)H_M$。

由 $h_1(n) = A - B$ 得到 $h_1(n)$，然后用 $h_1(n)r_s(n) = h_2(n)r_M(n)$ 得到 $h_2(n)$，再用式 $x_n = [B + h_2(n-1) - C]r_M(n-1) - [B + h_1(n)]r_{sn} + Cr_A(n)/[r_A(n) - r_s(n)]$ 算出 x_n 值。

若 x 值满足 $C < x < B$，则 B 值确定是正确的(为了减少有机相积压量，可选 x 靠近 B 值)。

若计算结果不满足 $C < x < B$，则需另外假设一个 B 值进行计算，直到符合要求为止。

5.3.3.3　搅拌器的设计

混合室中两液相的分散程度取决于对液体输入能量的大小，输入能量过大，会导致乳化，造成分相困难；输入能量太小，两相混合不充分，影响相际接触使级效率降低。因此，必须选择适宜的输入功率，搅拌桨的形式和输入功率的选择可通过实验决定。

A　搅拌器功率和搅拌作业功率

搅拌时，以一定转速旋转的搅拌器将对液体做功，并使之发生流动，这时为使搅拌器连续运转所需的功率称为搅拌器功率，其大小与搅拌器的几何参数、运行参数、搅拌釜的结构尺寸及物料的物性参数等密切相关。此搅拌器功率不包括机械传动和轴封所消耗的动力，实际设计时须兼顾系统传动效率。

生产时，不同的搅拌过程、不同的物性及物料量在完成其过程时所需的动力不同，这个动力的大小是被搅拌介质的物理、化学性能以及各种搅拌过程所要求的最终结果的函数。习惯上把搅拌器使搅拌釜中的液体以最佳方式完成搅拌过程所需要的功率称为搅拌作业功率。

理想状况是，搅拌器功率刚好等于搅拌作业功率，使搅拌过程以最佳方式完成。搅拌器功率小于搅拌作业功率时，过程可能无法完成，也可能拖长操作时间；而过分大于搅拌作业功率时，只能是浪费动力。

B　搅拌器功率的影响因素及计算

计算搅拌器功率的目的，一是用于设计或校核搅拌器和搅拌轴的强度和刚度，二是用于选择电动机和减速机等传动装置。影响搅拌器功率的因素很多，主要有几何因素和物理因素两大类，具体包括以下四个方面。

（1）搅拌器的几何尺寸与转速：搅拌器直径、桨叶宽度、桨叶倾斜角、转速、单个搅拌器叶片数、搅拌器与容器底部的距离等。

（2）搅拌容器的结构：容器内径、液面高度、挡板数、挡板宽度、导流筒的尺寸等。

（3）搅拌介质的特性：液体的密度、黏度。

（4）重力加速度。

上述影响因素综合起来可用下式关联：

$$N_P = \frac{P}{\rho N^3 d^5} = K(Re)^r(Fr)^q f\left[\frac{d}{D}, \frac{B}{D}, \frac{H}{D}, \cdots\right] \tag{5-34}$$

式中　N_P——功率准数，无量纲；

P——搅拌功率，W；

B——桨叶宽度，m；

d——搅拌器直径，m；

D——搅拌容器内直径，m；

Fr——弗鲁德准数，$Fr = N^2 d/g$；

H——液面高度，m；

K——系数；

N——搅拌转速，r/min；

r, q——指数；

Re——雷诺数，$Re = d^2 N\rho/\mu$；

ρ——密度，kg/m^3；

μ——黏度，Pa·s。

一般情况下，弗鲁德准数 Fr 的影响较小，而容器内径 D、挡板宽度 b 等几何参数可归结到系数 K。由式（5-34）得搅拌器功率 P 为：

$$P = N_P \rho N^3 d^5 \tag{5-35}$$

式中，ρ、N、d 为已知数，故计算搅拌器功率的关键是求得功率准数 N_P。在特定的搅拌装置上，可以测得功率准数 N_P 与雷诺数 Re 的关系，将此关系绘于双对数坐标图上即得功率曲线。图 5-18 为六种搅拌器的功率曲线。由图可知，功率准数 N_P 随雷诺数 Re 变化。在低雷诺数（$Re \leq 10$）的层流区内，流体不会打旋，重力影响可忽略，功率曲线为斜率为−1 的直线；当 $10 \leq Re \leq 10000$ 时为过渡流区，功率曲线为一下凹曲线；当 $Re > 10000$ 时，流动进入充分湍流区，功率曲线呈一水平直线，即 N_P 与 Re 无关，保持不变。用公式计算搅拌器功率时，功率准数 N_P 可直接从图 5-18 查得。

图 5-18 所示的功率曲线只适用于图示六种搅拌器的几何比例关系，如果比例关系不同，则功率准数 N_P 也不同，此曲线是在单一液体下测得的。对于非均相的液-液或液-固系统，用上述功率曲线计算时，需用混合物的平均密度 $[\rho]$ 和修正黏度 $[\mu]$ 代替式中的 ρ、μ。

搅拌器的形式选用见表 5-4。

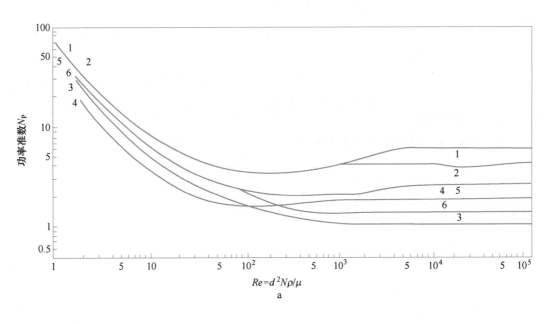

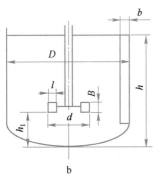

$d:l:B=20:5:4$
$D/d=2\sim7$
$h/d=2\sim4$
$h_1/d=0.7\sim1.6$

c

$B/d=1/5$
$D/d=3$
$h/d=3$
$h_1/d=1$

d

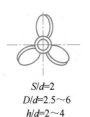

$S/d=2$
$D/d=2.5\sim6$
$h/d=2\sim4$
$h_1/d=1$

e

$B/d=1/6$
$D/d=3$
$h/d=3$
$h_1/d=1$

f

$B/d=1/8$
$D/d=3$
$h/d=3$
$h_1/d=1$

g

$B/d=1/8\quad D/d=3$
$h/d=3$
$h_1/d=1$
$\theta=45°$

h

图 5-18　六种搅拌器的功率曲线（全挡板条件）

a—功率曲线；b—Rushton 的功率准数-Re 图；c—曲线 1：六直叶圆盘涡轮；
d—曲线 2：六直叶开式涡轮；e—曲线 3：推进式；f—曲线 4：二叶平桨；
g—曲线 5：六弯叶开式涡轮；h—曲线 6：六直叶开式涡轮

表 5-4　搅拌器的选用

搅拌器形式	流动状态			搅拌目的									搅拌设备容量 /m³	转速 /r·min⁻¹	最高黏度 /Pa·s
	对流循环	湍流扩散	剪切流	低黏度液混合	高黏度液混合及传热反应	分散	溶解	固体悬浮	气体吸收	结晶	传热	液相反应			
涡轮式	○	○	○	○	○	○	○	○	○	○	○	○	1~100	10~300	50
桨式	○	○	○	○	○						○	○	1~200	10~300	2
推进式	○	○		○		○	○	○		○		○	1~1000	100~500	50
折叶开启涡轮式	○	○				○	○				○		1~1000	10~300	50
锚式	○				○								1~100	1~100	100
螺杆式	○				○								1~50	0.5~50	100
螺带式	○				○		○						1~50	0.5~50	100

注：表中"○"为适合，空白为不适合或不允许。

计算气-液两相系统搅拌器功率时，搅拌器功率与通气量的大小有关。通气时，气泡的存在降低了搅拌液体的有效密度，与不通气相比，搅拌器功率要低得多。

【例 5-3】　一搅拌设备的筒体内直径为 $\phi1800$ mm，采用六直叶圆盘涡轮式搅拌器，搅拌器直径 $\phi600$ mm，搅拌轴转速 160 r/min。容器内液体的密度为 1300 kg/m³，黏度为 0.12 Pa·s，试求：

（1）搅拌器功率；

（2）改用推进式搅拌器后的搅拌器功率。

解：已知 $\rho = 1300$ kg/m³，$\mu = 0.12$ Pa·s，$d = 600$ mm，$N = 160$ r/min = 2.667 r/s

（1）计算雷诺数 Re：

$$Re = d^2 N \rho / \mu = 1300 \times 2.667 \times 0.6^2 / 0.12 = 10401.3$$

由图 5-18 功率曲线 1 查得，$N_P = 6.3$。

按下式计算搅拌器功率：

$$P = N_P \rho N^3 d^5 = 6.3 \times 1300 \times 2.667^3 \times 0.6^5 = 12.08 \text{ kW}$$

（2）改用推进式搅拌器，雷诺数不变。由图 5-18 功率曲线 3 查得，$N_P = 1.0$。搅拌器功率为：

$$P = N_P \rho N^3 d^5 = 1.0 \times 1300 \times 2.667^3 \times 0.6^5 = 1.92 \text{ kW}$$

C　搅拌作业功率

搅拌作业率是搅拌混合过程最佳时所需要的功率，而实际生产中最佳状态有时很难获取。因此，通常结合具体的搅拌过程和确定的搅拌器类型，借助日常生产或一些小型试验来获取功率数据，并以此作为搅拌作业功率的参考，进一步再确定能满足这一功率要求的搅拌器尺寸与运行参数。

（1）单位体积平均搅拌功率的推荐值。单位体积物料的平均搅拌功率的大小，常用来反映搅拌的难易程度。对同一种搅拌过程，取单位体积物料的平均搅拌功率也是一个常用的比例放大准则。

对于 $Re > 10^4$ 湍流区操作的下述过程，液体单位体积的平均搅拌功率推荐值见表 5-5。

表 5-5　不同搅拌种类液体单位体积的平均搅拌功率

搅拌过程的种类	液体单位体积的平均搅拌功率/Hp·m^{-3}
液体混合	0.09
固体有机物悬浮	0.264~0.396
固体有机物溶解	0.396~0.528
固体无机物溶解	1.32
乳液聚合（间歇式）	1.32~2.64
悬浮聚合（间歇式）	1.585~1.894
气体分散	3.96

注：1 Hp = 735.499 W。

（2）搅拌作业功率的算图。如图 5-19 所示，算图依据搅拌过程的种类以及物料量、物性参数来确定搅拌作业功率。将液体容积与液体黏度连线，交于参考线 I 上某点，再将该点与液体相对密度连线，交于参考线 II 上某点，之后将该点与某一操作连线，交于搅拌功率线上某点，即可由此确定该过程的搅拌作业功率。

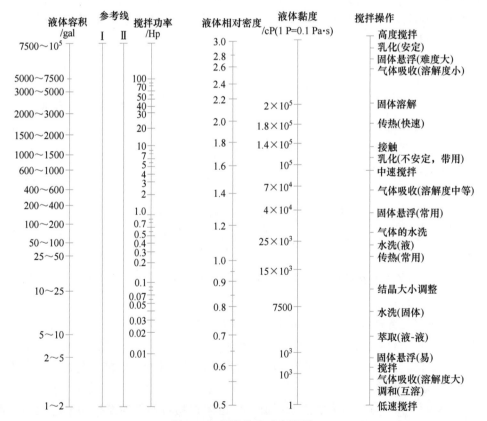

图 5-19　搅拌作业功率算图
（美制 1 gal = 3.785 L，英制 1 gal = 4.546 L）

D 搅拌器的放大计算

常用的搅拌器放大方法是根据要达到相同的搅拌效率时，模型和实物中搅拌单位体积液体所消耗的功率相等。

搅拌器的放大条件为：

（1）混合室应按前述方法放大。

（2）大型和小型搅拌器应几何相似，即大型搅拌器的主要尺寸比与小型搅拌器的主要尺寸比相同。

（3）大型与小型搅拌器单位体积混合液所消耗的功率相等。

（4）大型和小型搅拌器所用的萃取体系相同，浓度和相比相同。

几何相似时，液体体积之比可用搅拌器的决定性尺寸（常为桨叶直径）代替，设 V 为混合室液体体积，d 为搅拌桨叶直径，下标 1、2 表示小型和大型搅拌器，则：

$$\frac{d_1}{d_2} = \left(\frac{V_1}{V_2}\right)^{1/2} \tag{5-36}$$

设 P_1、P_2 分别表示小型和大型搅拌器的功率，则：

$$\frac{P_1}{V_1} = \frac{P_2}{V_2} \tag{5-37}$$

搅拌器功率（kg·m/s）可用下式计算：

$$P = cd^{5-2m} \cdot n^{3-m} \cdot \rho^{1-m} \cdot \mu^m \tag{5-38}$$

搅拌同一液体时，混合液密度（ρ）、黏度（μ）、常数（c，m）均相同，故两功率之比为：

$$\frac{P_2}{P_1} = \frac{d^{5-2m} \cdot n_2^{3-m}}{d_1^{5-2m} \cdot n_1^{3-m}} \tag{5-39}$$

式中 n_1，n_2——小型和大型搅拌器转速；

其他符号意义同前。

因此，计算顺序为：已知 V_1、V_2、d_1 计算 d_2，已知 P_1、V_1、V_2 计算 P_2，已知 P_1、P_2、d_1、d_2 和 n_1 计算 n_2。

若不知 P_1，可用联立方程消去 P 而计算 n_2，即：

$$n_1^{2.8} \cdot d_1^{1.6} = n_2^{2.8} \cdot d_2^{1.6} \tag{5-40}$$

或

$$\frac{n_2}{n_1} = \left(\frac{d_1}{d_2}\right)^{0.57} \tag{5-41}$$

5.3.4 塔式萃取设备设计

下面以振动筛板塔（见图 5-20）的计算为例进行介绍。

5.3.4.1 塔径的计算

塔径通常采用下式计算：

$$D = \sqrt{\frac{4W_c}{\pi v_c}} \tag{5-42}$$

式中 D——塔内径，cm；

        W_c——连续相的流量，cm^3/s；

        v_c——连续相的操作线速度，cm/s；

        π——圆周率，取 3.1416。

当 W_c 相同时，v_c 越大所需的塔径越小，但 v_c 的增大受到"液泛"的限制。液泛即指当 v_c 过高时发生一相被另一相带走的现象，即一股液流被速度过大的另一股液流夹带，使之反向流动的现象。液泛时的流速称为液泛速度，它是塔式萃取设备的最大操作速度。

为了稳定操作，通常操作线速度低于液泛速度，即

$$v_{cF} = mv_{cF} \tag{5-43}$$

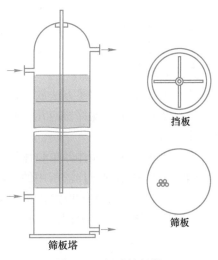

图 5-20   振动筛板塔

式中 m——系数，不同设备形式有不同的 m 值，对喷雾塔、填料塔、脉冲筛板塔，$m = 0.5 \sim 0.6$；

        v_{cF}——液泛速度，可由经验公式计算或由试验测定。

当由试验确定 v_c 时，在保证稳定操作的前提下，v_c 应尽可能取大值。

5.3.4.2 塔高的计算

已知理论级当量高度和所需理论级数，可由下式计算塔高：

$$H = n_T \cdot HETS \tag{5-44}$$

式中 H——塔的有效高度，m；

     n_T——理论级数；

   $HETS$——理论级当量高度，m。

已知传质单元高度和所需传质单元数，可由下式计算塔高：

$$H = HTU_W \cdot NTU_W \tag{5-45}$$

式中 H——塔的有效高度，m；

   HTU_W——水相传质单元高度，m；

   NTU_W——水相传质单元数。

5.4   萃取设备的放大及发展趋势

5.4.1   萃取设备的放大设计

5.4.1.1   萃取设备的设计要求

萃取设备的设计要根据给定的处理能力和分离要求设备的主要尺寸，并对一些附属设备如搅拌器或液体分布器等内部构件的设计提出要求。

液-液萃取过程的平衡关系一般都比较复杂，又存在部分互溶等特殊问题。有关萃取设备的理论级数或传质单元数的计算也比较复杂，有关问题需查阅相关参考书，因此在此仅讨论给定理论级数（或传质单元数）的萃取设备主要尺寸放大设计的问题。

A 设计条件的确定

根据原料的组成、处理置和选定的溶剂，需确定下列设计条件：

（1）溶剂的用量和选定分散相，以及在选择分相时需要考虑的多方面因素。例如，为了获得最大的相界面面积，物料通过量大的液相应该是分散相；为了获得较大的通量，应该选择黏度较小的一相作连续相；为了获得较高的传质效率，分散相的黏度不能过高，而分子扩散系数应该较高；从防止乳化等一些特殊要求出发，有时又需要选择有机相为连续相等。这些要求有时是互相矛盾的，要因地制宜，综合考虑。

（2）操作温度和压力下两相的物性，如密度、黏度、界面张力和分子扩散系数等，它们对萃取设备的性能有重要影响。例如，界面张力是影响分散相液滴平均直径的关键因素，因此对塔的处理能力和传质效率起着决定性的影响。工业上常用萃取体系的界面张力变化范围很大，润滑油酚精制的界面张力很低，约为 1.0 mN/m，而液化气脱 H_2S 等工业体系的界面张力则很高，因此不同体系的液泛速度和传质性能往往有很大的差别。

（3）选定萃取设备的类型，可以根据以上几节介绍的方法进行比较和选择。

（4）体系的稳定性、腐蚀性和毒性等在工程放大设计中所需的信息要慎重加以考虑。

B 萃取设备设计的特点

液-液萃取过程两相密度差小，连续相黏度较大、两相轴向返混严重、界面现象复杂，因而设计计算比较困难。这是因为影响萃取过程的因素非常多，而其中很多因素尚未被充分证明。大多数可用的数据是在小型实验设备上测量的，通常实验设备只有几十毫米直径和几百毫米高，因而所得关系式只能用于粗略地估算，设计时必须留有余地。与精馏和吸收等气-液传质过程相比，萃取设备的放大设计方法很不成熟，而且有一些不同的特点。

（1）体系物性是影响设计的重要因素，体系的物性如界面张力、两相的密度和黏度等对萃取设备的性能具有重要影响。界面张力主要影响分散相的液滴平均直径，因而它对设备的处理能力和相际传质比表面积具有决定性的影响。两相的密度差对体系的分散特性和萃取设备的液泛速度具有重要影响，也影响分散相的聚合速度。连续相的黏度不仅影响设备的处理能力，也影响连续相的传质系数；而分散相的黏度影响液滴内的传质，往往是整个传质过程的控制环节。

由于萃取设备往往在高温、高压、强腐蚀、强放射或易燃等条件下操作，操作条件下的体系物性难以测定或估算，因此取得可靠的体系物性数据往往是萃取设备放大设计过程中一项重要而困难的工作。

（2）轴向返混的影响严重，液-液萃取过程中两相密度差小、黏度大，逆流过程中两相流动状况比较复杂。例如，连续相在流动方向上速度分布不均匀，连续相的湍流动和旋涡引起分散相液滴的返混和夹带，分散相液滴直径分布不均匀造成的大液滴运动速度过快，即前混以及分散相液滴的尾流引起连续相的返混等。通常把这些导致两相非理想流动和两相停留时间分布的各种现象统称为轴向混合，它包括返混、前混等各种混合现象。

轴向混合对萃取塔的性能产生极为不利影响，它不仅降低了传质推动力，而且降低了萃取塔的处理能力，因此轴向混合的不利影响是设计计算时必须考虑的问题。目前的主要困难是，尽管提出多种描述轴向混合对传质影响的数学模型，但可以用于工业装置放大设计计算的轴向混合参数仍然十分缺乏。

（3）界面现象的影响有待进一步研究，液-液两相的界面十分复杂。在萃取设备实验中往往发现，由于微量的表面活性物质污染了实验体系，结果使体系的液体力学和传质性能发生了极大的变化。

在单液滴传质过程中也经常观察到界面扰动现象，这种现象总是和传质过程联系在一起的。当传质速率很快时，界面扰动较为明显；当存在强烈的界面扰动时，传质速率也特别高。一般认为界面现象是由于传质过程中各点浓度发生变化所引起的界面张力无规则变化的结果，即通常所称的 Marangoni 效应。按热力学原理分析，这种现象是通过扩散界面张力较低的表面面积，使整个表面趋于表面能最低的稳定状态的复杂、无序的过程。

实验表明，Marangoni 效应可能使传质效率提高数倍，而表面上微量表面活性物质的存在，将大大降低甚至抑制界面扰动的发展。因此，在计算萃取设备的传质过程时，应该考虑此过程是否存在 Marangoni 效应以及体系被杂质（特别是表面活性物质）污染的程度。

（4）适度分散是保证萃取设备性能的技术关键，在液-液萃取过程中，由于两液相的密度差小而黏度大，因而两相混合的分离比气-液传质过程困难得多。为了加速相际传质过程，需要采用机械搅拌、空气脉冲或分布器等手段使一相在另一相中分散成细小的液滴群，形成较大的相际传质表面。但是，过度的搅拌和液滴群的过度分散会使分散相的聚合过程变得非常困难，既增加溶剂损失，又会使萃取的萃余液中夹带大量溶剂，造成二次污染；有时还会造成乳化现象，破坏萃取设备的稳定操作；液滴群的过度分散还可能使液滴群的平均直径过小，使传质进入高刚性球的区域，传质系数大幅度下降。

因此，无论从降低溶剂损失还是提高传质速度的角度来看，保持体系的适度分散和促进两相的分散—聚合—再循环都是十分重要的。在环保要求日益提高的今天，这一问题显得尤为重要。

5.4.1.2 萃取塔设计的信息流图

萃取塔的设计过程可以比较形象地用信息流图来表示，如图 5-21 所示。为了确定给定处理量所需的塔径 D_c，需要计算出液泛速度 U_{cf} 和 U_{df}；而为了计算完成给定任务所需的塔高，一方面需要根据溶质的分配系数和分离要求计算表观传质单元数 NTU_{oxp}，另一方面需要计算表观传质单元高度 HTU_{oxp}。为了根据扩散模型的近似解法计算 HTU_{oxp}，一方面要通过计算滴内、滴外的分传质系数 k_c、k_d 来计算总传质系数 K_{oc}；通过计算分散相存留分数 x_d 和液滴平均直径 d_{32} 来算出传质比表面积 a，进而算出真实的传质单元高度 HTU_{ox}；另一方面要先计算出轴向扩散系数 E_c、E_d（或 P_{ec} 和 P_{ed}）并进而计算出分散单元高度 HTU_{oxd}。HTU_{oxp} 则由 HTU_{ox} 和 HTU_{oxd} 相加求得。最后，有效塔高由 NTU_{oxp} 和 HTU_{oxp} 相乘求得。

5.4.1.3 设计参数的测定

由于影响萃取设备性能的因素复杂，因此萃取设备的设计参数往往需要实验测定。即使选用文献上报道的公式来计算这些设计参数时往往也是由实验数据回归求得的，各种萃取设备的设计参数各有不同。在此对一些共同的原理和通用的方法进行简要的说明。

A 实验研究体系的选择

由于液-液萃取的应用日趋广泛，涉及的体系种类繁多，而体系的物性对设备性能又具有重要的影响，还存在界面等一些复杂因素，因此最好能用真实物料进行设备的小试和中试。但是由于条件的限制，实践中往往不得不选用一些模型体系来进行实验研究。为了

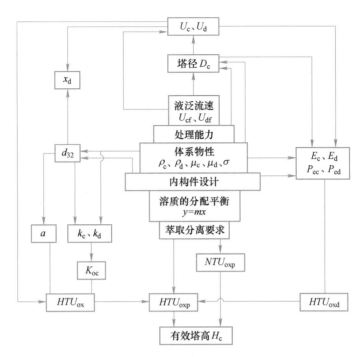

图 5-21 萃取塔设计的信息流图

便于交流和充分利用前人的研究成果，一般倾向于利用一些标准实验体系。例如，表 5-6 中列出了国际上通用的三种萃取实验体系的主要物性，它们分别是高、中、低界面张力体系的代表，文献中的很多数据都是在这些体系中测定的。由于这三种体系的物性（特别是界面张力）差别很大，覆盖范围很宽，因此可以根据实际体系的物性，在设计计算过程中参考适当的数据，并选用适当的设计计算公式。

表 5-6　三种典型的用于液-液萃取的实验体系

序　号		1		2		3	
水　相		水					
有机相		甲苯		醋酸丁酯		正丁醇	
分子式		C_7H_8		$C_6H_{12}O_2$		$C_2H_{10}O$	
沸点/℃		110.4		126.06		117.5	
溶　质		丙酮		丙酮		丁二酸	
分子式		C_3H_6O		C_3H_6O		$C_4H_6O_4$	
x_1（质量分数）/%	$\gamma/mN \cdot m^{-1}$	0	35.4	0	14.1	0	1.75
		3.13	27.0	3.81	11.7	3.87	1.0
		7.67	19.3	7.86	9.6	6.58	0.7
x_1（质量分数）/%	$\rho_1/kg \cdot m^{-3}$	0	997.8	0	997.0	0	985.6
		3.13	993.7	3.03	993.3	3.56	995.6
		7.67	987.8	8.11	986.4	6.25	1003.1

续表 5-6

序号		1		2		3	
x_1(质量分数)/%	ρ_1/kg·m^{-3}	0	866.5	0	882.1	0	846.0
		3.13	846.5	3.03	879.4	3.56	866.5
		7.67	862.6	8.11	873.6	6.25	881.4
x_1(质量分数)/%	μ_1/cP	0	1.006	0	1.0237	0	1.426
		3.13	0.575	3.03	1.11	3.56	1.536
		7.67	1.2	9.11	1.28	5.29	1.61
x_1(质量分数)/%	μ_1/cP	0	0.586	0	0.7345	0	3.364
		3.13	0.575	3.03	0.72	3.56	3.749
		7.67	0.560	8.11	0.6827	5.29	3.925
$m(m=y_1/x_1)$		$0 \leqslant x_1 \leqslant 8\%/(0.61 \sim 0.83)$		$0 \leqslant x_1 \leqslant 8\%/(0.9 \sim 0.98)$		$0 \leqslant x_1 \leqslant 8\%/(1.12 \sim 1.3)$	
x_1(质量分数)/%	D_1/mm^2·s^{-1}	0.59×10³	1.14×10³	0.03×10³	1.093×10³	0.69×10³	0.57×10³
		3.45×10³	1.07×10³	31.86×10³	0.598×10³	3.66×10³	0.52×10³
		5.96×10³	1.01×10³	74.15×10³	1.68×10³	5.21×10³	0.47×10³
x_1(质量分数)/%	D_{11}/mm^2·s^{-1}	0.72×10³	2.7×10³	0.25×10³	2.2×10³	0.43×10³	0.24×10³
		3.26×10³	2.66×10³	41.92×10³	2.196×10³	3.71×10³	0.23×10³
		4.37×10³	2.51×10³	79.76×10³	2.506×10³	5.56×10³	0.21×10³

B 实验研究设备的规模

一般说来，希望实验设备尽可能大一些，以期取得较为可靠的实验数据。但是，由于溶剂回收比较困难和出于安全方面的考虑，用于液-液萃取的实验设备通常塔径为 150 mm 的就算是大型实验装置了。极少数情况下，也有塔径达 450 mm 的装置。因此，实验方案和放大设计方法必须精心设计和选择，在设计中如需参考小型实验设备（如 φ25 mm 或 φ50 mm）的实验数据时，必须选择可靠的模型，充分考虑其放大效应。

C 模型参数的选择和测定

在过去的 20 多年中，一些在 20 世纪 60~70 年代发展的萃取设备的设计原则已被人们广泛地接受并在工程实践中继续得到应用，许多工程设计是基于特性速度和轴向混合这两种因素经过各种简化后作为依据的。近年来，研究工作使此领域的理论知识继续得到应用，人们主要关注液滴的破碎和液滴间的聚合等动态过程，群体平衡模型（the population balance model）把两者结合在一起。这些新的研究成果已被广泛采用的特性速度和轴向混合的概念结合了起来，这可能将萃取设备的设计提高到一个质量更高和数量更精确的新阶段。然而，特性速度和轴向返混的概念还是非常重要并得到广泛的应用。因此在图 5-21 中的萃取塔设计信息流中，一方面根据特性速度的概念来计算液泛速度并进行塔径的放大，另一方面基于扩散模型来考虑轴向返混塔高的放大。有关模型参数的实验测定和半经验公式的回归，将结合各种具体的塔型加以描述。

在体系比较复杂和模型参数难以测定和估算的情况下，也可根据液泛速度的概念直接进行塔径的放大或根据柱塞流模型进行塔高的放大，这种经验方法在一些萃取设备的设计中仍然有所应用。

5.4.2 发展趋势

5.4.2.1 提高设备的效率

在萃取设备的发展中，人们最关心的是如何提高设备的效率。影响萃取设备效率的因素是多方面的，它除了和设备结构、输入能量大小有关以外，还和相比、流量、浓度、温度流体性质以及分散相的选择等一系列因素有关，在这里重点讨论，如何从设备结构和输入能量大小两个方面来提高设备的效率。

从前述已知，增大传质系数 K、两相接触面积 F 和传质推动力 ΔC 都能增大传质速度。

传质系数和流体性质及流体动力学状况有关，原则上传质系数随流体湍流程度的增大而增大；两相接触面积与分散相液滴大小和分散相滞液量有关，液滴越小，分散相滞液量越大，则两相接触面积越大，浓度差由初始选定条件和返混大小确定，返混越大 ΔC 越小。

对于无外加能量的萃取设备，由于仅凭两相密度差（一般都不大）使流体通过固定的填料（填料塔）或筛板（筛板塔）进行传质，其搅拌作用有限，它们的接触面积和液流的湍流程度都不大，效率是不高的。因此，要进一步提高设备效率就必须从外部向两相液流引入能量，通过加强搅拌来强化介质。

增大搅拌强度，可以使连续相处于高度湍流状态，在连续相内得到相当高的传质系数。而分散相是比较复杂的，搅拌只是间接影响分散，使液滴瑞流增大的原因可以是各种机理，液滴通过连续相移动时，两相摩擦会使液滴变形、分裂和内循环；此外，液滴分散和聚结，这种液滴的相互作用也会使液滴内部传质速度加快。因此，设计的设备结构，加入的能量只要能够增大液滴对连续相的相对速度，或使液滴在设备内反复分散和聚结，均能增大传质系数。

增大搅拌强度，可以使液滴直径变小，分散相滞液量增大，因而两相接触面积增大。另外，如果在结构上能使液滴在区段内循环，由于液滴的停留时间增大，分散相滞液量必然增大，从而使两相接触面积增大。

但是，也不能任意加大输入能量，因为随着外加能量的增大，一些降低设备效率的负作用也在增大，具体有：（1）随着外加能量的增大，浓度差因返混增大而降低；（2）随着外加能量的增大，设备的流通量随液滴直径的变小而降低，而设备的澄清器尺寸随液滴直径的变小而增大。（3）随着液滴直径越来越小，当超过某一数值后，由于液滴的内循环变坏，液滴的相互作用降低，液滴近似于刚性球，传质系数反而降低。

从上面分析可以看出，各参数的变化是互相关联的，有的是互相矛盾的，要真正提高萃取设备效率，就必须使正作用大于负作用。在考虑设备流通量的同时，对于传质速度，重要的是使 K、F、ΔC 三者的乘积达到最大值，而不是使单项值达到最大。

返混对塔式设备有极坏的影响。实践证明，通过控制外加能量和完善设备结构，可以减小返混的影响。例如，在一个 304.8 mm（12in）塔径的振动筛板塔中，曾用 MIBK-乙酸-水体系进行试验，当总流量相同时，只是在筛板中增加了一些挡板，就使最小理论级当量高度从 289.56 mm（11.4 in）降至 182.88 mm（7.2 in）。从介绍的一些设备中也可以看出，将混合和澄清以某种形式隔开是一种最有效的减小返混的方法。

此外，还必须考虑整个系统混合的均匀性。溶质浓度增大，大部分液-液系统的相际表面张力会降低，分散其中一个相的能量消耗也就减少。为了提高设备效率，保证大的流通量，流体的搅拌强度应随体系的界面张力变化而变化。例如，在某一分馏萃取体系中，一个高为 6.71 m（22 ft），直径为 0.9144 m（3 ft）的振动筛板塔，经试验得到的最佳振动筛板间距是：在进料附近的板间距为 101.6 mm（4 in），而在塔的一端为 25.4 mm（1 in），另一端为 50.8 mm（2 in）。

根据上面分析，得到提高萃取设备效率的途径是：在考虑设备流通量的同时，运用恰当的外加能量来分散液相和造成比较强烈的湍流状态，并通过与之适应的设备结构支配流体运动，使流体按照有利于传质的条件来影响萃取操作，这些有利的传质条件就能够增大传质系数、增大两相接触面积和减小返混的影响。因此，在萃取设备的研究中，这些途径已成为主攻方向。下面以湿法冶金应用最多的混合澄清器为例，讨论它的发展趋势。

5.4.2.2 混合澄清器

随着萃取技术的不断发展和工业规模的不断扩大，萃取设备也在不断改进，正向着大型化的方向发展。为适应这种需要，应设计出大功率泵混合装置和多间隔混合室（近似于串联搅拌）萃取。近期对混合澄清器的主要研究方向：一是如何减少混合澄清器的体积；二是设法增加澄清速度，减少萃取剂的夹带损失；三是更好地控制相连续性。英国戴维（Davy Mc-kee）公司研制的联合式混合澄清器（CMS）大大减少了设备的体积，节省了有机相溶剂的滞留量。法国的克莱布斯（Krebs）混合澄清器在混合、澄清两方面都得到突破，采用锥形泵式搅拌装置使级效率提高到90%以上，而且在澄清室顶部增设混合相溜槽，使澄清速度提高到 14 m³/(m²·h) 以上。为减少有机相滞留量，最重要的是减小澄清室尺寸，在这方面人们曾经研究在澄清室内设置各种各样的聚结装置。实验证明，无论采用亲水、疏水材料的丝网或静电聚结，都可以大大提高聚结速度，从而减小澄清室的尺寸，但是，物料中的固体沉积或杂质都可能成为潜在的事故源。为保持物料的清澈，势必要对物料进行严格的过滤或增加过滤次数，加上聚结装置的费用，使增加聚结装置在经济上失去了优势，并可能增大溶剂的夹带损失，所以在工业上应用得很少。目前简单的水平组合板在工业中应用较广泛，因为它同样具有提高聚结速度、减轻液流波动、减少夹带的能力。

多年来许多科学家和工程师在液滴的性质及相互作用、停留时间的分布等方面做了大量的研究，并取得了一些成果，但目前还不能满足工业设计的要求。搅拌混合传质和澄清分相本是两个互相矛盾的过程。为了获得最佳的传质效果和最佳的澄清速度，往往是通过小试验测得数据，然后用于设备的放大设计。为弥补试验和工业规模上的差距，现在的设计常常是使设备在一定范围内能改变其参数，如搅拌器的插入深度、混合相口和溢流堰可调等措施，以便在工艺生产中采用调整、试凑法来达到最佳的效果。

目前混合澄清器的种类很多，并且在工业应用中不断地得到改进。例如，芬兰的 Outo-kumpu OY 工厂已经发展了一种独特的混合室搅拌桨，即"螺旋形"的涡轮（见图 5-22），这种涡轮已被智利的 CompaniaMinera Zaldivar 铜矿采用。采用这种独特

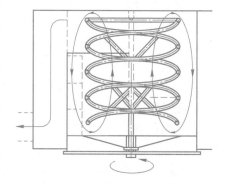

图 5-22 "螺旋形"搅拌桨

的混合室装置，萃余液中夹带的有机相仅为 10~20 mg/L，负载有机相夹带的水相仅为 75~150 mg/L，该涡轮可减少涡轮和剪切力，使空气吸入量降到最小程度。

总结混合澄清槽的发展方向，应该把焦点放在混合室、搅拌桨及分相上，尽力使一些重要因素处于最佳条件，保证获得最好的萃取结果。因此可以说，这也是其他类型萃取设备可以借鉴的发展方向。

5.5 电解槽的设计

熔盐电解可用于工业上大批量生产混合稀土金属（以下用 REM 表示）、单一轻稀土金属（除钪外）和某些稀土合金。与金属热还原法相比，它比较经济方便、金属回收率高，又可连续生产。

熔盐电解槽的设计一般包括下面三部分。

（1）结构计算：电解槽结构、槽体容积尺寸、阴阳极形状与尺寸、槽数。

（2）电工计算：确定自阳极母线到阴极母线上各部位的电压降，并作出电解槽的电压平衡。

（3）热平衡计算：降低能耗损失，并保证电解所需的电解温度。

5.5.1 电解槽结构

稀土电解槽按照规模大小和结构形式，迄今为止，国内外报道的稀土电解槽结构类型有近 20 种。如果按照电解槽的电极配置形式和电极的形状大致分类，可分为以下四种基本类型。

5.5.1.1 平面平行电极水平布置

平面平行电极水平布置电极配置类似于铝电解槽，早期的稀土电解槽多属于这种类型。例如，澳大利亚 Treibacher 化学工厂的 1 kA 氯化物熔盐体系电解槽（见图 5-23），用耐火砖砌筑内衬，圆形槽腔底部以聚沉的混合稀土金属作阴极，金属上方用圆柱形石墨棒的端面作阳极。日本 20 kA 氟化物-氧化物熔盐体系电解槽则采用金属钼、钨或铁质内衬，生产稀土-铁合金。这类电解槽随着容量的增大而增加阳极数目，如 Promothus 氯化物熔盐体系电解槽（见图 5-24）在圆形槽腔内配置 3 根石墨阳极；苏联建立的 24 kA 氟化物-氧化物熔盐体系电解槽，在长方形槽中布置了 8 根石墨阳极；德国建立的 45 kA 电解槽亦属于这种类型。这类电解槽仅能生产稀土-铁合金或冶金级混合稀土金属，如苏联槽电解的金属纯度为 95%~98%，电流效率最高达到 75%，电耗 16 kW·h/kg(RE)。

5.5.1.2 平面平行电极垂直布置

平面平行电极垂直布置电极配置类似于镁电解槽，如在 3 kA 圆形槽（见图 5-25）中悬挂平面平行的铁阴极和石墨阳极，电解制备钕-铁合金，电流效率分别为氯化物系 35%、氟化物系 85%、氟化物-氧化物系 75%。实验表明，电极为平面平行布置时比棒状电极平行布置可提高产量 1.3 倍，电流效率由 65% 提高至 85%；电极配置用阳极/阴极/阳极比用阳极/阴极可提高产量 2 倍以上。

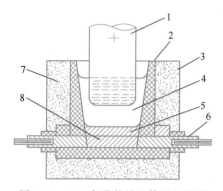 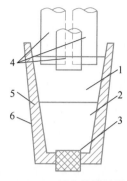

图 5-23　1 kA 氯化物熔盐体系电解槽   图 5-24　Promothus 氯化物熔盐体系电解槽

1—石墨阳极；2—砖砌内衬；3—铁外壳；4—电解质；   1—电解质；2—稀土金属；3—铁阴极；

5—混合稀土金属；6—冷却水管；7—砂填充物；8—铁阴极   4—石墨阳极；5—耐火内衬；6—钢壳

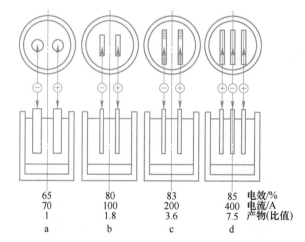

65	80	83	85	电效/%
70	100	200	400	电流/A
1	1.8	3.6	7.5	产物(比值)
a	b	c	d	

图 5-25　3 kA 圆形槽平面平行电极垂直布置

a—棒状电极平行布置；b—平面电极平行布置；

c—平面电极平行布置，电极面积为图 b 的 2 倍；

d—平面电极平行布置，为三电极平行配置

5.5.1.3　柱面平行电极垂直布置

国内普遍应用 800 A 氯化物熔盐体系石墨坩埚电解槽（见图 5-26），以圆桶形石墨坩埚作阳极，坩埚轴线上配置钼棒或钨棒作阴极，底部用瓷坩埚汇集金属。采用 3 kA 整流器后，槽容量扩大到 2.3 kA，用于生产混合稀土金属，镧、铈等轻稀土金属和稀土-铁等合金，电流效率约 60%，电耗 20 kW·h/kg（RE）。由于环境污染，已有不少企业改用氟化物-氧化物熔盐体系电解槽生产混合稀土金属。

1984 年，包钢稀土研究院成功开发 3 kA 氟化物-氧化物熔盐体系电解槽，用于制备金属钕和钕-铁合金。3 kA 钕电解槽结构如图 5-27 所示，以钼棒或钨棒作阴极，在石墨坩埚中插入一个石墨圆筒充当阳极，底部用钼或钨坩埚汇集金属。近年来，这类电解槽的容量增大到 6 kA，并用几个圆弧形石墨块取代石墨圆筒，用于生产金属钕、镨、镧、铈以及

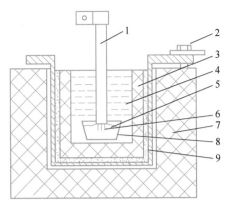

图 5-26　800 A 石墨坩埚电解槽结构图

1—阴极陶瓷套管；2—阳极压紧螺母；3—石墨坩埚；4—电解质；

5—金属；6—钼阴极；7—耐火砖；8—瓷皿；9—铁壳

镨-钕、钕-铁、镝-铁、钆-铁、钬-铁、铒-铁、钇-铁等合金。该院近年开发的 10 kA 氟化物-氧化物熔盐体系电解槽，相当于将 3 个石墨圆筒电极机构并列布置于一个石墨块砌筑的槽腔内，电流效率达 80.13%，电耗 10.5 kW·h/kg(Nd)，2006 年通过首届全国杰出专利工程评审，获得内蒙古自治区优秀专利奖。

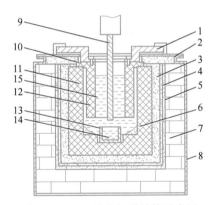

图 5-27　3 kA 钕电解槽结构示意图

1—阳极导线板；2—炉盖；3—保温层；4—铁套筒；5—石棉纤维板；6—电解质结壳；

7—保温砖；8—炉壳；9—钨阴极；10—刚玉垫圈；11—石墨坩埚；

12—石墨阳极；13—钼坩埚；14—液态金属钕；15—液态电解质

5.5.1.4　集群式电极垂直布置

最早出现的这类电解槽是美国矿务局雷诺冶金中心研制的氟化物-氧化物熔盐体系电解槽。铈电解槽由 9 根钼棒或钨棒构成阴极群，围绕一个中空石墨阳极筒组成电极机构；而镧电解槽则由 8 根石墨棒构成阳极群，围绕一根钼制中心阴极棒组成电极机构；两者均从槽壁侧面接出一根钼管，可间断放出金属。国内早期出现的 10 kA 氯化物熔盐体系陶瓷型电解槽（见图 5-28）也属这种类型。江西省赣州科力稀土新材料有限公司开发的 10 kA 氟化物-氧化物系电解槽，阳极为双层，其内层为圆柱状、外层为圆环形，多根阴极呈环状均布于双层阳极的环状中间，电流效率75.62%，电耗9.07 kW·h/kg(Nd)，获得江西省2002年度科技进步奖一等奖和江西省赣州市2002年度科技进步奖一等奖。

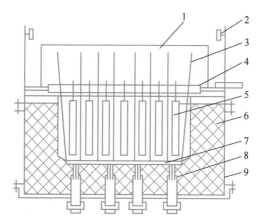

图 5-28　10 kA 氯化物熔盐体系陶瓷型

电解槽结构示意图

1—风罩；2—阳极升降架；3—阴极棒；4—阳极框；5—石墨阳极；

6—高铝砖；7—金属室；8—阴极导电棒；9—电解质

稀土电解槽的槽型结构，根据温度、规模、阴阳极配置等可细分，见表5-7。

表 5-7　稀土电解槽槽型划分表

划分依据	槽 型	特 点
温度	高温电解槽	温度高于1100 ℃，可用于制备 Gd 等高熔点稀土金属及其合金
	低温电解槽	一般温度<1100 ℃，可用于制备镧、铈、镨、钕及镨钕合金等低熔点稀土金属及其合金
规模	1~8 kA	一般为圆形电解槽，石墨坩埚为一体结构
	10~1 kA	一般为方形电解槽，石墨坩埚为拼接形式
阴阳极配置	上插阴阳极	阴、阳极在电解槽上部布置
	底置阴极	阴极在电解槽底部，阴极可以为固态阴极或稀土金属、稀土合金液态阴极

目前国内工业生产使用的电解槽大部分都是上插阴阳极敞开式电解槽，电流一般为6~8 kA，10~15 kA 规模电解槽只有在中国北方稀土（集团）高科股份有限公司、西安西骏新材料有限公司等少数单位应用。6~8 kA 稀土电解槽投资低、设备简单见效快，适合生产市场需求量小的产品。10~5 kA 稀土槽型容量大、热稳定性高、集中收尘便利、便于实现自动化控制、金属质量一致性好、电解槽寿命长，如图5-29所示 。有研稀土新材料股份有限公司、包头稀土研究院和赣州晨光稀土新材料股份有限公司等单位对底置阴极稀土电解槽进行了研究，发现采用底置阴极电解制备稀土金属可大幅降低槽压，实现较高的电能效率，降低电耗，同时可以大幅度提高阳极利用率，降低石墨单耗和加工成本，节能减排潜力大，但目前尚未实现工业生产。

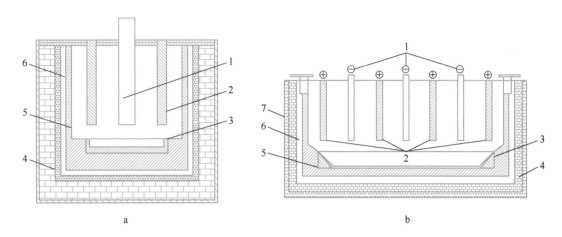

图 5-29　现行常用稀土工业电解槽结构示意图

a—3~6 kA；b—10~30 kA

1—阴极；2—阳极；3—接收器；4—耐火材料；5—石墨坩埚；6—碳捣固层；7—钢衬垫

　　毋庸置疑，我国的稀土电解技术已取得了长足的进步，从生产金属和合金的种类、金属纯度和回收率以及电流效率、电耗等技术经济指标方面均居于世界领先地位，在熔盐电解生产设备实现大型化、生产技术和工艺水平方面达到了国际先进水平。

　　稀土熔盐电解真空虹吸设计。目前，稀土电解槽的稀土金属液出炉方式多用铁勺等人工舀出或用不锈钢坩埚钳夹出，存在出炉时间长、槽体热量损失较多、炉况波动大、工人劳动强度大、辐射热量大、操作环境恶劣等缺点，导致电解不连续、生产成本偏高、产品质量的稳定性差。美国曾进行预埋钼引出管电加热后流出及氮化硼虹吸管虹吸的试验研究，但由于制作工艺复杂、成本较高，易发生金属堵塞管道或吸管，在实际生产中难以得到推广和应用。国内近年研发了适用我国稀土电解技术的真空虹吸装置，用钛或银材质制成的虹吸管寿命长、性能价格比好，且钛具有制作简单的优点。虹吸管的可吸高度可由下式计算：

$$h = \frac{\varepsilon p}{\rho g} \tag{5-46}$$

式中　h——虹吸管高度，m；

　　　ε——系数，试验中取 0.8；

　　　p——虹吸压力，Pa；

　　　ρ——金属密度，kg/m^3；

　　　g——重力加速度，m/s^2。

　　该真空虹吸出炉工艺技术已在 10 kA 级以上大型稀土电解槽实际生产中采用，不仅能够使稀土金属电解作业实现连续化和机械化，而且可大幅减轻出炉劳动强度、减少稀土金属中熔盐夹杂、提高产品质量。

5.5.2　设备热平衡计算

　　热平衡计算是工艺设备设计计算的重要工作之一。热平衡计算就是对工作体系热能变化的计算，由设备在工作中的热能收入和热能支出各项组成，并且：

$$\Sigma Q_{入} = \Sigma Q_{出} \tag{5-47}$$

通过热平衡计算不仅可以比较近似地确定设备所需的燃料、水、电能等的消耗量，还可以反映出设备结构及操作上的特点等。例如：在某一作业中，能否依靠物料的化学反应热维持高温下自热生产，又如炉墙结构及其厚度如何才能满足保温要求；反之，反应热过大，还须有排风、冷却装置。这些均可通过热平衡计算得知，以便采取补充热量、保温或散热等措施，从而满足工艺需求。

通常，热平衡计算是在物料平衡计算的基础上进行的。因为只有知道进出设备的物料数量，才有可能计算其化学反应热。

5.5.2.1 热平衡计算步骤

（1）确定热平衡计算系统。热平衡是指某一设备在作业过程中某一阶段的热量平衡关系。热平衡计算，首先就要确定计算的系统（设备的体系、范围）及计算哪一个阶段的，这通常是由设备工作周期中需要供应最大热量的那个区间，或有某些特殊要求的计算项目（如排风量）来确定。

对于一个连续操作的设备来说，分析某工作温度-时间曲线，可知何时消耗热能量最大。通过热平衡计算以确定设备所需的最大功率，以保证在预定时间内将温度升至所需温度，并维持正常生产所需的热量。

（2）确定与化学反应热计算项目有关的基准温度，此基准可选为设备作业时实际温度，也可以室温为基准进行计算。

（3）确定热收入项目和热支出项目。

（4）列出热平衡计算用各种原始数据，其中包括各种物料量、设备操作温度、进出设备体系的各种物料的温度及热容值、设备材质的导热系数、设备外壳的综合给热系数、冷却水温度与用量以及其他有关的计算数据。

（5）完成热平衡计算，通常以千卡●/小时（kcal/h）的热量进行计算。

（6）列出热平衡表，借以检查计算是否正确，并可从中分析其热能的利用以及设备的结构是否合理，从而提出改进方案，见表5-8。

表 5-8　热平衡表

序号	热收入项	$Q_{收入}/\mathrm{kcal \cdot h^{-1}}$	占比/%	序号	热支出项	$Q_{支出}/\mathrm{kcal \cdot h^{-1}}$	占比/%
合　计				合　计			

5.5.2.2 稀土熔盐电解槽热平衡计算

热（能量）平衡计算是电解槽设计中的主要计算内容之一，其目的是降低能耗损失、保证电解所需温度。它是计算正在电解过程中单位时间的热平衡，以电解槽为计算体系，并以电解槽温度作为计算的基本温度。

稀土电解槽所需热（能量），并不是由槽外单独供给，而是在电解槽能量平衡计算体系内，由发热电压的电能转换而得。

---

❶ 1 cal = 4.1868 J。

A 热收入项

(1) 由电解槽计算体系内发热电压转换成的热量 (kcal/h):

$$Q_{发热} = 0.860 \times V_{发热} \times I \tag{5-48}$$

式中 $V_{发热}$——热平衡计算体系内的发热电压,等于体系内的阳极和阴极部分的电压降之和,V;

I——平均电流强度,A。

(2) 阳极气体离开体系时留下的热量:只有当电解槽为密封式时,才有此部分热量。此时,由于阳极气体离开体系的温度,低于电解温度而留给体系的热量 (kcal/h)。

$$Q_{气} = P \times C \times (t_1 - t_2) \tag{5-49}$$

式中 P——阳极放出的气体质量,kg/h;

C——阳极气体的热容,kcal/(kg·℃);

t_1,t_2——电解与气体离开电解槽时的温度,℃。

B 热支出项目

(1) 分解氯化稀土所消耗的热量 (kcal/h):

$$Q_{分解} = M \times C \times 10^{-3} \tag{5-50}$$

式中 M——被分解的氯化稀土的物质的量,mol/h;

C——在电解温度下,分解每克分子氯化稀土吸收的热量,cal/mol。

(2) 电解过程中加入的氯化稀土或氯化钾所消耗的热量 (kcal/h),应分别计算:

$$Q_{熔} = n \left[\left(\int_{T_0}^{T_1} c_{p固} dT \right) + L_{熔} + \left(\int_{T_1}^{T} c_{p熔} dT \right) \right] \times 10^{-3} \tag{5-51}$$

式中 n——加入的氯化稀土或氯化钾质量,mol/h;

$c_{p固}$,$c_{p熔}$——氯化稀土或氯化钾在固态和液态下的比热容,kcal/(mol·K);

T_0,T_1,T——室温、熔点、电解的绝对温度,K;

$L_{熔}$——氯化稀土或氯化钾熔化潜热,cal/mol。

(3) 槽壳散失的热量:电解槽为方形外壳,可按纵墙、端墙分别计算散失热量 (kcal/h)。可用下式计算:

$$Q_{壳} = \cfrac{t_1 - t_{空}}{\cfrac{S_1}{\lambda_1 F_1} + \cfrac{S_2}{\lambda_2 F_2} + \cdots + \cfrac{S_n}{\lambda_n F_n} + \cfrac{1}{a_{空} F_n}} \tag{5-52}$$

式中 S_1,S_2,$\cdots$,S_n——各层壁厚,m;

t_1——槽内壁温度,即电解温度,℃;

$t_{空}$——电解槽周围空气温度,℃;

F_1,F_2,$\cdots$,F_n——各层的核算面积,m²;

λ_1,λ_2,$\cdots$,λ_n——各层导热系数,$\lambda_t = \lambda_0 + at_{平}$,kcal/(m·h·℃)。

$t_{平}$——各层内外表面平均温度,℃;

$a_{空}$——槽壳对空气的综合给热系数,kcal/(m·h·℃)。

按该层两侧换热面积的算术平均值计算,即

$$F_i = (F_{i内} + F_{i外})/2 \tag{5-53}$$

但在熔盐电解槽中,经槽壳散失的热量 (kcal/h),习惯采用表面热量散失法进行计算。当设法知道槽壳外壁温度时,可按下式进行计算:

$$Q_壳 = (q_对 + q_辐) \times F_壳 \tag{5-54}$$

式中 $q_对$，$q_辐$——槽壳通过对流和辐射散热的热流，$kcal/m^2$；

       $F_壳$——槽壳外壁面积，m^2。

按对流造成的热损失 $[kcal/(m^2 \cdot h)]$，计算公式为：

$$q_对 = a(t_壁 - t_空) \tag{5-55}$$

式中 a——对流给热系数，$kcal/(m^2 \cdot h \cdot ℃)$；

   $t_壁$，$t_空$——槽壳外壁温度和周围空气的温度，℃。

对于垂直墙壁，给热系数按下式计算：

$$a_{垂直} = 2.2 \times \sqrt[4]{t_壁 - t_空} \tag{5-56}$$

对于水平墙壁，给热系数按下式计算：

$$a_{水平} = 2.8 \times \sqrt[4]{t_壁 - t_空} \tag{5-57}$$

由于热辐射所造成的热损失，按下式计算：

$$q_{辐射} = C \times \left[\left(\frac{T_壁}{100} \right)^4 - \left(\frac{T_空}{100} \right)^4 \right] \tag{5-58}$$

式中 C——槽壳外壁的辐射系数，对绝对黑体，$C = 4.96\ kcal/(m^2 \cdot h \cdot K^4)$，对铁与耐火材砖的表面来说，$C = 3.5 \sim 3.9$；

       $T_壁$——槽壳外壁的绝对温度，$T_壁 = t_壁 + 273$，K；

       $T_空$——周围空气的绝对温度，$T_空 = t_空 + 273$，K。

当知道槽壳外壁温度时，即可计算出经槽壳散失的热量。

但一般不知道槽壳外壁温度，通常采用作图法可求出槽壳外壁温度。其原理为：在稳定传热中，单位时间、单位面积内，从槽膛传导到槽壳外壁处的热量等于经槽壳外壁以对流和辐射散失到周围空气中的热量，即

$$q_导 = q_对 + q_辐 \tag{5-59}$$

式中 $q_导$——经炉墙由槽膛传导到槽壳外壁的热量，$kcal/(cm^2 \cdot h)$；

   $q_对$，$q_辐$——经槽壳以对流和辐射散失到周围空气中的热量，$kcal/(m^2 \cdot h)$。

按传导方式造成的热损失，$q_导[kcal/(m^2 \cdot h)]$ 计算公式为：

$$q_导 = K(t_内 - t_壁) \tag{5-60}$$

式中 K——总导热系数，$kcal/(m^2 \cdot h \cdot ℃)$；

       $t_内$——槽膛内壁温度，即电解温度，℃；

       $t_壁$——槽壳外壁温度，℃。

总导热系数 $K[kcal/(m^2 \cdot h \cdot ℃)]$，按下式计算：

$$K = \frac{1}{\dfrac{S_1}{\lambda_1} + \dfrac{S_2}{\lambda_2} + \cdots + \dfrac{S_n}{\lambda_n}} \tag{5-61}$$

式中 λ_i——各层炉墙导热系数，$kcal/(m \cdot h \cdot ℃)$；

       S_i——各层炉墙厚度，m。

用作图法求槽壁外表面温度时，根据经验可大致确定槽壁外表面温度范围；然后，在其温度范围内选取三个不同温度，用公式 $q_导 = q_对 + q_辐$ 关系，以绘图法用 $q_导 = K(t_内 - t_壁)$ 公式求出 $q_导$ 各值，用 $q_对 = a(t_壁 - t_空)$ 和 $q_辐 = C \times \left[\left(\dfrac{T_壁}{100}\right)^4 - \left(\dfrac{T_空}{100}\right)^4\right]$ 公式求出 $q_对$ 和 $q_辐$ 各值，然后再画出 $q_导$ 和 $q_对 + q_辐$ 两条曲线，图中两条曲线的交点所对应的温度，即为所求槽壳（纵墙、端墙或炉底）外壁表面温度；交点所对纵坐标为槽壳单位热损失 $[kcal/(m^2 \cdot h)]$。

用作图法求槽壳壁面温度时，应注意炉墙各层 λ_i 值计算的准确性。如前所述，因 λ_i 为温度函数，炉墙各层中间温度此时为未知数，炉墙各层 λ_i 多用递推法求出，故应注意此值的准确性。

（4）经槽底散失热量 $Q_底$：其计算方法与 $Q_壳$ 相同。

（5）经槽盖散失的热量 $Q_盖$：

$$Q_盖 = a_盖 \times F_盖 \times (t_盖 - t_空) \tag{5-62}$$

式中　$a_盖$——电解槽盖对空气的综合给热系数，$kcal/(m^2 \cdot h \cdot ℃)$；

　　　$F_盖$——电解槽上盖表面积，m^2；

　　　$t_盖$——电解槽上盖外表面平均温度，℃。

（6）经阳极与阴极散失的热量：当知道阳极与阴极散失热量的表面平均温度时，可用公式 $Q_壳 = (q_对 + q_辐) \times F_壳$ 分别计算出 $Q_阴$、$Q_阳$ 的散失热量（kcal/h）。

（7）其他散热损失 $Q_他$：包括捞渣、炉门（加料口）、观察口等损失的热量 $Q_他$，其热量约为上述热量支出的 3%~10%。

（8）列出电解槽热平衡表，见表 5-9。

表 5-9　稀土熔盐电解槽热平衡表

热　收　入				热　支　出			
序号	项目名称	热量/kcal·h⁻¹	占比/%	序号	项目名称	热量/kcal·h⁻¹	占比/%
1	直流电能转换成的热			1	分解盐类		
2	阳极气体离开体系时留下的热			2	加热电解质		
				3	槽壳散热		
				4	炉底散热		
				5	槽盖散热		
				6	阳、阴极散热		
				7	其他散热		
合　计			100.00	合　计			100.00

C　电功率计算

在热平衡计算的基础上，得出所需外加热总量 $Q_总$，可按下式计算电功率 P：

$$P = \frac{Q_{总}}{860} \times K = Q_{总} \times 1.163 \times 10^{-3} \times K \qquad (5\text{-}63)$$

（因 1 kcal = 4.1868 kJ，所以 1 kcal/h = 1.163×10⁻³ kW，或 1 kW ≈ 860 kcal/h）

式中 K——储备功率系数，连续使用设备一般取 1.2～1.3，非连续使用设备一般取
1.4～1.5。

5.5.2.3 实例

A 槽体介绍

传统的 10 kA 底部阴极结构电解槽采用上插式阴、阳极结构，生产中暴露的问题有：
（1）炉口处槽体石墨和阳极石墨氧化严重，阳极有效利用率低；（2）槽内温度高，电解
质挥发损失严重，原料利用率较低；（3）电解槽上部敞口较大，散热量大，热能损失较
大。底部液态阴极结构电解槽由石墨阳极、钼导体、绝缘材料等砌筑而成，其剖面图如图
5-30 所示。

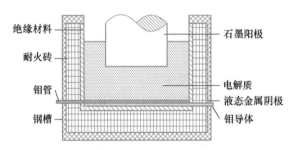

图 5-30 底部液态阴极结构电解槽的剖面图

热平衡计算中，模型的相关尺寸为：石墨槽体半径 64 cm，阴、阳极距 12 cm，阳极
半径 58 cm，电解槽高度 45 cm，石墨槽体外壁加入绝缘材料、耐火砖、外钢槽后外壁半
径 79 cm，钢槽外壁温度 60 ℃，电解槽底部温度 60 ℃，电解槽上部钢板温度 300 ℃，电
解液温度 1030 ℃，环境温度 30 ℃。

B 电解槽热平衡计算

电解槽的热平衡是指在稳定状态下，供给电解槽体系的热能是电解过程中所需的热能
与从电解槽体系中损失的热能的总和，即热收入与热支出持平。因此，良好的热平衡状态
是实现电解槽高产低耗的重要保证。

a 电解槽热收入计算

电解槽的热量主要来自两部分：电流通入电解槽产生的热 $Q_{电}$，石墨阳极与阳极气体
发生化学反应产生的热 $Q_{化}$。

电流产生的热 $Q_{电}$ 为

$$Q_{电} = 3.6UI = 3.6 \times 3.311 \times 10000 = 119696 \text{ kJ/h}$$

式中 I——电解槽的工作电流，A；

　　　　U——电解槽熔体电压，V。

阳极气体与石墨阳极的化学反应为

$$O_2 + 2C \longrightarrow 2CO$$

化学反应热 $Q_{化}$ 为

$$Q_{化} = n\Delta H_{1030}^0 = n\Delta H_{298}^0 + \int_{298}^{1030} C_p \mathrm{d}T = 44932 \text{ kJ/h}$$

其中，CO 的标准恒压摩尔热容

$$C_p = 2.84 + 4.1 \times 10^{-3} T - 0.46 \times 10^{-5} T^2$$

所以，电解槽热量总收入 $Q_{收入}$ 为

$$Q_{收入} = Q_{电} + Q_{化} = 164528 \text{ kJ/h}$$

由于阳极发生的化学反应热 $Q_{化}$ 基本为定值，而 $Q_{电}$ 远大于 $Q_{化}$，说明 $Q_{电}$ 直接决定电解槽热量总收入 $Q_{收入}$。

b 电解槽热支出计算

在电解槽模型中，有些部位只存在对流换热或辐射换热，如钢板底部；而有些部位既存在辐射换热又存在对流换热，如钢板侧部和上盖板。计算这些部位热交换时，这两种换热方式都应考虑。电解槽热支出包括：侧部钢板散热 $Q_{侧}$，槽体上盖板散热 $Q_{上盖}$，熔盐表面散热 $Q_{熔盐}$，阳极气体带走热量 $Q_{气}$，原料吸收的热量 $Q_{料}$，槽底导热 $Q_{底}$，氧化钕分解热量 $Q_{钕}$。对极距为 12 cm、阴极半径为 64 cm 的电解槽计算其热支出。

侧部钢板散热 $Q_{侧}$：

$$h_{侧} = 1.42 \times \left(\frac{\Delta T}{L}\right)^{\frac{1}{4}} = 4.132 \text{ W/(m}^2 \cdot \text{℃)}$$

$$S_{侧} = \pi \times 2 \times 0.79 \times 0.45 = 2.202 \text{ m}^2$$

$$Q_{侧} = s_{侧}\varepsilon_{侧}C_b\left[\left(\frac{t_{侧}}{100}\right)^4 - \left(\frac{t_{环}}{100}\right)^4\right] + S_{侧}h_{侧}\Delta t = 981.7 \text{ kJ/h}$$

式中　$t_{环}$——环境温度，℃；

　　　Δt——温度差，℃；

　　　L——槽体竖直高度，cm；

　　　$\varepsilon_{侧}$——黑度，即一般实物表面发射率，取值为 0~1；

　　　C_b——黑体辐射系数，5.67 W/(m^2 · K)。

槽体上盖板散热 $Q_{上盖}$：

$$h_{钢} = 1.32 \times \left(\frac{\Delta T}{L}\right)^{\frac{1}{4}} = 5.073 \text{ W/(m}^2 \cdot \text{℃)}$$

$$S_{钢} = \pi \times (0.77 + 0.15) - \pi r_{槽}^2 = 0.483 \text{ m}^2$$

$$Q_{上盖} = s_{钢}\varepsilon_{钢}C_b\left[\left(\frac{t_{钢}}{100}\right)^4 - \left(\frac{t_{环}}{100}\right)^4\right] + S_{钢}h_{钢}\Delta t$$

$$= 2924.6 \text{ kJ/h}$$

熔盐表面散热 $Q_{熔盐}$：

$$h_{液} = 1.70 \times (\Delta T)^{\frac{1}{3}} = 14.4 \text{ W/(m}^2 \cdot \text{℃)}$$

$$S_{液} = \pi \times (r_{槽}^2 - r_{阳}^2) = 0.249 \text{ m}^2$$

$$Q_{熔盐} = s_{液}\varepsilon_{液}C_b\left[\left(\frac{t_{液}}{100}\right)^4 - \left(\frac{t_{环}}{100}\right)^4\right] + S_{液}h_{液}\Delta t$$

$$= 53869.3 \text{ kJ/h}$$

阳极气体带走热量 $Q_{气}$：

假设阳极产生的气体全部为 CO，反应式为

$$Nd_2O_3 + 3C \longrightarrow 2Nd + 3CO$$

则每小时气体生成量为

$$x = 3 \times 10000 \times 1.7939/(2 \times 140.91) = 190.962 \ mol/h$$

200 ℃时，CO 的热焓为

$$\Delta H_{473}^0 = \Delta H_{298}^0 + \int_{298}^{473} c_p dT$$

1030 ℃时，CO 的热焓为

$$\Delta H_{1303}^0 = \Delta H_{298}^0 + \int_{298}^{1303} c_p dT$$

式中　　　　C_p——物质的标准恒压摩尔热容；

ΔH_{473}^0，ΔH_{298}^0——473 K、298 K 时物质的标准摩尔焓。

当 CO 温度从 200 ℃升至 1030 ℃时，热焓增量为

$$\Delta H = \Delta H_{1303}^0 - \Delta H_{473}^0 = \int_{298}^{1303} c_p dT - \int_{298}^{473} c_p dT = 26.594 \ kJ/h$$

则：

$$Q_{气} = \Delta H \times x = 5078.4 \ kJ/h$$

原料吸收热量 $Q_{料}$：

$$y = x/3 = 63.654 \ mol/h$$

原料在加入前都进行预热，取原料温度为 150 ℃，则：

$$\Delta H = \Delta H_{1303}^0 - \Delta H_{423}^0 = \int_{298}^{1303} c_p dT - \int_{298}^{423} c_p dT = 613.8 \ kJ/h$$

其中：

$$c_p = 94.76 + 0.2976t$$

所以：

$$Q_{料} = \Delta H \times y = 39070.8 \ kJ/h$$

槽底导热 $Q_{底}$：

$$h_{底} = 0.61 \left(\frac{\Delta T}{L^2} \right)^{\frac{1}{5}} = 1.33 \ W/(m^2 \cdot ℃)$$

$$S_{底} = (0.77 + 0.15) \times 0.77 + 0.15\pi = 1.179 \ m^2$$

电解槽底部下方是地面，所以热支出只有导热散热，则

$$Q_{底} = S_{底} h_{底} \Delta t = 1150.8 \ kJ/h$$

氧化钕分解热 $Q_{钕}$：

$$Q_{钕} = 3.6EI = 3.6 \times 1.69 \times 10000 = 60840 \ kJ/h$$

式中　E——氧化钕的理论分解电压，V；

I——电流，A。

总热量支出 $Q_{总}$：

$$Q_{总} = Q_{侧} + Q_{上盖} + Q_{熔盐} + Q_{气} + Q_{料} + Q_{底} + Q_{钕} = 163915.6 \ kJ/h$$

5.6 冶金主体设备的构筑材料及计算

在火法冶金过程中有各种高温熔体对设备的侵蚀，而湿法冶金过程中，却有各种酸、碱、盐水溶液对设备的腐蚀，另外在所有这些过程中都会产生各种腐蚀气体（如 SO_2、Cl_2、HCl 等）及酸雾等。所以在进行冶金主体设备设计及以后的辅助设备选用时，必须很好地选用各种耐高温、耐腐蚀、耐磨损的构筑材料，并计算出消耗量和估计库存量。

火法冶金中使用的各种冶金炉以及熔盐电解槽的构筑材料，主要是各种耐火材料及加固用的各种钢材。在火法冶金过程中需要加入各种熔剂造渣，这些熔剂与耐火材料会发生造渣反应。冶炼过程中产生的高温金属或其他化合物熔体具有较强的渗透能力，有时也会和构筑材料发生化合反应。高温冶金过程有时是在氧化气氛或还原气氛下进行，有时气相中还含有某种腐蚀性的气体，所有这些都要求认真而正确地选用耐火材料。熔剂、金属和气氛与耐火材料的作用情况和常用耐火材料的主要特性列于本书附录，可供设计时选用。由于冶金设备形状各异，冶金过程发生的化学反应和物理运动又是千变万化，往往需要另行设计各种特殊要求的耐火材料制品。但是应该指出，避免使用各种特殊要求的材料，是降低基建投资和减少维修费用的重要措施。

有关隔热材料、耐火泥浆、涂料及填料等筑炉用的材料，可参阅有关手册等文献资料。

材料选好之后，应该计算出材料的消耗量，并应估算出一般设备维修或大修所需材料的库存。关于钢铁材料消耗量的计算，可以根据五金手册或其他手册资料的钢材型号，查到有关吨位的换算。耐火材料则可从筑炉的有关资料，将体积换算为吨位，如一般工业炉砌 $1 m^3$ 黏土质耐火砖所需材料和工日见表 5-10。其他材料的消耗量计算，若无手册资料可查，则应从生产实践中调查获得。从材料的定购及数量统计的角度出发，设计工作者应尽量选用标准型号的材料。

表 5-10 一般工业炉砌 $1 m^3$ 黏土质耐火砖所需材料和工日

砌体部位名称	砖缝厚度/mm	$1 m^3$ 砌体材料消耗		$1 m^3$ 砌体需工日数/d
		黏土砖（t/%）	质量/kg	
直墙及底	1	2.112/3	150	3.31
	2	2.06/3	150	3.31
	3	1.997/3	190	2.79
圆弧状砌体	1	2.075/3.5	150	3.54
	2	2.047/3.5	150	3.54
球形顶底	1	2.147/6.5	150	7.02
	2	2.136/6.5	150	7.02

为了便于在施工过程中统一认识，设备结构材料在施工图上的表示，必须有统一的方法，最常见的冶金炉用材料的图例见本书附录4（附表4-1）。如果所列的图例中没有某种材料的表示法，需要用特殊的表示法时，应在施工图上作出图例加以说明。

关于设备维修或大修所需材料的库存，完全根据工厂生产实践并加以分析后进行估算。

5.7 辅助设备的选用与设计

前已述及冶金工厂所用辅助设备大都是定型产品，在设计中主要是选用好产品型号。

5.7.1 选用辅助设备的基本原则

选用辅助设备的基本原则如下：

（1）满足生产过程的要求。例如，沸腾炉的鼓风机，其风压与风量必须满足物料正常沸腾的需要。若风压太小不能克服空气进入沸腾空间的阻力，就不能保证所需的风量鼓入炉内，物料便不能达到沸腾状态，也会延缓反应过程的进行。又如收尘过程的抽风机抽力不够，便不能保证收尘设备在负压下工作造成含尘烟气外排放，从而导致车间的劳动条件恶化，并污染了环境。

（2）适应工作环境的要求。火法冶金设备往往是在高温与含尘气体下工作，而湿法冶金车间的工作环境，往往又是潮湿与含有各种酸、碱雾。所以稀土冶金工厂选用的辅助设备，在许多情况下是需要耐高温与耐腐蚀的。

（3）选用设备的容量应是在满负荷条件下运转。这就要求在设计计算程中准确提出容量数据，但是应该指出，工厂的生产过程是连续运转的，必须保证设备有一定的备用量，在设备计划检修和发生临时故障时，应能及时更替，不致于因此而中断生产。当然，备用将量必须适当，否则将大大增加建厂投资。

在计算设备容量时，还必须注意到生产条件的变化。例如，根据原料来源与市场情况，需要增加产量时，设备应有一定的富裕能力。又如为了节约电费，某些地区已规定晚间（0~8时）电费比日间高峰电费低许多，有色冶金电解是耗电多的生产过程，在不影响生产正常进行的条件下，可以在晚间采用高电流密度，而在日间高峰用电时采用低电流密度操作，这样选用的整流设备应能满足这种负荷变化的要求。

（4）必须满足节能的要求。选用的辅助设备大都是电力拖动，设备所需功率必须认真算好，绝不可用大功率电动机带动小生产率设备，应该使电动机在接近满负荷的条件下工作。同时应该充分利用工厂本身的能量，例如余热锅炉产生的蒸气不能充分利用来发电时，则可用蒸气透平来传动其他辅助设备。

由于冶金过程的复杂性，对选用设备还会有许多特殊的要求，故应该根据具体条件慎重选用。

辅助设备应尽量选用定型产品，但是在许多情况下却选不到，需要重新设计，这种设计可分为两种类型。第一类可由冶金设计者提出要求，向有关厂家定做。冶金工厂特殊用途的机电产品属于这种类型。有一些辅助设备承担厂家，一时难以接受这种特殊设计，可由有关厂家与冶金设计者合作研制设计。如目前有色冶金工厂使用的余热锅炉，多是由锅炉厂与冶金厂合作设计制造的。另一类非定型辅助设备，如物料的干燥用具，在全厂生产过程中它只起辅助作用，往往是由冶金设计者当作主体设备自行设计。又如新研制成一种过滤设备，当然只能由冶金研制人员承担设计任务，在某种情况下也可与专门生产厂家合作。

5.7.2　选用设计辅助设备的基本方法

由于冶金工厂使用的辅助设备种类繁多，故只能分类叙述其选用设计方法。

5.7.2.1　机电设备

机电设备应选用定型产品，是从产品目录上选用。在设计时要计算出所需设备的容量或生产能力，然后从产品目录上选用额定容量与生产能力符合的类型设备及数量，这类设备包括电力设备、起重运输设备、泵与风机等。但是有些设备选好之后，设计者还应根据配置设计的要求，绘制设备安装图，如皮带运输机。

例如：设计选用溢流型球磨机，设计需要每小时磨矿 12 t，则可从产品目录上选两台 $MD_Y1500×3000$ 型号的球磨机，查出其技术性能如下：

型号：$MD_Y1500×3000$

有效容积：5.0 m^3

筒体转数：29.2 r/min

装球量：8 t

生产能力：2.5~8 t/h

传动电机：JR-125-8 型

功率：95 kW

电压：380 V

筒体部件质量：7.12 t

设备质量：16.6 t

参考价格：22000 元

生产厂家及图号：沈阳重型机械厂，K9256

又如冶金的鼓风炉熔炼过程，鼓风机对保证生产长期顺利进行起着非常重要的作用，选用的鼓风机应考虑到熔炼过程的波动，这种鼓风机应满足下列基本要求：

（1）当熔炼过程的料柱高度等条件发生变化，使鼓风压力波动时，其风量应保持不变。

（2）当熔炼的物料成分或几种炉料的配比等条件发生变化时，鼓风机应能在较大的范围内调节风量与风压。

例如：冶金鼓风炉一般采用离心鼓风机。设有一台 6.0 m^2 的炼铅鼓风炉，根据计算或工厂的实践数据，其鼓风压力为 11~14 kPa；鼓风量为 180~240 m^2/min（标态），便可根据此风压与风量选用鼓风机，其性能如下：

型号：叶氏 9 号

风压：20 kPa

风量：112 m^2/min（标态）

由于选用风机的风量，只能满足实际需要鼓风量的一半，因此最少选用两台风机并联使用。考虑到风机长期运转会发生故障，至少需要加购一台备用。所以这台炼铅鼓风炉应选用 3 台这种型号的鼓风机，两台工作、一台备用。

5.7.2.2　矿仓与料斗

冶炼厂一般在单位时间内处理的物料量大，同时又是连续生产，所以物料的储备是很重要的。这类设备一般需要进行设计，考虑的主要因素是储存时间与储备量、物料的特性等。储存时间的长短，对于厂外原材料应考虑供应者的地点、生产条件及运至厂内的交通情况。对于厂内的物料，则应考虑设备的生产情况和班组生产的需要量。某些工厂矿仓储存物料量和储存时间列于表 5-11，可供参考。

表 5-11　某些冶炼厂矿仓储存物料及储存时间

项　目	单位	1	2	3	4	5	6
生产规模	t/a	50000（铅）	100000（锌）	40000（铜）	30000（铜）	30000（铜）	60000（锌）
日需精矿量	t	250~300	700~750	1000	1000~1200	1200	600
精矿储存时间	d	20~25	17~20	20~25	25	12~15	40
精矿储存量	t	6000~7000	13000~14000	30000	25000~30000	15000~18000	25000
焙烧矿储存量	t	—	—	1500	—	—	—
焙烧矿储存时间	d	—	—	10	—	—	—
烟尘储存量	t	500	—	1500	1200	800~1000	
石英石储存量	t	20~30		2100	2500~3000		
烟尘储存时间	d	10~15		15	15	15	
石英石储存时间	d	1		7	20		
石灰石储存量	t	35~40		1000	2000		
石灰石储存时间	d	1		7	20		

矿仓与料斗的设计计算是按容积来考虑的。有效容积的计算式如下：

$$V = \frac{G}{\gamma}K \tag{5-64}$$

式中　V——有效容积，m^3；
　　　G——需要储存的物料量，t；
　　　γ——物料的堆积密度，t/m^3；
　　　K——有效容积的利用系数，一般取 0.8~0.9。

5.7.3　有特殊要求的辅助设备的设计

有许多冶金过程往往对辅助设备有特殊要求，如矿热炉的变压器、高温含尘烟气用的排风机等，这些设备本是定型产品，但是所属型号的特性不能满足冶金生产过程的要求。这样一来，在冶金工厂的设计中要对这些设备进行初步设计，提出具体要求向生产厂家订货。炉用变压器的总功率 P 计算如下：

$$P = \frac{AQ}{24K_1K_2\cos\varphi} \tag{5-65}$$

式中　A——电炉的单位耗电量，$kW \cdot h/t$ 料；
　　　Q——处理固体炉料量，t/d；
　　　K_1——功率利用系数，一般为 0.9~1.0；
　　　K_2——时间利用系数，一般为 0.92~0.96；
　　　$\cos\varphi$——功率因素，一般为 0.9~0.98。

当选用 3 台单相变压器供电时，每台变压器的功率为总功率的三分之一。由于目前尚无精确的计算方法求得二次电压，故只能根据类似工厂实践经验与数据选取。电炉用变压器的二次电压常作成若干级，以适应生产中操作功率和炉渣性质的变化，一般作成 8~15 级，级间差为 20~40 V。某炼铜厂的电炉功率为 30000 kV·A，选用 3 台单相变压器，变压器的二次电压为 201~404 V、二次电流为 38.31 A，这种单相变压器的特性列于表 5-12。像这样特殊要求的变压器，由冶金设计者提出后，向专业厂家订货生产。

表 5-12　30000 kV·A 电炉用单相变压器特性

级　别	高压侧		低压侧		功率/kV·A
	电压/V	电流/A	电压/V	电流/A	
1			404	24780	
2			380	26310	
3			360	27770	
4	350	285	340	29410	10000
5			320	31250	
6			300	33000	
7			280	35700	
8			261	38310	

5.7.4　冶金工厂专门使用的辅助设备设计

冶金工厂硫化精矿干燥所用的干燥窑、高温含尘烟气的冷却与收尘设备、湿法冶金过程所用的液固分离设备等，对于整个冶金生产过程来说，它们应该是起着辅助作用。但是，这些辅助设备往往是由冶金设计者进行设计，由工厂自己生产安装，因此在设计时应绘出施工图，与非标准冶金主体设备的设计相同。

例如精矿的干燥设备，首先应该进行干燥方法的选择，可以选用圆筒干燥与气流干燥或其他干燥方式。圆筒干燥与气流干燥两种方法的比较列于表 5-13。

表 5-13　两种干燥方法的比较

项　目	圆筒干燥	气流干燥
对精矿粒度的要求	无严格要求，可兼作解冻之用	适用于粒度较细与均匀的精矿
对精矿含水的要求	无严格要求	8%~9%
干燥后精矿粒度	铜精矿含水 0.3%，1 mm 的粒子约占 5%	全部<1 mm，有利于闪速熔炼
精矿在干燥过程中脱硫情况	脱硫较大	脱硫较小
热效率	约 50%	60%~75%
设备磨损	较轻	较重
电耗	较小	较大
劳动条件	较差	较好
收尘设备	烟气含尘较低，收尘设备简单	烟气含尘浓度高，要求较精细的收尘
适应范围	多用于终水含量较高（4%~5%），也用于<1%	用于要求终水含量较低（<1%），并兼作空气输送

通过比较采用圆筒干燥器时, 圆筒容积可按下式计算:

$$V = \frac{W}{A} \tag{5-66}$$

式中　V——圆筒干燥窑的容积, m^3;

　　　A——干燥强度, $kg/(m^3 \cdot h)$;

　　　W——脱除水分的量, kg/h, 可按下式计算:

$$W = G_1 - G_2 = G_1 \frac{W_1 - W_2}{100 - W_2} \tag{5-67}$$

G_1, G_2——干燥前后的精矿量, kg/h;

W_1, W_2——干燥前后精矿水含量, %。

几种精矿的干燥强度 A 列于表5-14。

表 5-14　精矿的干燥强度 A

精矿种类	$A/kg \cdot (m^3 \cdot h)^{-1}$
细粒氧化铜精矿	25~35
一般铜精矿	约40
铅精矿	35~40
锌精矿	35~50
锡精矿	18~25
硫铁精矿	40~60

圆筒干燥窑的直径 $D(m)$ 按下式计算:

$$D = 1.13 \sqrt{\frac{V_g}{\mu(1 - \varphi)}} \tag{5-68}$$

式中　V_g——干燥窑排出的气体量, m^3/s;

　　　φ——物料填充系数, 取 $0.1 \sim 0.25$;

　　　μ——出口气体速度, 取 $1.5 \sim 3.0$ m/s。

圆筒干燥窑长度按下式计算:

$$L = 1.27 \frac{V}{D^2} \tag{5-69}$$

式中　V——圆筒干燥窑的容积, m^3;

　　　D——圆筒干燥窑的内径, m。

当这些主要尺寸确定之后, 同样要选用构筑材料, 并估算出材料消耗、绘出施工图。

对于某些专用设备如余热锅炉, 如果专业生产厂家设计有困难, 往往需要冶金工作者与之配合, 共同研究设计。

5.8　设备流程图与设备明细表

设备流程图是按生产工艺流程顺序, 将确定的设备绘制出其外形轮廓, 并以物料的走向将其相互间连接起来的图形称为设备流程图, 它将对整个车间生产工艺流程及所用的设备有清楚而完整的形象概念。

（1）按流程顺序，对各设备由左至右展开逐个画出（在流程中起相同作用的设备只画一个）。

（2）应保持各设备的外部几何形状及其相对大小（近似的、不按比例），以及相互间的连接关系。

（3）设备的布置大致可按在厂房中各层相应位置画出，并注明各层平面的标高。

（4）图中可酌情不画出设备的附属装置及测量用仪表（必要时可单独绘制检测系统装置）。

（5）设备形象用细实线绘制，其相互之间的连接线用粗实线，并以箭头表示物料流向。

（6）图上应表示出加入料的名称，产品、副产品、返回料以及废渣、废液、废气等的处理和去向。

（7）本图可按车间为单位画出，但对生产过程比较复杂、设备种类繁多的车间可按中间产品或工序分别画出。

（8）设备编号应与车间平面布置图上的设备明细表（见表5-15）中的设备编号一致。

（9）最后加上必要的文字注解。

表 5-15　设备明细表

序号	设备名称	规格型号	数量	电动机				备注
				台数	功率	型号	转数	

6 车间配置和管道设计

6.1 厂房建筑的基础知识

6.1.1 厂房建筑设计概述

6.1.1.1 工厂建筑发展概况

工厂建筑设计随着冶金工艺和建筑材料的发展而逐步演进。在 20 世纪 50~60 年代，由于缺少钢材，我国冶金工厂的土建设计扩大了混凝土结构的使用范围，出现了大量的钢与混凝土组合结构和预应力混凝土结构。厂房建筑采用了以 300 mm 为基数的统一扩大的模数体系，如柱距基本为 6 m 的倍数、厂房跨度为 3 m 的倍数，为大规模生产预制建筑配件奠定了基础，促进了设计定型化、构件标准化和施工装配化，从而大大加快了建设速度。到 70 年代中期以后，随着冶金建设新工艺、新技术和新材料的出现，冶金工厂建筑向大跨度、大柱距、大面积、超长度和空间结构发展，对厂房的采光、通风、防火和安全等方面的设计有了新要求。80~90 年代，随着我国冶金工业的飞跃发展，设计和建设了一批大型钢结构厂房，其屋面、墙面、天窗和采光窗也采用了新型轻质材料，冶金工厂建筑的艺术形象和厂房内外空间环境发生了巨大的变化。

6.1.1.2 工厂建（构）筑物的设计范围

冶金工厂建筑种类按使用特点，主要分为主要生产厂房、辅助生产厂房、生产管理以及生活福利设施等。

冶金厂矿还有各种构筑物，如钢结构、烟囱、通廊、支承管线、高位建筑的支架以及储存和处理液体、气体、固体原材料和动力资源的槽、池、球、罐、仓、柜和塔等。

冶金工厂生产环境差，具有高温、强辐射热、液态金属喷溅、烟尘、噪声、撞击、振动、爆炸、腐蚀、污染及重负荷等特点。冶金工厂土建设计就是根据不同的对象、工艺和功能要求，结合建设地点的自然条件、地质资料和环境特点，依据国家和地方的设计法规，进行恰当的建筑布置和建筑处理，选择先进合理的建筑结构形式和建筑材料，综合协调并创造出一个满足工艺和功能要求、技术经济合理和厂容美观的建筑及环境。

6.1.1.3 冶金工厂建筑的设计任务及要求

A 设计任务

冶金工厂建筑设计的主要任务是：正确处理厂房的平面、剖面、立面；恰当选择建筑材料，合理确定承重结构、围护结构和构造做法；设计中要协调工艺、土建、设备、施工、安装各工种共同完成厂房的修建工作。在我国，完成这些任务时必须贯彻党的各项有关方针、政策，尤其应注意"坚固适用、经济合理、技术先进"的设计原则。

B　设计要求

冶金工厂建筑设计应满足以下要求：

（1）满足生产工艺要求。厂房的面积、平面形式、跨度、柱距、高度、剖面形式、细部尺寸、结构与构造等，都必须满足生产工艺的要求。要适应工艺过程中的各项条件，满足设备安装、操作、运转检修等的要求。生产工艺中要求的技术条件应予以满足，生产工艺中产生的不利状况应予以处理。

（2）满足建筑技术经济要求。设计厂房必须具有必要的坚固性和耐久性，由于厂房在生产中往往产生对其坚固性与耐久性不利的因素，常采取比一般民用房屋更加有效的措施，这样才能保证坚固、耐久的要求。应尽可能使厂房具有一定的通用性或灵活性，以利于工艺革新、技术改造及生产规模的扩大，有时甚至要考虑工艺重新组合及彻底更新的可能性。

在符合生产工艺条件与合理使用的前提下，应尽可能为建筑工业化创造条件，如遵守《建筑统一模数制》及《厂房建筑统一化基本规则》，合理选择建筑参数（如跨度、柱距或开间、进深及高度等）；尽可能选用标准、通用或定型构件，以便于预制装配化和施工机械化。

在保证质量的条件下，应力求降低造价、减少管理维修费用、节约用地、节约建筑面积和体积、合理利用空间、降低材料的消耗（尤其是木材、钢材和水泥用量），并尽可能用地方性材料。在保证经济合理的前提下，应尽可能使用新材料、新结构与新技术。在确保质量的条件下，还要为加快施工进度创造条件。

（3）符合卫生及安全标准。要保证采光、通风条件，并合乎卫生要求。当厂房内有机械作业时，例如有撞击、振动、摩擦等，应设法减轻其影响；有余热、余湿、有害气体、烟雾、灰尘时，要予以排除；有红热、滚烫操作时，要防止烧灼；有有害气体与化学侵蚀物时，应采取隔离、净化、防止有害物在厂内外扩散等措施；有燃烧可能性，要加强防火措施；有爆炸可能性，要采取防爆、泄爆与一定安全距离等措施；有噪声时，应从工艺及建筑上采取消声、隔声措施；有静电感应可造成危险事故时，应予以防止；对废渣、废液、废气，除排除与防止危害外，应尽量创造予以利用的条件。此外，应配置必要的生活福利设施，并注意厂房内外环境的净化与美化。

（4）与总平面及环境协调。厂房设计必须与总平面设计紧密配合、与其周围环境相协调，并为施工创造良好的条件。

6.1.2　单层厂房建筑

冶金厂房建筑分为单层、多层和高层三类厂房，它们在工艺布置、平面设计、剖面设计、建筑结构及采光、通风等方面各有特点，冶金企业大多数是单层厂房。

6.1.2.1　单层厂房的特点

单层厂房的特点如下：

（1）平面的面积和柱网尺寸较大，一般单层厂房柱距为6～12 m（局部可达24 m），厂房跨度可达60 m以上；采用空间结构的厂房跨度可达90 m或更大。单层厂房可以设计成多跨连片，面积可达十余万平方米以上。

（2）厂房构架的承载力大，可以承载多台起重量为数十吨或数百吨的吊车。结构构件较重、较大，对施工安装技术要求较高。

（3）厂房内部空间较大，厂房高度可达 60 m 以上，厂房排架柱上可设置双重或三重吊车。厂房内布置大型设备，通行大型运输工具，如机车、重型汽车和重型电动平板车等。

（4）屋面面积较大，组成连跨连片的屋面，以满足生产工艺的要求，因此对屋面的通风、采光、排水和防水要求也较高。

6.1.2.2　单层厂房的结构类型

单层厂房的结构类型有：

（1）砖石混合结构。砖石混合结构由砖柱及钢筋混凝土屋架或屋面大梁组成，也可由砖柱和木屋架或轻钢组合屋架组成。混合结构构造简单，但承载能力及抗地震和振动性能较差，故仅用于吊车起重量不超过 5 t、跨度不大于 15 m 的小型厂房。

（2）装配式钢筋混凝土结构。装配式钢筋混凝土结构坚固耐久，可预制装配。与钢结构相比，这种结构可节约钢材，造价较低，故在国内外的单层厂房中广泛应用。但其自重大，抗地震性能不如钢结构。图 6-1 所示为典型的装配式钢筋混凝土横向排架结构单层厂房的构件组成。

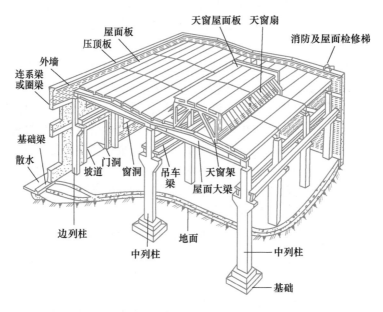

图 6-1　典型的装配式钢筋混凝土横向排架结构单层厂房的构件组成

（3）钢结构。钢结构的主要承重构件全部用钢材做成，这种结构抗地震和振动性能好，与前两种结构相比构件较轻，施工速度快。除用于载荷重、高温或振动大的车间以外，对于要求建筑速度快、早投产、早受益的工业产房，也可采用钢结构。目前，随着我国钢产量的稳定增长，越来越多的厂房采用钢结构。但钢结构易被腐蚀、耐火性能差，使用时应注意相应的防护措施。图 6-2 所示为钢结构单层厂房。

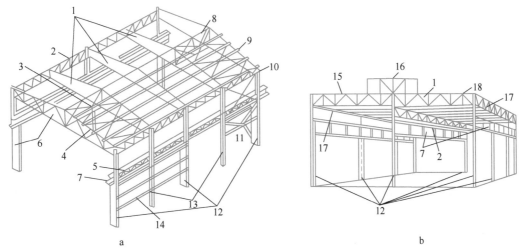

图 6-2 钢结构单层厂房

a—单跨；b—多跨

1—屋架；2—托架；3—支承和檩条；4—上弦横向水平支承；5—制动桁架；6—横向平面框架；

7—吊车梁；8—屋架竖向支承；9—檩条；10, 11—柱间支承；12—框架柱；13—中间柱（墙架柱）；

14—墙架；15—屋面；16—天窗架；17—下弦纵向水平支承；18—中间屋架

6.1.2.3 单层厂房的结构组成

单层厂房的结构如下：

（1）承重结构。单层厂房承重结构包括墙承重及骨架结构承重两种类型。有时因条件关系，也可能同一厂房既有墙承重又有骨架结构承重。就对结构有利、施工方便和具有一定的灵活性而言，以骨架结构承重为宜，因而它是单层厂房最广泛使用的结构类型。

骨架结构承重的单层厂房，我国用得较多的是横向排架结构。图 6-1 所示为常用类型的装配式钢筋混凝土横向排架结构，其基础采用钢筋混凝土墩式杯形基础，柱常采用带牛腿的钢筋混凝土柱，由柱与钢筋混凝土屋面大梁或屋架形成横向排架；纵向有吊车梁、基础梁（亦称地梁或地基梁）、连系梁或圈梁、支承、装配式大型屋面板等，并利用这些构件连系横向排架，形成骨架结构系统。横向排架结构还可有以下做法：中小型的可用砖木结构，即由砖柱、木梁或木桁架形成骨架，或用砖柱、钢筋混凝土梁或桁架形成骨架；较大型的可用钢筋混凝土柱与钢梁或钢桁架形成骨架；大型的可全部用钢骨架，即用钢柱、钢梁或钢桁架形成骨架；特殊情况下还可以用铝作骨架。

有时利用柱、连系梁承受特大型板作屋顶承重结构，如预应力钢筋混凝土单丁板、双丁板、折板、筒形壳板、双曲波纹壳板、马鞍形壳板等均为此种做法。双向承重骨架结构则大多是在柱上支承网架、双向空间桁架、双曲扁壳、穹隆等屋盖。

（2）围护结构。单层厂房主要围护结构包括屋面、外墙与地面。以图 6-1 为例，屋面用装配式大型屋面板作基层；为解决中跨采光、通风问题设置天窗、利用装配式钢筋混凝土天窗架形成空间安置天窗扇。当外墙是砖墙时，由基础梁及连系梁支承，基础梁将墙荷重传给基础，连系梁将墙荷重传给柱，在外墙上开设门洞、窗洞及其他洞口。地面保证了厂房与土层之间的围护要求，依靠厂房外墙边的地面作散水或沟，防止雨水侵蚀厂房下的地基；门洞口附近的地面作坡道或踏步。

（3）其他。单层厂房如有梁式或桥式吊车，且司机在吊车上操作时，则需设上吊车梯；为检修吊车及其轨道，需设走道板；有时还需设安全扶手栏杆。为上屋顶检查、检修与消防，需设消防及屋面检修梯。为将厂房内的大空间划为小房间，需设隔墙；仅为划分区段而不将房间上部划开，则需做矮隔墙，称为隔断；在厂房中也可能设置比主厂房低而带顶盖的小间。有时为生产所需，还要在单层厂房中设置各种支架、平台（带梯或不带梯）、地坑、池、料仓、容器等土建性质的辅助设施。

6.1.3 多层厂房建筑

单层厂房有很多优点，如面积大、柱网大、顶部采光均匀、地面容许大装载并可单独做设备基础、只需水平运输等。因此，单层厂房适应性较强，在工业建筑中所占比例较大。然而，在下列一些工艺中采用多层厂房是合理和必要的：

（1）生产中需要采用垂直运输的工艺；

（2）生产中要求在不同层高上操作的工艺；

（3）生产中需要恒温、恒湿和防尘等特殊工艺。

设计多层厂房与设计单层厂房原则一样，应密切结合生产工艺流程和生产特点要求进行。下面以单层厂房为例，介绍冶金工业建筑中厂房的一些设计原则。多层厂房设计中有关的平面设计、剖面设计和特殊问题，请参阅有关文献资料。

6.1.4 单层厂房建筑的平面设计

6.1.4.1   平面设计与总图及环境的关系

工厂总平面设计是根据全厂的生产工艺流程、交通运输、卫生、防火、气象、地形、地质以及建筑群体艺术等条件，确定建筑物和构筑物之间的位置关系；合理地组织人流、货流，避免交叉和迂回；布置各种工程管线；进行厂区竖向设计及绿化、美化布置等。当总图确定以后，在进行厂房的个体设计时，必须根据总图布置的要求确定厂房的平面形式。此时，通常要考虑以下几方面的影响：

（1）厂区人流、货流组织的影响。生产厂房是工厂总平面的重要组织部分，它们之间无论在生产工艺，还是在交通运输方面都有着密切的联系。厂房的主要出入口应面向厂区主干道，以便为原料、成品和半成品创造方便短捷的运输条件。

（2）地形的影响。地形对厂房平面形式有直接影响，尤其是在山区建厂。为了节省投资，减少土石方工程量，厂房平面形式应与地形相适应。如果厂房能跨等高线布置在阶梯形地上，则既能减少挖、填土方量，又能适应利用物料自重进行运输的生产需要。

（3）气象条件的影响。厂址所在地的气象条件对厂房朝向有很大影响，其主要影响因素是日照和风向。在温带和亚热带地区，厂房朝向应该保证夏季室内不受阳光照射，又易于进风，有良好的通风条件。为此，厂房宽度不宜过大，最好平面采用长条形，朝向接近南北向，厂房长轴与夏季主风向垂直或不大于45°。在寒冷地区，厂房的长边应平行于冬季主导风向，并在迎风面的墙上少开门窗，避免寒风对室内气温的影响。

6.1.4.2   平面设计与生产工艺的关系

厂房建筑必须符合生产工艺的要求。厂房平面设计一般先由工艺设计人员提出初步方案（即工艺平面配置图），再由建筑设计人员以此为依据进行建筑设计。工艺平面配置图的主要内容包括生产工艺流程的组织，生产及辅助设备的选择和布置，工段的划分，厂房面积、跨度、跨间数量及生产工艺对建筑和其他专业的要求。

6.1.4.3 平面设计与运输设备的关系

平面设计必须考虑起重运输设备的影响和要求。为了运送原材料、半成品、成品及安装、检修和改装，厂房内需要设置起重运输设备。由于工艺要求不同，需要的起重运输设备的类型也不同，厂房内的起重运输设备主要包括各种吊车。此外，厂房内、外因生产不同和工艺需要，还可用火车、汽车、电瓶车、手推车、各种输送带、管道、进料机、提升机等运输设备，厂房内外的这些起重运输设备都会影响平面配置和平面尺寸。

6.1.4.4 平面轮廓形式

确定单层厂房平面轮廓形式要考虑的因素很多，主要包括生产规模大小、生产性质和特征、工艺流程布置、交通运输方式等。厂房平面轮廓形式可分为一般和特殊两种类型。一般平面轮廓形式以矩形平面为主，特殊平面轮廓形式有 L、T、冂、卬形平面。

A 矩形平面

矩形平面中最简单的由单跨组成，它是构成其他平面形式的基本单位。当生产规模较大时，常采用平行多跨度组合平面，组合方式应随生产工艺流程布置的不同而不同。

平行多跨度组合的平面适用于直线式的生产工艺流程，即原料由厂房一端进入，产品由另一端运出，也适用于往复式的生产工艺流程。这种平面形式的优点是运输路线简捷、工艺联系紧密、工程管线较短、形式规整、占地面积少。

跨度相互垂直布置的平面适用于垂直式的生产工艺流程，即原料从一端进入，经过加工后，由与进入跨相垂直的跨运出。它的主要优点是工艺流程紧凑、运输路线短捷；缺点是跨度垂直相交处结构处理较为复杂。

正方形或近似正方形平面是由矩形平面演变而来的。当矩形平面纵、横边长相等或接近时，就形成了正方形或近似正方形平面。从经济方面分析，正方形平面较为优越。

B L、T、冂、卬形平面

工业厂房的生产特征对厂房的平面形式影响很大。有些热加工车间，如炼钢、轧钢、铸工等车间，生产过程中会散发出大量的烟尘和余热，使生产环境恶化。为了提高生产效率，平面设计必须使厂房有良好的自然通风条件，迅速排除这些余热和烟尘。在这种情况下，厂房不宜太宽。当宽度在三跨以下时，可选用矩形平面；当宽度超过三跨时，可将一跨或两跨与其他跨做垂直布置，形成 L、T、冂、卬形平面。

L、T、冂、卬形平面的特点是：厂房各跨度不大，外墙上可多设门窗，使厂房内有较好的自然通风和采光条件，从而改善了劳动环境。此种平面由于各跨相互垂直，在垂直相交处结构，改造处理均较为复杂；又因外墙较长，厂房内各种管线也相应增长，故造价比其他平面形式要高些。

6.1.4.5 柱网选择

厂房承重结构柱在平面排列时所形成的网格称为柱网。柱网是由跨度和柱距组成的，如图 6-3 所示。跨度和柱距的尺寸应根据《厂房建筑统一化基本规则》中的有关规定标定。

A　柱网尺寸的确定

仅从生产工艺角度出发，厂房中以不设柱为最好。但结合我国国情及从施工和技术经济条件考虑，一般都必须设柱。

设计人员在选择柱网尺寸时，首先要满足生产工艺要求，尤其是工艺设备布置问题；其次，根据建筑材料、结构形式、施工技术水平、经济效果以及提高建筑工业化程度和建筑处理上的要求等多方面因素来确定。

跨度尺寸主要是根据生产工艺要求确定的。工艺设计中应考虑设备大小、设备布置方式、交通运输所需空间、生产操作及检修所需空间等因素，如图6-4所示。

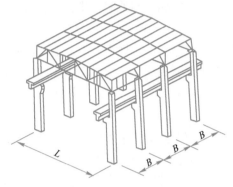

图 6-3　柱网尺寸示意图

L—跨度；B—柱距

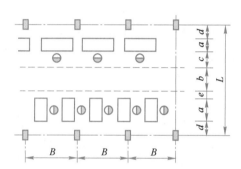

图 6-4　跨度尺寸与工艺布置关系示意图

a—设备宽度；b—车道宽度；c—操作宽度；
d—设备与轴线间距；e—安全间距；
L—跨度；B—柱距

柱网尺寸不仅在平面上规定了厂房的跨度、柱距大小，同时在剖面上决定了屋架、屋面板、吊车梁、墙梁、基础梁等的尺寸。为了减少厂房构件类型，提高建设速度，必须对柱网尺寸做相应的规定。根据《厂房建筑统一化基本规则》规定，当单层厂房跨度小于或等于 18 m 时，应采用 3 m 的倍数，即 9 m、12 m、15 m；当跨度大于 18 m 时，应采用 6 m 的倍数，即 18 m、24 m、30 m 和 36 m 等；除工艺布置上有特殊要求外，一般均不采用 21 m、27 m 和 33 m 等跨度尺寸。

我国装配式钢筋混凝土单层厂房使用的是 6 m 柱距，这是目前常用的基本柱距。因为 6 m 柱距厂房的单方造价是最便宜的。6 m 柱距厂房采用的屋面板、吊车梁、墙板等构配件已经配套，并积累了比较成熟的设计、施工经验。

9 m 柱距由于工艺布置的需要，曾经得到应用。在工艺布置上，它比 6 m 柱距有更大的灵活性，并能增加厂房的有效使用面积。若要自成系统，则需有相应的屋面板、墙板、吊车梁等构配件配套。

12 m 柱距近年来已在机械、电力、冶金等工业厂房中逐渐推广使用，也有将 6 m 与 12 m 柱距同时在一栋厂房中混合使用的。12 m 柱距比 6 m 及 9 m 柱距更有利于工艺布置，有利于生产发展和工艺更新。在制作 12 m 屋面板有困难时，还可采用托架（托梁）的结构处理，以便利用 6 m 柱距的构配件。

柱距尺寸除受工艺布置和构配件制约外，还与选用的结构、材料有关，如中小型厂房就地取材，采用砖木结构或砖与钢筋混凝土混合结构时，因受材料限制，一般只能采用4 m或4 m以下的柱距。

B 扩大柱网

工业生产实践证明，厂房内部的生产工艺流程和生产设备不会是一成不变的，随着生产的发展、新技术的采用，可能每隔一个时期就需要更新设备和重新组织生产线。设计时应该考虑到生产工艺未来的变化，使厂房具有灵活性和通用性。为了达到这一点，应该在常用6 m柱距的基础上扩大，采用扩大柱网。采用扩大柱网具有以下特点：

（1）能提高厂房面积利用率；

（2）有利于设备布置和工艺的变革；

（3）有利于减少构件数量，提高施工速度；

（4）有利于高、大、重设备的布置和运输。

我国工业建筑中常用的柱网（单位为m×m）如下：

（1）无吊车或5 t以下的吊车厂房：6×12，6×18，6×24，12×24；

（2）小于或等于50 t吊车的厂房：6×18，6×24，6×30，6×36，12×18，12×24，12×30；

（3）在特殊情况下，也可选用6×9、6×15、6×21和6×27的柱网。

6.1.4.6 生活及辅助用房的布置

除了各种生产车间或工段之外，设计中还必须设置一些生活及辅助用房。这些用房主要包括：

（1）存衣室、浴室、盥洗室、厕所等；

（2）休息室、妇女卫生室、卫生站等；

（3）各种办公室和会议室；

（4）工具室、材料库、分析室等。

布置生活及辅助用房时，应根据总平面人流、货运、厂房工艺特点和大小、生活间面积大小和使用要求等综合因素全面考虑；应力求使工人进厂后经过生活间到达工作地点的路线最短，避免与主要货运交叉，不妨碍厂房采光、通风，节约占地面积等。生活及辅助用房的布置方式有：

（1）车间内生活间；

（2）毗连式生活间；

（3）独立式生活间。

6.1.5 单层厂房建筑的剖面设计

厂房的剖面设计是在平面设计的基础上进行的。厂房剖面设计的具体任务是：确定厂房高度，选择厂房承重结构和围护结构方案，确定车间的采光、通风及屋面排水等方案。从工艺设计角度出发，这里只讨论厂房高度的确定。

6.1.5.1 厂房高度的确定

厂房高度是指室内地面至柱顶的距离。在剖面设计中，通常把室内的相对标高定为±0.000，柱顶标高、吊车轨顶标高等均是相对于室内地面标高而言的。确定厂房的高度必须根据生产使用要求以及建筑统一化的要求，同时还应考虑到空间的合理利用。

A 单跨厂房高度

单跨厂房高度有两种：

（1）无吊车厂房。在无吊车的厂房中，柱顶标高通常是按最大生产设备及其使用、安装、检修时所需的净空高度来确定的；同时，必须考虑采光和通风的要求，一般不宜低于 4 m。根据《厂房建筑统一化基本规则》的要求，柱顶标高应符合 300 mm 的倍数。

（2）有吊车厂房。在有吊车的厂房中，不同的吊车类型和布置层数决定了厂房的高度。对于一般常用的桥式和梁式吊车来说，厂房地面至柱顶（或下撑式屋架下弦底面）的高度根据地面至吊车轨顶的高度，再加上轨顶至柱顶（或下撑式屋架下弦底面）的高度来决定。对于采用梁式或桥式吊车的厂房来说，柱顶标高按下式确定（见图 6-5）：

柱顶标高

$$H = H_1 + H_2 \tag{6-1}$$

轨顶标高

$$H_1 = h_1 + h_2 + h_3 + h_4 + h_5 \tag{6-2}$$

轨顶至柱顶的高度

$$H_2 = h_6 + h_7 \tag{6-3}$$

式中　h_1——需跨越的最大设备高度；

h_2——起吊物与跨越物之间的安全距离，一般为 400~500 mm；

h_3——起吊的最大物件高度；

h_4——吊索最小高度，根据起吊物件的大小和起吊方式决定，一般不低于 1 m；

h_5——吊钩至轨顶面的距离，由吊车规格表中查得；

h_6——轨顶至吊车小车顶面的距离，由吊车规格表中查得；

h_7——小车顶面至屋架下弦底面之间的安全距离，应考虑到屋架的挠度、厂房可能不匀沉陷等因素，最小尺寸为 220 mm，湿陷黄土地区一般不小于 300 mm，如果屋架下限悬挂有管线等其他设施时还需另加必要的尺寸。

根据《厂房建筑统一化基本规则》的规定，轨顶标高 H_1 应符合 600 mm 的倍数，柱顶标高 H 应符合 300 mm 的倍数。

B 多跨厂房高度

在多跨厂房中，由于厂房高低不齐（见图 6-6），高低错落处需增设墙梁、女儿墙、泛水矮墙等，这会使构件种类增多，剖面形式、结构和构造复杂化，造成施工不便，并增加造价。所以，当生产上要求的厂房高度相差不大时，将低跨抬高至与高跨平齐比设计高低跨更经济合理，并有利于统一厂房结构，加快施工进度。

在多跨的厂房中，若各跨的高度参差不齐，会使构件类型增多，构件外形复杂，施工不便。因此，有以下规定：

（1）在多跨厂房中，当高差值小于或等于 1.2 m 时，不宜设置高度差；

（2）在不采暖的多跨厂房中，若高跨一侧仅有一个低跨且高差值小于或等于 1.8 m 时，也不宜设置高度差。

C 剖面空间的利用

厂房的高度直接影响厂房的造价。在确定厂房高度时，应在不影响生产使用的前提下，充分发掘空间的潜力，节约建筑空间，降低建筑造价。当厂房内有个别高大设备或需要高空间操作工艺环节时，为了避免提高整个厂房高度，可采用降低局部地面标高的方法。

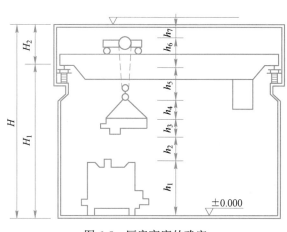
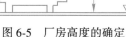

图 6-5 厂房高度的确定

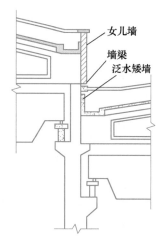

图 6-6 高低跨处构造处理

D 室内地坪标高的确定

厂房室内地坪的绝对标高是在总平面设计时确定的，室内地坪的相对标高定为 ±0.000。单层厂房室内外通常需设置一定的高差，以防雨水浸入室内。另外，为了运输的方便，室内外高差不宜太大，一般取 150~200 mm。

在地形较为平坦的地段上建厂时，一般室内取一个标高。在山区建厂时，则可结合地形，因地制宜，将车间跨度顺着等高线布置，以减少土石方工程量和降低工程造价。在工艺允许的条件下，可将车间各跨分别布置在不同标高的台地上，工艺流程则可由高跨处流向低跨处，利用物料自重进行运输，这可大量减少运输费用和动力消耗。当厂房内地坪有两个以上不同高度的地平面时，可把主地平面的标高定为 ±0.000。

6.1.5.2 天然采光和自然通风的处理

单层厂房的天然采光和自然通风，要通过厂房围护结构（外墙和屋盖）上的门窗和天窗等洞口来组织。因此在剖面设计时，必须合理选择天然采光方式，组织好自然通风，使厂房内部劳动条件良好，以提高劳动效率和保证产品质量。

A 天然采光方式的选择

单层厂房通常采用侧面采光、顶部采光和上述两种方式结合的综合采光。采光口的大小根据车间的视觉工作特征，通过采光计算确定。

B 自然通风的组织

自然通风是利用室内外空气的温度差所形成的热压作用和室外空气流动时产生的风压作用，使室内外空气不断交换，它和厂房内部状况（散热量和热源位置等）及当地气象条件（温度、风速、风向和朝向等）有关。设计剖面时要综合考虑上述两种作用，妥善地组织厂房内部的气流，以取得良好的通风降温效果。

热加工车间适宜利用热压来组织自然通风。热压作用下的自然通风，通风量主要取决于室内外的温度差和进、排风口之间的高度差。在厂房散热量和进、排风口面积相同的条件下，若能增大进、排风口之间的高度差，便可提高厂房的通风量。

风向对自然通风产生很大的影响。当风吹向厂房时，自然通风的气流状况比较复杂。

当风压小于热压时，迎风面的排风口仍可排风，但排风量会减小；当风压等于热压时，迎风面的排风口停止排风，只能依靠背风面的排风口排风；当风压大于热压时，迎风面的排风口不仅不能排风，反而会灌风，压住上升的热气流，形成倒灌现象，使厂房内部卫生条件恶化。对通风量要求较大以及不允许气流倒灌的热加工车间，其天窗应采取避风措施，如加设挡风板，以保持天窗排风的稳定。

为了充分利用风压的作用促进厂房通风换气，有些厂房可在外墙上做开敞式通风口，不装设窗扇，仅设置挡雨板，这种厂房称为开敞式厂房。它的优点是通风量大、气流阻力小，有利于通风散热；缺点是防寒、防雨和防风沙等效能较差。故开敞式厂房可用于冬季不太冷的地区中，某些对防雨和防寒要求不高的热加工车间以及一些对加工精度要求不太高的冷作业车间。根据开敞口的部位不同，开敞式厂房可分为全开敞式、下开敞式、上开敞式和单侧开敞式等几种形式，如图6-7所示。

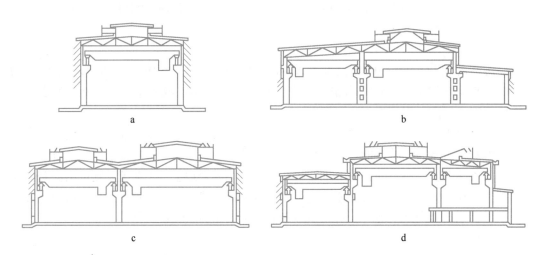

图6-7　开敞式厂房示例

a—全开敞式；b—下开敞式；c—上开敞式；d—单侧开敞式

冷加工车间也要组织好自然通风，若通风不好，夏季会感到闷热，影响生产。但冷加工车间的散热量较小，通风量要求不如热加工车间大，通常在采光侧窗和天窗上设置适当数量的开启窗扇，并对气流加以合理的组织（如减少外墙窗口及内部空间的遮挡，使穿堂风通畅），一般可满足要求。

6.1.5.3　厂房剖面的其他形式

在单层厂房的剖面设计中，当生产工艺有特殊要求或建厂地段的地形条件较复杂时，往往采用如下几种形式：

（1）无窗厂房的剖面。无窗厂房是既不用侧窗也不用天窗进行天然采光及自然通风，而改用空气调节和人工照明的厂房。

（2）阶梯形剖面。在加工和运输大量散粒物料的生产中（如选矿厂），根据生产工艺的特点常将厂房布置在山坡上，以便散粒物料借助自重流动，由高跨转运到低跨，逐步完成整个选矿过程，厂房的横剖面也随之形成层层递落的阶梯形。为了不占或少占良田好地，一般性的工厂（特别是中小型工厂）也常建在丘陵或山坡上，需将厂区场地改造成阶梯形，在台阶上布置厂房。当地形较复杂时，甚至一栋厂房也可能布置在几个不同标高的台阶上。这时，在满足生产工艺、交通运输的要求和节省土方量的前提下，宜与地形有机地结合，因地制宜地来考虑厂房的剖面设计。

（3）拱形剖面。某些粒状材料（如煤、焦炭等）散装仓库及矿石仓库，若采用一般单层厂房的剖面形式，便会浪费建筑空间，故这些仓库的剖面常按粒状材料的自然堆积角及其运输特点进行设计，形成拱形的剖面。

6.1.6　定位轴线的划分

厂房定位轴线是确定厂房主要承重构件标志尺寸及其相互位置的基准线，同时也是设备定位、安装及厂房施工放线的依据。定位轴线的划分是在柱网布置的基础上进行的，并与柱网布置是一致的。合理地进行定位轴线的划分，有利于减少厂房构件类型和规格，并使不同厂房结构形式所用的构件能最大限度地互换和通用，有利于提高厂房建筑工业化水平，加快基本建设的速度。

定位轴线一般有横向与纵向之分。通常，与厂房横向排架平面相平行（与厂房跨度纵向相垂直）的轴线称为横向定位轴线；与厂房横向排架平面相垂直（与厂房跨度纵向相平行）的轴线称为纵向定位轴线。在厂房建筑平面图中，由左向右顺次用①、②、③等进行编号，由下至上顺次用 A、B、C 等进行编号，如图 6-8 所示。

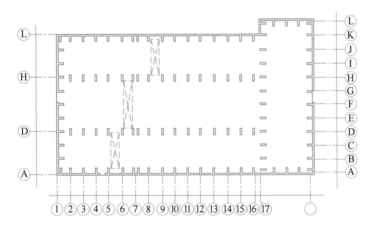

图 6-8　单层厂房平面柱网布置及定位轴线的划分

6.1.6.1　横向定位轴线

与横向定位轴线有关的主要承重构件是屋面板和吊车梁，横向定位轴线通过其标志尺寸端部，即与上述构件的标志尺寸相一致。此外，连系梁、基础梁、纵向支承、外墙板等的标志尺寸及其位置也与横向定位轴线有关。

A　中间柱与横向定位轴线的联系

除山墙端部排架柱处以及横向伸缩缝处以外，横向定位轴线一般与柱的中心线相重合，且通过屋架中心线和屋面板横向接缝，如图 6-9 所示。

B   横向伸缩缝处双柱与横向定位轴线的联系

横向伸缩缝处一般采用双柱单轴线处理（见图 6-10），缝的中心线与横向定位轴线相重合。伸缩缝两侧的柱中心线距轴线 500 mm，其柱距比中间柱柱距减少 500 mm。横向定位轴线通过屋面板、吊车梁等构件标志尺寸端部，这样不增加屋面板、吊车梁等构件的尺寸规格，只是使构件一端的连接位置由端部向内移动 500 mm，其目的是便于伸缩缝两侧柱子杯形基础的处理和施工吊装。

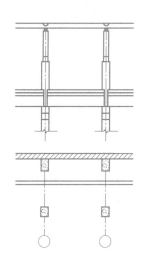 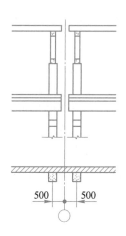

图 6-9   中间柱与横向定位轴线的联系   图 6-10   横向伸缩缝处双柱与横向定位轴线的联系

当需要设置横向防震缝时，常采用双柱双轴线处理，如图 6-11 所示。两轴线分别通过防震缝两侧屋面板、吊车梁等构件标志尺寸端部，其间插入距 A 值等于所需防震缝宽度 C 值。缝两侧柱子中心线各距定位轴线 500 mm，其柱距比中间柱柱距减少 500 mm。

C   山墙与横向定位轴线的联系

山墙为非承重墙时，墙内缘与横向定位轴线相重合，端部排架柱中心线自定位轴线向内移 500 mm，端部柱柱距比中间柱柱距减少 500 mm，如图 6-12 所示。这是由于山墙一般需设抗风柱，抗风柱需通至屋架上弦或屋面梁上翼缘处，为避免与端部屋架发生矛盾，需在端部让出抗风柱上柱的位置。同时，与横向伸缩缝处的处理相同，柱子离开轴线 500 mm。

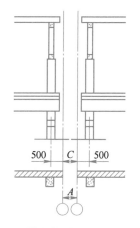

图 6-11   横向伸缩缝兼作防震缝时双柱与横向定位轴线的联系
A—插入距；C—防震缝宽度

山墙为承重墙时，山墙与横向定位轴线的距离为半砖或半砖的倍数。屋面板直接伸入墙内，并与墙上的钢筋混凝土垫梁连接，如图 6-13 所示。

6.1.6.2   纵向定位轴线

与纵向定位轴线有关的主要承重构件是屋架（或屋面梁），纵向定位轴线通过屋架标

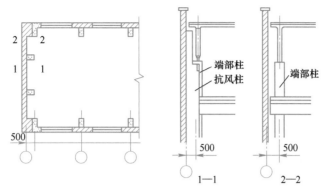

图 6-12 非承重山墙与横向定位轴线的联系

志尺寸端部。

A 外墙、边柱与纵向定位轴线的联系

在无吊车或只有悬挂式吊车的厂房中，常采用带有承重壁柱的外墙。这时，墙内缘一般与纵向定位轴线相重合，或与纵向定位轴线的距离为半砖或半砖的倍数，如图 6-14 所示。

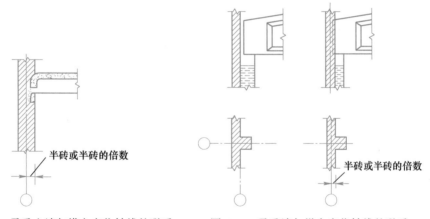

图 6-13 承重山墙与横向定位轴线的联系   图 6-14 承重墙与纵向定位轴线的联系

对于有梁式或桥式吊车的厂房，吊车规格和起重量、是否设置检修吊车用的安全走道板以及厂房的柱距都直接影响外墙、边柱与纵向定位轴线的联系。一般情况下，屋架和吊车都是标准件，为使两者规格相协调，确定两者关系一般为：

$$L_k = L - 2e \tag{6-4}$$

式中 L_k——吊车跨度，即吊车两轨道中心线之间的距离；

L——厂房跨度；

e——吊车轨道中心线与纵向定位轴线之间的距离。

根据吊车规格和行车安全等因素，一般确定吊车轨道中心线与纵向定位轴线之间的距离 e 为 750 mm。其计算公式如下：

$$e = B + K + h \tag{6-5}$$

式中　　*B*——轨道中心线与吊车端头外缘的距离，按吊车起重量大小决定；

　　　　K——吊车端头外缘与上柱内缘之间的安全距离，此值随吊车起重量的变化而变化，当吊车起重量不大于 50 t 时 *K*≥80 mm，当吊车起重量不小于 75 t 时 *K*≥100 mm；

　　　　h——上柱截面高度，其值根据吊车起重量、厂房高度、跨度、柱距等的不同而不同。

　　a　封闭轴线

在吊车起重量小于或等于 20 t、柱距为 6 m 的厂房中，*B*≤260mm、*K*≥80mm、*h*≤400 m，则：

$$B + K + h = 260 + 80 + 400 = 740 \text{ mm} < 750 \text{ mm}$$

在这种情况下，边柱外缘和墙内缘应与纵向定位轴线相重合（见图 6-15a），称为封闭结合，也称封闭轴线。此时，可以采用常用的标准屋面板铺满屋面，使屋面板与外墙间无空隙，不需另设补充构件。

　　b　非封闭轴线

在吊车吨位增大或柱距加大的厂房中，*B*≥300 mm、*K*≥100 mm、*h*≥400 mm，*B*+*K*+*h*=300+100+400=800 mm>750 mm。如果采用封闭结合，则不能保证吊车正常运行所需的净空要求或不能保证吊车规格标准化。因此，仍保持轨道中心线距边柱纵向定位轴线 750 mm 的距离，而将边柱向外推移，使边柱外缘离开纵向定位轴线，在边柱外缘与纵向定位轴线间加设联系尺寸 *D*。在这种情况下，整块屋面板只能铺至纵向定位轴线处，而在屋架标志尺寸端部与外墙间出现空隙，称为非封闭结合，也称非封闭轴线。空隙间需做构造处理，加设补充构件，如图 6-15b 所示。

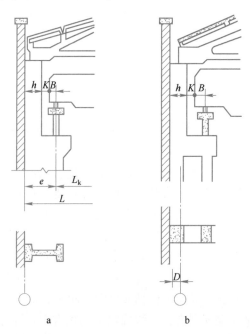

图 6-15　使用桥式或梁式吊车厂房外墙、边柱与纵向定位轴线的联系

a—封闭结合；b—非封闭结合

在吊车起重量为 30 t 或 50 t、柱距为 6 m 的厂房中，边柱外缘与纵向定位轴线之间的联系尺寸 $D=150$ mm。在吊车起重量不小于 50 t、柱距为 12 m 或因构造需要而有吊车的厂房中，当联系尺寸 $D=150$ mm 不能满足要求时，可采用 250 mm 或 500 mm，特殊情况下还可大于 500 mm。

一般中、轻级及重级工作制吊车采用上述 $L_k = L - 1500$ mm 的规定。但某些有重级工作制吊车的厂房，在吊车运行中可能有工人在安全走道板上活动，为确保检修工人经过上柱内侧时不被运行的吊车挤伤，在 K 值与上柱内侧之间还应增加一个安全通行宽度，其尺寸应不小于 400 mm，如图 6-16 所示。这样，从吊车轨道中心至上柱内侧的净距应不小于 $B + K + 400 = 300 + 100 + 400 = 800$ mm。

这种情况下，将 750 mm 改定为 100 mm，即 $L_k = L - 2000$ mm。其值超过 750 mm，定位轴线已离开上柱范围，因此在吊车轨道中心线与纵向定位轴线之间的距离也宜为 1000 mm。

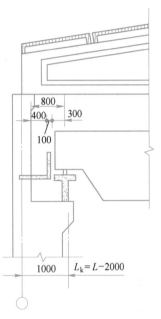

图 6-16　某些重级工作制吊车厂房柱与纵向定位轴线的联系

B　中柱与纵向定位轴线的联系

当厂房为等高跨时，中柱上柱的中心线应与纵向定位轴线相重合，如图 6-17 所示。

当厂房宽度较大时，沿厂房宽度方向需设置纵向伸缩缝。纵向伸缩缝处一般采用单柱单轴线处理，伸缩缝一侧的屋架或屋面梁搁置在活动支座上，上柱中心线仍与纵向定位轴线相重合，如图 6-18 所示。

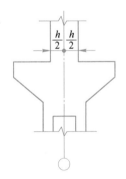

图 6-17　等高跨中柱与纵向定位轴线的联系

h—上柱截面高度

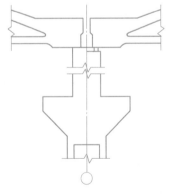

图 6-18　等高跨纵向伸缩缝处单柱与纵向定位轴线的联系

当厂房为不等高跨时，应根据不同的吊车规格、结构、构造以及伸缩缝的设置情况，采取不同的处理方法；原则上与边柱纵向定位轴线一样，有封闭结合和非封闭结合两种情况。

（1）无纵向伸缩缝时采用双柱处理。当两相邻跨都采用封闭结合时，高跨上柱外缘、封墙内缘和低跨屋架或屋面梁标志尺寸端部应与纵向定位轴线相重合，如图 6-19 所示。当高跨为非封闭结合，即上柱外缘与纵向定位轴线不能重合时，应采用两条定位轴线，即在一根柱上同时存在两条定位轴线，两条轴线间的插入距 A 值等于联系尺寸 D 值。

（2）有纵向伸缩缝时采用单柱处理。当不等高跨厂房需设置纵向伸缩缝时，一般将其设在高低跨处。为了使结构简单和减少施工吊装工程量，应尽可能采用单柱处理。当采用单柱时，低跨屋架或屋面梁搁置在活动支座上。此柱同时存在两条定位轴线（见图 6-20），两轴线间设插入距为 A。

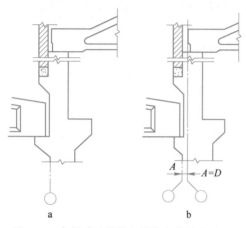

图 6-19　高低跨处单柱与纵向定位轴线的联系

a—未重合联系尺寸；b—重合联系尺寸

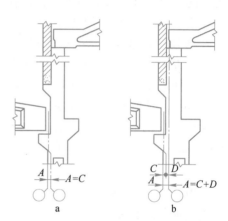

图 6-20　高低跨纵向伸缩缝处单柱与
纵向定位轴线的联系

a—封闭结合尺寸；b—非封闭结合尺寸

当两相邻跨均采用封闭结合时

$$A = C$$

当高跨采用非封闭结合时

$$A = C + D$$

式中　C——纵向伸缩缝宽度，其值一般为 30～50 mm，或根据计算确定；

　　　D——联系尺寸。

（3）有纵向伸缩缝时采用双柱处理。当不等高跨的高度相差悬殊或吊车起重量差异较大时，常在高低跨处结合纵向伸缩缝采用双柱处理。当采用双柱时，两柱与定位轴线的联系可分别视为边柱与定位轴线的联系（见图 6-21），两轴线间设插入距为 A。

当两相邻跨均采用封闭结合时

$$A = B + C$$

当高跨采用非封闭结合时

$$A = B + C + D$$

式中　B——封墙宽度；

　　　C——纵向伸缩缝宽度；

　　　D——联系尺寸。

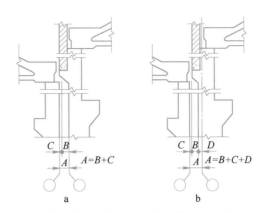

图 6-21　高低跨纵向伸缩缝处双柱与纵向定位轴线的联系

a—未设联系尺寸；b—设联系尺寸

C　纵横跨相交处柱与纵向定位轴线的联系

在有纵横跨的厂房中，在纵横跨相交处一般要设置变形缝，使纵横跨在结构上各自独立。因此，必须设置双柱并有各自的定位轴线（见图6-22），两轴线间设插入距为 A。

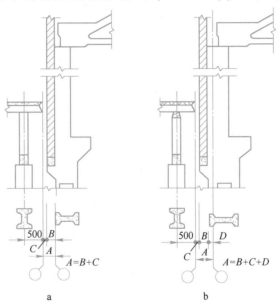

图 6-22　纵横跨处柱与纵向定位轴线的联系

a—未设联系尺寸；b—设联系尺寸

当横跨采用封闭结合时

$$A = B + C$$

当横跨采用非封闭结合时

$$A = B + C + D$$

式中　B——封墙宽度；

C——变形缝宽度；

D——联系尺寸。

6.2　车间配置设计

6.2.1　车间配置设计概述

6.2.1.1　车间配置设计的目的和内容

车间配置设计是工艺人员从事设计的主要内容之一。车间配置设计就是对厂房的配置和设备的排列做出合理的布局，它是在完成物料平衡计算与设备的设计、选择及数量计算的基础上进行的。

车间配置对投产后的生产正常进行影响极大，与经济指标，特别是基本建设投资有密切的关系。不合理的车间配置会对整个生产管理造成困难，诸如：

（1）对设备的维护、检修带来困难；

（2）造成人流、物流的紊乱，增加输送物料的能耗；

（3）不安全，容易发生事故，增加建筑和安装费用等。

可以认为：车间配置设计与生产工艺流程的选定同为决定生产车间命运的关键性设计，它们在很大程度上决定该设计技术上是否先进、经济上是否合理。因此，对车间配置设计要下功夫认真对待，方能做好此项设计工作。

车间配置设计的内容可分为两方面：一是厂房整体布置和厂房的轮廓设计；二是设备的排列和布置。

（1）确定车间厂房面积，车间厂房面积一般包括：

1）工艺设备、管道及生产操作所需的面积。

2）其他各专业对厂房面积的要求：

① 供电系统的变电所、配电室或整流室；

② 通风供风系统，包括排风机房、鼓风机室、空气压缩机站、除尘和采暖用室；

③ 控制仪表室、真空设备系统用室、泵站等，辅助面积，如原料、燃料、各种产物储存地点及仓库设施、渣场、机修点。

3）设备的检修与安装所需面积，人流、物流、交通运输面积等。

4）生产管理及工人生活用室面积：

① 车间办公室、化验站、卫生站、妇幼卫生用室；

② 工人休息室、浴室、存衣室、盥洗室、厕所等。

（2）厂房的整体配置和厂房平面、立面的轮廓设计。根据工艺流程的特点，决定厂房的形式、层次与结构，选择厂房主要构件并提出对建筑的要求，厂房的高度、跨度、柱距、门窗应符合建筑统一模数的要求。

（3）各种设备、管道、运输设施及用房的配置：

1）各项设备的水平与竖向配置（标高）；

2）各项生产设备间运输设施的配置；

3）水、电、各种气体等专用供应站及管道的布置；

4）各种专用特殊用房、辅助用房、管理用房、工人生活用房等。

6.2.1.2　车间配置设计的一般原则和要求

车间配置设计的一般原则和要求如下：

（1）必须满足生产工艺的要求，保证生产过程正常进行；要符合建筑规范，节省基建投资，留有发展余地。

（2）按工艺流程顺序，把每个工艺过程所需的设备布置在一起，保证工艺流程在水平和垂直方向的连续性；操作中有联系的设备或工艺上要求靠近的设备应尽可能配置在一起，以便集中管理、统一操作；相同或相似的设备也应集中配置，以便相互调换使用。

（3）充分利用位能，尽量做到物料自流。一般把计量槽、高位槽配置在高层，主体工艺设备配置在中层，储槽、重型设备和产生振动的设备配置在底层。

（4）为设备的操作、安装、检修创造条件。主体设备应有足够的操作空间，设备与墙、设备与设备之间应有一定距离，具体数据可参见表6-1。

表6-1　常用设备的安全距离

序号	项　目	净安全距离
1	泵与泵之间的距离	不小于 0.7 m
2	泵与墙之间的距离	不小于 1.2 m
3	泵列与泵列之间的距离（双排泵之间）	不小于 2 m
4	储槽与储槽、计量槽与计量槽之间的距离	0.4~0.6 m
5	换热器与换热器之间的距离	不小于至少 1 m
6	塔与塔之间的距离	1~2 m
7	离心机周围通道	不小于 1.5 m
8	过滤机周围通道	1~1.8 m
9	反应罐盖上传动装置与天花板之间的距离	不小于 0.8 m
10	反应罐底部与人行道之间的距离	不小于 2 m
11	起吊物品与设备最高点之间的距离	不小于 0.4 m
12	往复运动机械的运动部件与墙之间的距离	不小于 1.5 m
13	回转机械与墙及回转机械相互之间的距离	不小于 1.2 m
14	通廊、操作台空间部分的最小净空高度	不小于 2.5 m
15	操作台梯子的斜度（一般）	不大于 45°，最高不超过 60°
16	控制室、开关室与工业炉之间的距离	15 m
17	产生可燃性气体的设备与炉子之间的距离	不小于 8 m
18	工艺设备与道路之间的距离	不小于 1 m

（5）合理处理车间的通风和采光问题。

（6）对生产过程产生的废气、废水、废渣，必须有处理设备并使之达到排放标准。

（7）特别注意劳动安全和工业卫生条件。工业炉、明火设备及产生有毒气体和粉尘的设备，应配置在下风处；对易燃、易爆或毒害、噪声严重的设备，尽可能单独设置工作间或集中在厂房的某一区域，并采取防护措施；凡高出 0.5 m 的操作台、通道等，必须设保护栏杆。

（8）力求车间内部运输路线合理。车间管线应尽可能短，矿浆及气体等的输送应尽可能利用空间，并沿墙铺设；建立固体物流运输线，运输线要与人行道分开。

（9）产生腐蚀性介质的设备，除设备本身及其基础需加防腐外，还要考虑对设备附件的墙、柱等建筑物的腐蚀性。

6.2.2　车间配置图的绘制

6.2.2.1　基本要求

车间配置图是车间配置设计的最终产品，应根据本设计阶段的要求表示出设备的整体布置，包括设备与有关工艺设施的位置和相互关系、设备与建（构）筑物的关系、操作与检修位置、厂房内的通道、物料堆放场地以及必要的生活和辅助设施等。施工图设计阶段的配置图对于不单独绘制安装图的设备，其深度应达到满足指导设备安装的要求。

车间配置图一般包括一组视图（平面图、剖面图和部分放大图等）、尺寸及标注、编制明细表与标题栏等。车间配置图一般按车间组成，分车间、工段或系统绘制。当车间范围较大、图样不能表达清楚时，则可将车间划分为若干区域，分图绘制；当几个工段或车间设在同一厂房内时，也可以合并绘制。

车间配置图一般是每层厂房绘制一张平面图，在平面图上应绘出该平面之上至上一层平面之下的全部设备和工艺设施，各视图应尽量绘于同一图纸上。当图幅有限时，允许将平面图和剖面图分张绘制，但图表和附注专栏应列于第一张图纸上，剖视图的数量应尽量少，以表达清楚为原则。施工图设计阶段的配置图可根据需要，加上必要的局部放大图、局部视图和剖面图。

各类图纸优先推荐采用比例 1∶20、1∶50、1∶100、1∶200。当一张图纸采用几种比例时，主要视图的比例标写在图纸标题栏中，其他视图的比例写在视图名称下方。

图纸幅面一般采用 A0 图纸（841 mm×1189 mm），必要时允许加长 A1～A3 图纸的长边和宽边，加长量要符合机械制图国标 GB 14689—1993 的规定。如需要绘制几张图，幅面规格应力求统一。

6.2.2.2　绘制平面图

绘制平面图内容如下：

（1）绘出厂房建筑平面图，包括建筑定位轴线、厂房边墙轮廓线、门窗位置、楼梯位置、柱网间距及编号、各层相对标高、地坑位置、孔洞位置和尺寸等。

（2）画出设备中心线以及设备、支架、基础、操作台等的轮廓形状和安装方位。对于非安装设备（如熔体包、车辆等），应按比例将其外部轮廓绘制在经常停放的位置或通道上，图形数量可不与设备明细表上的数量相同。车间配置图常见图形的简单画法见表6-2。

表 6-2　车间配置图常见图形的简单画法

序号	图形表示方法	名　称	举　例
1		散状物料露天堆场	焦炭、煤等堆场

序号	图形表示方法	名 称	举 例
2		其他材料露天堆场或露天作业场	冰冻露天冷却场地、烧结块露天堆场、阳极板露天堆场等
3		敞棚或敞廊	熔剂敞棚、烧结块运输敞廊
4	上	底层楼梯	
5	上 下	中间层楼梯	
6	下	顶层楼梯	
7		空门洞	
8		单扇门	
9		双扇门	
10		入口坡道	
11	孔洞 -1.500 -2.500 坑槽	坑槽、孔洞	
12		轨道衡	

序号	图形表示方法	名　称	举　例
13		转盘	
14		起重机轨道	
15		电葫芦	左为平面图、右为剖视图
16		悬挂起重机	上为平面图、下为剖视图
17		单梁起重机	上为平面图、下为剖视图
18		桥式起重机	上为平面图、下为剖视图
19		龙门吊	平面图
20		悬臂式起重机	左为平面图、右为剖视图

6.2.2.3　绘制剖面图

　　剖面图的绘制与平面图大致相同，需按平面图上的剖切位置逐个仔细绘制。应特别注意设备和辅助设施的外形尺寸及高度定位尺寸，吊车的轨顶标高、柱顶标高、室内外地面标高、门窗标高等。

6.3 管 道 设 计

6.3.1 湿法冶金管道设计

6.3.1.1 湿法冶金管道的种类及管道设计内容

管道是湿法冶金过程物料输送的主要方式，也是车间与车间、设备与设备之间的联系纽带。湿法冶金管道的种类繁多，按材质，可分为金属管道（铸铁、钢、铜、铅、铝等）和非金属管道（玻璃、陶瓷、石墨、木、塑料、砖等）两大类；按介质，可分为气管、液管、浆料管、烟气管等；按承载压力，可分为常压管和高（低）压管。所有管道均由管子、异形管连接件（如三通、弯头、异径管等）及阀门组成，管道上通常还安装有控制测量仪表及其他设施。

管道设计的内容包括：

(1) 管道及流槽的流体力学计算；

(2) 管径、管壁厚度的确定；

(3) 流槽断面和坡度的确定；

(4) 管材、管件的选择；

(5) 阀门及附件的选择；

(6) 管架的设计；

(7) 管道保温措施的设计；

(8) 管道防腐及标志；

(9) 管道配置设计；

(10) 管道图的绘制。

上述管道设计内容较多，具体的设计方法可参阅《湿法冶金工艺管道设计手册》和《化工工艺设计手册》等有关资料。

6.3.1.2 湿法冶金管道图的绘制

湿法冶金管道图包括车间（或工段）内部管道图和室外管道图，由管道配置图、管道系统图、管架、管件图以及管段材料表组成。

管道配置图表示管道的配置、安装要求及其与相关设备、建（构）筑物之间的关系等，一般以平面图表示，只有在平面图不能清楚表达时才采用剖视图、剖面图或局部放大图。管道配置图的绘制是以车间（或工段）配置图为依据，图面方向应与车间配置图一致。当车间内部管道较少、走向简单时，在不影响配置图清晰的前提下，可将管道图直接绘制在车间（或工段）配置图上，管段不编号，管道、管架、管件等编入车间（或工段）配置图明细表中。当管道多层配置时，一般应分层绘制管道配置图，如管道配置图±0.000 平面，所画管道为上一层楼板以下至地面的所有工艺物料管道和辅助管道。

管道系统图是与管道配置图对应的立体图，按 45°斜二等轴侧投影绘制（参见 GB 44583—1984），以反映管道布置的立体概念。管道系统图上的设备示意图形应保持管道配置图中的大小关系和相对位置，但比例可放大或缩小；对于复杂的管道系统，可分段绘制。图 6-23 所示为管道配置图与管道系统图的关系示例。

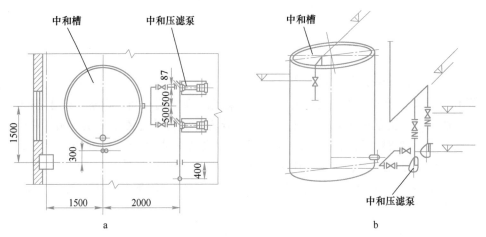

a　　　　　　　　　　　b

图 6-23　管道配置图与管道系统图的关系示例

a—管道配置图；b—管道系统图

　　管道配置图与管道系统图中的管线一律用单粗实线绘制，有关设备、建（构）筑物、管件、阀门、仪表、管架、仪表盘等采用细实线，分区界线采用双折线或粗点划线，管架的位置应按图例全部绘出，仪表盘和电气盘的所在位置应采用细实线画出简略外形。常用管道材料及管道输送流体符号见表 6-3 和表 6-4，此两表中的符号是用该管道名称前一个或两个字的汉语拼音首字母组合而成，表内未列出者可采用此法组成符号。

表 6-3　常用管道材料符号

管道材料	符号	管道材料	符号	管道材料	符号
铸铁管	HT	搪瓷管	GC	有机玻璃管	YB
硅铁管	GT	陶瓷管	TC	钢衬胶	G-J
合金钢管	HG	石墨管	SM	钢衬石棉酚醛管	G-SF
铸钢管	ZG	玻璃管	BL	钢衬铅管	D-Q
钢管	G	硬聚氯乙烯管	YL	钢衬硬聚氯乙烯管	G-RL
紫铜管	ZT	软聚氯乙烯管	RL	钢衬软聚氯乙烯管	G-RL
黄铜管	HUT	硬胶管	YJ	钢衬环氧玻璃管	G-HB
铅管	Q	软胶管	RJ	铸石管	ZS
硬铅管	YQ	石棉酚醛管	SF		
铝管	L	环氧玻璃钢管	HB		

表 6-4　管道输送流体符号

流体名称	符号	流体名称	符号	流体名称	符号
溶液管	RY	冷冻回水管	L_2	二氧化碳管	E
矿浆管	K	软化水管	S	煤气管	M
洗涤液管	XY	压缩空气管	YS	蒸气管	Z

续表6-4

流体名称	符号	流体名称	符号	流体名称	符号
硫酸管	LS	鼓风管	GF	风力输送管	FS
盐酸管	YA	真空管	ZK	水力输送管	SS
硝酸管	XS	废气管	FQ	油管	Y
碱液管	JY	氧气管	YQ	取样管	QY
上水管	S	氢气管	QQ	废液管	FY
污水管	H	氯气管	LQ	有机相管	YJ
热水管	R	氮气管	DQ	萃取液管	CY
循环水管	XH	氨气管	AQ	液氯管	LY
冷凝水管	N	二氧化硫管	EL	液氨管	AY
冷冻水管	L_1	一氧化碳管	ET	氨水（含氨溶液）管	AS

管道配置图和管道系统图中都要标注出以下内容：

（1）输送的流体名称及流向；

（2）管道的标高、坡向及坡度；

（3）管道材料及规格；

（4）管段编号及有关设备的名称和编号。

此外，管道配置图还要标注管道、管件、附件的定位尺寸以及管架编号和管架表等；管道系统图还要标注管段长度，并附管段编号表及管段材料表等。

A　管段标高的标注法

管道标高以管中心标高表示，管段每一水平段的最高点标高为该水平段的代表标高，在管道系统图中代表标高必须注在最高点处。当立管上有管件、附件时，必须标注其安装标高。

B　管道的表示法

管道的表示如下：

（1）在管道配置图中，管道特征一般用引线标注（见图6-24）；当管道较少且管线简单时，可直接标注（见图6-25）。但在同一张图中只能用一种标注方法，下面对图6-24和图6-25进行说明。

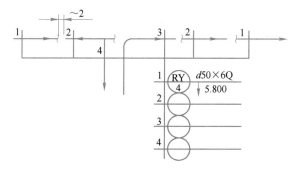

图6-24　管道特征的引线标注法

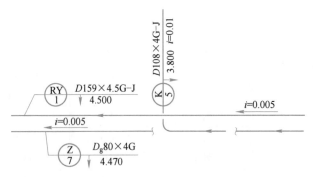

图 6-25　管道特征的直接标注法

i—安装坡度

1）引线标注时，管道特征按柱间分区标注。管道特征符号与主引线连接，主引线应放在柱间分区的明显位置上。主引线未跨越的管道，从主引线上方引出支线，在与管线交叉处标注顺序号，支引线不得超越柱间分区范围。

2）"1、2、3、4"为管道标注顺序号，编排顺序原则上先远后近、先上后下。

3）圆圈内下方"1、2、3、4"为管段编号。

4）RY、K、Z 为管道输送流体符号，Q、G、G-J 为管道材料符号，$d50×6$，$D_g80×4$，$D159×4.5$、$D108×4$ 为管道规格，↓5.800、↓4.500、↓4.470、↓3.800 为管段的代表标高。

（2）在平面图上数根管道交叉弯曲时的表示法，如图 6-26 所示。图 6-26b 表示将上部管道断开，看下部管道。

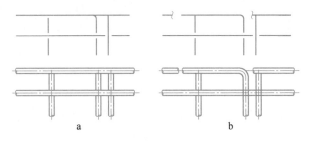

图 6-26　数根管道交叉弯曲时的表示法

a—交叉弯曲配置图；b—上部管道断开系统图

（3）数根管道重合时，平面图上仅表示最上面一根管道的管件、附件等，如果要表示下部管道的管件、附件等时，需将上管道断开，如图 6-27 所示。

图 6-27　数根管道重合时的表示法

（4）系统图中管道特征直接标注在管线上。当管道前后上下交叉时，前面和上部的管道用连续线段表示，后面和下部的管道在交叉处断开，如图 6-28 所示。

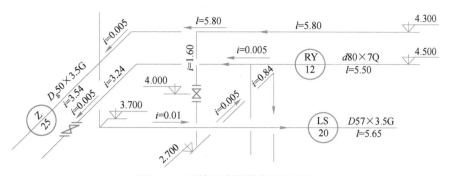

图 6-28　系统图中管道特征表示法

C　管道图的各种表格

（1）管段编号表。为清晰看出管道起止点，需有管段编号表。编号次序依生产流程先后顺序编排，先编工艺管道、后编辅助管道。起止点可由某一设备（或管段）到另一设备（或管段），或由某一设备（或管段）到另一管段（或设备）。分出支管时，需单独编号。

管段编号表列入管道系统图内或单独出图，其格式见表 6-5。

表 6-5　管段编号表的格式

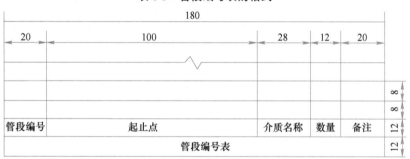

管段编号	起止点	介质名称	数量	备注

（2）管架表。管架表包括支架名称、规格、数量，相同规格的管架可编一个号，管架号以 CJ-1、GJ-2、…的顺序排列，此表列入管道配置图内。

（3）管段材料表。按管段编号顺序，将同一管段中规格和材料相同的管道、管件、阀门、法兰等的标准或图号、名称、规格、材料、数量等一一列出，编成表附于管道系统图内，或单独出图。

室外管道图是用来表示有关车间（或工段）之间流体输送的关系和对管道的安装要求的图形，通常由平面图、局部放大图和剖面图组成。室外管道不绘制系统图。

6.3.2　烟气管道与烟囱设计

6.3.2.1　烟气管道设计要点

A　烟气管道结构形式及材质的选择

常用的烟气管道断面有圆形、矩形、拱顶矩形等，应根据烟气的性质（温度、压力、腐蚀性等）选用不同材质的管道，常用的有钢板烟道、砖烟道、混凝土烟道、砖-混凝土烟道等。

（1）钢板烟道。钢板烟道的直径一般不应小于 300 mm，常采用 4~12 mm 厚的钢板制作。钢板管道（包括管件）的壁温一般不宜超过 400 ℃；当烟气温度高于 500 ℃时，其内应砌筑硅藻土砖或轻质黏土砖等隔热材料；当烟气温度高于 700 ℃时，除采用管内隔热外，还可结合烟气降温的需要，外面施以水套冷却或喷淋汽化冷却等措施；当烟气温度低于 350℃时，钢管外壁应敷设泡沫混凝土、石棉硅藻土、矿渣棉、碳酸镁石棉粉等保温材料。

（2）砖烟道。烟道外层常用 100 号红砖砌筑，其厚度应保证烟道结构稳定。砖烟道拱顶中心角为 180°或 60°，温度较高、断面积较大或受震动影响很大的烟道，宜采用180°；采用 60°中心角时，要保证拱脚砖不因推力而位移。

（3）混凝土烟道。混凝土烟道采用混凝土或钢筋混凝土结构，比钢板烟道节省钢材，比砖烟道漏风率小。此种烟道可做成矩形或圆形断面，在高温下内衬耐火砖或使用耐火混凝土。混凝土烟道属于永久性构筑物，经常改建和扩建的厂家不宜采用。

（4）砖-混凝土烟道。砖-混凝土烟道一般两壁用砖砌筑，而顶部采用钢筋混凝土平盖板，低温和较大断面的烟道多采用这种混合结构。

B　烟气管道的布置

（1）收尘管道的布置，应在保证冶金炉正常排烟、不妨碍其操作和检修的前提下，使管道内不积或少积灰，少磨损，易于检修和操作，且管路最短。

（2）烟气流速应尽可能低，以减少阻力损失和磨损。对水平管道和小于烟尘安息角的倾斜管道，烟气流速一般为 15~20 m/s，或根据开动风机时能吹走因停风而沉积于底部烟尘的条件来选定；对大于烟尘安息角的倾斜管道，烟气流速一般为 6~10 m/s，见表 6-6。

表 6-6　烟气流速选用表

材　料	烟气流速/m·s⁻¹			
	烟　道		烟窗上口	
	自然排烟	机械排烟	自然排烟	机械排烟
砖或混凝土	3~5	6~8	2.5~10	8~20
金属	5~8	10~15	2.5~10	8~20

注：本表烟气流速值是按经济流速范围给定的，当烟气中有粗尘时应按尘粒悬浮速度确定。

（3）收尘烟道可采用架空、地面、地下铺设等方法。架空烟道维修方便，运转较安全，各种材质的管道均可用。地面烟道直接用普通砖（或耐火砖）砌筑于地面上，一般用于输送距离较长的净化后的废气（如爬山烟道），有时也用于净化前的烟气输送，但漏风大、清灰困难，故应尽量减少使用。地下烟道用普通砖（或内衬以耐火砖）砌筑于地坪之下，一般在穿过车间、铁路、公路、高压电时采用，通过厂区较长距离的净化后烟气的输送也可采用，其缺点是清理和维护困难，要有可靠的防水或排水设施。

（4）收尘系统支管应由侧面或上面接主管。

（5）输送含尘量高的烟气时，管道应布置成人字形，与水平面交角应大于 45°。如必须铺设水平管道，其长度应尽量小，且应设有清扫孔和集灰斗。大直径管道的清扫孔一般设于烟道侧面，小直径管道则采用法兰连接的清扫短管；集灰斗设于倾斜管道的最低位置或水平管道下方，并间隔一定距离，其形式如图 6-29 所示。

（6）当架空烟道跨过铁路时，管底距轨面不得低于 6 m；跨过公路和人行道时，管底

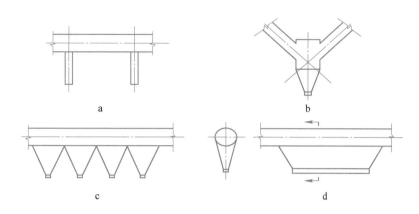

图 6-29　烟道清灰设施

a—水平管的落灰管；b—倾斜管的集灰斗；c—水平管的锥形集灰斗；d—水平管的船形集灰斗

距路面分别不低于 4.5 m 和 2.2 m。

（7）高温钢管道每隔一定距离应设置套筒形、波形、鼓形等补偿器，内衬隔热层或砖砌烟道并要留有膨胀缝。补偿器应设在管道的两个固定支架之间，补偿器两侧还应设置活动支架以支持补偿器的质量。

（8）检测装置应装在气流平稳段。调节阀门应设在易操作、积灰少的部位，并装有明显的开关标记。对输送非黏性烟尘的管道，如果水平管段较长，应每隔 3～7 m 设置一个吹灰点，以便用 294.2～686.5 kPa 的压缩空气吹扫管道。

C　烟气管道的计算

烟气管道的计算包括烟气量与烟气重度换算、阻力损失计算、管道直径及烟道当量直径计算等，其计算原则如下：

（1）烟气量应按冶炼设备正常生产时的最大烟气量计算。对于周期性、有规律变化的多台冶金炉（如转炉），应按交错生产时的平均最大烟气量考虑。总烟气量确定后，应附加 15%～20% 作为选择风机的余量。

（2）考虑预计不到的因素，收尘系统的总阻力损失应由计算值附加 15%～20%。

（3）收尘系统各支管的阻力应保持平衡，当烟气量变化较大而难以维持平衡时，可采用阀门（蝶阀）调节。

具体计算方法可参见《有色冶金炉》等资料，在此不予赘述。

D　烟气管道支架的设计

烟气管道支架设计包括支架布置原则、管道跨距的计算和管道支座的确定等内容，具体方法可参阅《有色冶金炉》等资料。

E　烟气管道图的绘制方法

（1）烟气管道按机械投影关系绘制，管道在图中用双实线表示。

（2）初步设计阶段的车间（或工段）配置图应表示主要管道的位置及走向，施工图设计阶段则需要详细表示管道的配置和安装要求。当管道复杂时，应单独绘制管道安装图。

（3）火法冶炼车间内的油管、压缩空气管、蒸气管、水管等管道，原则上按湿法冶炼管道图的绘制方法绘制。当火法冶炼配置图和安装图在一个视图中出现湿法冶炼管道图时，原则上应采用双中实线表示。

（4）管道有衬砖、保温、防腐等要求时，应绘制管道剖面图，标明材料和有关尺寸，并在附注中详细说明施工技术要求。

（5）焊接加工的变径管、变形管、弯头、带弯头的直管、管架和其他管件等，均以部件标注；两连接件之间的直管、盲板、法兰、螺栓、螺母等，均以零件标注。

（6）管道标高均以管道中心的标高表示。

6.3.2.2　烟囱设计要点

冶金炉使用烟囱的主要目的是高空排放有害气体和微尘，利用大气稀释，使其沉降到地面的浓度不超过国家规定的卫生标准，常用的烟囱结构有砖砌、钢筋混凝土及钢板结构等。通常 40 m 以下的烟囱可采用砖砌，45 m 以上的烟囱使用钢筋混凝土构筑。钢烟囱（包括绝热层和防腐衬里）常用于低空排放，适于高温（高于 400 ℃）烟气、强腐蚀性气体和事故排放等，小型或临时性工程也常采用。

A　烟囱的布置和计算原则

（1）排放有害气体的烟囱应布置在企业和居民区的下风侧；当企业有两个以上烟囱时，应按图 6-30 所示的方式布置。

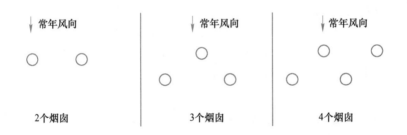

图 6-30　烟囱布置与主导风向的关系

（2）一个厂区有几个烟囱时，其排放所造成的总浓度分布可按单个源的浓度分布叠加计算。如有 N 个排放参数（主要是烟囱高度）相同且距离相近的烟囱同时排放，则每个烟囱的排放量 M_1 应为单个烟囱所允许的排放量 M 的 $1/N$；如烟囱间距为其高度的 10 倍以上，则每个烟囱的排放量可按单个烟囱的允许排放量计算。

（3）烟囱排放的烟气除应符合国家颁布的《工业"三废"排放标准》和《工业企业设计卫生标准》外，还应按工厂所在地的地区排放标准执行。

B　烟囱的计算

烟囱计算的主要内容包括烟囱直径、高度、温度和抽力计算等，具体方法参见《有色冶金炉》等资料。

6.4　稀土冶金车间配置

稀土萃取车间的配置，应根据本厂的具体情况进行，以有效地利用地形面积、有效地利用厂房、节约基建投资、有利于生产为原则。萃取车间布置图如图 6-31 所示。

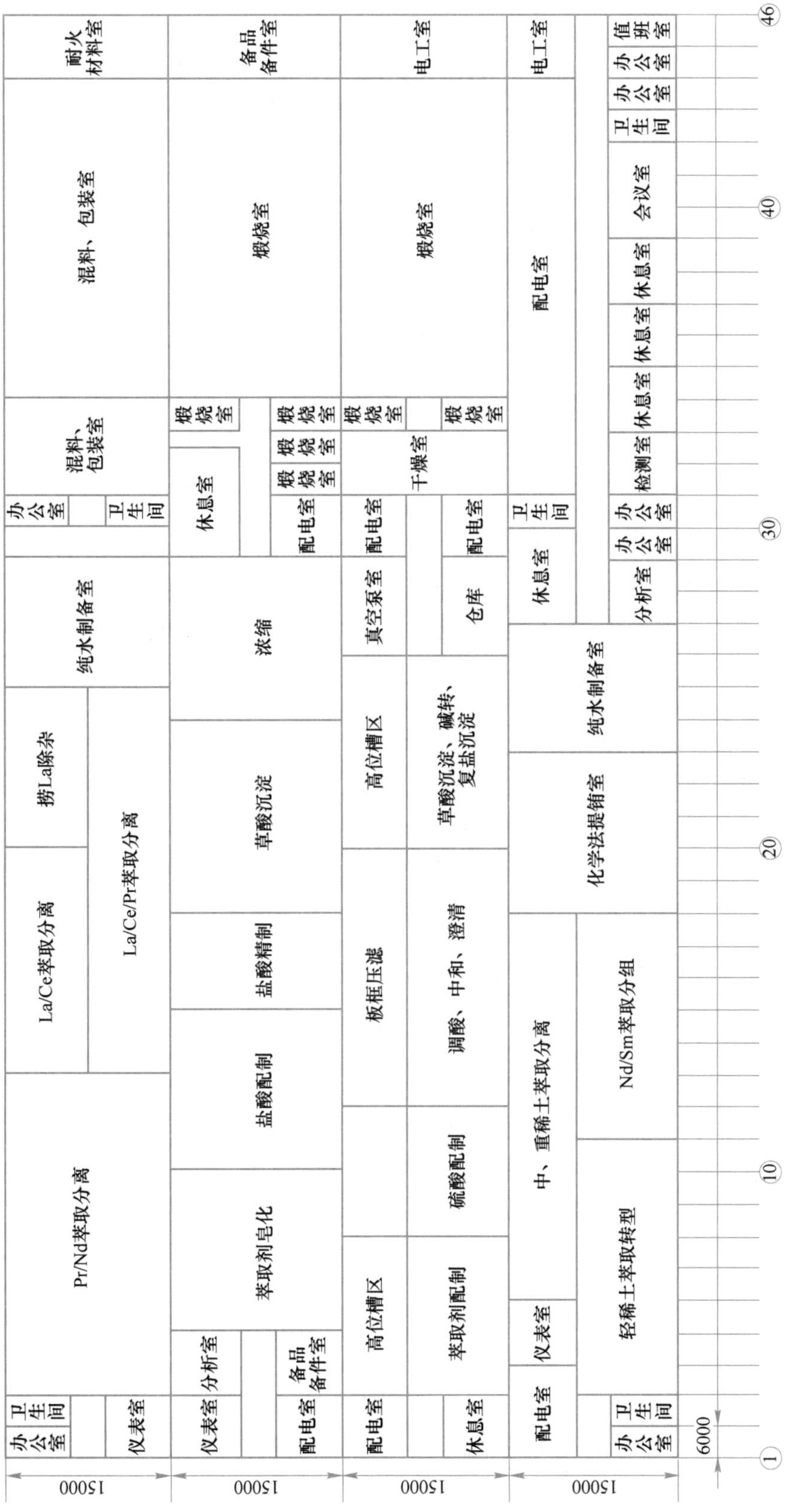

耐火材料室
备品备件室
电工室
电工室
值班室
办公室
办公室
卫生间
混料、包装室
煅烧室
煅烧室
配电室
会议室
休息室
休息室
休息室
混料、包装室
煅烧室
煅烧室
煅烧室
煅烧室
煅烧室
煅烧室
休息室
干燥室
检测室
办公室
卫生间
配电室
配电室
配电室
卫生间
办公室
办公室
纯水制备室
浓缩
真空泵室
仓库
休息室
分析室
纯水制备室
捞La除杂
高位槽区
草酸沉淀、碱转、复盐沉淀
La/Ce/Pr萃取分离
草酸沉淀
化学法提铕室
La/Ce萃取分离
盐酸精制
板框压滤
调酸、中和、澄清
中、重稀土萃取分离
Nd/Sm萃取分组
盐酸配制
硫酸配制
Pr/Nd萃取分离
萃取剂皂化
高位槽区
萃取剂配制
轻稀土萃取转型
仪表室
分析室
备品备件室
卫生间
办公室
仪表室
仪表室
配电室
配电室
休息室
配电室
卫生间
办公室
6000
15000
15000
15000
15000
1
10
20
30
40
46

图 6-31　萃取车间布置图

7 厂址选择和总平面布置

7.1 冶金企业厂址选择

7.1.1 概述

工业企业建设必须有适宜的厂址，厂址选择是工程项目建设前期工作的主要内容和重要组成部分之一。在项目建议书、建厂条件调查、企业建设规划、可行性研究（或设计任务书）甚至初步设计等阶段工作中，均不同程度地涉及厂址选择问题。一般来说，厂址选择工作安排在可行性研究（或设计任务书）阶段进行较为适宜。

厂址选择也是工业布局的基本环节，不仅涉及的范围广，而且对企业的技术经济效益、社会效益有着直接的影响。由于厂址选择是一项复杂的政治、经济、技术紧密结合的综合性工作，工程项目总设计师必须给予足够的重视，切实做好此项工作。

厂址选择一般应由上级机关或主管部门统一负责，建设单位具体组织，会同当地人民政府及有关专业职能机构与勘察、设计等单位参加，组成工作组，共同进行现场踏勘和调查研究。厂址选择工作组提出厂址方案后，由设计单位进行全面的技术经济分析、比较和论证，最后完成厂址选择任务。目前，多数企业的厂址选择工作都是以设计单位为主进行的。

大型企业或厂址条件极为复杂的企业应专门编制厂址选择报告，并呈报上级机关或主管部门审查批准。中小型企业的厂址选择问题在可行性研究报告中叙述，不另审批。

7.1.2 冶金企业厂址选择的一般原则及要求

正确选择厂址对于贯彻执行国家基本建设的方针政策，加快工程建设速度，节约基本建设资金，提高投资效果，改善企业的经济效益和社会效益，都具有重大的现实意义。因此，在进行厂址选择工作时要坚持以下原则及要求：

（1）要根据上级机关或主管部门下达的文件中所确定的企业规模、产品方案以及远景发展等有关规定，进行厂址选择工作。

（2）厂址选择应按上级机关或主管部门批准的规划，在指定的行政区域内进行，并与当地地区的规划协调一致。没有规划的，可与当地规划部门共同协商。

（3）要贯彻执行工业布局大分散、小集中、多搞小城镇的方针，按照工农结合、城乡结合、有利生产、方便生活的原则进行厂址选择和居民区规划。

（4）要从全局出发，正确处理工业与农业、生产与生态、生产与生活、近期与远期、内部与外部、场地与场地等多方面的关系；既要保证生产，提高企业的经济效益，又要因地制宜，实事求是。

（5）矿山企业要尽可能在矿产资源附近选择厂址，冶炼、加工厂的厂址也应注意靠近原料、燃料、辅助材料产地以及电源，厂址选择要为合理开发和充分利用矿产资源创造条件。

（6）厂址用地要注意以下几个问题：

1）厂址要有适宜建厂的地形和必需的场地面积，以满足生产工艺和物料输送的要求。

2）要节约用地。

3）要留有适当的发展余地。

4）工业场地应尽可能占用荒地、坡地、空地和劣地，渣场、尾矿库应尽可能占用低洼地、深谷和不宜耕种的瘠地，运输线路、管线工程应尽可能避开林地或良田，注意减小工程量，少占农田和不占良田。

5）厂址应不拆或少拆房屋以及其他建（构）筑物。

6）企业不与农、牧、渔业争水，不妨碍和破坏农田水利基本建设。

7）选择厂址的同时还要考虑到复地还田。

（7）厂址要有方便的交通运输条件，尽可能靠近铁路车站、公路干线或航运港口（码头）。

（8）选择厂址时，应注意洪水、高山滚石、泥石流等自然灾害对企业的威胁和影响。凡在安全有可能受到威胁的地区建厂（矿）时，必须在选择厂址时就考虑采取可靠的防范措施。

（9）厂址要有良好的工程地质和水文地质条件，重要厂房和主要设备基础部位的工程地质条件应更好。厂址应避开断层、滑坡、流砂层、泥石流、古河道、泥沼、淤泥层、腐殖土层、软土、地下河道、土崩、塌陷、滚石、岩溶等不良地质地段。此外，还要避开古井、古墓、砂井、坑穴、老窿等人为地表破坏区域，放射性区域，膨胀土地区，湿陷量大的湿陷性黄土区域，地震多发和地震烈度大的区域，地下水位高且具有侵蚀性的地区等。

（10）厂址要有良好的供水排水条件。厂址要有水量和水质满足要求、供水线路短、扬程小的水源地。用水量特别大的企业，厂址应尽可能靠近水源选择。选择厂址时，要注意企业生产要有良好的排水条件。

（11）在选择厂址时要有较好的供电条件，电源可靠，线路短捷，进线方便。有条件时应靠近电源，而且电源应有一定的备用负荷。

（12）选择厂址时要注意卫生防护。工业废水和生活污水排放地点，工业废气及生产产生的有害气体排放地点，废渣、废料、尾矿的堆置场地，易燃、易爆及放射性物质的储存场地，产生强烈噪声和振动的场地，电磁干扰大的场地等，在选择厂址时应注意安全防护距离。冶炼厂一般不宜设在城市和风景、旅游区内。

（13）充分考虑到企业实行协作。在厂址选择时就应注意到企业在生产、综合利用、产品深加工、外部运输、公用设施、生活福利设施以及供水、供电等多方面广泛开展社会协作或地区协作，改变企业一家独办、万事不求人的陈旧观念。靠近城镇的企业在厂址选择时就要尽可能与城镇建设紧密结合、统一规划。实行企业协作的目的在于提高企业的经济效益和社会效益。

（14）在选择厂址时要注意施工条件，地方建筑材料及施工用水、用电尽量就近解决，厂址附近应有足够的施工基地的场地，施工机械器具的运输应当方便。

（15）某些特殊的地区或地点不允许或不宜建厂的，在厂址选择时应当注意，如：

1）具有开采价值的矿床上。

2）大型水库、油库、发电站、重要的桥梁、隧道、交通枢纽、机场、电台、电视台、军事基地、战略目标以及生活饮用水源地等的防护区域之内。

3）重要的文化古迹、革命历史纪念地、名胜游览地区、城市园林区、疗养区和自然保护区。

4）传染病发源地、有害气体及烟尘污染严重的地区。

5）九度及以上的地震区。

（16）在选择厂址时必须认真进行调查研究，坚持多方案比较，择优选定。

7.2　厂址选择的程序和注意事项

7.2.1　厂址选择的程序

7.2.1.1　准备

准备阶段从接受任务书开始至现场踏勘为止。在设计任务书下达后，即根据任务书规定的内容并参考可行性研究报告，采用扩大指标或参照同类型工厂及类似企业的有关资料，确定出各主要车间的平面尺寸及有关的工业和民用场地，由工艺专业人员编制工艺布置方案，作出总平面布置方案草图，初步确定厂区外形和占地估算面积。然后各专业在已有区域地形图以及工程地质、水文、气象、矿产资源、交通运输、水电供应和协作条件等厂址基础资料的基础上，根据冶金工厂的特点及选厂要求进行综合分析，拟定几个可能成立的厂址方案。

7.2.1.2　现场踏勘

现场踏勘是在图上选址的基础上，有的放矢地对可能建厂的厂址进行实地察看。这是选厂的关键环节。其目的是通过实地察看，根据选厂原则和对厂址的一般要求，确定几个可供比较的厂址方案。

现场踏勘中要注意以下几点：

（1）拟选厂址可供利用的场地面积、形状及拟占地的农田、产量、土质等情况；

（2）拟用场地内的村庄、树木、果园、农田水利设施等；

（3）场地的地形、地质，地下有无矿藏；

（4）场地附近的铁路、公路及接轨、接线条件；

（5）附近的运输设施、卫生条件、协作条件等；

（6）就近提供的建筑材料的品种、数量、质量；

（7）风向、雨量、洪水位等自然条件；

（8）可供利用的生活居住用地及废料场；

（9）施工用地的面积大小及距离；

（10）拟建厂地区的水源、电源及可能的线路走向。

7.2.1.3　方案比较和分析论证

根据现场踏勘结果，从各专业的角度对所收集到的资料进行整理和研究。对具备建厂条件的若干个厂址方案进行政治、经济、技术等方面的综合分析论证，提出推荐方案，说明推荐理由，并给出厂址规划示意图（表明厂区位置、备用地、生活区位置、水源地和污水排放口位置、厂外交通运输线路和输电线路位置等）和工厂总平面布置示意图。

7.2.1.4　提出厂址选择报告，确定厂址和报批

厂址选择报告是厂址选择的最终成果，可参照以下内容进行编写：

（1）前言。前言中叙述工厂性质、规模、厂址选择工作的依据、人员及情况，有关部门对厂址的要求，工厂的工艺技术路线、供水、供电、交通运输及协作条件、用地、环境卫生要求，踏勘厂址及推荐厂址意见等。

（2）产品方案及主要技术经济指标。

（3）建厂条件分析。建厂条件分析描述厂址的自然地理、交通位置和四邻情况，场地的地形、地貌，工程地质、水文地质条件，气象条件，地区社会经济发展概况，原材料、燃料的供应条件，水源情况，电源情况，交通运输条件，环境卫生条件，施工条件，生产、生活及协作条件等。

（4）厂址方案比较。厂址方案比较主要是提出厂址技术条件比较表（见表7-1），以及厂址建设投资和经营费用比较表（见表7-2）。

表7-1　厂址技术条件比较表

序号	内　　容	厂址方案		
		1	2	3
1	厂址地理位置及地势、地貌特征			
2	主要气象条件（气温、雨量、海拔等）			
3	土石方工程量及性质、拆迁工程量、施工条件等			
4	占地面积及外形（耕地、荒地）			
5	工程地质条件（土壤、地下水、地耐力、地震强度等）			
6	交通运输条件： （1）铁路接轨是否便利，专用铁路线长度，是否要建设桥梁、涵洞、隧道，能否与其他部门协作；（2）与城市的距离及交通条件，需新建公路的长度，与城市规划的关系；（3）航运情况（船舶、码头等）			
7	给排水条件（管道长度、设备、给水和排水工程量等）			
8	动力、热力供应条件及建设工程量			
9	原料、燃料供应条件			
10	环境保护情况（"三废"治理条件、渣场等）			
11	生活条件			
12	经营条件			

表7-2　厂址建设投资和经营费用比较表

序号	内　　容	单位	厂址方案		
			1	2	3
建　设　投　资					
1	土石方工程：（1）挖方；（2）填方				
2	铁路专用线：（1）线路；（2）构筑物				
3	厂外公路：（1）线路；（2）构筑物				
4	供水、排水工程：（1）管道；（2）构筑物				
5	供电、供气工程：（1）线路；（2）构筑物				

续表 7-2

序号	内　容	单位	厂址方案		
			1	2	3
6	通信工程				
7	区域开拓费和赔偿费（土地购置、拆迁及安置费等）				
8	住宅及文化福利建设费				
9	建筑材料运输费				
10	其他费用				
	合　计				
经营费（每年支出）					
1	运输费（原料、燃料、成品等）				
2	水费				
3	电费				
4	动力供应				
5	其他费用				
	合　计				

（5）各厂址方案的综合分析论证，推荐方案及推荐理由。

（6）当地领导部门对厂址的意见。

（7）存在的问题及解决办法。

此外，厂址选择报告还应附有下列文件：

（1）有关协议文件和附件；

（2）厂址规划示意图；

（3）工厂总平面布置示意图。

7.2.2　厂址选择的注意事项

厂址选择应注意：

（1）选择现场踏勘的季节；

（2）要有当地有关人员参加；

（3）原始数据的积累；

（4）了解现有工厂的情况。

7.3　厂址的技术经济分析

厂址选择的总目标是投资省、经营费用低、建设时间短、管理方便等。而在厂址选择的实践中很难选出一个外部条件都理想的厂址，常常只能满足建厂条件的一些主要要求。由于影响厂址选择的因素很多，关系错综复杂，要选出较理想的厂址方案，必须进行技术经济分析与比较，具体有以下几种方法。

7.3.1　综合比较法

综合比较法是厂址选择较为常用的技术经济分析方法。操作时，首先根据拟建厂厂址的调查和踏勘结果，编制厂址技术条件比较表（见表 7-1），并加以概略说明和估算，通过分析对比筛选出 2~3 个有价值的厂址方案；其次是对筛选出的厂址方案进行工程建设投资和日后经营费用的估算，估算项目参见表 7-2，可以算出全部费用，也可以只算出投资不同部分的费用和影响成本较大项目的费用，建设投资可按扩大指标或类似工程的有关资料计算。如果某一方案的建设投资和经营费用都最小，该方案显然就是最优方案；如果某方案建设投资大而经营费用小，另一方案的建设投资小而经营费用大，则可用追加投资回收期等方法确定方案的优劣。

应当指出，经济指标并不是判断方案优劣的唯一指标，最终方案的抉择尚需考虑一些非经济因素，如生活条件、自然条件以及一些社会因素等。

7.3.2 数学分析法

通过分析某些因素和费用之间的关系，构成数学模型求解，即为数学分析法。由于厂址选择涉及的因素很多，一个数学模型不可能把全部因素都包括进去，这里仅根据德国经济学家阿尔弗雷德·韦伯所作的假定进行介绍。

韦伯认为，影响厂址选择的因素只是经济因素，而非经济因素（政策、社会、军事、气候等）则不起作用。在经济因素中主要是产品的生产和销售成本，而成本中实际起作用的是运输成本和工资成本。原料、燃料和动力成本的差别可以归因于运输费用的差别和地区产品价格的差别，而各地区产品价格的差别又可以看成是运输费用的差别。例如，对于价格高的原料，可看成是由于生产地与工厂距离较远，使其成为运输费用高的原料，反之亦然。运费及地形对其的影响可以折算成运输距离的长短，货物质量（如体积特别大、易爆、易烂等）的影响可用假想货重表示。这样，就把足以影响运输成本的因素归结为货重和运距两项。至于工资成本，则假定工资率固定，因而工资成本也一定。下面针对如何使运输费用最小来进行分析。

7.3.2.1 "重心"法

假定拟建工厂有几个位置已知的原料基地和销售基地，各基地在一定时期内的运量为已知。把运量和位置画在直角坐标系上，如图 7-1 所示，图中 Q_i 代表原料或产品的运量，其中 (x_i, y_i) 代表供应地点或销售地点的坐标位置，(x_0, y_0) 代表拟建工厂的坐标位置。

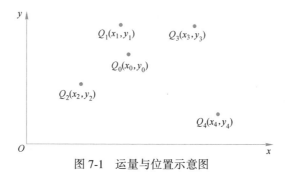

图 7-1　运量与位置示意图

根据重心原理得到拟建厂址的坐标为：

$$x_0 = \frac{\sum\limits_{i=1}^{n} Q_i x_i}{\sum\limits_{i=1}^{n} Q_i} \tag{7-1}$$

$$y_0 = \frac{\sum\limits_{i=1}^{n} Q_i y_i}{\sum\limits_{i=1}^{n} Q_i} \tag{7-2}$$

【例 7-1】 某冶炼厂有四个精矿供应点，供矿量和假想坐标位置见表 7-3，请问厂址建在何处较为适宜?

表 7-3 供矿量与假想坐标位置

供矿点	供应量/t	坐标位置/km	
		x_i	y_i
A	15000	2.00	5.00
B	20000	4.00	2.00
C	10000	6.00	7.00
D	25000	10.00	2.00
合计	70000		

解：根据式 (7-1) 和式 (7-2) 得：

$$x_0 = \frac{15000 \times 2.00 + 20000 \times 4.00 + 10000 \times 6.00 + 25000 \times 10.00}{70000} = 6.00 \text{ km}$$

$$y_0 = \frac{15000 \times 5.00 + 20000 \times 2.00 + 10000 \times 7.00 + 25000 \times 2.00}{70000} \approx 3.36 \text{ km}$$

计算表明，该冶炼厂建在坐标 (6.00, 3.36) 处时，运输距离最短，运输费用最省。该地点是否适宜，尚需根据其他条件进行综合技术经济比较后确定。

7.3.2.2 迭代法

按 "重心" 法确定的厂址坐标是一种粗略的估计，若需更精确，则可采用迭代法。

设拟建工厂所需原料、燃料等的供应量和产品的销售量分别以 Q_1、Q_2、Q_3、…、Q_n 表示，每千米单位运费为 C_e，工厂至各供应点和销售点的距离以 S_i 表示，则该厂的总运费 (F) 为：

$$F = \sum_{i=1}^{n} C_e Q_i S_i \tag{7-3}$$

以坐标表示运输距离，则：

$$S_i = k \left[(x_i - x)^2 + (y_i - y)^2 \right]^{1/2} \tag{7-4}$$

式中 k——计算次数；

x_i，y_i——销售点或供应点的坐标；

x，y——拟建工厂的坐标。

将式 (7-4) 代入式 (7-3)，得：

$$F = \sum_{i=1}^{n} C_e Q_i k \left[(x_i - x)^2 + (y_i - y)^2 \right]^{1/2} \tag{7-5}$$

为求得运输费用最少的厂址坐标，分别将 F 对 x、y 求一阶导数，并令其等于零，则：

$$\frac{\partial F}{\partial x} = \sum C_e Q_i k \left[\frac{1}{2} (x_i - x)^2 + (y_i - y)^2 \right]^{1/2} \cdot (-2)(x_i - x) = 0$$

$$\frac{\partial F}{\partial y} = \sum C_e Q_i k \left[\frac{1}{2} (x_i - x)^2 + (y_i - y)^2 \right]^{1/2} \cdot (-2)(y_i - y) = 0$$

得：

$$x = \frac{\sum \left| C_e Q_i / \left[(x_i - x)^2 + (y_i - y)^2 \right]^{1/2} \right|}{\sum C_e Q_i \left[(x_i - x)^2 + (y_i - y)^2 \right]^{1/2}} \tag{7-6}$$

$$y = \frac{\sum \left\{ \frac{C_e Q_i y_i}{\left[(x_i - x)^2 + (y_i - y)^2 \right]^{1/2}} \right\}}{\sum C_e Q_i \left[(x_i - x)^2 + (y_i - y)^2 \right]^{1/2}} \tag{7-7}$$

x 和 y 值通过迭代法求解。迭代法就是先将按 "重心" 法求得的厂址坐标 (x_0, y_0) 分别代入式 (7-6) 和式 (7-7)，求得第一次计算的坐标 $(x^{(1)} y^{(1)})$ 后，再将 $x^{(1)}$、$y^{(1)}$ 重新代入公式，求得第二次计算的坐标 $(x^{(2)} y^{(2)})$，这样一次一次地替代求解，直到在设定的精度内坐标值不再变化为止，这时的 $(x^{(n)} y^{(n)})$ 就是最优厂址坐标。把求得的 x、y 值代入式 (7-5)，即可求得最低运输费用。

7.3.3 多因素综合评分法

影响厂址选择的因素很多，数学分析法只能对少数几个定量因素进行计算，而许多因素往往只能定性分析，很难进行定量计算。为此，采用多因素综合评分法确定最优厂址方案，这种方法又称为目标决策法，其步骤如下：

（1）列出影响厂址选择的所有重要因素目录，其中包括不发生费用但对决策有影响的因素。

（2）根据每个因素的重要程度将其分成若干等级，并对每一等级定出相应的分数。

（3）根据拟建工厂的地区或厂址情况对每一因素定级评分，然后计算总分，总分最多者即为最优方案。

【例 7-2】 表 7-4 为假定的厂区选择影响因素及其等级划分和评分标准，今有 A、B、C 三个厂区备选方案。

表 7-4 地区分级评分标准

序号	因 素	分 级 评 分			
		最优（1）	良好（2）	可用（3）	恶劣（4）
1	接近原料	40	30	20	10
2	接近市场	40	30	20	10
3	能源供应	20	30	10	5
4	劳动力来源	20	15	10	5

续表7-4

序号	因 素	分 级 评 分			
		最优（1）	良好（2）	可用（3）	恶劣（4）
5	用水供应	20	15	10	5
6	企业协作	20	15	10	5
7	文化情况	16	12	8	4
8	气候条件	8	6	4	2
9	居住条件	8	6	4	2
10	企业配置现状	8	6	4	2
	最高总分	200	165	100	50

解：按表7-4规定的标准进行定级评分，可得三个厂区方案的综合评分结果，见表7-5。显然，A厂区得分最高，应为被选厂区。

表7-5　三个厂区方案分级评分比较

因素	A厂区		B厂区		C厂区	
	等级	分数	等级	分数	等级	分数
1	（1）	40	（2）	30	（3）	20
2	（2）	30	（2）	30	（2）	30
3	（1）	20	（1）	20	（3）	10
4	（3）	10	（3）	10	（2）	15
5	（1）	20	（3）	10	（1）	20
6	（3）	10	（1）	20	（2）	15
7	（2）	12	（4）	4	（1）	16
8	（1）	8	（2）	6	（3）	4
9	（2）	6	（1）	8	（2）	6
10	（4）	2	（1）	8	（3）	4
合计		158		146		140

又假定确定了厂址选择的影响因素及其等级划分和评分标准（见表7-6），同样对Ⅰ、Ⅱ、Ⅲ三个厂址备选方案进行定级评分（见表7-7），总分最高者即为所选厂址。

表7-6　厂址分级评分标准

序号	因 素	分级评分			
		最优（1）	良好（2）	可用（3）	恶劣（4）
1	位置	80	60	40	20
2	地质条件	60	40	30	15
3	占地	40	30	20	10
4	运输及装卸	20	15	10	5
5	环境保护	15	10	8	4
	最高总分	215	155	108	54

表 7-7　三个厂址方案分级评分比较

因素	厂址 I		厂址 II		厂址 III	
	等级	评分	等级	评分	等级	评分
1	(1)	80	(2)	60	(2)	40
2	(1)	60	(1)	60	(1)	40
3	(4)	10	(3)	20	(3)	40
4	(1)	20	(3)	10	(3)	15
5	(2)	10	(2)	10	(2)	8
合计		180		160		143

确定最优厂址可采用如下两种方法：

（1）先选出建厂最优厂区，在已选定的最优厂区内再找若干可行建厂的地址进行择优。

（2）厂区和厂址结合起来考虑，把两者的总分合并后择优，见表7-8。显然，A厂区的厂址 I 为最优方案。

表 7-8　厂区和厂址综合选择评分

厂区	厂址 I	厂址 II	厂址 III
A	338	318	301
B	326	306	289
C	320	300	283

多因素综合评分法的关键在于：

（1）正确选择评价厂址的因素。

（2）科学划分各因素的评价等级和评分标准，通常由专家凭经验和已掌握的资料做出，其常用的方法是专家调查法。

7.4　冶金工厂总平面布置

总平面布置（或称总图运输）是指整个工程的全部生产性项目和辅助性项目的合理配置，是具体体现"有利生产、方便生活"的一项关键性工作。因此，应在充分研究区域地形、工程地质、水文及气象等资料的基础上，对厂区建设做出合理的整体布置。

冶金工厂总平面布置是根据各主要生产车间和其他辅助车间的规模大小、生产过程的组织及特点，在已选定的厂址上合理布置厂区内所有的建（构）筑物、堆场、运输及动力设施等，并全面解决它们之间的协调问题，经济合理地调度人流及货流，创造完美的卫生、防火条件，绿化和美化厂区，组织完美的建筑群体。由于冶金企业货运量大、种类多，运输在整个生产过程中占据着十分重要的地位。运输方式和布置的好坏，对车间距离、全厂的建筑密度、厂内管线及铁路、公路的长度都有很大的影响，同时与产品成本和工厂经营管理的好坏也有密切关系。

7.4.1 总平面布置的内容

总平面布置一般包括以下五个方面：

(1) 厂区平面布置，涉及厂区划分、建（构）筑物的平面布置及其间距确定等。

(2) 厂区竖向布置，涉及场地平整、厂区防洪、排水等问题。

(3) 厂内外运输系统的组织，涉及厂内外运输方式的选择、运输系统的布置以及人流和货流组织等。

(4) 厂区工程管线布置，涉及地上、地下工程管线的综合敷设和埋置间距、深度等。

(5) 厂区绿化及环境卫生等。

为使总平面布置不致漏项，应分项详细列出各建（构）筑物的名称。

7.4.2 总平面布置的基本要求

7.4.2.1 符合生产工艺的要求

总平面布置应力求使作业线通顺、连续、短捷，避免主要作业线交叉往返。为此，要利用工艺流程的顺序布置各生产车间，主要辅助车间要和生产车间靠近，尽量将工作性质、用电要求、货运量及防火标准、卫生条件等类同的车间布置在同一地段内，配电站、变电站和空压机房等应布置在空气清洁的地方；存储量大的原料、燃料仓库和堆放场地应尽量布置在边缘地带，以利于其与外部铁路、公路的衔接；要充分利用地形布置厂内运输方式，尽可能做到物料运输自流。

7.4.2.2 符合安全与卫生的要求

符合防火、卫生、防爆、防震、防腐蚀等技术规范是总平面布置的基本要求。平面图上要有风玫瑰图，包括风向玫瑰图和风速玫瑰图。风向是风流动时的方向，其最基本的一个特征指标是风向频率。风向频率是指一段时间内不同风向出现的次数与观测总次数之比。一般采用 8 个方位来表示风向和风频。将各方向风的频率以相应比例长度点，在方位坐标线上用直线连接端点，并把静风频率绘在中心，即为风向玫瑰图（见图 7-2a）。空气流动的速度用风速来表示，单位为 m/s。按照风向玫瑰图的绘制方法表现各个风向的风速，即可制成风速玫瑰图（见图 7-2b），中心的数字表示平均风速。有关手册中列有我国各主要城市的风玫瑰图。

风向频率与风速直接影响污染程度，下列公式给出了污染系数、污染风频与它们的关系。

$$\lambda = \left[\frac{1}{2} \left(1 + \frac{v}{V} \right) \right]^{-1} = \frac{2V}{V + v} \tag{7-8}$$

$$f_{\mathrm{p}} = f\lambda \tag{7-9}$$

式中　　λ——某方向的污染系数；

　　　　V——全年各风向平均风速，m/s；

　　　　v——某风向全年平均风速，m/s；

　　　　f_{p}——某风向的污染风频，%；

　　　　f——某风向的风向频率，%。

λ 值的界限为 $0 < \lambda < 2$，当 $v = V$ 时，$\lambda = 1$；当 $v \rightarrow 0$ 时，$\lambda \rightarrow 2$。可以看出，污染程度与

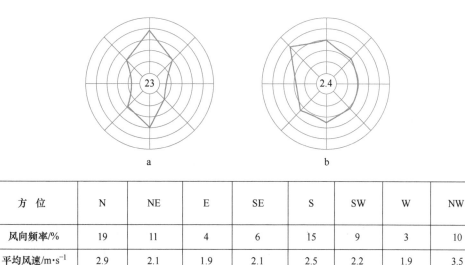

方　位	N	NE	E	SE	S	SW	W	NW
风向频率/%	19	11	4	6	15	9	3	10
平均风速/m·s⁻¹	2.9	2.1	1.9	2.1	2.5	2.2	1.9	3.5

图 7-2　风玫瑰图

a—风向玫瑰图（间距 5%）；b—风速玫瑰图（间距 1 m/s）

风向频率成正比，与风速成反比。因此在进行总平面布置时，要注意当地的盛行风向
（风频较大的风向）、风速及其影响。要将易燃物料堆场或仓库及易燃、易爆车间布置在
容易散发火花及有明火源车间的上风侧，将产生有害气体和烟尘的车间及存放有毒物质的
仓库布置在厂区的边缘和生活区的下风侧；厂前区一般是工厂行政管理、生产技术管理及
生活福利的中心，应布置在主导风向的上风侧。建（构）筑物之间的距离要按日照、通
风、防火、防震、防噪要求及节约用地的原则综合考虑，应符合有关设计规范的要求。要
合理考虑高温车间的建筑方位，在可能的条件下，应使高温车间的纵轴与夏季主导风向相
垂直，如图 7-3 所示。除综合治理"三废"以外，还应注意将有污水、毒水排出的车间或
设备布置在居住区和附近工厂的下游地区等。

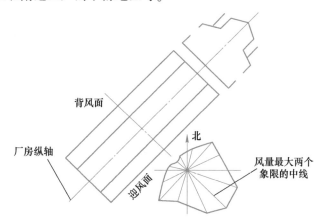

图 7-3　建筑方位与风向关系图

7.4.2.3　满足厂内外交通运输及工程技术管线敷设的要求

交通运输是沟通工厂内外联系的桥梁和纽带，必须正确地选择厂内外各种运输方式，

因地制宜地布置运输系统。铁路专用线、公路、外部铁路、公路间的连接应方便合理，并尽可能地缩短线路长度。

冶金工厂的人流和货流线路分散而繁杂，在进行总平面布置时应分清线路系统的主次关系，将主要运输线路从厂后引入，人流线路从厂前进入。厂区主干道常设在厂区的主轴线上，通过厂前区和城市道路相连；次干道主要是使车间、仓库、堆场、码头等相联系的道路；辅助道是通往行人车辆较少的道路（如通往水泵站、总变电所等的道路）及消防道路等；车间引道是车间、仓库等出入口与主、次干道或辅助道相连接的道路。厂区主要干道应径直而短捷，做到人货分流，尽量减少人流和货流线路的交叉，不得不交叉时需设有缓冲地带或设置安全设施。表7-9为厂内道路的主要技术指标。厂内道路边缘与相邻建（构）筑物的最小距离，按表7-10中的规定设置。

冶金工厂的工程技术管线同样相当复杂，种目繁多。在进行管道布置时，要因地制宜地选择管线敷设方式，合理决定管线走向、间距、敷设宽度及竖向标高，正确处理管线与建（构）筑物、道路、铁路等各种工程设施的相互关系，减少管线之间以及管线与铁路、公路、人行道之间的交叉。

表 7-9　厂内道路的主要技术指标

指标名称		单位	工厂	矿山
计算行车速度		km/h	15	15
路面宽度	大型厂主干道	m	7~9	6~7
	大型厂次干道、中型厂主干道	m	6~7	6
	中型厂次干道，小型厂主、次干道	m	4.5~6	3.5~6
	辅助道	m	3~4.5	3~4.5
	车部引道	m	可与车间大门宽度相适应	
路肩宽度		m	0.5~1.5	
最小转弯半径	行驶单辆汽车时	m	9	
	汽车带一辆拖车时	m	12	
	行驶15~20 t平板车时	m	15	
	行驶10~60 t平板车时	m	18	
最大半径	主干道	%	6（平原区），8（山岭区）	
	次干道	%	8	
	辅助道	%	8	
	车间引道	%	8	

表 7-10　厂内道路边缘与相邻建（构）筑物的最小距离　　　（m）

相邻建（构）筑物名称	与车行道的最小距离	与人行道边缘最小距离
建筑物外墙面： （1）建筑物面向道路一侧无出入口	1.5	
（2）建筑物面向道路一侧有出入口，但不能通行汽车	3	

续表 7-10

相邻建（构）筑物名称	与车行道的最小距离	与人行道边缘最小距离
各类管线支架	1~1.5	
围墙	1.5	
标准轨铁路中心线	3.8	3.5
窄轨铁路中心线	3	3

注：1. 表列距离，城市型道路自路面边缘算起，公路型道路自路肩边缘算起；
 2. 生产工艺有特殊要求的建（构）筑物及各种管线至道路边缘的最小距离，应符合有关单位现行规定的要求。

7.4.3 总平面布置的方式

7.4.3.1 生产线路的总平面布置

生产线路的总平面布置方式有：

（1）纵向生产线路布置。纵向生产线路布置是按各车间的纵轴，顺着地形等高线布置，主要有单列式和多列式，多适用于长方形地带或狭长地带，如图7-4所示。

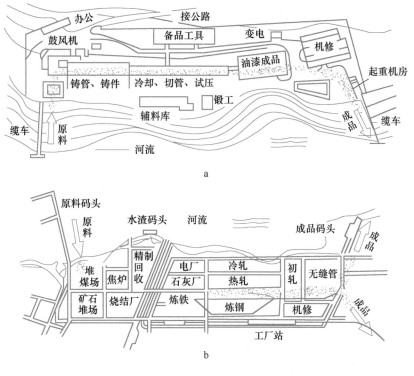

图 7-4 纵向生产线路布置
a—某坡地铸管厂；b—某钢铁厂

（2）横向生产线路布置。横向生产线路布置是指工厂主要生产线路垂直于厂区或车间纵轴，并垂直于地形等高线，这种布置方式多适用于山地或丘陵地区，尤其适宜于物料自流布置。

（3）混合式生产线路布置。混合式生产线路布置是指工厂主要生产线路呈环状，即一部分为纵向，一部分为横向。

冶金生产线一般是较为复杂的，特别是湿法冶金工厂及生产多种产品的冶金联合企业。在进行总平面布置时，要根据地形条件和不同的工艺过程布置主要生产线路。当厂区地形为方形或矩形时，可考虑采用混合式生产线路布置方式；在狭长地段，可采用纵向生产线路布置方式。例如，在火法炼铜中，物料运输量大，生产过程连续性强，原材料、半成品的行经路线和运输方向一致，常采用纵向生产线路布置方式；在氧化铝生产中，物料运输量大且主要采用管道输送，管道多达数十种，管道架设占据一定面积和空间，使厂房的间距加大，并直接影响车间之间的运输联系，因此往往采用混合式生产线路布置方式。

7.4.3.2　厂区的总平面布置

厂区的总平面布置方式一般有街区式、台阶-区带式、成片式和自由式。

（1）街区式。街区式布置是在四周道路环绕的街区内，根据工艺流程特点和地形条件，合理布置相应建（构）筑物及装置，如图 7-5a 所示。这种布置方式适合于厂区建（构）筑物较多、地形平坦且为矩形的场地。如果布置得当，它可使总平面布置紧凑、用地节约、运输及管网短捷、建（构）筑物布置井然有序。

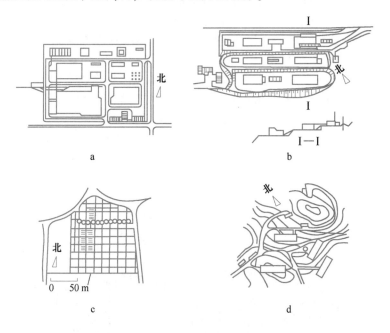

图 7-5　厂区总平面布置方式示意图
a—街区式；b—台阶-区带式；c—成片式；d—自由式

（2）台阶-区带式。台阶-区带式布置是在具有一定坡度的场地上，对厂区进行纵轴平行等高线布置，并顺着地形等高线划分为若干区带，区带间形成台阶，在每条区带上按工艺要求布置相应的建（构）筑物及装置，如图 7-5b 所示。

（3）成片式。成片式布置以成片厂房（联合厂房）为主体建筑，在其附近的适当位置根据生产要求布置相应的辅助厂房，如图 7-5c 所示。这种布置方式是适应现代化工业生产的连续性和自动控制要求，大量采用联合厂房而逐渐兴起的，具有节约用地、便于生产管理、建筑群体主次分明等优点。

（4）自由式。对于生产连续性要求不高或生产运输线路可以灵活组合的小型工厂，在地形复杂地区建厂时，为充分利用地形，可依山就势开拓工业场地，采取灵活的布置方式，无需一定的格局，如图 7-5d 所示。

7.4.3.3 厂区的竖向布置

厂区竖向布置的总要求是：充分利用地形，合理确定建（构）筑物、铁路、道路的标高，保证生产运输的连续性，力争做到物料自流；避免高填深挖，减少土石方工程量，创造稳定的场地和建筑基地；应使场地排水畅通，注意防洪防涝，一般基础底面应高出最高地下水位 0.5 m 以上，场地最低表面标高应高出最高洪水位 0.5 m 以上；注意厂区环境立体空间的美观要求等。为此，一般采用如下竖向布置方式：

（1）平坡式。平坡式布置是把场地处理成一个或几个坡向整体平面，坡度和标高没有剧烈变化。在自然地形坡度不大于3%或场地宽度不大时，宜采用这种布置方式。

（2）台阶式。台阶式布置由几个标高相差较大的整体平面相连而成，在连接处一般设置挡土墙或护坡建筑物。当自然坡度大于3%或自然坡度虽小于3%，但场地宽度较大时，可采用此种布置方式。

（3）混合式。混合式布置即指平坡式与台阶式混合使用。当自然地形坡度有缓有陡时，可考虑采用这种布置方式。

一般来说，平坡式布置比台阶式布置易于处理。但如果处理得当，对以流体输送为主的湿法冶炼厂来说，台阶式布置由于能充分利用地形高差，把不利地形变为有利地形，在许多场合还是可取的。

7.4.4 总平面布置的技术经济指标

评价总平面布置的优劣，常通过其技术经济指标的比较来进行。一方面，利用这些指标对所设计的每个方案做出造价概算，以决定方案的经济合理性；另一方面，可把设计中的技术经济指标与类似现有工厂的指标进行比较，以评定各方案的优缺点，从中筛选出最佳方案。表 7-11 列出了总平面布置的主要技术经济指标及其计算方法。

表 7-11 总平面布置的主要技术经济指标及其计算方法

序号	指标名称	单位	计算方法及说明
1	地理位置		
2	工厂规模	t/a	
3	厂区占地面积	m^2	围墙以内占地；若无围墙时，按设置围墙的要求确定范围
4	单位产品占地面积	$m^2/(t \cdot a)$	单位产品占地面积=厂区占地面积/企业设计规模
5	建（构）筑物占地面积	m^2	其中构筑物是指有屋盖的构筑物
6	建筑系数	%	建筑系数=[建（构）筑物占地面积/厂区占地面积]×100%
7	露天场地占地面积	m^2	没有固定建（构）筑基础的露天堆场和露天作业场
8	露天场地系数	%	露天场地系数=(露天场地占地面积/厂区占地面积)×100%
9	单位铁路长度	m/m^2	单位铁路长度=厂区内铁路长度/厂区占地面积

续表 7-11

序号	指标名称	单位	计算方法及说明
10	单位道路长度	m/m²	单位道路长度＝厂区内道路长度/厂区占地面积
11	单位道路铺砌面积	m²/m²	单位道路铺砌面积＝道路铺设总面积/厂区占地面积
12	场地利用率	%	场地利用率＝[（建（构）筑物占地面积+无盖构筑物占地面积)/厂区占地面积]×100%
13	厂区整体土石方工程总量:（1）挖方;（2）填方	m²	
14	单位土石方工程量	m³/m²	单位土石方工程量＝厂区平整石方工程总量/厂区占地面积
15	绿化系数	%	绿化系数＝(绿化总面积/厂区占地面积)×100%
16	厂区围墙长度	m	

7.5　稀土生产企业的厂址选择、厂区布置与厂房建筑

稀土企业生产过程中有稀土和天然放射性粉尘、气溶胶、Rn、Tn 及其子体、各类有毒物质和废水废渣生产，因此新建、扩建稀土生产企业的厂址选择、总图布置与厂房建筑结构对保护环境和卫生防护起着非常重要的作用。

7.5.1　厂址选择

新建、扩建稀土生产企业的厂址选择，除考虑一般选择厂址的基本要求外，还需注意稀土原料伴生天然放射性的特点，对厂址选择应有卫生防护特殊要求。

按照我国现行放射防护标准规定，属于放射性的稀土生产企业的厂址在选择时，应根据稀土企业的污染源项、地理环境、生态、地质、水温、气象条件和人口分布等因素，在分析比较的基础上作出决策。属于第一、第二类开放型放射工作单位不得设于市区，并应按当地最小频率的风向，布置在居住区的上风侧;应避开永久性建筑物，使其不在防护监测区内。第三类开放型放射工作单位及豁免放射防护管理的稀土元素分离提纯厂可设于市区。各类放射工作单位的防护监测区范围如下:

第一类：>150 m;
第二类：30~150 m;
第三类：<30 m。

当条件不利于排放和大型放射性工作厂、矿的防护监测区可根据需要适当扩大。

7.5.2　厂区的总平面布置

稀土生产厂区总平面的合理布置，对提高劳动效率，保证安全生产，保证职工健康起着重要作用。

属于开放型放射性工作的稀土生产厂区，一般由放射性生产车间及"三废"处理场、非放射性稀土分离车间和辅助车间、厂前办公生活服务区等三区组成。三区正确合理的配

置原则是：既要根据工艺流程要求和一般厂区布置原则互相连接，又要对不同劳动条件和不同污染水平的区域进行隔离，保持合理的距离，防止放射性粉尘、气溶胶、Rn、Tn 及其子体和其他有毒物质扩散到邻近区域去，避免交叉污染。

产生放射性物质和毒物的稀土生产车间及其"三废"处理场区应布置在厂区全年最小风频的上风侧，且宜设围墙和卫生通过间与其他区域隔开，以预防将放射性物质带到生活区或非放射性工作场所。卫生通过间设有更衣室、淋浴室、洗衣室、表面污染检测室，用专门通道与各室及出入口相连，以保证人员进入时只能从非放射性区进入放射性生产区，如图 7-6 所示。

洗鞋池 → 工作服更衣室 → 淋浴室 →剂量监察室

图 7-6 卫生监察流程图

放射性生产区的平面布置原则是按污染高低顺序排列，不应有交叉。其间道路设置应满足生产操作管理、设备检修、消防和事故处理的需要，该区的尘、毒和放射性"三废"不得对给水水质造成污染。

非放射性稀土生产车间、辅助车间以及厂前办公生活服务区应位于厂区全年最小风频的下风侧，要与产生尘、毒、放射性的生产区保持一段距离。

7.5.3 厂房建筑的卫生要求

根据放射性工作场所的级别和生产操作性质，属于放射性工作的稀土生产厂房应满足下列卫生要求。

（1）稀土生产厂房内部结构与门窗应简单光滑，便于清扫去污，地面应有一定坡度朝向地漏，地漏应接工业废水下水道，水、电、热力等管线应力求暗装。

（2）稀土精矿选矿和稀土中间合金冶炼厂房应当足够高大，并应配置轻便式开启气窗和天窗，以保证厂房通风和正常气象条件要求。其中，有些厂房如稀土中间合金冶炼等可采用框架结构，使产生尘毒的生产设备坐落在空气流通的地方，以减少尘毒的危害。

（3）稀土精矿分解湿法提取和"三废"处理的厂房应采用釉面砖或花岗岩石块铺地面，地裙应敷护面砖，地裙上面的墙应涂上油漆或其他可冲水洗涤的耐水涂料。环氧树脂基涂料具有耐化学腐蚀、耐水、耐磨等性能，最适用砖、混凝土墙地面的保护层。

冶金工程项目投资计算

8.1 计算文件的划分及作用

建设项目投资计算是建设项目设计文件的重要组成部分。由于建设项目所处设计阶段不同，所以投资计算具有明显的阶段性。所形成的投资设计文件，由于所处阶段不同，具有不同的作用，因而也被赋予不同的名称。按照我国现行建设程序，在建设全过程中具有重要作用的阶段性投资设计文件，主要为投资估算、设计概算及施工图预算。

8.1.1 投资估算

投资估算是指在项目投资决策过程中，依据现有的资料和特定的方法，对建设项目的投资数额进行的估计。它是项目建设前期编制项目建议书和可行性研究报告的重要组成部分，是项目决策的重要依据之一。

8.1.1.1 投资估算的作用

（1）项目建议书阶段的投资估算，是项目主管部门审批项目建议书的依据之一，对确定项目的规划及规模起决策作用。

（2）项目可行性研究阶段的投资估算，是项目决策的重要依据，也是研究、分析和计算项目投资经济效果的重要条件。当可行性研究报告被批准之后，其投资估算额即作为建设项目的最高限额，不得随意突破。

（3）项目投资估算对工程设计概算起控制作用，设计概算不得突破批准的投资估算额，并控制在投资估算额内。

（4）项目投资估算可作为项目资金筹措及制订建设贷款计划依据，建设单位可根据批准的项目投资估算额，进行资金筹措和向银行申请贷款。

（5）项目投资估算是核算建设项目固定资产投资需要额和编制固定资产投资计划的重要依据。

8.1.1.2 投资估算的内容

根据国家规定，为满足建设项目投资设计和投资规模的需要，建设项目投资的估算包括固定资产投资估算和流动资金估算两部分。

固定资产投资可分为静态部分和动态部分。涨价预备费、建设期利息和固定资产投资方向调节税构成动态投资部分，其余部分为静态投资部分。

流动资金是指生产经营性项目投产后，用于购买原材料、燃料、支付工资及其他经营费用等所需的周转资金。按规定，项目总投资中所计入的流动资金为全部流动资金的30%，称为铺底流动资金。

8.1.1.3　投资估算的编制依据、要求与步骤

A　编制投资估算依据

（1）专门机构发布的建设工程造价费用构成、估算指标、计算方法以及其他有关计算工程造价的文件。

（2）专门机构发布的工程建设其他费用计算办法和费用标准，以及政府部门发布的物价指数。

（3）拟建项目各单项工程的建设内容及工程量。

B　投资估算要求

（1）工程内容和费用构成齐全，计算合理，不重复计算，不提高或者降低估算标准，不漏项、不少算。

（2）选用指标与具体工程之间存在标准或者条件差异时，应进行必要的换算或调整。

（3）投资估算精度应能满足控制初步设计概算要求。

C　估算步骤

（1）分别估算各单项工程所需的建筑工程费、设备及工器具购置费和安装工程费。

（2）在汇总各单项工程费用的基础上，估算工程建设其他费用和基本预备费。

（3）估算涨价预备费和建设期利息。

（4）估算流动资金。

8.1.2　设计概算

设计概算是初步设计文件的重要组成部分，是在投资估算的控制下由设计单位根据初步设计图纸、概算定额、各项费用定额和取费标准、建设地区自然和技术经济条件以及设备、材料市场价格等资料，编制和确定的建设项目从筹建至竣工交付使用所需全部费用的文件。

8.1.2.1　设计概算的作用

（1）设计概算是编制建设项目投资计划，确定和控制建设项目投资的依据。国家规定，编制年度固定资产计划，确定计划投资总额及其构成数额，要以批准的初步设计概算为依据，没有批准的初步设计及其概算的建设工程不能列入年度固定资产计划；经批准的建设项目设计总概算的投资额，是该工程建设投资的最高限额。在工程建设过程中，年度固定资产投资计划安排、银行拨款或贷款、施工图设计及其预算和竣工决算等，未经按规定的程序批准，都不能突破这一限额，以确保国家固定资产投资计划的严格执行和有效控制；设计概算是签订建设工程合同和贷款合同的依据。《中华人民共和国合同法》明确规定，建设工程合同是承包人进行工程建设，发包人支付价款的合同。合同价款的多少是以设计概算为依据的，而且总承包合同不得超过设计总概算的投资额；设计概算是银行拨款或签订贷款合同的最高限额，建设项目的全部拨款或贷款以及各单项工程的拨款或贷款的累计总额，不能超过设计概算。如果项目的投资计划所列投资额或拨款与贷款突破设计概算，必须查明原因后由建设单位报请上级主管部门调整或追加设计概算总投资额，凡未批准之时，银行对其超支部分不予拨付。

（2）设计概算是控制施工图设计和施工图预算的依据。经批准的设计概算是建设项

目投资的最高限额，设计单位必须按照批准的初步设计及其总概算进行施工图设计，施工图预算不得突破设计概算。如果确需突破总概算，应按规定程序申报批准。

（3）设计概算是衡量设计方案经济合理性和选择最佳设计方案的依据。设计概算是设计方案技术经济合理性的综合反映，据此可以用来对不同的设计方案进行技术与经济合理性的比较，以便选择最佳的设计方案。

（4）设计概算是工程造价管理及编制招标标底和投标报价的依据。设计总概算一经批准，就作为工程造价管理的最高限额，并据此对工程造价进行严格的控制。以设计概算进行招投标的工程，招标单位编制标底是以设计概算造价为依据的，并以此作为评标定标书的依据。承包单位为了在投标竞争中取胜，也必须以设计概算为依据，编制出合适的投标报价。

（5）设计概算是考核建设项目投资效果的依据。通过设计概算与竣工决算对比，可以分析和考核投资效果的好坏，同时还可验证设计概算的准确性，有利于加强设计概算管理和建设项目的造价管理工作。

8.1.2.2　设计概算的内容

设计概算可分单位工程概算、单项工程综合概算和建设项目总概算三级。

（1）单位工程概算。单位工程概算是确定各单位工程建设费用的文件，是编制单项工程综合概算的依据，是单项工程综合概算的组成部分。

单位工程概算按其工程性质分为建筑工程概算和设备及安装工程概算两大类。建筑工程概算包括土建工程概算、给排水和采暖工程概算、通风和空调工程概算、电气和照明工程概算、弱电工程概算和特殊构筑物工程概算等；设备及安装工程概算包括机械设备及安装工程概算，电气设备及安装工程概算，热力设备及安装工程概算，工具、器具及生产家具购置费概算等。

（2）单项工程综合概算。单项工程综合概算是确定一个单项工程所需建设费用的文件，是由单项工程中上述单位工程概算汇总编制而成的，是建设项目总概算的组成部分。

（3）建设项目总概算。建设项目总概算是确定整个建设项目从筹建到竣工验收所需全部费用的文件，它是由各单项工程综合概算、工程建设其他费用概算、预备费、建设期贷款利息和固定资产投资方向调节税概算汇总编制而成的。

8.1.2.3　设计概算的编制原则和依据

A　设计概算的编制原则

（1）严格执行国家的建设方针和经济政策等原则。设计概算是一项重要的技术经济工作，要严格按照党和国家的方针、政策办事，坚决执行勤俭节约的方针，严格执行规定的设计标准。

（2）完整、准确地反映设计内容的原则。编制设计概算时，要认真了解设计意图，根据设计文件和图纸准确地计算工程量，避免重算和漏算。设计修改后，要及时修正概算。

（3）坚持结合拟建工程的实际，反映工程所在地当时价格水平的原则。为提高设计概算的准确性，要实事求是地对工程所在地的建设条件，可能影响造价的各种因素进行认真的调查研究。在此基础上正确使用定额、指标、费率和价格等各项编制依据，按照现行工程造价的构成，根据有关部门发布的价格信息及价格调整指数，考虑建设期的价格变化因素，使概算尽可能地反映设计内容、施工条件和实际价格。

B 设计概算的编制依据

（1）国家发布的有关法律、法规、规章和规程等。

（2）批准的可行性研究报告及投资估算、设计图纸等有关资料。

（3）有关部门颁布的现行概算定额、概算指标、费用定额等和建设项目设计概算编制办法。

（4）有关部门发布的人工、设备材料价格和造价指数等。

（5）建设地区的自然、技术和经济条件等资料。

（6）有关合同和协议等。

8.1.3 施工图预算

施工图预算是由设计单位在施工图设计阶段，根据已完成的施工图阶段设计图纸，按照现行的预算定额、费用定额以及工程所在地区的设备、材料、人工、施工机械台班等预算价格编制和确定的建筑安装工程造价的文件，施工图预算又称为设计预算。

8.1.3.1 施工图预算的作用

（1）施工图预算是设计阶段控制工程造价的有效手段，是控制施工图设计不突破设计概算的重要措施。

（2）施工图预算是编制或调整固定资产投资计划的依据。

（3）对于实行施工招标的工程，施工图预算是编制标底的依据，也是承包企业投标报价的基础。

（4）对于不宜实行招标而采用施工图预算加调整价结算的工程，施工图预算可作为确定合同价款的基础或作为审查施工企业提出的施工图预算的依据。

8.1.3.2 施工图预算的内容

施工图预算有单位工程预算、单项工程预算和建设项目总预算。单位工程预算是根据施工图设计文件、现行预算定额、费用定额以及人工、材料、设备、机械台班等预算价格资料，以一定方法编制单位工程的施工图预算；然后汇总所有各单位工程施工图预算，成为单项工程施工图预算；再汇总各所有单项工程施工图预算，便是一个建设项目建筑安装工程的总预算。

单位工程预算包括建筑工程预算和设备安装工程预算。建筑工程预算按其工程性质分为一般土建工程预算、卫生工程预算（包括室内外给排水工程、采暖通风工程和煤气工程等）、电气照明工程预算、弱电工程预算、特殊构筑物如炉窑、烟囱、水塔等工程预算和工业管道工程预算等。设备安装工程预算可分为机械设备安装工程预算、电气设备安装工程预算和热力设备安装工程预算等。

8.1.3.3 施工图预算的编制依据

施工图预算的编制依据为：

（1）施工图纸及说明书和标准图集。经审定的施工图纸、说明书和标准图集，完整地反映了工程的具体内容，各部的具体做法，结构尺寸、技术特征以及施工方法，是编制施工图预算的重要依据。

（2）现行预算定额及单位估价表。

（3）国家和地区都颁发有现行建筑、安装工程预算定额及单位估价表和相应的工程量计算规则，是编制施工图预算确定分项工程子目、计算工程量、选用单位估价表和计算直接工程费的主要依据。

（4）施工组织设计或施工方案。因为施工组织设计或施工方案中包括了与编制施工图预算必不可少的有关资料，如建设地点的地质情况，土石方开挖的施工方法及余土外运方式与运距，施工机械使用情况，结构件预制加工方法及运距，重要梁板柱的施工方案以及重要或特殊机械设备的安装方案等。

（5）材料、人工、机械台班预算价格及调价规定。材料、人工和机械台班预算价格是预算定额的三要素，是构成直接工程费的主要因素。尤其是材料费在工程成本中占的比重大，而且在市场经济条件下，材料、人工和机械台班的价格是随市场而变化的。为使预算造价尽可能接近实际，各地区主管部门对此都有明确的调价规定。因此，合理确定材料、人工、机械台班预算价格及其调价规定是编制施工图预算的重要依据。

（6）建筑安装工程费用定额，建筑安装工程费用定额是各省、市、自治区和各专业部门规定的费用定额及计算程序。

（7）预算员工作手册及有关工具书。预算员工作手册和工具书包括了计算各种结构件面积和体积的公式，钢材、木材等各种材料规格型号及用量数据，各种单位换算比例，特殊断面、结构件的工程量的速算方法以及金属材料质量表等。

8.2　计价原理及计价方式

8.2.1　计价原理

工程计价是对建设项目价格的计算，也称之为工程估价。由于工程项目的技术经济特点，如单件性、体积大、生产周期长、价值高以及"交易在先、生产在后"等，使得工程项目价格形成过程与机制和其他商品不同。

工程项目是单件性与多样性组成的集合体。每一个工程项目的建设都需要按业主的特定需要单独设计、单独施工，不能批量生产和按整个工程项目确定价格，而是以特殊的计价程序和计价方法，即要将整个项目进行分解，划分为可以按定额等技术经济参数测算价格的基本单元子项或称为分部、分项工程。这是既能够用较为简单的施工过程生产出来，又可以用适当的计量单位计算并便于测定或计算的工程的基本构造要素，也可称为假定的建筑安装产品。工程计价的主要特点就是按工程分解结构进行，将这个工程分解至基本计价单元而计算出基本子项的费用。一般来说，分解结构层次越多，基本子项也越细，计算也更精确。

任何一个建设项目都可以分解为一个或几个单项工程。单项工程是具有独立意义的、能够发挥功能要求的完整的建筑安装产品。任何一个单项工程都是由一个或几个单位工程组成的，作为单位工程的各类建筑工程和安装工程仍然是一个比较复杂的综合实体，还需要进一步分解。就建筑工程来说，包括的单位工程一般有：土建工程、给排水工程、暖卫工程、电气照明工程、室外环境、道路工程以及单独承包的建筑装饰工程等。单位工程若是细分，又是由许多结构构件、部件、成品与半成品等组成。以单位工程中的一般土建工程来说，通常是指房屋建筑的结构工程和装修工程；按其结构组成部分可以分为基础、墙体、楼地面、门窗、楼梯、屋面和内外装修等。这些组成部分是由不同的建筑安装工人，利用不同工具和使用不同材料完成的。从这个意义上来说，单位工程中的一般土建工程又可以按照施工顺序细分为土石方工程、砖石工程、混凝土及金属结构工程、木结构工程、楼地面工程等分部工程。

对于上述房屋建筑的一般土建工程分解成分部工程后，虽然每一部分都包括不同的结构和装修内容，但是从建筑工程估价的角度来看，还需要把分部工程按照不同的施工方法、不同的构造及不同的规格，加以更为细致的分解，划分为更为简单细小的部分。经过这样逐步分解到分项工程后，就可以得到基本构造要素。再查找适当的计量单位，就可以采取一定的估价方法，进行分部组合汇总，计算出某工程的全部造价。

工程计价从分解到组合的特征和建设项目的组合性有关。一个建设项目是一个工程综合体，这个综合体可以分解为许多有内在联系的独立和不能独立的工程，因此建设项目的工程计价过程就是一个逐步组合的过程。

实际上，建设项目在不同设计阶段的计价，其基本过程和原理是相同的。如果仅从工程费用计算角度分析，工程计价的顺序是：分部分项工程造价→单位工程造价→单项工程造价→建设项目总造价，不同的仅是项目所处阶段的设计深度及计价精度要求不同，决定了采用的基本计价单元和与之对应的计价依据，如定额单价、综合单价、概算指标和估算指标等也有所不同。

8.2.2　计价方式

工程计价的形式和方法有多种，但影响工程造价的主要因素有两个，即基本构造要素的单位价格和基本构造要素的实物工程数量，可用下列基本计算式表达：

$$工程造价 = \sum(工程实物量 \times 单位价格) \tag{8-1}$$

在进行工程计价时，实物工程量的计量单位是由单位价格的计量单位决定的。如果单位价格计量单位的对象取得较大，得到的工程估算就较粗；反之，则工程估算较细较准确。基本子项的工程实物量可以通过工程量计算规则和设计图纸计算而得，它可以直接反映工程项目的规模和内容。

对基本子项的单位价格分析，可以有两种形式：

（1）直接费单价。如果分部分项工程单位价格仅仅考虑人工、材料和机械资源要素的消耗量和价格形成，即单位价格=∑(分部分项工程的资源要素消耗量 × 资源要素的价格)，该单位价格是直接费单价。资源要素消耗量的数据是经过长期的收集、整理和积累形成的工程建设定额，它是工程计价的重要依据，与劳动生产率、社会生产力水平、技术和管理水平密切相关。业主方工程计价的定额反映的是社会平均生产力水平；而工程项目承包方进行计价的定额反映的是该企业技术与管理水平的企业定额。资源要素的价格是影响工程造价的关键因素，在市场经济体制下，工程计价时采用的资源要素的价格应该是市场价格。

（2）综合单价。如果在单位价格中还考虑直接费以外的其他一切费用，则构成的是综合单价。不同的单价形式形成不同的计价方式，采用直接费单价还是综合单价计价，实际上代表了目前我国工程计价的两种模式，前者为定额计价法，后者则为工程量清单计价法。

8.2.2.1　定额计价法

定额计价法是我国长期以来实行的一种计价方法，它有两种计算方式，一种是单位估价法，另一种是实物量估价法。

（1）单位估价法是运用定额单价计算的，首先计算各分项工程量，然后按国家、地区或行业颁布的概、预算定额，根据与所计算的分项工程量相对应的定额子目查套定额单价（基价），两者相乘，即得出各分项工程的直接费。

（2）实物量估价法是首先计算工程量，然后套基础定额，计算人工、材料和机械台班等实物消耗量，并将所有分部分项工程实物消耗量进行归类汇总；再根据当时、当地的人工、材料和机械台班单价，计算并汇总人工费、材料费和机械使用费，得出分部分项工程直接费。

上述两种方法计算出的工程直接费统称定额直接费，在此基础上根据与定额（基础定额）配套使用的费用标准，按规定程序再计算其他直接费、现场经费、间接费、利润和税金等得出单位工程造价（价格）。

事实上，采用定额计价法时，普遍是以单位估价法为主要计算方法。

8.2.2.2　工程量清单计价法

工程量清单计价法是一种国际上通行的计价方式，也是目前我国计价体系改革推行采用的计价方式。这种计价方式体现的是市场计价原则，特别适用于工程投招标阶段。它的基本计价方法是在统一的工程量计算规则的基础上，制定统一的工程量清单格式和清单项目设置规则，并由招标单位根据具体工程的施工图纸计算出清单项目的工程量，形成工程量清单。各投标单位则按工程量清单内容，根据体现各自劳动生产率和管理水平的企业定额对清单的分部分项工程量逐一报价，而报价的价格则要求为综合单价，既包括直接费、现场经费、其他直接费、间接费、利润或税金，也包括合同约定的所有工料价格变化风险等一切费用的完全价格。

采用工程量清单计算工程造价，设计单位除应计算分部分项工程量清单外，还应根据工程具体情况计算措施项目清单以及其他项目清单等清单计价规范所规定的计算内容。所有这些清单的价格总和，即组成完整的工程造价。

8.3　总投资构成及各项费用计算方法

8.3.1　建设项目总投资构成

建设项目总投资含固定资产投资和流动资产投资两部分，建设项目总投资中的固定资产投资与建设项目的工程造价在量上相等。工程造价的构成按工程项目建设过程中各类费用支出或花费的性质、途径等来确定，是通过费用划分和汇集形成的工程造价的费用分解结构。在工程造价基本构成中，包括用于购买工程项目所含各种设备的费用，用于建筑施工和安装施工所需支出的费用，用于委托工程勘察设计应支付的费用，用于购置土地所需的费用，也包括用于建设单位自身进行项目筹建和项目管理所花费费用等。总之，工程造价是工程项目按照确定的建设内容、建设规模、建设标准、功能要求和使用要求等全部建成并验收合格交付使用所需的全部费用。

我国现行工程造价的构成主要划分为建筑安装工程费用、设备及工具、器具购置费用、工程建设其他费用、预备费、建设期贷款利息和固定资产投资方向调节税等，其构成见表8-1。

表8-1 建设项目投资构成表

建设项目总投资	固定资产投资	设备及工具、器具及生产家具购置费	设备购置费	设备原价
				设备运杂费
			工具、器具及生产家具购置费	
		建筑安装工程费用	直接工程费	
			间接费	
			计划利润	
			税金	
		工程建设其他费用	土地使用费	
			与建设项目有关的其他费用	
			与未来企业生产经营有关的其他费用	
		预备费	基本预备费	
			涨价预备费	
		建设期贷款利息		
		固定资产投资方向调节税		
	流动资产投资（铺底流动资金）			

8.3.2 各项费用计算方法

8.3.2.1 设备及工具、器具购置费用

设备及工具、器具购置费用是由设备购置费和工具、器具及生产家具购置费组成的，它是固定资产投资中的积极部分。在生产性工程建设中，设备及工具、器具购置费用占工程造价比重的增大，意味着生产技术的进步和资本有机构成的提高。

A 设备购置费的构成及计算

设备购置费是指为建设项目购置或自制的达到固定资产标准的各种国产或进口设备、工具和器具的购置费用，它由设备原价和设备运杂费构成。

$$设备购置费 = 设备原价 + 设备运杂费 \tag{8-2}$$

式中，设备原价为国产设备或进口设备的原价；设备运杂费为除设备原价之外的用于设备采购、运输、途中包装及仓库保管等方面支出费用的总和。

（1）国产设备原价的构成及计算。国产设备原价，一般指的是设备制造厂的交货价或订货合同价。它一般根据生产厂或供应商的报价和合同价确定，或采用一定的方法计算

确定。国产设备原价分为国产标准设备原价和国产非标准设备原价。

1）国产标准设备原价。国产标准设备是指按照主管部门颁布的标准图纸和技术要求，由我国设备生产厂批量生产的、符合国家质量检测标准的设备。国产标准设备原价有两种，即带有备件的原价和不带有备件的原价。在计算时，一般采用带有备件的原价。

2）国产非标准设备原价。国产非标准设备是指国家尚无定型产品，设备生产厂不可能在工艺过程中进行批量生产，只能按一次订货并根据具体的设计图纸制造的设备。设备购置时，计算非标准设备原价有多种不同的计算方法，如成本计算估价法、系列设备插入估价法、分部组合估价法和定额估价法等。但无论采用哪种方法都应该使非标准设备计价接近实际出厂价，并且计算方法要简便。按成本计算估价法，单台非标准设备原价计算公式为：

$$
\begin{aligned}
\text{单台非标准设备原价标准} = &\{[(\text{材料费} + \text{加工费} + \text{辅助材料费}) \times (1 + \text{专用工具费} \\
&\text{率}) \times (1 + \text{废品损失费率}) + \text{外购配套件费}] \times (1 + \text{包装} \\
&\text{费率}) - \text{外购配套件费}\} \times (1 + \text{利润率}) + \text{销项税金} + \text{非} \\
&\text{标准设备设计费} + \text{外购配套件费} \qquad\qquad (8\text{-}3)
\end{aligned}
$$

一般情况下，项目投资计算中对非标准设备的估价多采用询价或定货价，上述非标准设备原价一般由制造厂商计算并向客户报价。

（2）进口设备原价的构成及计算。进口设备的原价是指进口设备的抵岸价，即抵达买方边境港口或边境车站，且交完关税等税费后形成的价格。进口设备抵岸价的构成与进口设备的交货类别有关。

1）进口设备的交货类别。进口设备的交货类别可分为内陆交货类、目的地交货类和装运港交货类。

① 内陆交货类：卖方在出口国内陆的某个地点交货。在交货地点，卖方及时提交合同规定的货物和有关凭证，并负担交货前的一切费用和风险；买方按时接受货物，交付货款，负担接货后的一切费用和风险，并自行办理出口手续和装运出口，货物的所有权也在交货后由卖方转移给买方。

② 目的地交货类：卖方在进口国的港口或内地交货，有目的港船上交货价、目的港船边交货价（FOS）、目的港码头交货价（关税已付）及完税后交货价（进口国的指定地点）等几种交货价。它们的特点是：买卖双方承担的责任、费用和风险是以目的地约定交货点为分界线，只有当卖方在交货点将货物置于买方控制下才算交货，才能向买方收取货款。这种交货类别对卖方来说承担的风险较大，在国际贸易中卖方一般不愿采用。

③ 装运港交货类：卖方在出口国装运港交货，主要有装运港船上交货价（FOB），习惯称离岸价格；若包括运费在内价（C&F）和运费、保险费在内价（CIF），习惯称到岸价格。它们的特点是：卖方按照约定的时间在装运港交货，只要卖方把合同规定的货物装船后提供货运单据便完成交货任务，可凭单据收回货款。

装运港船上交货价（FOB）是我国进口设备采用最多的一种货价。采用船上交货价时卖方的责任是：在规定的期限内，负责在合同规定的装运港口将货物装上买方指定的船只，并及时通知买方；负担货物装船前的一切费用和风险，负责办理出口手续；提供出口国政府或有关方面签发的证件；负责提供有关装运单据。买方的责任是：负责租船或订舱，支付运费，并将船期、船名通知卖方；负担货物装船后的一切费用和风险；负责办理保险及支付保险费，办理在目的港的进口和收货手续；接受卖方提供的有关装运单据，并按合同规定支付货款。

2) 进口设备抵岸价的构成及计算。进口设备采用最多的是装运港船上交货价 (FOB)，其抵岸价的构成可概括为：

$$进口设备抵岸价 = 货价 + 国际运费 + 运输保险费 + 银行财务费 +$$
$$外贸手续费 + 关税 + 增值税 + 消费税 + 海关监管手续费 +$$
$$车辆购置附加费 \qquad (8-4)$$

① 货价：一般是指装运港船上交货价 (FOB)。设备货价分为原币货价和人民币货价，原币货价一律折算为美元表示，人民币货价按原币货价乘以外汇市场美元兑换人民币中间价确定。进口设备货价按有关生产厂商询价、报价、订货合同价计算。

② 国际运费：从装运港（站）到达我国抵达港（站）的运费。我国进口设备大部分采用海洋运输，小部分采用铁路运输，个别采用航空运输。进口设备国际运费计算公式为：

$$国际运费(海、陆、空) = 原币货价(FOB) \times 运费率 \qquad (8-5)$$

或

$$国际运费(海、陆、空) = 运量 \times 单位运价 \qquad (8-6)$$

式中，运费率或单位运价参照有关部门或进出口公司的规定执行。

③ 运输保险费：对外贸易货物运输保险是由保险人（保险公司）与被保险人（出口人或进口人）订立保险契约，在被保险人交付议定的保险费后，保险人根据保险契约的规定对货物在运输过程中发生的、承保责任范围内的损失给予经济上的补偿，这是一种财产保险。计算公式为：

$$运输保险费 = \{[原币货价(FOB) + 国外运费] \div (1 - 保险费率)\} \times 保险费率 \qquad (8-7)$$

式中，保险费率按保险公司规定的进口货物保险费率计算。

④ 银行财务费：一般是指中国银行手续费，可按下式简化计算：

$$银行财务费 = 人民币货价(FOB) \times 银行财务费率 \qquad (8-8)$$

⑤ 外贸手续费：是指按对外经济贸易部规定的外贸手续费率计取的费用，外贸手续费率一般取 1.5%，计算公式为：

$$外贸手续费 = [装运港船上交货价(FOB) + 国际运费 + 运输保险费] \times 外贸手续费率 \qquad (8-9)$$

⑥ 关税：由海关对进出国境或关境的货物和物品征收的一种税。计算公式为：

$$关税 = 到岸价格(CIF) \times 进口关税税率 \qquad (8-10)$$

式中，到岸价格 (CIF) 包括离岸价格 (FOB)、国际运费和运输保险费等费用，它作为关税完税价格；进口关税税率分为优惠和普通两种，优惠税率适用于未与我国签订有关税互惠条款的贸易条约或协定的国家进口设备，普通税率适用于未与我国签订有关税互惠条款的贸易条约或协定的国家进口设备，进口关税税率按我国海关总署发布的进口关税税率计算。

⑦ 增值税：是对从事进口贸易的单位和个人，在进口商品报关进口后征收的税种。我国增值税条例规定，进口应纳税产品均按组成计税价格和增值税税率直接计算应纳税额。即：

$$进口产品增值税额 = 组成计税价格 \times 增值税税率 \qquad (8-11)$$

组成计税价格＝关税完税价格 + 关税 + 消费税　　　　　　(8-12)
增值税税率根据规定的税率计算。

⑧ 消费税：对部分进口设备（如轿车和摩托车等）征收消费税，一般计算公式为：

应纳消费税额＝[（到岸价 + 关税）÷（1 – 消费税税率）]×消费税税率　(8-13)

式中，消费税税率根据规定的税率计算。

⑨ 海关监管手续费：是指海关对进口减税、免税、保税货物实施监督、管理和提供服务的手续费，对于全额征收进口关税的货物不计本项费用。其公式如下：

海关监管手续费＝到岸价×海关监管手续费率（一般为 0.3%）　　(8-14)

⑩ 车辆购置附加费：进口车辆需缴进口车辆购置附加税。其公式如下：

进口车辆购置附加税＝（到岸价 + 关税 + 消费税 + 增值税）×进口车辆购置附加费率

(8-15)

（3）设备运杂费的构成及计算。国内设备购置费中，设备运杂费通常由运费和装卸费、包装费、设备供销部门的手续费、采购与仓库保管费等费用构成。设备运杂费一般按设备原价乘以设备运杂费率计算，其公式为：

设备运杂费＝设备原价×设备运杂费率　　　　　　(8-16)

式中，设备运杂费率按各部门及省、市等的规定计取。

引进设备的境外运输费已含在设备原价中，但其国内部分运杂费应参照国内设备运杂费并根据具体情况另行计算，并计入引进设备费内。

B　工具、器具及生产家具购置费的构成及计算

工具、器具及生产家具购置费，是指新建或扩建项目初步设计规定的、保证初期正常生产必须购置的没有达到固定资产标准的设备、仪器、工卡模具、器具、生产家具和备品备件等的购置费用。一般以设备购置费为计算基数，按照部门或行业规定的工具、器具及生产家具费率计算。其计算公式为：

工具、器具及生产家具购置费＝设备购置费×定额费率　　　(8-17)

8.3.2.2　建筑安装工程费用

根据建设部和财政部"关于印发《建筑安装工程费用项目组成》的通知"[建标（2003）206 号]文件规定，建筑安装工程费由直接费、间接费、利润和税金组成，见表8-2。

表 8-2　建筑安装工程费用项目组成表

		费　用　项　目	
建筑安装工程费用	直接费	直接工程费	(1) 人工费
			(2) 材料费
			(3) 施工机械使用费
		措施费	(1) 环境保护
			(2) 文明施工
			(3) 安全施工
			(4) 临时设施
			(5) 夜间施工

		费 用 项 目
建筑安装工程费用	直接费	措施费	(6) 二次搬运
			(7) 大型机械设备进出场及安拆
			(8) 混凝土、钢筋混凝土模板及支架
			(9) 脚手架
			(10) 已完工程及设备保护
			(11) 施工排水、降水
		规费	(1) 工程排污费
			(2) 工程定额测定费
			(3) 社会保障费（三险）
			(4) 住房公积金
			(5) 危险作业意外伤害保险
	间接费	企业管理费	(1) 管理人员工资
			(2) 办公费
			(3) 差旅交通费
			(4) 固定资产使用费
			(5) 工具用具使用费
			(6) 劳动保险费
			(7) 工会经费
			(8) 职工教育经费
			(9) 财产保险费
			(10) 财务费
			(11) 税金
			(12) 其他
	利　润		
	税金（营业税、城市维护建设税及教育费附加）		

A　直接费

直接费由直接工程费和措施费组成。

（1）直接工程费。直接工程费是指施工过程中耗费的构成工程实体的各项费用，包括人工费、材料费和施工机械使用费。

1）人工费是指直接从事建筑安装工程施工的生产工人开支的各项费用，内容包括：

① 基本工资：指发放给生产工人的基本工资。

② 工资性补贴：指按规定标准发放的物价补贴、煤和燃气补贴、交通补贴、住房补贴和流动施工津贴等。

③ 生产工人辅助工资：指生产工人年有效施工天数以外非作业天数的工资，包括职

工学习、培训期间的工资，调动工作、探亲、休假期间的工资，因气候影响的停工工资，哺乳时间的工资，病假在六个月以内的工资及产、婚、丧假期的工资。

④ 职工福利费：指按规定标准计提的职工福利费。

⑤ 生产工人劳动保护费：指按规定标准发放的劳动保护用品的购置费及修理费，徒工服装补贴，防暑降温费，在有碍身体健康环境中施工的保健费用等。

2）材料费是指施工过程中耗费的构成工程实体的原材料、辅助材料、构配件、零件和半成品的费用，内容包括：

① 材料原价（或供应价格）。

② 材料运杂费：指材料自来源地运至工地仓库或指定堆放地点所发生的全部费用。

③ 运输损耗费：指材料在运输装卸过程中不可避免的损耗。

④ 采购及保管费：指为组织采购、供应和保管材料过程中所需的各项费用，包括采购费、仓储费、工地保管费和仓储损耗。

⑤ 检验试验费：指对建筑材料、构件和建筑安装物进行一般鉴定、检查发生的费用，包括自设试验室进行试验耗用的材料和化学药品等费用，不包括新结构、新材料的试验费和建设单位对具有出厂合格证明的材料进行检验，对构件做破坏性试验及其他特殊要求检验试验的费用。

3）施工机械使用费是指施工机械作业发生的机械使用费，以及机械安拆费和场外运费。施工机械台班单价应由下列七项费用组成。

① 折旧费：指施工机械在规定的使用年限内，陆续收回其原值及购置资金的时间价值。

② 大修理费：指施工机械按规定的大修理间隔台班进行必要的大修理，以恢复其正常功能所需的费用。

③ 经常修理费：指施工机械除大修理以外的各级保养和临时故障排除所需的费用，包括为保障机械正常运转所需替换设备与随机配备工具附具的摊销和维护费用、机械运转中日常保养所需润滑与擦拭的材料费用、机械停滞期间的维护和保养费用等。

④ 安拆费及场外运费：安拆费是指施工机械在现场进行安装与拆卸所需的人工、材料、机械和试运转费用以及机械辅助设施的折旧、搭设和拆除等费用；场外运费是指施工机械整体或分体自停放地点运至施工现场或由一施工地点运至另一施工地点的运输、装卸、辅助材料及架线等费用。

⑤ 人工费：指机上司机（司炉）和其他操作人员的工作日人工费及上述人员在施工机械规定的年工作台班以外的人工费。

⑥ 燃料动力费：指施工机械在运转作业中所消耗的固体燃料（煤、木柴）、液体燃料（汽油、柴油）及水、电等。

⑦ 养路费及车船使用税：指施工机械按照国家规定和有关部门规定应缴纳的养路费、车船使用税、保险费及年检费等。

（2）措施费。措施费是指为完成工程项目施工，发生于该工程施工前和施工过程中非工程实体项目的费用。其内容包括以下几个方面。

1）环境保护费：指施工现场为达到环保部门要求所需的各项费用。

2）文明施工费：指施工现场文明施工所需的各项费用。

3）安全施工费：指施工现场安全施工所需的各项费用。

4）临时设施费：指施工企业为进行建筑工程施工所必须搭设的生活和生产用的临时建筑物、构筑物和其他临时设施费用等。临时设施包括：临时宿舍、文化福利及公用事业房屋与构筑物、仓库、办公室、施工用房以及规定范围内道路、水、电、管线等临时设施和小型临时设施，临时设施费用包括：临时设施的搭设、维修、拆除费或摊销费。

5）夜间施工费：指因夜间施工所发生的夜班补助费、夜间施工降效、夜间施工照明设备消耗及照明用电等费用。

6）二次搬运费：指因施工场地狭小等特殊情况而发生的二次搬运费用。

7）大型机械设备进出场及安拆费：指机械整体或分体自停放场地运至施工现场，或由一个施工地点运至另一个施工地点所发生的机械进出场运输及转移费用，及机械在施工现场进行安装、拆卸所需的人工费、材料费、机械费、试运转费和安装所需的辅助设施的费用。

8）混凝土、钢筋混凝土模板及支架费：指混凝土施工过程中需要的各种钢模板、木模板、支架等的支、拆、运输费用及模板、支架的摊销（或租赁）费用。

9）脚手架费：指施工需要的各种脚手架搭、拆、运输费用及脚手架的摊销（或租赁）费用。

10）已完工程及设备保护费：指竣工验收前，对已完工程及设备进行保护所需的费用。

11）施工排水、降水费：指为确保工程在正常条件下施工，采取各种排水和降水措施所发生的各种费用。

B 间接费

间接费由规费和企业管理费组成。

（1）规费：政府和有关权力部门规定必须缴纳的费用（简称规费），内容包括：

1）工程排污费：施工现场按规定缴纳的工程排污费。

2）工程定额测定费：按规定支付工程造价（定额）管理部门的定额测定费。

3）社会保障费，包括：

① 养老保险费：企业按照规定标准为职工缴纳的基本养老保险费；

② 失业保险费：企业按照国家规定标准为职工缴纳的失业保险费；

③ 医疗保险费：企业按照规定标准为职工缴纳的基本医疗保险费。

4）住房公积金：企业按规定标准为职工缴纳的住房公积金。

5）危险作业意外伤害保险：按照建筑法规定，企业为从事危险作业的建筑安装施工人员支付的意外伤害保险费。

（2）企业管理费：建筑安装企业组织施工生产和经营管理所需费用，内容包括：

1）管理人员工资：管理人员的基本工资、工资性补贴、职工福利费和劳动保护费等。

2）办公费：企业管理办公用的文具、纸张、账表、印刷、邮电、书报、会议、水电、烧水和集体取暖（包括现场临时宿舍取暖）用煤等费用。

3）差旅交通费：职工因公出差和调动工作的差旅费，住勤补助费，市内交通费和误餐补助费，职工探亲路费，劳动力招募费，职工离退休和退职一次性路费，工伤人员就医路费，工地转移费以及管理部门使用的交通工具的油料、燃料、养路费及牌照费。

4）固定资产使用费：管理和试验部门及附属生产单位使用的属于固定资产的房屋、设备仪器等的折旧、大修、维修或租赁费。

5）工具用具使用费：管理使用的不属于固定资产的生产工具、器具、家具、交通工具和检验、试验、测绘、消防用具等的购置、维修和摊销费。

6）劳动保险费：由企业支付离退休职工的易地安家补助费、职工退职金、六个月以上的病假人员工资、职工死亡丧葬补助费、抚恤费以及按规定支付给离休干部的各项经费。

7）工会经费：企业按职工工资总额计提的工会经费。

8）职工教育经费：企业为职工学习先进技术和提高文化水平，按职工工资总额计提的费用。

9）财产保险费：施工管理用财产、车辆保险费用。

10）财务费：企业为筹集资金而发生的各种费用。

11）税金：企业按规定缴纳的房产税、车船使用税、土地使用税和印花税等。

12）其他：包括技术转让费、技术开发费、业务招待费、绿化费、广告费、公证费、法律顾问费、审计费和咨询费等。

C 利润

利润是指施工企业完成所承包工程获得的盈利。

D 税金

税金是指国家税法规定的应计入建筑安装工程造价内的营业税、城市维护建设税及教育费附加等。

对应表 8-2 所列建筑安装工程费用组成，其概要计算规定如下：

a 直接费

（1）直接工程费。包括下列费用：

$$直接工程费 = 人工费 + 材料费 + 施工机械使用费 \tag{8-18}$$

1）人工费：

$$人工费 = \sum(工日消耗量 \times 日工资单价) \tag{8-19}$$

2）材料费：

$$材料费 = \sum(材料消耗量 \times 材料基价) + 检验试验费 \tag{8-20}$$

3）施工机械使用费：

$$施工机械使用费 = \sum(施工机械台班消耗量 \times 机械台班单价) \tag{8-21}$$

（2）措施费。措施费包括下列费用：

1）环境保护费：

$$环境保护费 = 直接工程费 \times 环境保护费费率（\%） \tag{8-22}$$

$$环境保护费费率(\%) = 本项费用年度平均支出 \div [全年建安产值 \times 直接工程费占总造价比例(\%)]$$

2）文明施工费：

$$文明施工费 = 直接工程费 \times 文明施工费费率(\%) \tag{8-23}$$

$$文明施工费费率(\%) = 本项费用年度平均支出 \div [全年建安产值 \times$$

$$直接工程费占总造价比例(\%)]　　　　　　(8-24)$$

3）安全施工费：

$$安全施工费 = 直接工程费 × 安全施工费费率(\%)　　　　(8-25)$$

$$安全施工费费率(\%) = 本项费用年度平均支出 ÷ [全年建安产值 ×$$

$$直接工程费占总造价比例(\%)]　　　　　　(8-26)$$

4）临时设施费：临时设施费由三部分组成，包括周转使用临建（如活动房屋）、一次性使用临建（如简易建筑）和其他临时设施（如临时管线）。

$$临时设施费 = (周转使用临建费 + 一次性使用临建费) ×$$

$$[1 + 其他临时设施所占比例(\%)]　　　　　(8-27)$$

5）夜间施工增加费：

$$夜间施工增加费 = [(1 - 合同工期 ÷ 定额工期) × (直接工程费中的人工费合计 ÷$$

$$平均日工资单价)] × 每工日夜间施工费开支　　　(8-28)$$

6）二次搬运费：

$$二次搬运费 = 直接工程费 × 二次搬运费费率(\%)　　　　(8-29)$$

$$二次搬运费费率(\%) = 年平均二次搬运费开支额 ÷ [全年建安产值 ×$$

$$直接工程费占总造价的比例(\%)]　　　　　(8-30)$$

7）大型机械进出场及安拆费：

$$大型机械进出场及安拆费 = 一次进出场及安拆费 × 年平均安拆次数 ÷ 年工作台班$$

$$(8-31)$$

8）混凝土、钢筋混凝土模板及支架：

$$模板及支架费 = 模板摊销量 × 模板租赁价格 + 支、拆、运输费　　(8-32)$$

9）脚手架搭拆费：

$$脚手架搭拆费 = 脚手架摊销量 × 脚手架租赁价格 + 搭、拆、运输费　　(8-33)$$

10）已完工程及设备保护费：

$$已完工程及设备保护费 = 成品保护所需机械费 + 材料费 + 人工费　　(8-34)$$

11）施工排水、降水费：

$$排水降水费 = \sum(排水降水机械台班费 × 排水降水周期 +$$

$$排水降水使用材料费、人工费)　　　　　(8-35)$$

b　间接费

间接费的计算方法按取费基数的不同分为以下三种：

（1）以直接费为计算基础：

$$间接费 = 直接费合计 × 间接费费率（\%）　　　　(8-36)$$

（2）以人工费和机械费合计为计算基础：

$$间接费 = 人工费和机械费合计 × 间接费费率（\%）　　(8-37)$$

（3）以人工费为计算基础：

$$间接费 = 人工费合计 × 间接费费率（\%）　　　　(8-38)$$

$$间接费费率（\%） = 规费费率（\%） + 企业管理费费率（\%）　　(8-39)$$

c 利润

利润计算公式按建筑安装工程计价程序及费率计算。

d 税金

$$税金 = (税前造价 + 利润) × 税率（\%）\tag{8-40}$$

8.3.2.3 工程建设其他费用

工程建设其他费用，是指从工程筹建起到工程竣工验收交付使用止的整个建设期间，除建筑安装工程费用和设备及工具、器具购置费用以外的，为保证工程建设顺利完成和交付使用后能够正常发挥效用而发生的各项费用。

工程建设其他费用，按其内容大体可分为三类：第一类指土地使用费；第二类指与工程建设有关的其他费用；第三类指与企业未来生产经营有关的其他费用。

A 土地使用费

任何一个建设项目都固定于一定地点，必须占用一定量的土地，也就必然要发生为获得建设用地而支付的费用，这就是土地使用费。它是指通过划拨方式取得土地使用权而支付的土地征用及迁移补偿费，或者通过土地使用权出让方式取得土地使用权而支付的土地使用权出让金。

（1）土地征用及迁移补偿费。土地征用及迁移补偿费，是指建设项目通过划拨方式取得无限期的土地使用权，依照《中华人民共和国土地管理法》等规定所支付的费用。其总和一般不得超过被征土地年产值的 20 倍，土地年产值则按该地被征用前 3 年的平均产量和国家规定的价格计算。其内容包括：

1）土地补偿费。征用耕地（包括菜地）的补偿标准，按政府规定，为该耕地年产值的若干倍，具体补偿标准由省、自治区和直辖市人民政府在此范围内制定。征用园地、鱼塘、藕塘、苇塘、宅基地、林地、牧场和草原等的补偿标准，由省、自治区和直辖市人民政府制定。征收无收益的土地，不予补偿。

2）青苗补偿费和被征用土地上的房屋、水井和树木等附着物补偿费。这些补偿费的标准由省、自治区和直辖市人民政府制定。征用城市郊区的菜地时，还应按照有关规定向国家缴纳新菜地开发建设基金。

3）安置补助费。征用耕地、菜地上的每个农业人口的安置补助费，为该地每亩年产值的 2~3 倍，每亩耕地的安置补助费最高不得超过其年产值的 10 倍。

4）缴纳的耕地占用税或城镇土地使用税、土地登记费及征地管理费等。县、市土地管理机关从征地费中提取土地管理费的比率，要按征地工作量大小，视不同情况，在 1%~4% 幅度内提取。

5）征地动迁费。征地动迁费包括征用土地上的房屋及附属构筑物、城市公共设施等拆除、迁建补偿费、搬迁运输费、企业单位因搬迁造成的减产和停工损失补贴费，拆迁管理费等。

6）水利水电工程水库淹没处理补偿费。它包括农村移民安置迁建费，城市迁建补偿费，库区工矿企业、交通、电力、通信、广播、管网和水利等的恢复、迁建补偿费，库底清理费，防护工费以及环境影响补偿费用等。

（2）土地使用权出让金。土地使用权出让金，是指建设项目通过土地使用权出让方式，取得有限期的土地使用权，依照《中华人民共和国城镇国有土地使用权出让和转让暂行条例》规定，支付土地使用权出让金。

  B　与工程建设有关的其他费用

  根据工程项目的不同，与工程建设有关的其他费用的构成也不尽相同，一般包括以下各项，在进行工程估算及概算中可根据实际情况计算。

  （1）建设单位管理费。建设单位管理费是指建设项目从立项、筹建、建设、联合试运转、竣工验收、交付使用及后评估等全过程管理所需的费用，内容包括以下几项。

  1）建设单位开办费：是指新建项目为保证筹建和建设工作正常进行所需办公设备、生活家具、用具和交通工具等购置费用。

  2）建设单位经费：包括工作人员的基本工资、工资性补贴、职工福利费、劳动保护费、劳动保险费、办公费、差旅交通费、工会经费、职工教育经费、固定资产使用费、工具用具使用费、技术图书资料费、生产人员招募费、工程招标费、合同契约公证费、工程质量监督检测费、工程咨询费、法律顾问费、审计费、业务招待费、排污费、竣工交付使用清理及竣工验收费、后评估等费用，不包括应计入设备、材料预算价格的建设单位采购及保管设备材料所需的费用；建设单位管理费按照单项工程费用之和（包括设备、工器具购置费和建筑安装工程费用）乘以建设单位管理费率计算；建设单位管理费率按照建设项目的不同性质和不同规模确定。有的建设项目按照建工期和规定的金额计算建设单位管理费。

  （2）勘察设计费。勘察设计费是指为建设项目提供项目建议书、可行性研究报告及设计文件等所需费用，内容包括：

  1）编制项目建议书、可行性研究报告及投资估算、工程咨询、评价以及为编制上述文件进行勘察、设计和研究试验等所需费用。

  2）委托勘察、设计单位进行初步设计、施工图设计及概预算编制等所需费用。

  3）在规定范围内由建设单位自行完成的勘察、设计工作所需费用。勘察设计费中，项目建议书和可行性研究报告按国家颁布的收费标准计算，设计费按国家颁布的工程设计收费标准计算。

  （3）研究试验费。研究试验费是指为工程建设项目提供和验证设计参数、数据和资料等进行的必要的试验费用以及设计规定在施工中必须进行试验、验证所需费用，包括自行或委托其他部门研究试验所需人工费、材料费、试验设备及仪器使用费等，这项费用按照设计单位根据本工程项目的需要提出的研究试验内容和要求计算。

  （4）建设单位临时设施费。建设单位临时设施费是指建设期间建设单位所需临时设施的搭设、维修、摊销费用或租赁费用，临时设施包括临时宿舍、文化福利及公用事业房屋与构筑物、仓库、办公室、加工厂以及规定范围内的道路、水、电、管线等临时设施和小型临时设施。

  （5）工程监理费。工程监理费是指建设单位委托工程监理单位对工程实施监理工作所需费用。根据国家物价局、建设部《关于发布工程建设监理费用有关规定的通知》（［1992］价费字479号）等文件规定，选择下列方法之一计算：

  1）一般情况应按工程建设监理收费标准计算，即按所监理工程概算或预算的百分比计算；

  2）对于单工种或临时性项目，可根据参与监理的年度平均人数按 3.5 万～5 万元/

（人·年）计算。

（6）工程保险费。工程保险费是指建设项目在建设期间根据需要实施工程保险所需的费用，包括以各种建筑工程及其在施工过程中的物料和机器设备为保险标的一切建筑工程险。以安装工程中的各种机器、机械设备为保险标的一切安装工程险以及机器损坏保险等，根据不同的工程类别，分别以其建筑、安装工程费乘以建筑、安装工程保险费率计算。民用建筑（住宅楼、综合性大楼、商场、旅馆、医院和学校）占建筑工程费的2‰~4‰；其他建筑（工业厂房、仓库、道路、码头、水坝、隧道、桥梁和管道等）占建筑工程费的3‰~6‰；安装工程（农业、工业、机械、电子、电器、纺织、矿山、石油、化学及钢铁工业、钢结构桥梁）占建筑工程费的3‰~6‰。

（7）引进技术和进口设备其他费用。引进技术及进口设备的其他费用，包括出国人员费用、国外工程技术人员来华费用、技术引进费、分期或延期付款利息、担保费以及进口设备检验鉴定费。

1）出国人员费用：指为引进技术和进口设备派出人员在国外培训和进行设计联络、设备检验等的差旅费、制装费和生活费等。这项费用根据设计规定的出国培训和工作的人数、时间及派往国家，按财政部、外交部规定的临时出国人员费用开支标准及中国民用航空公司现行国际航线票价等进行计算，其中使用外汇部分应计算银行财务费用。

2）国外工程技术人员来华费用：指为安装进口设备和引进国外技术等聘用外国工程技术人员进行技术指导工作所发生的费用，包括技术服务费、外国技术人员的在华工资、生活补贴、差旅费、医药费、住宿费、交通费、宴请费和参观游览等招待费用，这项费用按每人每月费用指标计算。

3）技术引进费：指为引进国外先进技术而支付的费用，包括专利费、专有技术费（技术保密费）、国外设计及技术资料费和计算机软件费等，这项费用根据合同或协议的价格计算。

4）分期或延期付款利息：指利用出口信贷引进技术或进口设备采取分期或延期付款的办法所支付的利息。

5）担保费：指国内金融机构为买方出具担保函的担保费，这项费用按有关金融机构规定的担保费率计算（一般可按承保金额的5‰计算）。

6）进口设备检验鉴定费用：指进口设备按规定付给商品检验部门的进口设备检验鉴定费，这项费用按进口设备货价的3‰~5‰计算。

（8）工程承包费。工程承包费是指具有总承包条件的工程公司，对工程建设项目从开始建设至竣工投产全过程的总承包所需的管理费用。具体内容包括组织勘察设计、设备材料采购、非标设备设计制造与销售、施工招标、发包、工程预决算、项目管理、施工质量监督、隐蔽工程检查、验收和试车直至竣工投产的各种管理费用，该费用按国家主管部门或省、自治区和直辖市协调规定的工程总承包费取费标准计算。如无规定时，一般工业建设项目按投资估算的6%~8%计算，民用建筑（包括住宅建设）和市政项目按投资估算的4%~6%计算。不实行工程承包的项目不计算本项费用。

　　C　与未来企业生产经营有关的其他费用

（1）联合试运转费。联合试运转费是指新建企业或新增加生产工艺过程的扩建企业在竣工验收前，按照设计规定的工程质量标准，进行整个车间的负荷或无负荷联合试运转发生的费用支出大于试运转收入的亏损部分。费用内容包括：试运转所需的原料、燃料、油料和动力的费用，机械使用费用，低值易耗品及其他物品的购置费用和施工单位参加联合试运转人员的工资等。试运转收入包括试运转产品销售和其他收入，不包括应由设备安装工程费项目下开支的单台设备调试费及试车费用。联合试运转费一般根据不同性质的项目按需要试运转车间的工艺设备购置费的百分比计算。

（2）生产准备费。生产准备费是指新建企业或新增生产能力的企业，为保证竣工交付使用进行必要的生产准备所发生的费用。费用内容包括：

1）生产人员培训费，包括自行培训、委托其他单位培训的人员的工资、工资性补贴、职工福利费、差旅交通费、学习资料费、学习费和劳动保护费等。

2）生产单位提前进厂参加施工、设备安装、调试等以及熟悉工艺流程及设备性能等人员的工资、工资性补贴、职工福利费、差旅交通费和劳动保护费等。生产准备费一般根据需要培训和提前进厂人员的人数及培训时间，按生产准备费指标进行估算。

（3）办公和生活家具购置费：是指为保证新建、改建、扩建项目初期正常生产、使用和管理所必需购置的办公和生活家具、用具的费用。改、扩建项目所需的办公和生活用具购置费应低于新建项目，其范围包括办公室、会议室、资料档案室、阅览室、文娱室、食堂、浴室、理发室、单身宿舍和设计规定必须建设的托儿所、卫生所、招待所和中小学校等家具用具购置费。这项费用按照设计定员人数乘以综合指标计算，一般为600~800元/人。

8.3.2.4 预备费、建设期贷款利息和固定资产投资方向调节税

A 预备费

按我国现行规定，预备费包括基本预备费和涨价预备费。

（1）基本预备费。基本预备费是指在初步设计及概算内难以预料的工程费用，费用内容包括：

1）在批准的初步设计范围内，技术设计、施工图设计及施工过程中增加的工程费用，设计变更、局部地基处理等增加的费用。

2）一般自然灾害造成的损失和预防自然灾害所采取的措施费用，实行工程保险的工程项目费用应适当降低。

3）竣工验收时为鉴定工程质量对隐蔽工程进行必要的挖掘和修复费用。基本预备费是按设备及工、器具购置费，建筑安装工程费用和工程建设其他费用三者之和为计取基础，乘以基本预备费率进行计算。基本预备费=（设备及工具、器具购置费+建筑安装工程费用+工程建设其他费用)×基本预备费率，基本预备费率的取值应执行国家及部门的有关规定。

（2）涨价预备费。涨价预备费是指建设项目在建设期间内由于价格等变化引起工程造价变化的预测预留费用。费用内容包括：人工、设备、材料、施工机械的价差费，建筑安装工程费及工程建设其他费用调整，利率、汇率调整等增加的费用。涨价预备费的测算方法，一般根据国家规定的投资综合价格指数，以估算年份价格水平的投资额为基数，采用复利方法计算。计算公式为：

$$PF = \sum_{t=1}^{n} I_t \left[(1+f)^t - 1 \right] \tag{8-41}$$

式中　PF——涨价预备费,万元;

　　　n——建设期年份数,年;

　　　I_t——建设期中第 t 年的投资计划额,包括设备及工具、器具购置费、建筑安装工程费、工程建设其他费用及基本预备费,万元;

　　　f——年均投资价格上涨率,%。

B　建设期贷款利息

建设期贷款利息包括向国内银行和其他非银行金融机构贷款、出口信贷、外国政府贷款、国际商业银行贷款以及在境内外发行的债券等在建设期间内应偿还的借款利息。当总贷款是分年均衡发放时,建设期利息的计算可按当年借款在年中支用考虑,即当年贷款按半年计息,上年贷款按全年计息。计算公式为:

$$q_j = \left(P_{j-1} + \frac{1}{2}A_j\right)i \tag{8-42}$$

式中　q_j——建设期第 j 年应计利息,万元;

　　P_{j-1}——建设期第 (j-1) 年末贷款累计金额与利息累计金额之和,万元;

　　A_j——建设期第 j 年贷款金额,万元;

　　　i——年利率,%。

国外贷款利息的计算中,还应包括国外贷款银行根据贷款协议向贷款方以年利率的方式收取的手续费、管理费、承诺费以及国内代理机构经国家主管部门批准的以年利率的方式向贷款单位收取的转贷费、担保费和管理费等。

C　固定资产投资方向调节税

为了贯彻国家产业政策,控制投资规模,引导投资方向,调整投资结构,加强重点建设,促进国民经济持续、稳定和协调发展,对在我国境内进行固定资产投资的单位和个人征收固定资产投资方向调节税,简称投资方向调节税。

固定资产投资方向调节税,其税率、计税基础、计税方法及缴税方法按中华人民共和国《固定资产投资方向调节税征收条例》执行 (注:根据财政部、国家税务总局和国家发展计划委员会 [财税字 (1999) 299 号] 文件精神,该项费用暂停计取)。

8.4　工 程 承 包

工程承包有多种类型。按承包范围 (内容) 分,有建设全过程承包 (统包) 和阶段承包;按承包者所处的地位分,有总承包、分承包、独立承包和联合承包;按合同类别和计价方法分,有总价固定合同、单价合同和成本加酬金合同。设计单位工程承包的重点是建设项目总承包和设备承包。

8.4.1　建设项目总承包

建设项目全过程承包,也称统包,或一揽子承包。它是指建设项目主管部门或建设单位委托工程公司,对建设项目从可行性研究、勘察设计、设备询价与选购、材料订货、工程施工、职工培训,直至竣工投产 (有的也包括保修服务),实行全过程的总承包。采用这种承包方式建设的工程,称为"交钥匙"工程。建设项目工程总承包不是工程设计和工程施工两类不同的企（事）业单位的松散联合，它是使设计和施工单位组建成具有一定的智力技术密集型的新型企业，用现代化项目管理手段进行工程建设。这种承包方式主要适用于各种大中型建设项目，它可以使组织建设工作固定化，能够有效地集结建设管理力量，系统积累建设管理经验，培养专门人才；有利于综合协调各方关系和矛盾，强化项目建设的统一指挥，加强了对工程进度、建设资金、物质供应、工程质量等方面的统筹安排和控制监督，缩短了建设工期并保证了建设的质量，提高了经济效益。

负责组织一个建设项目全过程或其中某个阶段全部工作的承包单位叫总承包单位。总承包单位对项目建设全过程进行综合协调管理和监督，向建设单位交付优质工程。总承包单位接受工程项目总承包任务后，可将勘察设计、工程施工和材料设备供应等工作进行招标，择优选定勘察设计单位、施工单位、材料设备生产或供应单位，并签订分包经济合同。总承包单位与建设单位是经济合同关系，总承包合同一经产生便具有法律效力，双方均须履行合同中规定的权利和义务。通常建设单位为甲方，相当于项目法人（业主）身份；总承包单位为乙方，相当于总承包商。总承包单位与施工单位（含设备材料供货单位）也是经济合同关系，同样要履行合同规定的法律义务。通常总承包单位为甲方，相当于总承包商或业主代理商身份；施工单位（含设备材料供货单位）为乙方，相当于分包商的身份。

在一般情况下，建设单位仅同这个总承包单位发生直接关系，而不同各专业承包单位发生直接关系。总承包单位通过项目经理与建设单位总代表协调工程建设中的相关事宜，总承包单位各职能部门与建设单位相应的职能部门建立工作关系，并执行总承包合同中规定的权利和义务。施工单位（含供货单位）通过项目经理（或其他负责人）与总承包单位的施工经理或驻工地总代表协调施工中的相关事宜，施工单位各职能部门与总承包单位的相应主管部门建立工作关系，并执行承发包合同中规定的权利和义务。

目前国内的总承包单位（或叫工程承包公司）主要有以下几种方式。

（1）建设单位进行总承包：即由熟悉设计、施工，具有基本建设管理经验的人员组成基建指挥部，从事项目建设的组织管理工作，提供管理服务。其特点是组织精干、管理水平高、能在工程建设中取得较好的经济效益。但如何摆脱甲、乙、丙三方原有格局的影响，真正按工程总承包模式来管理工程建设全过程，还有待进一步探讨。

（2）设计单位进行工程总承包：以设计院为基础，利用设计院现有技术力量、设备进行工程承包与咨询管理，能够承担大型复杂的现代化工矿企业和联合装置的建设，是目前我国主要的和提倡的总承包形式。

（3）以大型施工企业为主体的工程承包公司：以大型施工企业为主，与工程设计、科研院所和设备制造等单位联合组成企业集团，对建设项目的技术开发和工程设计、设备制造、施工管理和实施到移交生产（使用、营运）实行"交钥匙"承包方式。这种工程承包企业是按照国家计委"要有重点，分步骤地创建一批实行科研、设计、施工和材料设备采购一体化，具有总承包能力的新型企业"的要求而建立的。

（4）联合型经济实体进行总承包：由设计、科研和施工单位组成不同形式的联合体，组织上各自独立经营、自负盈亏，在具体工程项目上实行合作承包。由于联合体是一个松散的组织形式，虽然在工作效率、利益分配上还存在一定的问题，影响了总承包效益的充分发挥，但这种总承包方式还是使用比较多的一种方式。

（5）城市综合开发公司进行工程总承包：主要是在城市或新建工矿区的成片建设中，对住宅、学校、服务设施和基础设施建设实行统一规划、综合开发。这类公司业务范围明确，但承担工程总承包的范围较窄。

8.4.2　工程总承包招投标

8.4.2.1　工程总承包招标

工业、交通项目工程总承包招标开始时间，可以在项目建议书确定后，由可行性研究报告开始至竣工投产，也可以从初步设计阶段开始至竣工投产，还可以从施工图设计阶段至竣工投产，民用建筑项目可由探讨阶段开始至竣工投产。从建设项目立项后开始招标是当前我国发展的主要形式，它包括勘察设计、设备询价与选购、材料订货、工程施工、职工培训直至竣工投产。

制定建设工程项目总承包招标文件和标底要适应基本建设程序各阶段要求，明确建设项目不同时间和空间的具体工作和主要内容。工程总承包的标底价格应控制在国家（或投资单位，或业主）批准（或建议）的总投资限额以内，参照同类工程的概算指标和已完工程的决算资料，并结合当地条件和价格变动情况决定工程总造价。

8.4.2.2　工程总承包投标报价

工程总承包投标，简单地讲，就是对一个建设项目的建设全过程，即从可行性研究开始，经勘察设计、材料及设备采购、施工准备、建筑施工、设备安装、生产准备到竣工验收投产的总体投标承包。国内工业、交通建设项目工程总承包招标一般由初步设计阶段开始到竣工验收交付生产（营运）后的保修服务止。

报价是投标最关键的环节，对不同的承包业务范围，报价的计算方式也就不同。工程项目总承包报价，可能包括以下工作：项目前期服务、设计、工程监理、施工管理、物资采购，竣工试生产达到设计能力。报价价格的计算方法，按招标开始阶段而定。可行性研究阶段按估算的方法计算，初步设计阶段按概算的编制方法计算，施工图阶段按预算的编制方法计算。项目基价计算出来之后，再计算分摊费用，编制报价项目单价汇总表；将计算并填好的各分项分解表的分项总价汇总，再加入分包和转包出去的分项工程分包和转包价，即得出初步标价。此标价是待定的标价，不能正式填入报价书中。要经过分析研究投标局势，决策人对利润、降价系数等关键内容拍板后，再作调整修改，最后填入报价书中。

8.4.3　承包合同的形式

承包合同一般分为总价合同、单价合同及成本加酬金合同三大类，每种又可细分为许多形式。

8.4.3.1　总价合同（总价固定合同）

总价合同一般有以下三种：

（1）固定总价合同。承包商的报价以招标文件和准确的设计图纸及计算为基础，并考虑到一些费用的上升因素与发包方商定总价。这种合同承包商承担全部风险，为不可预见的因素付出代价，因此一般报价较高。

（2）调值总价合同。在报价及订合同时，以招标文件（准确的设计图纸）的要求及当时的物价计算合同总价。但在合同价款中双方商定，在执行合同时，由于通货膨胀引起成本增加达到某一限度时，合同总价应相应调整。这种合同业主承担了通货膨胀的风险，承包商承担其他风险，一般适用于工期较长（如一年以上）的项目。

（3）固定工程量总价合同。业主要求投标者在投标时按单价合同办法分别填报分项工程单价，从而计算出工程总价，据之签订合同。原定工程项目全部完成后，根据合同总价付款给承包商。如果改变设计或增加新项目，则用合同中已确定的单价来计算新的工程量和调整总价，这种方式适用于工程量变化不大的项目。

对于各种总价合同，在投标时投标者必须报出各单项工程价格。在合同执行过程中，对较小的单项工程，在完工后一次性支付单项工程费用；对较大的单项工程则按施工过程分阶段支付费用，有一些单项工程也可按完成的工程量百分比支付。

总之，总价合同可以使建设单位对工程总开支做到大体上心中有数，计算时易于确定报价最低单位，在施工过程中可以更有效地控制施工进度和工程质量。而对承包商来说，具有一定的风险，如物价上涨、气候条件恶劣、工程地质条件不良以及其他意外的困难等。

8.4.3.2　单价合同

当准备发包工程项目的内容和设计指标不能十分确定，或者工程量可能出入较大时，则采用单价合同形式为宜。单价合同又分为以下三种形式：

（1）估计工程量单价合同。建设单位在准备此类合同的招标文件时，委托咨询单位按分项工程列出工程量表及估算的工程量，承包商投标时在工程量表中填入各项的单价，据之计算出合同总价作为投标报价之用。在每月结账时，以实际完成的工程量结算。在工程全部完成时以竣工图最终结算工程的总价格，这种合同对双方风险都不大，所以是比较常用的一种形式。

（2）纯单价合同。在设计单位还来不及提交施工详图，或虽有施工图设计，但由于某些原因不能准确地计算工程量时采用这种合同。招标文件只向投标者给出各项工程内的工作项目一览表、工程范围及必要的说明，而不提供工程量，承包商只要给出表中各项目的单价即可，将来施工时按实际工程量计算。有时也可由建设单位一方在招标文件中列出单价，而投标一方提出修正意见，双方协商后确定最后的承包单价。

（3）单价与包干混合式合同。以单价合同为基础，但对其中某些不易计算工程量的分项工程（如施工导流、小型设备购置与安装调试）采用包干办法，而对能用某种单位计算工程量的均要求报单价，按实际完成工程量及合同上的单价结账。

单价合同的优点是能鼓励承包商通过提高工效等手段从成本节约中提高利润，建设单位只按工程量表的项目开支，可减少意外开支，只需对少量遗漏的项目在执行合同过程中再报价，结算程序比较简单。单价合同的缺点是对于复杂工程的费用分摊问题，或有一些不易计算工程量的项目，采用纯单价合同容易引起一些麻烦与争执。

8.4.3.3　成本加酬金合同

成本加酬金合同形式主要适用于以下两种情况：一是工程内容及其技术经济指标尚未全面确定、投标报价的依据尚不充分的情况下，发包方因工期要求紧迫必须发包；二是发包方与承包方之间具有高度的信任，承包方在某些方面具有独特的技术、特长和经验。

以这种形式签订的承包合同有两个明显缺点：一是发包方对工程总价不能实施实际的控制；二是承包方对降低成本不太感兴趣。因此，采用这种合同形式，其条款必须非常严格。成本加酬金合同有以下几种形式：

（1）成本加固定百分比酬金合同。根据这种合同，发包方对承包方支付的人工、设备材料和施工机械使用费、其他直接费和施工管理费等按实际直接成本全部据实补偿，同时按照实际直接成本的固定百分比付给承包方一笔酬金，作为承包方的利润。这种合同形式，工程总造价及付给承包方的酬金随工程成本而水涨船高，不利于鼓励承包方降低成本，这也是此种合同形式的弊病所在，因而很少被采用。

（2）成本加固定金额酬金合同。这种合同形式与成本加固定百分比酬金合同相似，其不同之处仅在于增加的费用是一笔固定金额的酬金。酬金一般是按估算的工程成本的一定百分比确定，数额是固定不变的。

采用上述两种合同计价方式时，为了避免承包方企图获得更多的酬金而对工程成本不加控制，往往在承包合同中规定一些"补充条款"，以鼓励承包方节约资金、降低成本。

（3）成本加奖罚合同。采用这种形式的合同，首先要确定一个目标成本，这个目标成本是根据粗略估算的工程量和单价表编制出来的。在此基础上，根据目标成本来确定酬金的数额，可以是百分数的形式，也可以是一笔固定酬金。然后，根据工程实际成本支出情况，另外确定一笔奖金。当实际成本低于目标成本时，承包方除从发包方获得实际成本、酬金补偿外，还可根据成本降低额来得到一笔奖金。当实际成本高于目标成本时，承包方仅能从发包方得到成本和酬金的补偿。此外，视实际成本高出目标成本情况，若超过合同规定的限额，还可处以一笔罚金。除此之外，还可设工期奖罚。这种合同形式可以促使承包商降低成本、缩短工期，而且目标成本随着设计的进展而加以调整，承发包双方都不会承担太大风险，故这种合同形式应用较多。

（4）最高限额成本加固定最大酬金合同。在这种形式的合同中，首先要确定限额成本、报价成本和最低成本，当实际成本没有超过最低成本时，承包方花费的成本费用及应得酬金等都可得到发包方的支付，并与发包方分享节约额；如果实际工程成本在最低成本和报价成本之间，承包方只能得到成本和酬金；如果实际工程成本在报价成本与最高限额成本之间，则承包方只得到全部成本；实际工程成本超过最高限额成本时，则超过部分发包方不予支付。这种合同形式有利于控制工程造价，并能鼓励承包方最大限度地降低工程成本。

采用总价固定合同的形式，总价一次包死，承包商完成招标文件中所规定的全部项目，才能得到合同总价的酬金。采用这种合同，对建设单位比较简便，按合同规定的方式付款，在施工过程中可集中精力控制工程质量和进度。这种合同形式一般适用于图纸完整且齐备、工程风险不大、技术不复杂、工程量不大和工期不太长的项目，这种合同形式在合同条件允许范围内可给承包商以各种方便。

8.4.4 工程项目承包合同的一般内容

工程项目承包合同一般包括协议书、通用条款和专用条款三部分。

8.4.4.1 协议书

协议书有以下内容：

（1）工程概况，项目名称，建设地点，工程内容。

（2）工程承包范围：子项工程目录清单。

（3）合同工期：开工日期，试生产日期。

（4）质量标准及验收标准。

（5）合同价款或承包合同的形式。

（6）组成合同的文件及优先解释顺序：本合同协议书、中标通知书、本合同专用条款、本合同通用条款、标准规范及有关技术文件和图纸和工程量清单、工程报价单或预算书、投标书及其附件、招标文件以及双方有关工程的洽商、变更等书面协议或文件。

（7）发包人和承包人之间的承诺：支付合同价款的承诺和按期、按质完成建设任务并在保修期承担工程质量的保修责任的承诺。

（8）合同签订时间、地点、法定代表人、委托代表人、开户银行及账号。

8.4.4.2　通用条款

通用条款有以下内容：

（1）双方的一般权利和义务。

（2）施工组织和工期：延期开工、暂停施工、工期延误的责任与处理。

（3）质量与检验。

（4）合同价款与支付。

（5）材料和设备的供应。

（6）工程变更以及工期、合同价款的调整。

（7）竣工验收与结算。

（8）违约、索赔和争议。

（9）其他：工程分包、保险、担保、合同解除等。

8.4.4.3　专用条款

专用条款是通用条款的明确和补充，需按合同实际情况确定。

冶金工程项目经济评价工作

9.1 项目经济评价工作内容

项目经济评价工作主要包括如下内容：
(1) 收集市场信息，熟悉项目情况，收集有关指标；
(2) 进行市场调查和预测，投资（企业）战略研究和竞争力分析；
(3) 确定产品方向，参与工艺设备选型和优化；
(4) 预测和确定产品价格，计算销售收入；
(5) 预测和确定原料、燃料和动力价格，计算成本和费用；
(6) 估算流动资金；
(7) 计算总投资，研究资金筹措；
(8) 编制现金流量表和损益计算表，计算全部投资收益率和净现值等，进行盈利性分析；
(9) 编制资金来源与运用表、资产负债表，进行清偿能力分析；
(10) 进行不确定性分析；
(11) 结论与建议。

9.2 市场分析与项目（企业）投资战略

9.2.1 市场调查

市场调查是指对项目产品市场现状和过去一段历史时期情况的调查，市场调查内容包括市场容量、价格和竞争力状况。

(1) 市场容量调查。市场容量调查包括供应状况和需求状况调查。供应状况调查包括：国际市场总生产能力、总产量、总贸易量和国内进口量（包括品种、规格和性能），国内市场总生产能力、总产量和地区分布情况（包括品种、规格和性能）。需求状况调查包括：国际市场需求状况（含五大洲、国家、地区总消费量和贸易量）和国内市场需求状况（含出口结构比、品种、规格和性能）。

(2) 市场价格调查。市场价格调查包括国内市场现行价格和历年价格的变化情况及变化原因，国际市场进口、出口口岸价格、变化情况以及变化原因。

(3) 竞争力状况调查。竞争力状况调查包括竞争对手和主要竞争对手的市场份额、价格水平、工艺和装备水平、资源占有、规模效益、产品开发能力以及投资和成本等水平。

9.2.2 市场预测

市场预测是指用调查的市场情况，对项目未来或今后一段时期的市场进行分析和推测。市场预测包括供需预测和市场价格预测。

9.2.2.1 市场预测方法

无论是供需或价格预测，其预测方法主要有直观预测和定量预测。

（1）直观预测。利用直观材料，依靠个人和群体的经验及分析判断能力，对未来发展进行的预测，该方法有专家法和类推预测法。

（2）定量预测。根据历史数据和资料，应用数理统计方法对未来发展进行的预测。常用的定量预测有：

1）时间序列分析，如移动市场法、指数平滑法和趋势外推法等；

2）因果分析，如回归模型、消费系数法和强度系数法等。

9.2.2.2 供需预测

（1）供需预测考虑的因素如下：

1）世界经济和国内经济发展对项目产品的供需影响；

2）相关产品和上下游产品情况及变化，对项目产品的供需影响；

3）产品升级换代，特别是高新技术产品和新的替代产品，对项目产品的供需影响；

4）不同地区的不同消费水平、消费倾向及其变化等，对项目产品的供需影响；

5）进出口产品的价格和份额变化，对项目产品的供需影响。

（2）供需预测，包括需求产品和供应能力预测。

1）需求产品预测：预测国内外两个市场在一定时期内相关产品的总需求量（包含现有生产量和进出口量）。

2）供应能力预测：预测国内外在一定时期内相关产品的总供应能力（包含现有、在建、扩建能力和进口量）。

9.2.2.3 供需平衡分析

供需平衡分析是对预测的需求总量与预测的供应量进行比较分析，判断项目的未来市场前景，包括分析总量和项目本身两种。

（1）总量分析：一般采用未来的总需求量和总供应量的差额，判断未来市场总量的供需差额。

（2）项目分析：项目本身的销售量，即通过研究项目的市场占有率来确定项目的销售量（总需求量×项目市场占有率=项目销售量）。项目销售量可以理解为项目总需求量所提供的供应量。

项目关注的是总供需量平衡，特别是项目的销售量可能为总需求提供的供应量。

9.2.2.4 价格预测

价格预测是在调查分析的基础上，对项目产品未来价格的推断。

（1）价格预测考虑的因素：影响供需的所有因素，包括国内外税费、利率、汇率和对外贸易壁垒等因素。

（2）项目价格的特点：项目价格涉及与项目相关的投入物和产出物的价格群，是衡量项目经济价值和效益的尺子。在时间上是以项目研究的计算周期的数据,如研究十几年或更长时间的价格,原则上虽要求准确,但要适当考虑可操作性。

因此,在价格群体上要求强调投入和产出物相对价格的比价(或差价)相对准确,在时间上要处理好不同时间物价水平。

基于后一个因素,在经济评价中,往往不去预测各个不同年份的价格水平,而使用同一个有代表性的价格,甚至使用现行价格水平(假如能代表未来的价格水平)。至于比价(或差价),则要求在同一价格水平上相对准确。

9.2.3 项目竞争力分析

项目竞争力分析是研究项目在国内外市场中的获胜能力,是投资项目决策的最本质的内容。在市场经济条件下,不论市场供需有无缺口,项目竞争力都起决定性作用。

项目竞争力是项目(或企业)确定投资策略的基础。竞争力分析既要研究项目自身的优势和劣势,又要研究竞争对手,特别是主要竞争对手的优势和劣势。

竞争力强弱主要表现在企业经营的最终效益大小,具体表现在产品的高附加值、低成本和可持续发展。竞争力强的项目(或企业)市场占有率就大;否则,市场占有率就低。

在操作上往往进行以下要素的优、劣势综合分析:

(1)物资资源占有;

(2)人力资源占有;

(3)工艺技术和装备水平;

(4)产品质量和性能;

(5)新产品开发能力;

(6)价格优势;

(7)商标、品牌和商誉;

(8)环境友好;

(9)规模效益;

(10)项目区位。

9.2.4 项目(企业)投资战略

在激烈竞争的市场经济条件下,项目(企业)投资决策成功与否,是关系到企业生存的战略问题。因此,选择正确的产品方向,优化企业的工艺流程和设备选型,运用有限的资金,获取企业最大效益等,都是投资战略研究的方向和目标,也是投资前期咨询研究的首要任务。

9.2.4.1 影响项目(企业)投资战略的因素

影响项目(企业)投资战略的因素主要有:

(1)市场需求和供应能力的现状和未来趋势;

(2)所属行业技术水平、产品结构、工艺技术结构和竞争结构状况;

(3)所属行业筹集和调配资源(含资金和原、燃料等投入)的能力;

(4)企业现有装备、生产情况和企业素质等自身条件;

(5)国家经济形势、经济政策以及行业产业政策。

9.2.4.2 投资战略类型

项目（企业）生产目标是低投资、低成本和高效益，产品好坏由性能与价格决定。用户消费倾向是物美价廉，一般说，性能与价格成正比，性能好则价格高，因此用户对性能要求也是分层次的。在广阔的产品市场领域中，企业可以选择不同的市场定位。例如：高性能产品、一般性能产品、兼顾一般性能和高性能产品。项目（企业）对产品市场占位类型与优化目标的关系，见表9-1。

表9-1 项目（企业）对产品市场占位类型与优化目标的关系

市场占位类型	优化的目标
产品类别化：（1）高档次高性能产品；（2）一般档次、普通品；（3）精品和普通品兼顾	企业效益最大化，为用户选择、优化：（1）高性能低价格；（2）相同性能低价格；（3）相同价格高性能

不断走向现代技术的今天，企业生产同类产品，在资源和工艺装备优化上有较大的选择余地。

市场占位类型有以下几种：

（1）类型1，高投资、高成本，高性能和高价格——精品市场。

（2）类型2，低投资、低成本，普通性能和普通价格——普通品市场。

（3）类型3，中档投资和成本——精品、普通品兼顾。

在市场调查、预测和竞争力分析的基础上，通过企业投资战略研究并确立企业投资类型，是投资项目工艺、设备选型与优化的根据。

9.2.5 项目工艺、设备选型及优化

在市场调查、预测和竞争力分析的基础上，结合企业投资战略，确定企业产品方向和投资战略类型，最后确定工艺和设备选型。

项目工艺、设备选型与投资框架形成的流程，如图9-1所示。

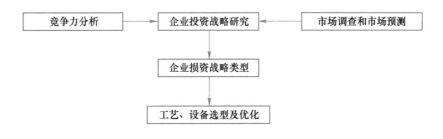

图9-1 投资框架流程

9.3 货币的时间价值

9.3.1 定义

货币如果作为社会生产资金或资本，参与再生产过程，就会带来利润，即得到增值。

钱是可以"生"钱的,这需要有两个前提:第一,要经历一定的时间;第二,要经过生产劳动的周转。"钱能生钱"一般称为货币的时间价值,或称资金的时间价值。

9.3.2　概念

(1)利率。利率也叫利息率,是一定时期利息与原金额的比率。一定时期,可以是一年、半年、季或月,常用的是一年,一年的利息额与原金额之比为年利率。其计算公式如下:

$$利率=(利息额/原金额)\times 100\%$$

(2)单利。计算利息有单利和复利之分。在采用单利计算的情况下只有本金生息,利息不再生息。其计算公式为

$$I = Pin \tag{9-1}$$

式中　I——利息总和,元;

　　　P——本金,元;

　　　i——利率,%;

　　　n——计算期数,年。

(3)复利。假定借款人在每期结尾并不付利息,而将利息转作下一期的本金,下期将按本利和的总额付息。

(4)等值。因为资金具有时间价值,因此某项资金经过一定时间后数值将会有所增加。在利率一定的情况下,该项资金增加的数额将是一个确定的值。在利率为6%时,100元的资金一年后将增值为106元,这时应该认识到现在的100元与一年后的106元具有相等的经济价值。

9.3.3　基本复利公式

(1)一次性投入的终值。一次性投入的终值,也称一次性支付的本利和。已知期初一次投入的现值为P,求n期末的复利本利和(即终值F),即已知P、i、n,求F。其计算公式为:

$$F = P(1 + i)^n \tag{9-2}$$

式中　$(1 + i)^n$——一次投入的本利和系数,或一次投入的终值系数,可记为$(F/P, i, n)$。故公式又可写为$F = P(F/P, i, n)$。

(2)一次性投入的现值。已知期末终值,求现值,即已知F、i、n,求P。其计算公式为:

$$P = F/(1 + i)^n \tag{9-3}$$

式中　$(1 + i)^n$——一次投入的现值系数,可记为$(P/F, i, n)$,故公式又可写为$P = F(P/F, i, n)$。

(3)等额序列的终值。从第1年到第n年,逐年年末以等额资金A投入时,n年末包括利息在内的累计值F的计算公式为:

$$F = A[(1 + i)^n - 1]/i \tag{9-4}$$

(4)等额序列的现值。已知n年内每年年末等额资金为A时,求其现值的计算公式为:

$$P = A[(1 + i)^n - 1]/[i(1 + i)^n] \tag{9-5}$$

（5）等额存储偿债基金。已知期末终值 F，求 n 年内每年年末等额资金为 A 时，其计算公式为：

$$A = F\{1/[(1 + i)^n - 1]\} \tag{9-6}$$

（6）等额资金回收。已知第一年初投资 P，求从第 1 年末到第 n 年末，每年年末等额还本付息 A 时，计算公式为：

$$A = P[i(1 + i)^n]/[(1 + i)^n - 1] \tag{9-7}$$

以上 6 个常用复利公式汇总于表 9-2。

表 9-2 常用复利公式

类型	待求	已知	公式名称	计算公式	代　号
一次性 投入产出	F	P, i, n	一次支付终值公式	$F = P(1 + i)^n$	$F = P(F/P, i, n)$
	P	F, i, n	一次支付现值公式	$P = F/(1 + i)^n$	$P = F(P/F, l, n)$
等额序列的 投入或产出	F	A, i, n	等额序列终值公式	$F = A[(1 + i)^n - 1]/i$	$F = A(F/A, i, n)$
	P	A, i, n	等额序列现值公式	$P = A[(1 + i)^n - 1]/i[(1 + i)^n]$	$P = A(P/A, i, n)$
	A	F, i, n	等额序列偿债基金公式	$A = F\{1/[(1 + i)^n - 1]\}$	$A = F(A/F, i, n)$
	A	P, i, n	等额序列资金回收公式	$A = P[i(1 + i)^n]/[(1 + i)^n - 1]$	$A = P(A/P, i, n)$

9.4　项目筹资及还贷方式

9.4.1　项目总投资及资本金制度

项目经济评价中，项目总投资包括建设投资、建设期贷款利息和流动资金。原国家计划委员会和建设部联合发布的《建设项目经济评价方法与参数》（第二版）中规定：建设项目总投资是固定资产投资、固定资产方向调节税、建设期借款利息和流动资金之和。固定资产投资是指项目按拟定建设规模（分期建设项目为分期建设规模）、产品方案、建设内容进行建设所需的费用，它包括建筑工程费、设备购置费、安装工程费、工程建设其他费用和预备费用。

流动资金是指为维持生产所占用的全部周转资金，它是流动资产与流动负债的差额。

项目总投资形成的资产分为固定资产、无形资产、递延资产和流动资产。

1996 年，国家为建立投资风险约束机制，控制投资规模，对固定资产投资实行资本金制度，下发了国发〔1996〕35 号文。该文件规定：在投资项目的总投资中，除项目法人从银行或资金市场筹措的债务性资金外，还必须拥有一定比例的资本金；并指出："本通知中作为计算资本金基数的总投资，是指投资项目的固定资产投资与铺底流动资金之和。"

国发〔1996〕35 号文中，对不同行业资本金比例的规定是不同的，钢铁项目资本金比例为 25% 及以上。该文件中说明：公益性投资项目不实行资本金制度，外商投资项目（包括外商投资、中外合资和中外合作经营项目）按现行有关规定执行。

在目前我国的有关法规中，要求外商投资企业的注册资金比例是与投资规模相关的。

投资总额高的注册资金比例低，这里的投资总额是指项目的建设投资与流动资金之和。

9.4.2　流动资金估算

流动资金是企业在生产经营活动中，用于生产领域或流通领域周转使用的资金，流动资金为流动资产（库存、有价证券、预付款、应收账款及资金的总和）减去流动负债（应付款）。在正常情况下，流动资金是一年内可以转变为现金的资源。在项目评价中，流动资金估算有两种方法，即扩大指标法和分项估算法。

（1）扩大指标法。扩大指标法是按照流动资金与某种费用或收益的比率来估算流动资金，一般企业或部门统计定额流动资金按占产值、固定资产或总成本的比率。参照这些比率估算拟建项目流动资金的数额，如：

$$流动资金额 = 年产值(年销售收入额) \times 产值(年销售收入额)资金率 \qquad (9\text{-}8)$$
$$流动资金额 = 固定资产总额 \times 固定资产资金率 \qquad (9\text{-}9)$$
$$流动资金额 = 年经营成本(年总成本) \times 经营成本资金率(总成本资金率) \qquad (9\text{-}10)$$

（2）分项估算法。按照流动资金和流动负债各细项的周转天数或年周转次数来估算各细项的流动资金需要量，并按流动资金等于流动资产减去流动负债来计算总流动资金需要额，参照表9-3。

表 9-3　流动资金估算表　　　　　　　　　　　　　　　　（万元）

项　　目	最低周转天数 /天	年周转次数 /次	生　产　期			
			3	4	5	6
流动资产						
应收账款						
存货						
原料						
辅助材料						
燃料动力						
在产品						
产成品						
⋮						
库存现金						
流动负债						
应付账款						
流动资金						
本年流动资金增加额						

流动资金各项组成的特点是：

（1）储备资金。储备资金应考虑原材料等投入物的来源和供应方法，如：进口或国内供应、供应的可靠性和季节性。

（2）生产资金。生产资金要估计出在制品的需要量，就要对生产程序和每个阶段投入的不同材料的加工程序进行全面分析。

（3）成品资金。成品资金包括发出商品、应收款项、银行款项和现金等。

（4）库存现金和银行存款。为了谨慎起见，可以留出一定数量库存现金，或设立一笔周转金的意外准备金。

（5）应付账款。原料、辅助材料、用品和公用设施通常都是赊购的，要经过一定时间之后才付款。

各细项的详细计算公式如下：

$$应收账款 = 年销售收入/周转次数 \tag{9-11}$$

$$外购原料 = 年外购原料/周转次数 \tag{9-12}$$

$$辅助材料 = 年辅助材料/周转次数 \tag{9-13}$$

$$\vdots$$

$$在产品占用资金 = 年外购原辅料、燃料动力 + 年工资及福利 +$$
$$年修理费 + 年其他制造费 \tag{9-14}$$

$$产成品占用资金 = 年经营成本/周转次数 \tag{9-15}$$

$$库存现金 = （年工资及福利费 + 年其他费用）/周转次数 \tag{9-16}$$

$$应付账款 = 年外购原辅料和燃料动力/周转次数 \tag{9-17}$$

9.4.3　项目融资

项目融资的资金来源有：

（1）项目的资金来源。当前，公司的资金来源构成分为两大部分，股东权益资金及负债。以权益方式投资于公司的资金取得公司的产权；以负债方式筹集的资金，提供资金方只取得对于公司的债权。债权人优于股权受偿，但对于公司没有控制权。

（2）资本金筹资。项目资本金是指项目的发起人、股金投资人以获得项目财产权和控制权的方式投入的资金，项目的资本金是获得负债融资的一种信用基础。

采用公司方式进行项目融资，项目资本金来源于公司的自有资金。一家公司用于投资项目的自有资金来源于四个方面：企业现有的现金、未来生产经营中获得的可用于项目的资金、企业资产变现和企业增资扩股。

采用项目融资方式进行项目的融资，需要组建新的独立法人。项目的资本金是新建法人的资本金，是项目投资者为拟建项目提供的资本金。提供资本金可以采取多种形式，可以是现金，也可以是实物、非专利技术和土地使用权等。

有些项目的资本金需要在资本市场上募集，在资本市场募集资本金可以采用两种基本方式：私募与公开募集。私募是将股票直接出售给投资者，不通过公开市场销售。公开募集是在证券市场上公开向社会发行股票。

（3）负债融资。负债融资是指项目融资中除资本金外，以负债方式取得的资金。负债融资的资金来源主要有商业银行贷款、政策性银行贷款、出口信贷、外国政府贷款、国际金融机构贷款、银团贷款、发行债券、发行可转换债、补偿贸易和融资租赁等。

（1）商业银行贷款：我国的银行分为商业银行贷款和政策银行贷款。使用商业银行贷款，需要满足银行的要求，向银行提供必要的资料。

按照贷款期限，商业银行贷款分为短期贷款、中长期贷款和长期贷款。项目投资使用中长期银行贷款，银行要进行独立的项目评估。

按照资金使用用途，商业银行贷款在银行内部管理中分为固定资产贷款和流动资金贷款。

国内商业银行贷款的利率目前受中国人民银行的调控，中国人民银行不定期对贷款利率进行调整。商业银行贷款的贷款利率以中国人民银行的基准利率为中心，可以有一定幅度的上下浮动。

国外商业银行贷款，贷款利率有浮动利率与固定利率两种。

（2）政策银行贷款：为了支持一些特殊的生产、贸易和基础设施建设项目，国家政策性银行可以提供政策银行贷款。

我国的政策性银行有国家开发银行、进出口银行和农业发展银行，政策银行贷款利率一般比商业银行贷款利率低。

（3）出口信贷：项目建设需要进口设备的，可以使用设备出口国的出口信贷。设备出口国政府为了支持和扩大本国的产品出口，提高国际竞争力，对本国产品的出口提供利率补贴并提供信贷担保的方法，鼓励本国的银行对出口商或设备进口国的进口商提供优惠利率贷款。

以出口商为借款人的称卖方信贷，以进口商为借款人的称买方信贷。

（4）补偿贸易：指贷款者不直接提供贷款，而是以机器设备等作价为贷款。此贷款用该项目的全部或部分产品分期返销补偿，叫直接补偿；用项目外其他产品补偿的叫间接补偿。

（5）融资租赁：由租赁公司垫付资金，购买设备，在一定期限里租给用户。租赁期间，用户按期交付租金。融资租赁不同于经营性租赁，承租人租赁取得的设备按照固定资产计提折旧，租赁期满，承租人以低价获得设备的所有权。

9.4.4　资金成本

（1）资金成本。资金成本包括资金占用费用和筹资费用两部分。资金占用费用是指借款利息、债券利息、股息和红利等。筹资费用一般有律师聘用费、资信评估费、公证费、证券印刷费、发行手续费、担保费、承诺费和银团贷款管理费等。资金成本通常以利率形式表示。

（2）资本化利息。资本化利息即建设期利息，是指投入的贷款资金在建设期产生的贷款利息，建设期利息也是投入资本。建设期利息要单独计算的原因是：项目在建设期没有任何收入，而一般贷款在建设期要偿还利息，在资金筹措时一定要考虑这部分资金的来源。

在项目经济评价中，资金投入一般从年初到年末连续投入，因此可简单地把当年投入的贷款资金看成是在年中投入，当年计半息。

（3）名义利率与实际利率。筹资成本利率通常采用年利率表示，但实际结息时并不一定以年为周期，有可能按月为周期，也可能按季为周期。名义利率等于周期利率（月利率或季利率等）乘以每年的复利周期数，如果约定复利周期为一个月，则周期利率为1%，年名义利率为12%。显然，名义利率忽略了资金的时间价值。如果考虑资金的时间价值，应用周期利率计算出实际利率，在本例中实际利率应为 $i = (1+1\%)^{12} = 12.683\%$。

9.4.5 项目还款方式及选择

项目贷款的偿还方式主要有等额还本付息、等额偿还本金和按最大能力还本付息三种方式。

（1）等额还本付息。等额还本付息方式是在指定的还款期内，每年的还款付息的总额相同，随着本金的偿还，每年支付的利息逐年减少；同时，每年还款的本金逐年增多。每年偿还额的计算公式是：

$$每年偿还额 = I_c \times (A/P, i, n) \tag{9-18}$$

式中　I_c——建设期末或贷款宽限期末累计贷款本息和，元；

　　　A——等额资金，元；

　　　P——本金，元；

　　　i——贷款年利率，%；

　　　n——贷款偿还年限，年。

（2）等额偿还本金。该方法每年偿还的本金数相等，每年发生的利息照付。计算公式是：

$$每年偿还本金额 = I_c/n \tag{9-19}$$

$$每年支付利息 = 年初累计未偿还贷款 \times 年利率 \tag{9-20}$$

式中，符号含义同式（9-18）。

（3）最大能力还本付息方式。该方法每年偿还额的多少根据偿还能力来决定，偿还能力大的年份多还，偿还能力小的年份少还。偿还能力主要包括可以用于还款的折旧、摊销费以及扣除法定盈余公积金、公益金和任意盈余公积金后的所得税后利润（中外合资经营企业扣除储备基金、职工奖励与福利基金和企业发展基金）。

$$每年支付利息 = 年初累计未偿还贷款 \times 年利率 \tag{9-21}$$

9.5　成本费用和利润

9.5.1 费用的概念

费用是企业在生产和销售商品、提供劳务等日常活动中所产生的各种耗费。企业要进行生产经营活动，必然相应地发生一定的费用。例如，企业在生产过程中要耗费原材料、燃料和动力，要发生机器设备的折旧费用和修理费用，要支付职工的工资和其他各项生产费用等。费用中能予以对象化的部分就是成本，即制造成本；不能予以对象化的部分，则是期间费用。费用是经营成果的扣除要素，收入扣除相应费用后形成一定期间的利润。费用具有如下特点：

（1）费用最终会导致企业资源的减少。这种减少具体表现为企业的现金支出，或表现为其他资产的耗费。从这个意义上说，费用本质上是一种企业资源的流出，它与资源流入企业所形成的收入相反。具体地说，支付工资、发生费用、消耗材料和机器设备等，最终都将会使企业资源耗费。费用也可以理解为资产的耗费，其目的是取得收入，从而获得更多的资产。

（2）费用最终会减少企业的所有者权益。一般而言，企业的所有者权益会随着收入的增加而增加；相反，费用的增加会减少企业的所有者权益。但是，企业在生产经营过程中，有两类支出不应归入费用：一是企业偿债性支出，如以银行存款归还前期所欠债务，只是一项资产和一项负债等额减少，对所有者权益没有影响，因而不构成费用；二是向所有者分配利润，虽然减少了企业的所有者权益，但其属性是对利润的分配，不作为费用。

9.5.2 费用的分类

费用的分类方法有：

（1）费用的经济用途分类。费用按照其经济用途，可以分为生产费用和期间费用两部分。生产费用应当记入产品成本，而期间费用直接记入当期损益。

（2）费用的经济性质分类。费用按照其经济性质，可以分为外购材料费用、外购燃料费用、外购动力费用、工资及职工福利费用、折旧费、利息支出、税金以及其他支出等。

9.5.3 制造成本的构成

费用中的生产费用应当记入产品成本，我国《企业会计准则》规定：计算产品成本一律采用制造成本法。制造成本进一步按照其经济用途可划分为若干项目，称为产品成本项目。一般有以下几项：

（1）直接材料：指企业生产经营过程中直接消耗的原材料、辅助材料、备品备件、外购半成品和包装物等。

（2）直接人工：指企业直接从事生产的人员的工资、奖金和津贴等。

（3）制造费用：指企业为生产产品或提供劳务而发生的各项间接费用，包括生产部门管理人员工资和福利费、折旧费、修理费、办公费、水电费、机务料消耗、劳动保护费、季节或修理期间的停工损失等。

（4）其他直接支出：指与生产经营有直接联系的其他费用支出，如生产人员的职工福利费。

（5）废品损失：指生产中产生废品所发生的损失。

为了使产品成本项目能够反映各企业生产的特点，企业可选择适合于本企业的成本项目。例如，可将"直接材料"项目分为"原材料及主要材料""外购半成品""辅助材料""燃料动力"等；不需要单独核算废品损失的，可不设"废品损失"项目；也可将"其他直接支出"并入"直接人工"项目。制造成本除按经济用途划分外，还有其他分类方法，主要有：

（1）按其与产品产量的关系，可分为变动成本与固定成本。变动成本是指与产品产量的增加或减少而成比例地增减的成本，如直接材料和直接人工费等。固定成本是指与产品产量增加或减少没有直接联系的生产费用，如折旧费和管理人员工资等。

（2）按记入产品成本的方法不同，可分为直接费用和间接费用。直接费用是指由于生产某种产品而发生的，能够直接记入产品成本的费用。例如，生产某种产品所消耗的直接材料和直接人工工资等，根据原始凭证直接记入该种产品成本。间接费用是指由于生产几种产品而共同发生的，必须经过分配才记入产品成本的费用，如制造费用。

9.5.4　期间费用的概念及构成

期间费用是企业当期发生费用中的重要组成费用，是指本期发生的、不能直接或间接归入某种产品成本的、直接记入损益的各项费用，包括管理费用、营业费用（销售费用）和财务费用。

（1）管理费用。管理费用是指企业行政管理部门为组织和管理生产经营活动而发生的各种费用，包括：工会经费、职工教育经费、业务招待费、印花税等相关税金、技术转让费、无形资产摊销、咨询费、诉讼费、开办费摊销、坏账损失、公司经费、聘请中介机构费、矿产资源补偿费、研究开发费、劳动保险费、待业保险费、董事会会费以及其他管理费用。公司经费包括总部管理人员工资、职工福利费、差旅费、办公费、折旧费、修理费、物料消耗、低值易耗品摊销及其他公司经费。劳动保险费是指离退休职工的退休金、价格补贴、医疗费（包括离退休人员的医疗保险）、易地安家费、职工退职金、职工死亡丧葬补助费、抚恤费、按规定支付给离休干部的各项经费以及实行社会统筹办法的企业按规定提取的统筹退休基金。待业保险费是指企业按照国家规定缴纳的待业保险基金。董事会会费是指企业最高权力机构及其成员为执行其职能而发生的费用，如差旅费和会议费等。

（2）营业费用（销售费）。营业费用是指企业在销售产品、提供劳务等日常经营过程中发生的各项费用以及专设销售机构的各项经费，包括运输费、装卸费、包装费、保险费、展览费、广告费、租赁费（不包括融资费）以及为销售本公司商品而专设的销售机构的职工工资、福利费和业务招待费等经常费用。

（3）财务费用。财务费用是指企业筹集生产经营所需资金而发生的费用，包括利息净支出、汇兑净损失、金融机构手续费以及筹集生产经营资金发生的其他费用等。制造成本和期间费用构成了企业的总成本费用。

9.5.5　经营成本

上述成本概念经常运用于一般工业企业财务会计及成本核算中，在建设项目经济评价中，除计算上述成本费用外，还提出了经营成本的概念。项目经济评价需要计算项目的现金流量，经营成本是现金流量中的主要流出部分。《建设项目经济评价方法与参数》规定，经营成本不包括折旧费、维简费、摊销费和借款利息，即从总成本费用中扣除上述四项费用就是经营成本。将经营成本而不是总成本作为现金流量中的流出部分，这是因为：

（1）现金流量表反映项目在计算期内逐年发生的现金流入和流出。与常规会计方法不同，现金收支在何时发生，就在何时记入，不作分摊。由于投资已在其发生的时间作为一次性支出被记入现金流出，所以不能再以折旧和摊销的方式记为现金流出，否则会发生重复计算。因此，作为经常性支出的经营成本中不包括折旧费和摊销费，同理，也不包括矿山"维简费"。

（2）因为全部投资现金流量表是以全部投资作为计算基础，利息支出不作为现金流出，而自有资金现金流量表中已将利息支出单列，因此经营成本中也不包括利息支出。

9.5.6 要素成本和步骤成本

要素成本是对企业全部产品成本按经济性质（要素）进行的总分类，包括外购各种原材料、辅助材料、燃料动力、人员工资和折旧费等。按经济要素对产品总成本进行分类，可以分析各种要素在总成本中的比重，以便按重要性原则对其进行控制。

在多步骤（工序）生产企业，为了考核各个生产步骤（工序）的生产耗费，往往还需要计算各步骤（工序）成本，以便分析各步骤成本计划执行情况。步骤成本可还原成要素成本，还原后步骤成本和要素成本在金额上是一致的。

9.5.7 利润

9.5.7.1 利润的概念

企业作为独立的经济实体，应当以自己的经营收入抵补其支出，并且为投资人提供一定的投资收益。企业盈利的大小在很大程度上反映企业生产经营的经济效益，表明企业在每一会计期间的最终经营成果。

企业生产经营活动的主要目的，就是要不断提高企业的盈利水平，增强企业的获利能力。企业只有最大限度地获得利润，才能为国家积累资金，不断促进社会生产的发展，满足人们日益增长的物质文化生活水平的需要。因此，利润水平的高低不仅反映企业的盈利水平，而且反映企业向整个社会所做的贡献。

企业的利润，就其构成来看，既有通过生产经营活动而获得的，也有通过投资活动而获得的，还包括那些与生产经营活动无直接关系的事项所引起的盈亏。不仅如此，不同类型的企业利润构成也有一些差别。根据我国企业会计准则及会计制度规定，企业的利润一般包括营业利润、投资净收益、补贴收入和营业外收支等部分。

9.5.7.2 各种利润的构成及计算公式

（1）利润总额。利润是企业生产经营成果的综合反映，企业在生产经营过程中，通过销售过程将商品卖给购买方，实现收入，收入扣除当初的投入成本以及其他一系列费用，再加减非经营性质的收支及投资收益（或损失），即为企业的利润总额或亏损总额。其计算公式为：

$$利润总额（或亏损总额）= 营业利润 + 投资收益（或投资损失）+$$
$$补贴收入 + 营业外收入 - 营业外支出 \qquad (9-22)$$

（2）营业利润。营业利润是企业利润的主要来源，营业利润主要由主营业务利润和其他业务利润构成。

主营业务利润是指企业经营活动中主营业务所产生的利润。企业的主营业务净额减去主营业务成本和主营业务应负担的流转税后的余额，通常称为毛利。

其他业务利润是指企业经营主营业务以外的其他业务活动所产生的利润。企业的其他业务收入减去其他业务支出后的差额，即为其他业务利润。其他业务支出包括其他业务所发生的生产费用以及由其他业务负担的流转税。

主营业务利润与其他业务利润之和再减去期间费用和存货跌价损失为营业利润，营业利润这一指标能够比较恰当地代表企业管理者的经营业绩。

营业利润计算公式为：

$$营业利润 = 主营业务利润 + 其他业务利润 - 存货跌价损失 -$$
$$营业费用(销售费用) - 管理费用 - 财务费用 \qquad (9-23)$$
$$主营业务利润 = 主营业务收入 - 销售折让 - 主营业务成本 - 主营业务税金及附加$$
$$(9-24)$$

(3) 净利润。企业的净利润（或净亏损）为利润总额减去所得税后的余额，其计算公式为：

$$净利润（或净亏损）= 利润总额（或亏损总额）- 所得税 \qquad (9-25)$$

9.6 财 务 评 价

9.6.1 概述

建设项目财务评价是根据国家现行财税制度和价格体系，分析计算项目直接发生的财务效益和费用，编制财务报表，计算评价指标，考察项目的盈利能力、清偿能力以及外汇平衡等财务状况，据此判别建设项目的财务可行性。它是建设项目经济评价的重要组成部分，是项目投资和贷款决策的重要依据，是进一步开展国民经济评价的重要基础。

建设项目的财务评价和一般企业的财务分析都是基于企业的角度，对项目本身的经济效益进行分析和评价，所采用的分析方法和评价报表有不少是大致相同的。但是，它们之间存在着本质的区别。

企业财务分析的目的在于总结经验、发现问题、汲取教训并指导未来，为企业今后的经营方向、发展规模和发展速度提供决策，以保证企业能够及时调整经营策略，不断提高企业的经济效益。企业财务评价仅分析企业的现金流量、损益和资产负债情况，对企业的经营活动作短期评价，侧重于对现有企业的运营活动效果进行分析。

项目财务评价的目的在于为建设项目选择最优投资方案，判断建设项目在财务上是否可行，以保证项目投产后能够盈利。建设项目的财务评价是在项目建设前，一般是在项目的可行性研究阶段所进行的事前评价，其分析评价资料是根据掌握的项目预测资料以及参考同类项目的历史数据；根据具体投资环境及技术进步等方面的情况，对未来的现金流量、盈利和清偿能力进行的估算和预测。建设项目财务评价不仅分析建设项目的现金流量、损益和资产负债情况，而且还需要对建设项目的资金筹措、偿还能力等进行全面的分析，它是把投资和生产联系在一起，对建设项目整个经济寿命周期内的投入产出活动进行分析，揭示项目的长期财务状况，重视资金的时间价值，侧重于对项目的盈利能力和清偿能力等进行分析，为长期决策提供依据。

9.6.2 财务评价原则

财务评价应遵守以下基本原则：

（1）费用与效益计算的一致性原则。遵循费用与效益计算范围的一致性原则，是正确评价项目获利能力的必要条件。若在投资估算中包括了某项工程的建设投资，则在财务经济评价中就应该考虑因建设该工程而增加的效益，否则就会低估了项目的效益；反之，若考虑了该工程对项目的效益贡献，但没有计算相应的建设投资，那么项目的效益就会被高估。只有将项目的投入产出计算限定在同一范围之内，计算的净收益才是投入的真实回报。

（2）稳妥性原则。财务评价的准确性取决于基础数据的可靠性。财务评价中需要的大量基础数据都来自预测和估计，难免有不确定性。为了使财务评价结果能提供较为可靠的信息，避免人为地乐观估计所带来的风险，在基础数据的确定和选取中有必要遵循稳妥原则。

（3）动态分析与静态分析相结合，以动态为主的原则。财务评价强调考虑时间因素，利用复利计算方法，将不同时间内效益费用的流入和流出折算成同一时间点的价值，为不同方案和不同项目的经济比较提供相同基础，并能反映出未来时期的发展变化情况。静态分析一般比较简单、直观，使用起来比较方便，在财务评价中可以根据工作阶段和深度要求的不同，计算静态指标，进行辅助分析。

9.6.3 财务评价步骤

以冶金项目可行性研究为例，财务评价是在产品的市场需求研究和工程技术研究的基础上进行的。财务评价主要是利用有关数据，通过基本财务报表，计算财务评价指标和各项财务比率，进行财务分析，做出财务评价。其步骤通常为：

（1）财务评价前的准备，包括：熟悉建设项目的建设目的、规模、市场需求、原燃料、基础设施和厂址等建设条件与投资环境以及主要技术决定；收集整理基础数据资料，包括项目投入物和产出物的数量、质量、价格及项目实施进度的安排等；收集和计算基本财务报表所需的数据资料，例如投资费用、销售收入、生产成本和税金等；编制冶金项目财务分析基本报表。

（2）通过基本财务报表计算各项评价指标及财务比率，进行各项财务分析，例如财务盈利能力分析、财务清偿能力分析和其他分析等。

（3）进行不确定性分析。常用的财务评价指标与财务分析基本报表的关系见表9-4。

表 9-4　财务评价指标与财务分析基本报表的关系

财务分析项目	基本报表	财务评价指标	
		静态指标	动态指标
盈利能力分析	全部投资现金流量表	全部投资回收期	（1）财务内部收益率； （2）财务净现值
	自有资金现金流量表		（1）财务内部收益率； （2）财务净现值
	损益表	（1）投资利润率； （2）投资利税率； （3）资本金利润率	
清偿能力分析	资金来源与运用表	国内借款偿还期	
	资产负债表	（1）资产负债率； （2）流动比率； （3）速动比率	

9.6.4 财务评价类型

根据建设项目经济评价方法与参数中的规定，财务评价将投资项目划分为新建项目和改扩建项目两类。

（1）新建项目：一般指由新组建的项目法人负责融资，并承担融资责任和风险。这类项目范围比较明确，就是项目本身所涉及的范围。所有为项目的建设和生产运营所花费的费用都要计为费用，同时项目的产出显然就是项目的效益。

（2）改扩建项目：是指依托现有企业进行改、扩建与技术改造的项目，项目建成后仍由现有企业管理，并不组建新的项目法人。这类项目效益的界定宜采取最小化原则，以能正确计算项目的投入和产出，表明项目给企业带来的效益为限，其目的是易于采集数据、减少工作量。

9.6.5 财务评价的基本报表

冶金项目的财务分析，一般需要编制的基本报表有：现金流量表、损益表、资金来源与运用表和资产负债表。

9.6.5.1 现金流量表

现金流量表是根据项目在建设和生产经营期内各年的现金流入和现金流出，计算出各年度净现金流量的财务报表。现金流量是把项目作为一个独立系统，反映项目在建设和生产经营期内流入和流出系统的现金活动。通过现金流量表可以计算各项动态和静态评价指标，全面反映项目本身的财务盈利能力。项目所有的现金支出叫作现金流出，所有的现金收入叫作现金流入。净现金流量就是现金流入与现金流出的代数和。

现金流量的计算要点是只计算现金收支，不计算非现金收支，并要如实记录现金收支实际发生的时间。由于固定资产折旧只是项目系统内部的现金转移，而非现金支出，因此在考虑项目动态评价时，投资应按其发生的时间作为一次性支出记入现金流量，而不再以折旧的方式进行逐年分摊。

按投资计算基础的不同，现金流量表分为全部投资现金流量表和自有资金现金流量表。

9.6.5.2 全部投资现金流量表

全部投资现金流量表（见表9-5）以全部投资作为计算基础，即假定投资项目所需要的全部投资（包括固定资产投资和流动资金投资）均为投资者的自有资金，因而表中不考虑全部投资本金和利息的偿还问题，可用于计算全部投资内部收益率、净现值和投资回收期等评价指标，评价项目全部投资的盈利能力，为各个投资方案（不论资金来源和利息）进行比较建立共同基础。

表9-5　全部投资现金流量　　　　　（万元）

序号	项　目	年　序								合计
		建设期		投产期		达到设计能力生产期				
		1	2	3	4	5	6	…	n	
	生产负荷/%									
1	现金流入									

续表 9-5

序号	项　目	建设期		投产期		达到设计能力生产期				合计
		1	2	3	4	5	6	…	n	
1.1	产品销售（营业）收入									
1.2	回收固定资产余值									
1.3	回收流动资金									
2	现金流出									
2.1	固定资产投资									
2.2	流动资金									
2.3	经营成本									
2.4	销售税金及附加									
2.5	所得税									
3	净现金流量									
4	累计净现金流量									
5	所得税前净现金流量									
6	累计所得税前净现金流量									

计算指标：　　　　　　　　所得税后　　　　　　　　所得税前

财务内部收益率：

财务净现值（i_c = 　%）：

投资回收期：

注：1. 根据需要可在现金流入和现金流出栏增减项目；

　　2. 生产期发生的更新投资作为现金流出可单独列项或列入固定资产投资项中。

9.6.5.3　自有资金现金流量表

自有资金现金流量表（见表 9-6）从投资者角度出发，以投资者的出资额作为计算基础，把借款本金偿还和利息支付能力作为现金流出，用于计算自有资金内部收益率和净现值等指标，评价项目自有资金的财务盈利能力。

表 9-6　自有资金现金流量　　　　　　（万元）

序号	项　目	建设期		投产期		达到设计能力生产期				合计
		1	2	3	4	5	6	…	n	
	生产负荷/%									
1	现金流入									
1.1	产品销售（营业）收入									
1.2	回收固定资产余值									
1.3	回收流动资金									

续表 9-6

序号	项 目	年 序								合计
		建设期		投产期		达到设计能力生产期				
		1	2	3	4	5	6	…	n	
2	现金流出									
2.1	自有资金									
2.2	借款本金偿还									
2.3	借款利息偿还									
2.4	经营成本									
2.5	销售税金及附加									
2.6	所得税									
3	净现金流量									

计算指标：

财务内部收益率：

财务净现值（$i_c=$ %）：

注：1. 根据需要可在现金流入和现金流出栏增减项目；

  2. 自有资金是指项目投资者的出资额。

9.6.5.4 损益表

损益表（见表 9-7）反映冶金项目在评价周期内各年的利润总额、所得税、净利润及其分配情况。该表在财务评价中的主要用途是：

（1）计算各年的利润（或亏损），进行各年的收支状况分析，并为资金来源与运用表提供基础数据。

（2）计算各年的所得税，为现金流量表提供基础数据。

（3）计算累计未分配利润，为资产负债表提供基础数据。

（4）利用表中数据计算建设项目投资利润率、投资利税率和资本金利润率等静态评价指标，进行项目的盈利能力分析。

（5）利用表中数据进行建设项目正常生产年份的盈亏平衡分析。

表 9-7 损益表　　　　　　　　　　　　　　　　　　（万元）

序号	项 目	年 序								合计
		建设期		投产期		达到设计能力生产期				
		1	2	3	4	5	6	…	n	
	生产负荷/%									
1	产品销售（营业）收入									
2	销售税金及附加									
3	总成本及费用									
4	利润总额									
5	所得税									

续表 9-7

序号	项　目	年　序								合计
		建设期		投产期		达到设计能力生产期				
		1	2	3	4	5	6	…	n	
6	净利润									
7	可供分配利润									
7.1	盈余公积金									
7.2	应付利润									
7.3	未分配利润									
	累计未分配利润									

注：利润总额应根据国家规定先调整为应纳税所得额（如弥补上年度亏损等），再计算所得税。

9.6.5.5 资金来源与运用表

资金来源与运用表是根据项目的财务状况、资金来源与资金运用以及国家有关财税规定，预算出项目建设期和生产经营各年的资金盈余和短缺情况的一种表格，供选择资金筹措方案、制定借款及偿还计划之用。此外，还可用于计算固定资产投资借款偿还期，进行清偿能力分析，见表 9-8。

表 9-8　资金来源与运用表　　　　　　　　　　　　（万元）

序号	项　目	年　序								上年余值
		建设期		投产期		达到设计能力生产期				
		1	2	3	4	5	6	…	n	
	生产负荷/%									
1	资金来源									
1.1	利润总额									
1.2	折旧费									
1.3	摊销费									
1.4	长期借款									
1.5	流动资金借款									
1.6	其他短期借款									
1.7	自有资金									
1.8	其他									
1.9	回收固定资产余值									
1.10	回收流动资金									
2	资金运用									
2.1	固定资产投资									
2.2	建设期利息									
2.3	流动资金									

续表9-8

序号	项 目	建设期		投产期		达到设计能力生产期				上年余值
		1	2	3	4	5	6	…	n	
2.4	所得税									
2.5	应付利润									
2.6	长期借款本金偿还									
2.7	流动资金本金偿还									
2.8	其他短期借款本金偿还									
3	盈余资金									
4	累计盈余资金									

注：将计算期终了后的回收固定资产余值、回收流动资金、流动资金借款本金偿还填写在"上年余值"栏内。

为了避免项目实施进度延误（由于不能及时取得资金或不能及时投入资金而拖延工期）所造成的收益损失，除寻求合适的资金来源外，还必须使资金来源（资金、利润、折旧和摊销等）与资金运用（投资支出和所得税等）在时间上配合一致。

制订建设期和投产初期资金规划的目的是落实资金供应（固定资产投资和流动资金），并保证投资流入和流出的时间协调。制订生产经营期的财务规划是为了保证各年的净现金流量（利润总额加折旧）能够承受一切财务负担（如偿还借款和缴纳所得税等），并能获得盈余资金。特别是项目投产初期，尚未达到设计产量，而此时往往又要开始偿还借款，债务负担较重。

当项目只有一两种借款、还本付息计算又较为简单时，可在资金来源与运用表上直接填列。当贷款种类较多、还款条件及还本付息计算复杂时，也可使用借款还本付息计算表先行计算后，再将计算结果逐年列入资金来源与运用表的相应栏目。

9.6.5.6 资产负债表

资产负债表（见表9-9）是反映项目建设期和生产经营期内逐年的财务状况的一种财务报表。该表系根据"资产－负债＋资本"这一基本公式，按照项目在建设期、生产经营期内分年度的资产、负债和所有者权益编制而成的。资产负债表提供的财务状况，主要是：（1）项目拥有的资源；（2）项目的偿债能力；（3）项目所负担的债务；（4）企业所有者（如为股份制公司，即股东）在项目中所持有的权益；（5）企业未来的财务趋势。资产负债表提供的资料可以从投资决策部门和投资者及债权人（如银行）等各种不同的角度加以应用。通常，通过资产负债表可以直接计算资产负债率、流动比率与速动比率等主要指标，以反映项目的各种财务状况。

表 9-9 资产负债表 （万元）

序号	项 目	建设期		投产期		达到设计能力生产期			
		1	2	3	4	5	6	…	n
1	资产								

续表 9-9

序号	项　目	年　　序							
		建设期		投产期		达到设计能力生产期			
		1	2	3	4	5	6	…	n
1.1	流动资产总额								
1.1.1	应收账款								
1.1.2	存货								
1.1.3	现金								
1.1.4	累计盈余资金								
1.2	在建工程								
1.3	固定资产净值								
1.4	无形及递延资产净值								
2	负债及所有者权益								
2.1	流动负债总额								
2.1.1	应付账款								
2.1.2	流动资金借款								
2.1.3	其他短期借款								
2.2	长期借款								
	负债小计								
2.3	所有者权益								
2.3.1	资本金								
2.3.2	资本公积金								
2.3.3	累计盈余公积金								
2.3.4	累计未分配利润								

　　注：计算指标：（1）资产负债率，%；（2）流动比率，%；（3）速动比率，%。

9.6.6　财务评价指标体系

　　投资项目的财务效益评价,按照是否考虑资金的时间价值，分为静态分析和动态分析两类。

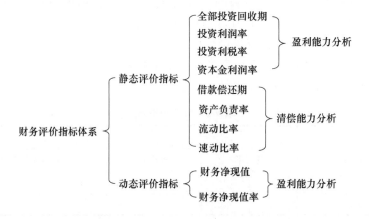

静态评价指标是不考虑资金的时间价值的，通常反映项目在生产期内某个代表年份或平均年份的盈利能力和清偿能力。反映盈利能力的指标有投资回收期、投资利润率、投资利税率和资本金利润率等；反映清偿能力的指标有借款偿还期、资产负债率、流动比率和速动比率等。

动态评价指标是一种考虑资金时间价值的，反映项目在整个寿命期内的盈利能力。反映盈利能力的动态指标有财务净现值和财务内部收益率等。

9.6.6.1 财务盈利能力分析指标

A 财务内部收益率

财务内部收益率是根据现金流量表计算出来的，它是指项目在整个计算期内各年净现金流量现值累计等于零时的折现率，反映项目所占用资金的盈利率，是考察项目盈利能力的主要动态指标。其计算公式为：

$$\sum_{t=1}^{n} (C_r - C_0)_t / (1 + FIRR)^t = 0 \tag{9-26}$$

式中　$FIRR$——财务内部收益率，%；

　　　　C_r——现金流入量，元；

　　　　C_0——现金流出量，元；

　　$(C_r - C_0)_t$——第 t 年的净现金流量，元；

　　　　t——计算期，年。

在财务评价中，将求得的财务内部收益率（$FIRR$）与行业的基准收益率或设定的折现率（i_c）比较，当 $FIRR \geq i_c$ 时，即可认为其盈利能力已满足最低要求，在财务上是可以考虑接受的。

B 财务净现值

财务净现值是依据现金流量表计算出来的，是指按行业的基准收益率或设定的折现率，将项目计算期内各年净现金流量折现到建设期初的现值之和。其计算公式为：

$$FNPV = \sum_{t=1}^{n} (C_r - C_0)_t / (1 + i_c)^t = 0 \tag{9-27}$$

式中　$FNPV$——财务净现值，元；

　　　　i_c——折现率，%；

　　　　t——计算期，年；

C_r、C_0、$(C_r - C_0)_t$ 符号含义同前。

财务净现值可通过财务现金流量表中净现金流量的现值求得，它反映项目在满足按设定折现率要求的盈利之外所获得的超额盈利的现值。项目财务净现值大于或等于零，说明项目的盈利能力达到或超过了设定的折现率所要求的获利水平。

财务评价中，一般将内部收益率的判别基准和计算净现值的折现率采用同一数值，这样 $FIRR \geq i_c$ 对项目效益的判断和采用 i_c 计算的 $FNPV$ 对项目的判断结果一致。

C 投资利润率

投资利润率是指项目达到设计生产能力后的一个正常生产年份的年利润总额与项目总投资的比率，它是考察项目单位投资盈利的静态指标。对生产期内各年的利润总额变化幅度不大的项目，应计算生产期年平均利润总额与项目总投资的比率。其计算公式为：

$$投资利润率 = (年利润总额或年平均利润总额／项目总投资) \times 100\% \qquad (9-28)$$

式中，项目总投资包括固定资产投资、建设期利息和流动资金。

投资利润率可根据损益表中的有关数据计算得出。在财务评价中，将投资利润率与行业平均投资利润率对比，用于判别项目单位投资盈利能力是否达到本行业的平均水平。

D　投资利税率

投资利税率是指项目达到设计生产能力后的一个正常生产年份的年利税总额，或项目在生产期内年平均利税总额与项目总投资的比率。其计算公式为：

$$投资利税率 = (年利税总额或年平均利税总额／项目总投资) \times 100\% \qquad (9-29)$$

$$年利税总额 = 年销售收入 + 年销售税金及附加 \qquad (9-30)$$

投资利税率可根据损益表中的有关数据计算得出。在财务评价中，将投资利税率与行业平均投资利税率对比，用于判断单位投资对国家积累的贡献水平是否达到本行业的平均水平。

投资利润率和投资利税率统称为简单投资收益率，都是项目获利能力的静态指标。

E　资本金利润率

资本金利润率是指项目达到设计生产能力后的一个正常生产年份的年利润总额，或项目生产期内的年平均利润总额与项目资本金的比率，它是反映投入项目的资本金的盈利能力的静态指标。其计算公式为：

$$资本金利润率 = (年利润总额或年平均利润总额／资本金) \times 100\% \qquad (9-31)$$

式中，资本金是指新建项目设立企业时，在工商行政部门登记的注册资本金。

资本金利润率指标可根据损益表和资产负债表中的有关数据计算得出，并可与投资者预期的最低利润率相对比，如果大于预期的利润率，则该项目或方案就是可被接受的。

9.6.6.2　财务清偿能力分析指标

A　投资回收期

投资回收期是指以项目的净收益回收项目全部投资（固定资产投资和流动资金）所需要的时间，它是考察项目在财务上的投资回收能力的主要静态指标。投资回收期一般以年为单位，从项目建设开始年份算起。若是从项目投产年份开始算起的，应予注明。其计算公式为：

$$\sum_{t=1}^{P_t} (C_r - C_0)_t = 0 \qquad (9-32)$$

式中　P_t——投资回收期，年；

其他符号含义同前。

投资回收期可借助现金流量表（全部投资）计算，项目现金流量表中累计净现金流量由负值变为零时的时间点，即为项目的投资回收期。它实际上是一项静态指标。其计算公式为：

$$P_t = 累计净现金流量开始出现正值的年份数 - 1 +$$
$$(上年累计净现金流量的绝对值／当年净现金流量) \qquad (9-33)$$

投资回收期越短，说明项目的盈利能力和抗风险能力越强。投资回收期的判别标准是基准投资回收期，其取值可根据行业或投资者的要求确定。

B 资产负债率

资产负债率是项目负债总额与全部资产总额之间的比值，是用来反映项目各年所面临的财务风险程度及偿还能力的指标。其计算公式为：

$$资产负债率 = (负债总额/全部资产总额) \times 100\% \tag{9-34}$$

项目计算期内各年的资产负债率可通过资产负债表逐年计算求得。资产负债率对于债权人来说，希望企业有较低的负债比率，以确保债务安全。但对投资人而言，企业要生存与发展，要开拓市场，则希望负债率高一些，但过高又会影响项目资金筹措能力。因此，分析资产负债率因银行业而异，进行具体分析。

C 流动比率

流动比率是项目流动资产总额与流动负债总额的比值，是反映项目各年偿付流动负债能力的指标。其计算公式为：

$$流动比率 = (流动资产总额/流动负债总额) \times 100\% \tag{9-35}$$

项目生产经营期内各年的流动比率可以通过资产负债表逐年计算求得。一般认为，生产项目合理的最低流动比率为200%。这是因为处在流动资产中变现能力最差的存货资产约占流动资产总额的一半，剩下的流动性较大的流动资产至少要等于流动负债，项目的短期偿债能力才会有保证。

D 速动比率

速动比率是从流动资产总额中扣除存货部分，再除以流动负债总额，是反映项目快速偿付流动负债能力的指标。其计算公式为：

$$速动比率 = [(流动资产总额 - 存货)/流动负债总额] \times 100\% \tag{9-36}$$

项目生产经营期内各年的速动比率可以通过资产负债表逐年计算求得。一般认为，正常的速动比率为100%。

9.6.7 不确定性分析

项目评价所使用的数据，大部分是在一定的假设前提下通过预测和估计的方法确定的，由于假设条件的主观随意性和各种预测方法的局限性，使预测的数据带有很大的风险性和不确定性。在这种带有某种程度的不确定性分析的基础上进行的财务评价，显然会有一定的不确定性。不确定性分析就是分析可能出现的不确定性因素对财务评价指标的影响，以估算项目可能出现的风险，从而确认投资项目在财务上和经济上的可靠性。

投资项目及其经济分析的不确定性取决于多种因素，主要表现在：

（1）价格变动。产出物和投入物价格是影响经济效益的最基本的因素，通过投资费用、生产成本和产品售价等反映到经济效益指标上来。项目寿命期一般都在一二十年及以上，投入产出价格不可能固定不变。

（2）生产能力的变动。项目投产后受市场变化的影响，可能出现市场对相关产品需求量增加和减少的情况，从而使项目的实际生产能力不能达到和超过原设计水平，使产品的成本升高，利润降低，影响到项目的经济效益。

（3）政府政策和规定的变化。这是项目评估人员不能控制的外生变量，政治因素变化会对项目建设带来巨大的风险。项目评价中的不确定性分析包括盈亏平衡分析、敏感性分析和概率分析，其中盈亏平衡分析用于财务评价、敏感性分析和概率分析可同时用于财务评价和国民经济评价。

9.6.7.1　盈亏平衡分析

盈亏平衡分析也称为量本利分析（即成本、业务量和利润分析的简称），是通过盈亏平衡点（*BEP*）分析项目成本与收益关系的一种方法，也就是通过分析项目成本、项目产品产量与项目盈利能力的关系，找出投资方案盈利与亏损在产品价格、销售量、原料及燃料价格、工资等经营条件发生变化时方案的承受能力。盈亏平衡点通常根据正常生产年份的产品产量或销售量、可变成本、固定成本、产品价格和产品销售税金及附加等数据计算。

通过盈亏平衡分析可以找出各主要经济因素的因果关系，确定建设项目最佳的生产和运营方案，有助于确定建设项目的最佳设计规模；同时可根据产量、成本、价格和利润之间的因果关系找出敏感对象，减少风险。

盈亏平衡分析可分为线性盈亏平衡分析和非线性盈亏平衡分析。在投资决策分析中，一般仅进行线性平衡分析。线性盈亏平衡分析的假设条件是：产量等于销售量，即当年生产的商品产品全部销售出去；产量变化，单位可变成本不变，即总成本费用是产量的线性函数；产量变化，产品销售价格不变，即销售收入是销售量的线性函数；只生产单一产品，或者生产多种产品，但可以换算为单一产品计算，即不同产品负荷率的变化是一致的。

盈亏平衡点可以采用公式计算，也可以采用图解法求得。盈亏平衡点计算公式：

$$BEP（生产能力利用率）= [年总固定成本 / (年销售收入 - 年总可变成本 -$$
$$年销售税金附加)] \times 100\% \tag{9-37}$$

$$BEP(产量) = 年总固定成本 / (单位产品价格 - 单位产品可变成本 - 单位产品销售税金附加)$$
$$= BEP(生产能力利用率) \times 设计生产能力 \tag{9-38}$$

盈亏平衡点可以采用图解法求得，如图 9-2 所示。如果评价采用含税价格体系计算，应再减去增值税。

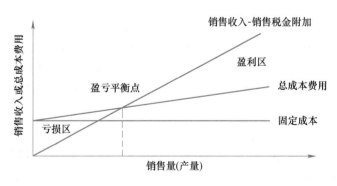

图 9-2　盈亏平衡点图解

图 9-2 中，销售收入线（如果销售收入和成本费用都是按照含税价格计算的，销售收入中还应减去增值税）与总成本费用线的交点即为盈亏平衡点，这一点所对应的产量即

为 BEP (产量），也可换算为 BEP (生产能力利用率）。

在盈亏平衡点上，销售收入等于总成本费用，刚好盈亏平衡。盈亏平衡点越低，项目盈利机会越大，承受风险能力越强；反之，盈亏平衡点越高，盈利机会越少，表明项目承受风险的能力越差，或没有抗风险能力。

9.6.7.2 敏感性分析

敏感性分析是项目投资经济评价中的常用技术，用于考察项目涉及的各种不确定因素对项目效益的影响，找出敏感因素，估计项目效益对它们的敏感程度，粗略预测项目可能承担的风险，为进一步的风险分析打下基础。

敏感性分析的方法是改变一种或多种不确定因素的数值，计算其对项目效益指标的影响。通常将敏感性分析的结果汇总于敏感性分析表，也可通过绘制敏感性分析图显示各种因素的敏感程度。

在项目计算期内可能发生变化的因素有产品产量、产品价格、产品成本或主要原材料与动力价格、固定资产投资以及建设工期及汇率等。敏感性分析包括单因素敏感性分析和多因素敏感性分析。单因素敏感性分析是指每次只改变一个因素的数值进行分析，估算单个因素的变化对项目效益产生的影响；多因素分析是同时改变两个或两个以上因素进行分析，估算多因素同时发生变化的影响。

进行敏感性分析首先要选定待分析的不确定性因素，并确定其偏离基本情况的程度，在此情况下选定一种或多种项目效益指标并重新进行计算；然后汇总敏感性分析结果，最后对敏感性分析的结果进行分析，并提出降低不确定性因素影响的措施。

10 稀土生产过程的"三废"处理与放射性防护

10.1 概　述

由于矿物组成的复杂性和生产工艺的多样性，在稀土冶金生产过程中除生产出各种形式的稀土产品外，还会伴随产生一定数量的"三废"，即废气、废水和废渣。

稀土生产中产出的废气主要是含尘气体和含毒气体。含尘气体有时会有放射性元素铀、钍的粉尘，长期在这样的粉尘环境中会导致各种尘肺病或放射性疾病；含毒气体的主要有害物质有 HF、SiF_4、SO_2、Cl_2，各种酸、碱溶液的气溶胶（雾）、有机萃取剂及其溶剂的挥发物等，这些成分中多数为水溶性较大的气体，对眼球结膜、呼吸系统黏膜有较大的刺激作用，高浓度吸入或长期低浓度吸入时会引起喉痉挛、气管炎、肺炎、肺水肿等疾病。

废水的有害成分主要是悬浮物、酸、碱、氟化物、放射性元素（铀、钍、镭）、各种无机盐和有机溶剂等。若直接排放这样的废水，除放射性污染外，还会造成土壤酸碱失衡、贫化甚至盐碱化，导致水质恶化甚至水生物绝迹。例如，氟化物污染后的土地，氟会通过牧草或农作物进入牧畜及人体内，长期蓄积会导致骨质疏松、骨质硬化。

废渣主要是选矿产生的尾矿、火法冶炼产生的熔炼渣、精矿分解后的不溶渣、湿法冶炼的沉淀渣、除尘系统积尘、废水处理后的沉淀渣等，这些废渣中常常含有放射性元素。

可见，稀土生产中产生的"三废"中往往都含有对生物及其生存环境有危害的物质，甚至包括放射性废弃物。为了防止这类废弃物对环境的污染，保护人们赖以生存的自然环境，保持生态平衡，生产过程中产生的"三废"必须经过处理，使其达到规定的卫生标准后才能排放到自然界中。

所谓卫生标准是指生产环境中毒物对人不致引起有害作用的界限。我国对于工业废水、废气、废渣的排放，都作了明确的规定。例如，我国 1974 年起试行的《工业"三废"排放试行标准》GBJ 4—73，1974 年 5 月颁发的《放射防护规定》GBJ 8—74，1985 年颁布的《有色金属工业固体废物污染控制标准》GB 5085—85 等，这些标准都是以法律形式公布的。随着环保要求的不断提高和科学技术的不断进步，工业生产"三废"排放标准也在不断修改而且要求更高、更严。例如，从 1997 年 1 月 1 日起实施的《大气污染物综合排放标准》GB 16297—1996 就取代了 GB 4911—85、GB 4912—85、GB 4913—85 等多种工业污染物排放标准中的废气部分。

除对"三废"的排放标准做出规定外，对生产工人的工作环境也有严格的要求，以保证从事生产的工作人员的身体健康。表 10-1 列出了与稀土生产有关的车间空气中有害物质的卫生标准。表中有害物质最高容许浓度是指工人工作地点空气中有害物质所不应超过的数值。工作地点系指工人为观察和管理生产过程而经常或定时停留的地点。例如，生产操作在车间内许多不同地点进行，则整个车间均算工作地点。一种毒物的最高容许浓度并非永远不变，随着人们对毒物认识的深化，总结了更为丰富的实际经验，标准将随时修订得更为合理。

表 10-1　生产车间空气中有害物质的最高容许浓度（部分）

有害物质名称	最高容许浓度 /mg·m^{-3}	有害物质名称	最高容许浓度 /mg·m^{-3}
一氧化碳	30	氯	1
二氧化硫	15	氯化氢及盐酸	15
苛性碱（换算成 NaOH）	0.5	草酸	2
碳酸钠	6	溶剂汽油	300
氟化氢及氟化物（以氟计）	1	含 80% 以上游离二氧化硅的粉尘	1
氨	30	游离二氧化硅含量在 10% 以下的稀土粉尘	5
硫酸及三氧化硫	2	其他粉尘	10

因此，认识"三废"对人及自然环境的危害，对从事冶金行业管理、技术和生产的人员来说，在加强职业卫生防范意识、环保意识方面具有重要意义。应该指出，对"三废"的治理，要切实贯彻"全面规划，合理布局，综合利用，化害为利，依靠群众，大家动手，保护环境，造福人民"的方针，积极探索和采用"三废"综合治理的新技术和新工艺，不仅要化有害为无害，还要在"三废"处理过程中回收其中的有用成分，变废为宝。

对"三废"的处理工艺，要针对其来源、组成成分和排放要求进行具体的设计。本章将主要对稀土生产中"三废"的产生过程、组成、常规处理方法进行叙述，对放射性防护知识作一般性介绍。

10.2　废气的产生及处理方法

10.2.1　稀土生产中废气的产生过程及组成

稀土生产由于原、辅材料的不同，采用的生产工艺也不尽一致。但在生产流程的许多工序都会产生废气，如氟碳铈矿浓硫酸焙烧法产生的含氟废气、稀土氯化物熔盐电解产生的含氯废气、稀土硅铁合金火法冶炼废气等。这些工序的共同特点是产生的废气量大、危害性大，对废气的处理工艺具有代表性。

（1）硫酸焙烧法处理氟碳铈镧矿所产生的工业废气中含有害物质较多，主要有氟化氢、三氧化硫、二氧化硫、氟化硅和硫酸雾等。其产生过程如下：

$$2REFCO_3 + 3H_2SO_4 \xrightarrow{\triangle} RE_2(SO_4)_3 + 2HF\uparrow + 2CO_2\uparrow + 2H_2O\uparrow$$

$$CaF_2 + H_2SO_4 \xrightarrow{\triangle} CaSO_4 + 2HF\uparrow$$

$$H_2SO_4 \xrightarrow{\triangle} H_2O\uparrow + SO_3\uparrow$$

$$2SO_3 \xrightarrow{\triangle} 2SO_2\uparrow + O_2\uparrow$$

$$4HF + SiO_2 \xrightarrow{\triangle} SiF_4\uparrow + 2H_2O\uparrow$$

浓硫酸分解稀土精矿的化学反应是比较复杂的，在低温段（窑尾）的反应更为剧烈，因此有部分挥发后的硫酸雾也随尾气排出。此外，在焙烧窑的尾气中还有二氧化碳和少量固体颗粒（烟尘）。

（2）稀土氯化物熔盐电解产生的含氯废气主要是阳极产生的氯气。其反应过程为：

$$2Cl^- - 2e \longrightarrow Cl_2\uparrow$$

在结晶氯化稀土电解或氯化稀土脱水不完全电解时，还会产生氯化氢气体：

$$2RECl_3 + 3H_2O \longrightarrow RE_2O_3 + 6HCl\uparrow$$

$$RECl_3 + H_2O \longrightarrow REOCl + 2HCl\uparrow$$

（3）用电弧炉生产稀土硅铁合金过程中会产生大量烟气，烟气由二氧化碳、一氧化碳、氟化硅、低价硅氧化物、二氧化硫等组成，这些成分主要来源于碳素炉衬和石墨电极参与反应、氟化钙与二氧化硅作用、硫酸盐的分解等。其反应方程式如下：

$$(MeO) + C \longrightarrow [Me] + CO\uparrow$$

$$2(CaF_2) + 2(SiO_2) \longrightarrow (2CaO\cdot SiO_2) + SiF_4\uparrow$$

$$(SiO_2) + [Si] \longrightarrow 2SiO\uparrow$$

$$MeSO_4 \xrightarrow{\triangle} MeO + SO_3\uparrow$$

此外，烟气中还含有大量的固体尘粒，也是硅铁合金生产废气中的重要危害物。

（4）除上述工序产生废气外，由于在湿法冶炼中使用的化工材料也比较多，如：盐酸、氟氢酸、氢氧化钠、硝酸、氨等，它们与物料发生反应时，易挥发或排出氯化氢、氟化氢气体及硝酸雾、氨气等。这些有害气体不但对生产净化设备有极强的腐蚀作用，而且对人体和动植物等危害较大，对环境的影响也非常突出。

稀土生产中产生的主要废气组成见表10-2，稀土生产工艺决定了它所排出的废气中是固态、液态和气态物质混合的烟气。因此，对废气进行处理，回收有用物质，降低废气的危害，具有一定的经济效益和环境效益。

表 10-2   稀土生产中排出的主要废气组成

废气名称	废气含有害物质状况				来源
	尘/g·m⁻³	氟/g·m⁻³	氮/g·m⁻³	氯化氢/kg·h⁻¹	
含尘废气	2.10	1.50			稀土硅铁合金的生产
含氟废气	微量	14.00			酸法处理混合型稀土矿
含氮、氯废气		6.45	17.36	6.00	氯化法处理混合型稀土矿
含氯废气			0.20		电解法生产稀土金属
含氯化氢废气					酸法处理离子型稀土矿

10.2.2 常用的废气处理方法

废气的处理方法是根据废气中所含物质的性质来确定的。对于颗粒物，可采用旋风除尘器、布袋收尘器和静电收尘器等分离设备，借助于不同的外力对颗粒的作用，使其得到由大到小逐级分离。

废气的净化，一般有冷凝法、吸收法、吸附法、燃烧法和催化法等。对于稀土生产中产生的 SO_2、NO_2、NH_3、HF、HCl、H_2SO_4（雾）等有害气体，通常采用适当的液体吸收剂或固体吸收剂进行净化处理，以达到分离有害气体的目的。吸收过程可分为物理吸收和化学吸收，常用的吸收剂有水、$NaOH$、Na_2CO_3、$CaCO_3$ 和氨水等，常用的吸收方法可分为喷淋吸收法（喷淋塔、填料塔）、泡罩吸收法（泡沫塔）、冲击吸收法（文氏塔、喷射塔）。

对废气的净化程度，以低于国家排放标准为根据。表 10-3 是我国颁布的《大气污染物综合排放标准》（GB 16297—1996）（表中只列出与稀土生产有关的有害物质的排放标准）。稀土生产废气的处理规模，要根据各生产工序排出有害气体的浓度（或量）以及净化设备的效率来具体确定，既可以采用单级设备净化，又可以采用多级设备联合净化装置。但无论选用何种净化形式，都必须根据稀土生产废气的特点，选择净化设备；否则，达不到预期效果。下面将对表 10-2 中所列稀土生产中排出废气的主要有害成分的净化方法分别叙述。

表 10-3 现有污染源大气污染物排放限值（部分）

序号	污染物	排放浓度/mg·m^{-3}	排气筒高度/m	最高允许排放速率/kg·h^{-1}		
				一级	二级	三级
1	氧化硫	700（硫、二氧化硫、硫酸和其他含硫化合物适用）	15	1.6	3.0	4.1
			20	2.6	5.1	7.7
			30	8.8	17	26
			40	15	30	45
			50	23	45	59
			60	33	64	98
			70	47	91	140
			80	63	120	190
			90	82	160	240
			100	100	200	310
2	氟化物	11	15	禁排	0.12	0.18
			20		0.20	0.31
			30		0.69	1.0
			40		1.2	1.8
			50		1.8	2.7
			60		2.6	3.9
			70		3.6	5.5
			80		4.9	7.5

序号	污染物	排放浓度/mg·m⁻³	排气筒高度/m	最高允许排放速率/kg·h⁻¹		
				一级	二级	三级
3	氯化氢	150	15	禁排	0.3	0.46
			20		0.51	0.77
			30		1.7	2.6
			40		3.0	4.5
			50		4.5	6.9
			60		6.4	9.8
			70		9.1	14
			80		12	19
4	氯气	85	25	禁排	0.60	0.90
			30		1.0	1.5
			40		3.4	5.2
			50		5.9	9.0
			60		9.1	14
			70		13	20
			80		18	28
5	硫酸雾	70	15	禁排	1.8	2.8
			20		3.1	4.6
			30		10	16
			40		18	27
			50		27	41
			60		39	59
			70		55	83
			80		74	110
6	颗粒物	80（玻璃棉尘、石英粉尘、矿渣棉尘）	15	禁排	2.2	3.1
			20		3.7	5.3
			30		14	21
			40		25	37
		150（其他）	15	2.1	4.1	5.9
			20	3.5	6.9	10
			30	14	27	40
			40	24	46	69
			50	36	70	110
			60	51	100	150

10.2.2.1 除尘方法

对废气中粉尘的处理方法主要有机械除尘、过滤除尘、洗涤除尘和静电除尘等几大类。要根据废气中粉尘含量及粉尘的密度、粒度、带电性等性质合理选择除尘方法，才能获得理想的除尘效果。

（1）机械除尘。机械除尘是利用重力、惯性力和离心力等机械力将尘粒从气流中分离出来的方法，它适用含尘浓度较高、粉尘粒度较大（粒径 10 μm 以上）的气体，一般用于含尘烟气的预净化。这类除尘方法使用的设备具有结构简单，气流阻力小，基建投资、维修费用和运转费用都比较低的优点；缺点是设备较为庞大，除尘效率不高。

按照对除尘起主要作用的机械力分类，常用的机械除尘设备有以下两类。

1）重力除尘器：也叫粉尘沉降室，它是利用重力和惯性力的作用进行除尘的设备，适用于粉尘粒度在 40 μm 以上或密度较大的粉尘颗粒。含尘气体通过一个体积较大带有隔板的空室，使气流速度在 0.5 m/s 以下，粉尘在重力与隔板撞击力的共同作用下，沉降在重力除尘器的底部而从烟气中分离出来。此设备的除尘效率为 40%~60%。

2）旋风除尘器：是利用离心力的作用进行分离净化的除尘设备，适合于粒度大于 20 μm 的烟尘。含尘气流从除尘器圆柱体的上部侧面沿切线方向进入除尘器，在圆柱与中央排气管之间的空间做旋转运动沿螺线下降，使尘粒受离心力作用而被甩到器壁后失去速度，与烟气分离并滑入灰斗。旋风除尘器的除尘效率一般为 70%~80%，特点是结构简单、体积小、效果稳定。

（2）过滤除尘。过滤除尘是使含尘气流穿过滤料，把粉尘阻留下来而与烟气分离的方法，适用于处理含尘浓度较低、粉尘粒度 0.1~0.2 μm 的气体除尘，除尘效率可达 95%~99%。此法常与旋风除尘器配合使用，最常用的是袋式除尘器。滤袋的材料一般采用天然纤维、合成纤维、玻璃纤维或致密的细布、绒布，羊毛毡等，由于要求过滤材料有良好的力学强度、耐热性和耐腐蚀性，使其应用的广泛性受到一定程度的制约。

（3）洗涤除尘。洗涤除尘是利用水等液体对气体中的尘粒进行捕集，使粉尘与气体分离的方法，适用于各种含尘废气的处理，除尘效率一般为 70%~90%，高效率的洗涤除尘器收尘率可达 95%~99%。洗涤除尘装置由于气流阻力大，用水量大，功率消耗大，因而运转费用较高。同时，洗涤液必须经过处理后才能排放，因此还需要附设废水处理设施。洗涤除尘设备种类较多，应用较广的有离心式洗涤器、文丘里洗涤器等。

（4）静电除尘。静电除尘是利用高压电场对粉尘的作用，使气流中的粉尘带电而被吸附在集尘极上，之后在粉尘自身重力或振动作用下从电极落下，从而达到除尘目的的方法；适用于除去粒度 0.05~20 μm 的细小粉尘，多用于含金属灰尘的回收，除尘效率为 95%~99.5%。静电除尘器具有气流阻力小、处理能力大的优点，缺点是设备投资大，维修费用高，不宜处理在电场中易燃易爆的含尘气体。

除上述除尘方式外，还有砂滤除尘、炭吸附、泡沫黏附等除尘方法。在实际应用中，单一的除尘方式往往不能去除废气中的所有粉尘，多数情况是几种除尘方式串联使用，甚至在除尘的同时可去除一些有害成分，并且达到排放标准要求的指标。例如，在矿热炉内生产稀土硅铁合金时，产生的含尘废气经过重力、旋风除尘后，用砂滤除尘，并用 CaO 作吸收剂，除尘效率可达 99%，同时可除去 99% 以上的氟和 92% 以上的 SO_2。

10.2.2.2 废气中有害成分的净化

前已述及，稀土生产中废气的主要有害成分是氟、氯，其次还含有二氧化硫等，对这些有害成分的分离净化常用吸收法；其原理是采用水或含有某种化学试剂的溶液作为吸收剂，在净化设备中吸收剂与气体逆流接触，吸收其中的氟、氯和二氧化硫等，从而使废气得到净化。

（1）含氟废气的净化。稀土生产的废气中，氟多以 HF 和 SiF_4 形式存在。在硫酸焙烧法处理氟碳铈镧矿时，按照完全分解后生成的 HF 理论量计算，分解 1 t 精矿要产出50~150 kg 氟化氢，在烟气中的浓度可达 14 g/m^3，氟含量超标 47 倍。根据 HF 和 SiF_4 的特点，常用的处理方法有以下几种。

1）水洗法：是处理含氟废气的常用方法。在喷淋塔中用低温工业水洗涤含 HF、SiF_4 和 SO_2 的废气，化学反应式为：

$$HF(g) + H_2O\ (l) \longrightarrow HF\ (l) + H_2O$$

$$3SiF_4 + 2H_2O \longrightarrow 2H_2SiF_6 + SiO_2$$

$$SO_2 + H_2O \longrightarrow H_2SO_3$$

$$2H_2SO_3 + O_2 \longrightarrow 2H_2SO_4$$

经喷淋吸收后，净化率可达97%~98%，废气中氟含量和二氧化硫含量均可达到排放标准。此法比较简单，但其水洗后的吸收液（混酸）具有很强的腐蚀作用。洗水量过小，吸收效率不高；洗水量过大，又不利于对吸收液的再处理。

混酸（氢氟酸和硫酸）可以用来制取氟化稀土、冰晶石和硅氟酸钠。

2）氨水吸收法：用氨水作吸收液洗涤含氟气体。其化学反应如下：

$$HF + NH_3 \cdot H_2O \longrightarrow NH_4F + H_2O$$

$$3SiF_4 + 4NH_3 \cdot H_2O \longrightarrow 2(NH_4)_2SiF_6 + SiO_2 + 2H_2O$$

此法净化含氟废气可得氟化铵和硅氟酸铵，其吸收效率较高，可达95%以上，同时吸收后溶液量较小。但是，在高温吸收时氨的损失量较大，所以在氨水吸收前对含氟废气进行强制冷是十分重要的条件。

3）碱液中和法：用氢氧化钾和石灰水等碱性溶液吸收含氟气体，生成氟硅酸钾（K_2SiF_6）和氟化钙（CaF_2）、氟硅酸钙（$CaSiF_6$）等，均可消除氟的危害。

（2）含氟、氯废气的净化。由表 10-2 可见，在氯化法直接处理混合稀土精矿时，会排出大量含氟、氯的废气，氟、氯在烟气中浓度平均为 6.45 g/m^3 和 17.36 g/m^3，需要净化后才能排入大气中。

对该废气的净化，可在填料塔内用稀烧碱溶液与气体进行逆流接触，使氟、氯与烧碱发生如下化学反应：

$$Cl_2 + 2NaOH \longrightarrow NaClO + NaCl + H_2O$$

$$HF + NaOH \longrightarrow NaF + H_2O$$

此法对氟、氯的吸收率达 95%~99%，净化后的废气中氟、氯含量均远远低于排放标准。

（3）含氯废气的净化。对稀土生产中的含氯废气，其回收或净化方法除与上述含氟、氯废气相同的烧碱吸收法外，还可以用以下两种方法。

1）水吸收法：用水洗涤吸收氯气，可制取盐酸。其反应式为：

$$Cl_2 + H_2O \longrightarrow 2HCl + \frac{1}{2}O_2 \uparrow$$

此法虽然比较简单，但其反应后生成的盐酸对吸收设备有很强的腐蚀性。因此，解决氯气吸收系统对设备防腐问题比较困难。

2）石灰乳洗涤法：用石灰乳洗涤含氯气体。其化学反应如下：

$$Cl_2 + Ca(OH)_2 \longrightarrow Ca(ClO)_2 + H_2 \uparrow$$

$$Cl_2 + Ca(OH)_2 \longrightarrow CaCl_2 + H_2O + \frac{1}{2}O_2 \uparrow$$

吸收后生成的含次氯酸钙和氯化钙的废水，用 85% 以上的氯化钾和碳酸钾处理，可生成含量在 99% 以上的氯酸钾和 60% 以上的氯化钙。此法净化效率较高，一般达 95%~98%。

（4）含氯化氢废气的净化。在盐酸分解离子型稀土精矿（REO≥92%）时，在酸分解槽上排出的气体量一般在 6.0 kg/h 左右（开始反应时产出 HCl 较多，随后较少）。对氯化氢的净化处理方法较多，有水吸收法、碱中和法、氨中和法、甘油吸收法等。碱吸收法较为简单，使用较为普遍；此法以碳酸钠溶液或稀烧碱溶液作吸收液，选用冲击式吸收法，使气液两相逆流接触，可获得较佳的吸收效果；吸收后的氯化钠水溶液进行蒸馏，即可制取工业用结晶氯化钠。氨中和法与此类似，可制取氯化铵。

（5）废气中其他有害成分的净化。在稀土生产中产生的废气除含有以上有害成分外，还有二氧化硫以及由重油、煤、天然气等燃料燃烧产生的少量氮氧化物等。对二氧化硫净化的方法可分为干法和湿法两大类。湿法常用水、氨水、氢氧化钠（钾）或碳酸钠（钾）溶液为吸收剂；干法采用固体粉末或颗粒（如锰粉）为吸收剂。废气中的氮氧化物主要是 NO 和 NO_2，废气中氮氧化物的利用和吸收方法较多，主要有碱吸收法、氨吸收法、催化还原法、硫酸吸收法等。

应该指出，稀土生产中废气的处理不是按照上述净化方法逐步进行的，而是在满足排放标准的前提下，尽可能利用少的工序去除更多的有害成分，这样既节约占地和设备投入，又降低了废气净化成本。

通常，稀土生产中的废气在干法除尘（重力、旋风、电除尘等）时，废气也同时被冷却，部分高温下挥发的成分（如硫酸）也被除去或回收。之后根据有害成分组成，采用水、碱液等液体多级喷淋，既可除掉细微粉尘，废气中的有害成分（如氟、氯等）也相应被除去。废气处理的原则流程如图 10-1 所示，根据废气组成的不同，个别工序可以删减或合并。

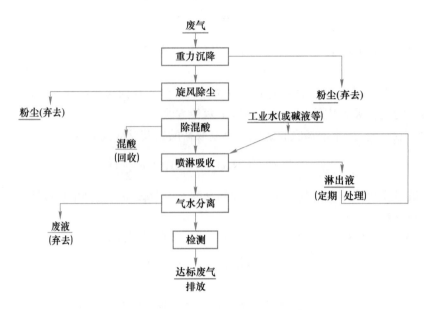

图 10-1　稀土生产中废气处理的原则流程图

10.3　废水的产生及处理方法

10.3.1　稀土生产中废水的来源及组成

稀土生产中废水主要来源于稀土选矿、湿法冶炼过程。根据稀土矿物的组成和生产中使用的化学试剂的不同，废水的组成成分也有差异。总的来说，由于稀土矿物中多数都伴生有一些天然放射性元素和氟，因而稀土生产中废水有害成分主要是来源于稀土矿物的放射性元素（铀、钍、镭）、氟化物和来源于生产中使用的各种酸、碱、无机盐和有机溶剂等。

稀土生产中排出的废水，可分为放射性废水、含氟废水和酸碱废水等，见表 10-4。

表 10-4　稀土生产中排出的主要废水

名　称	含有害物质状况					来　源
	酸度（pH 值）	U/mg·L^{-1}	Th/mg·L^{-1}	Ra/mg·L^{-1}	F/mg·L^{-1}	
含放射性废水	3~4	1.4~1.6	4.7~7.3	7.5×10^{-4}		独居石矿碱法处理
含氟酸性废水	0.41				1.2~2.8	混合型稀土矿酸法处理
含氟碱性废水	10				0.4~0.5	混合型稀土矿碱法处理
含酸性废水	1~2					离子型稀土矿酸法处理

注：表中废水的总 α、β 比放射性强度在 180~370 Bq/L。国家对含上述有害物质的废液排放规定为：总 α 放射性 1 Bq/L，总 β 放射性 10 Bq/L，氟 10 mg/L，pH 值为 6~9。

可见，稀土生产中排出的主要废水所含有害物质均超过了国家标准要求，必须经过处理达到标准后才可排放。

10.3.2 稀土生产中废水处理的方法

根据稀土生产中排出废水组成成分的不同，其处理方法也有差异，一般可采用沉淀法处理废水中的放射性成分和氟，对酸、碱的处理则采用中和法。选择废水处理方法应遵循以下原则。

（1）选择的处理方法，其工艺技术稳定可靠，先进合理，处理效果好，作业方便，技术指标高。

（2）选用的各种设备简单合理，制造容易，维修方便。

（3）最终排放的废水要确保达到国家排放标准的要求。

（4）建设投资费用少，处理废水的成本低。

10.3.2.1 放射性废水的处理

由表10-4可见，稀土生产中放射性废水的主要来源是独居石矿的碱法分解，这种废水尽管组成比较复杂，放射性元素超过了国家标准，但仍属于低水平放射性废水。其处理方法可以分为化学法和离子交换法两大类。

（1）化学处理法。由于废水中放射性元素的氢氧化物、碳酸盐、磷酸盐等化合物大多是不溶性的，因此化学方法处理低放射性废水大多采用沉淀法。化学处理的目的是使废水中的放射性元素转移到沉淀的富集物中去，从而使大体积的废液放射性强度达到国家允许排放标准而排放。化学处理法的特点是费用低廉，对大部分放射性元素的去除率显著，设备简单，操作方便，因而在我国的核能和稀土工厂去除废水中放射性元素都采用化学沉淀法。

1）中和沉淀除铀和钍。向废水中加入烧碱溶液，调pH值在7~9，铀和钍则以氢氧化物形式沉淀，化学反应式为：

$$Th^{4+} + 4NaOH \longrightarrow Th(OH)_4\downarrow + 4Na^+$$
$$UO_2^{2+} + 2NaOH \longrightarrow UO_2(OH)_2\downarrow + 2Na^+$$

有时，中和沉淀也可以用氢氧化钙作中和剂，过程中也可加入铝盐（硫酸铝）、铁盐等形成胶体（絮凝物）吸附放射性元素的沉淀物。

2）硫酸盐共晶沉淀除镭。在有硫酸根离子存在的情况下，向除铀、钍后的废水中加入浓度10%的氯化钡溶液，使其生成硫酸钡沉淀，同时镭亦生成硫酸镭并与硫酸钡形成共晶沉淀而析出。其化学反应式为：

$$Ba^{2+} + Ra^{2+} + 2SO_4^{2-} \longrightarrow BaRa(SO_4)_2\downarrow$$

3）高分子絮凝剂除悬浮物。在稀土生产厂中所用的絮凝剂大部分是高分子聚丙烯酰胺（PHP），按分子量的大小可以分为适用于碱性介质中的PHP絮凝剂和适用于酸性介质中的PHP絮凝剂。PHP是一种表面活性剂，水解后会生成很多活性基团，能降低溶液中离子扩散层和吸附层间的电位，能吸附很多悬浮物和胶状物，并把它们紧密地联成一个絮状团聚物，使悬浮物和胶状物加速沉降。

放射性废水除去大部分铀、钍、镭后，加入PHP絮凝剂，经充分搅拌，PHP絮凝剂均匀地分布于水中，静置沉降后，可除去废水中的悬浮物和胶状物以及残余的少量放射性元素，使废水呈现清亮状态，达到排放标准。

需要指出的是，高分子PHP絮凝剂处理放射性废水要求废水中不许夹带乳状有机相，否则会出现放射性沉渣上浮现象，影响放射性废水处理质量。

（2）离子交换法。离子交换法去除溶液中放射性元素所用的离子交换剂有离子交换树脂和无机离子交换剂。离子交换树脂法仅适用于溶液中杂质离子浓度比较小的情况，当溶液中含有大量杂质离子时，不仅影响了离子交换树脂的使用周期，而且降低了离子交换树脂的饱和交换容量。一般认为常量竞争离子的浓度小于 1.5 kg/L 的放射性废水适于使用离子交换树脂法处理，而且在进行离子交换处理时往往需要首先除去常量竞争离子。为此，可以使用二级离子交换柱，其中第一级主要用于除去常量竞争离子，而第二级主要除去放射性离子。因此离子交换树脂法特别适用于处理经过化学沉淀后的放射性废水，以及含盐量少和浊度很小的放射性废水，能获得很高的净化效率。

无机离子交换剂处理中低水平的放射性废水也是应用较为广泛的一种方法，应用较多的无机离子交换剂有各类黏土矿（如蒙脱土、高岭土、膨润土、蛭石等）、凝灰石、锰矿石等。黏土矿的组成及其特殊的结构使其可以吸附水中的 H^+，形成可进行阳离子交换的物质。有些黏土矿如高岭土、蛭石，颗粒微小，在水中呈胶体状态，通常以吸附的方式处理放射性废水。黏土矿处理放射性废水往往附加凝絮沉淀处理，以使放射性黏土容易沉降，获得良好的分离效果。对含低放射性的废水（含少量天然镭、钍和铀），有些稀土厂用软锰矿吸附处理（pH 值为 7~8），也获得了良好的处理效果。

10.3.2.2 含氟废水的处理

由表 10-4 可见，在用酸法或碱法处理混合型稀土精矿时产生的废水，其氟含量、pH 值均超过了国家排放标准，酸性废水氟含量超标 120~280 倍，碱性废水氟含量超标 40~50 倍，这样的废水需经处理后才能排放。

（1）酸性含氟废水的处理。常温下，用石灰制成浓度（CaO）为 50%~70% 石灰乳溶液加入到含氟废水中，使氟以氟化钙沉淀析出，沉降时间 0.5~1.0 h，同时硫酸被中和并达到排放的酸度要求。其化学反应式为：

$$Ca(OH)_2 + 2HF \longrightarrow CaF_2\downarrow + 2H_2O$$

$$Ca(OH)_2 + H_2SO_4 \longrightarrow CaSO_4 + 2H_2O$$

此法主要装置有废水集存池、中和沉淀槽、过滤机和废水泵等。废水经处理后氟含量降至 10 mg/L 以下，pH 值为 6~8，达到排放标准。

（2）碱性含氟废水的处理。常温下，向废水加入浓度（CaO）为 10% 的石灰乳溶液，使氟以氟化钙沉淀析出，氟含量由 0.4~0.5 g/L 降至 15~20 mg/L，然后再加入偏磷酸钠和铝盐作为沉淀剂，使氟进一步生成氟铝磷酸盐析出。其化学反应式为：

$$Ca(OH)_2 + 2NaF \longrightarrow CaF_2\downarrow + 2NaOH$$

$$NaPO_3 + Al^{3+} + 3F^- \longrightarrow NaPO_3 \cdot AlF_3\downarrow$$

碱性含氟废水的处理流程如图 10-2 所示。

一次除氟时，1 m^3 废水加入溶液 0.025 m^3 作业，反应时间 45 min，沉降时间 0.5~1.0 h。二次除氟时，1 m^3 废水加入偏铝酸钠 40 g、铝盐 160 g，废水最终 pH 值为 6~7。主要设备有废水集存池、除氟反应槽、过滤机等，废水经两次除氟后氟含量一般小于 10 mg/L，pH 值为 6~7，达到排放标准。

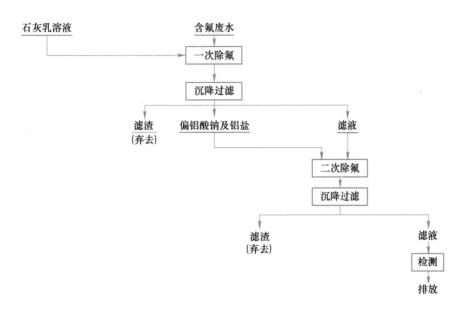

图 10-2　碱性含氟废水的处理流程图

10.3.2.3　含酸废水的处理

用氯化稀土制取氧化稀土时，草酸沉淀稀土后的母液含酸较高（pH 值≤1.5），主要是盐酸和草酸，需经处理后才能排放。这样的废水处理比较简单，用废烧碱液或石灰乳液进行中和处理，降低酸度即可。其化学反应式为：

$$Ca(OH)_2 + 2HCl \longrightarrow CaCl_2 + 2H_2O$$

$$Ca(OH)_2 + H_2C_2O_3 \longrightarrow CaC_2O_3 \downarrow + 2H_2O$$

中和处理后的废水呈清亮状态，酸度降至 pH 值为 7~8，不含有害物质，符合排放标准。

10.4　固体废物的产生及处理方法

10.4.1　稀土生产中固体废物的产生及特点

稀土生产中固体废物主要是选矿产生的尾矿渣、火法生产稀土合金产生的冶炼渣、湿法处理产生的不溶性残渣（如浸出渣、酸溶渣、优溶渣等）、废水处理沉淀渣等。独居石矿、氟碳铈镧矿、混合稀土矿、磷钇矿等稀土矿物中，不同程度地伴生有天然放射性元素铀、钍和镭，在选冶生产过程中有一部分放射性元素不可避免地转移到尾矿渣及某些冶炼渣中，因此稀土生产中产生的固体废物大多具有一定的放射性。表 10-5 列出了稀土生产厂排出的主要废渣及其放射性比强度。

根据《放射性废物的分类》（GB 9133—1995）规定，放射性比强度小于或等于 4×10^6 Bq/kg 的固体废物称为低放废物；放射性比强度大于 4×10^6 Bq/kg，而小于或等于 4×10^{10} Bq/kg 的称为中放废物。由表 10-5 可知，稀土生产中产生的废渣多属于低放射性废物，但也有少量中放射性废物，都不能简单地弃掉，需要妥善处理。

表 10-5 稀土生产厂排出的主要废渣及其放射性比强度

废渣名称	天然 Th、U 含量及放射性比强度			来 源
	Th/%	U/%	放射性比强度/Bq·kg^{-1}	
尾矿渣	0.065	0.0026	$2.1×10^2$	混合型稀土矿原矿选矿
尾矿渣	0.024	0.0023	$1.2×10^4$	氟碳铈镧矿原矿选矿
合金渣	0.037	微量	$1.5×10^2$	火法生产稀土合金
淋浸渣	极微量	极微量		离子型稀土原矿淋浸处理
水浸渣	0.250	0.0003	$9×10^4$	混合型稀土精矿浓硫酸高温熔烧
酸溶渣	0.420	微量	$1.4×10^5$	离子型稀土精矿酸法处理
优溶渣	0.780	微量	$8.6×10^4$	混合型稀土精矿碱法处理
酸溶渣	0.056	0.053	$4.8×10^4$	独居石精矿碱法处理
镭钡渣	0.004	0.003	$2.41×10^7$	独居石精矿碱法处理
污水渣	0.049	0.030	$1.79×10^7$	独居石精矿碱法处理

在稀土选冶生产过程中产生的放射性固体废渣的特点是：非放射性或低放射性废渣量大，放射性比强度低，堆存时需占较大的场地；中放射性废渣的渣量较少，且放射性比强度较高，所含放射性物质主要为长寿命核素；部分废渣中所含有价元素有回收利用价值，需要进行临时堆存。

10.4.2 稀土生产中固体废物的处理方法

为了保护生产人员的安全与卫生，避免生产环境和自然环境受到污染，对放射性废渣的处置必须符合国家规定的卫生标准。

按照《辐射防护规定》（GB 8703—88），含天然放射性核素的尾矿砂和废矿石及有关固体废物，当比强度为（2~7）×10^4 Bq/kg 时，应建坝存放，弃去时应妥善管理，防止污染物再悬浮和扩散；比强度大于 7×10^4 Bq/kg 的废渣，应建库存放。

按照《低中水平放射性固体废物暂时贮存规定》（GBJ 1928—89），放射性固体废物的运输必须使用有一定安全措施和符合放射性防护要求的专用车辆，并要执行国家放射性物质安全运输的规定。

对于放射性固体废物，因其放射性水平不同所采用的处理和处置方法也不相同。一般可分为贮存和固化法两类。固化法通常适用于处理放射性水平高、量小又无回收利用价值的废渣。对于稀土生产中产生的固体废物，因其量大且放射性水平低，多用贮存法处理。

10.4.2.1 放射性固体废物的贮存处理

从《辐射防护规定》GB 8703—88 中也可看出，根据放射性水平的高低，对放射性固体废物的处理可分两种，即建坝堆放和建库存放。

（1）渣坝（或渣场）堆放。由表 10-5 可知，稀土选矿中产出的尾矿渣、稀土冶炼中产生的合金渣、酸法处理混合型稀土精矿的水浸渣均含有一定量的钍、铀放射性元素，其放射性比强度也不高，属于非放射性废渣，但不能随意堆放，以防止造成二次扩散污染环境。在处理离子型稀土矿时产生的大量淋浸渣，属于非放射性废渣，但为了防止水土流失及破坏生态平衡，也不能随意堆放。根据国家标准的要求，对上述废渣应建立渣坝（或渣场）堆放。

渣坝应选择在容量较大、地质稳定的山谷中，尽可能建造在不透水的岩石地段或人工建筑不透水的衬底，与地下水要有足够的距离。渣坝要设有排洪设施和隔离设施。当渣坝被填满后，表面必须采取稳定措施，可用土壤、岩石、炉渣或植被等进行覆盖，以防废物受风雨的侵蚀而扩散，造成更大面积环境污染。

采用渣坝堆放非放射性固体废物是目前应用较广的方法。

（2）建立渣库贮存。固体废物的贮存，一般是指暂时性的存放或置于专用固体废物库中作长期贮存，这种贮存必须有专人管理，而且对于固体废物库的建筑和地址选择有特殊的要求。

在稀土生产中所产生的放射性比强度较高的放射性废渣，如酸溶渣、优溶渣、镭钡渣和污水渣等，属于放射性废渣，有些废渣中还有回收利用的价值。对这类废渣必须建库贮存，达到安全与卫生要求，保护环境。

放射性渣库的选址，应远离居民集中区和生产厂区，尽可能建在偏僻的地方；渣库与地下水要有足够的距离，应建在主导风向的下风侧。库区必须设立明显标志，要有严格的管理制度，防护监测区应有一定的距离。若废渣含有可溶性的放射性元素和酸碱，渣库中与废渣接触部分要选用具有防腐蚀和防渗漏性能的材质，以保护渣库并防止渗漏而污染地下水。

放射性废渣的运输，要使用具有一定防护条件的专用车辆，并设专用车库，冲洗车辆的污水要流入待处理的污水站妥善处理。

已建成的渣库实例如下：

（1）露天渣库。在我国北方因雨水少，可建成露天渣库，用于堆存放射性废渣。渣库位于距生产厂区约4 km的偏僻地方，呈长方形建于地下。该渣库内的有效尺寸为：长×宽×深为30 m×20 m×2.4 m，其中再分成6个长方格，每一格的有效尺寸为：长×宽×深=5 m×2 m×2.4 m，可盛装放射性废渣总量约2万吨，使用期限为30年左右。

渣库的周壁用块石砌筑而成，内外表面抹上水泥砂浆。底部以碎石或基岩作为地基，再浇注混凝土呈平底。渣库内壁四周进行防腐蚀和防渗漏处理。当渣库内每一格装满废渣后，用钢筋水泥板盖上，在盖板之间的间缝需要用油毡及沥青封严，再填上0.5 m厚泥土并扎实即可。

（2）盖顶渣库。在我国南方因雨水多，建成渣库需加盖顶，便于使用。渣库建在厂区的边沿地带，距离生产车间约0.5 km。渣库呈长方形建在地下，上部围半墙并加盖屋顶，渣库内的有效尺寸为：长×宽×深=20 m×15 m×2 m，渣库内分20个长方形格子。该渣库可盛装放射性废渣约1000 t，使用期限为25年左右，其结构与露天渣库相同。

建造渣库贮存放射性固体废物是一种普遍采用的方法。渣库的选址、结构以及库内的设施等可以根据放射性废物的特征、种类、放射性水平的高低等设计，既要符合放射卫生防护和环境保护的要求，也要便于安全管理。

通常这种贮存方法只适用于废物量较小的情况，当废渣量较大时，可选择符合建库水文地质要求的废矿井、天然洞穴等，经过整修后作为放射性渣库使用，但严禁在有溶洞的地区建立渣库。

此外，用人工洞穴贮存放、采用岩盐坑掩埋也是处置放射性废物的可行方法。

10.4.2.2 放射性固体废物的其他处理方法

前已述及，稀土生产中产生的放射性固体废物因其自身的特点而多用贮存法处理。作为一般性了解，下面对其他处理放射性固体废物的方法做简单介绍。

（1）固化法。固化法常用的有水泥固化、沥青固化、玻璃固化、陶瓷固化、塑料固化等，适用于低中水平放射性废物的固化处理。经过固化处理后，有利于放射性废物的运输、贮存，有利于环境保护。

1）水泥固化：将放射性废物掺进水泥中，制成混凝土块，有时可添加蛭石以吸附放射性核素，使之牢固地固结住。此法工艺简单，比较经济，便于搬运和贮存，但最终体积较大，遇水浸出率较高。该固化体的性能要求可参照 GB 14569.1—1993。

2）沥青固化：将放射性废物与熔化的沥青（熔化温度170℃左右）均匀地混合，固体废物大约占总质量的40%，凝固后放射性废物包容在沥青中。制成的沥青固化产物，具有体积小、不透水性，耐腐蚀、耐辐射等优点，适用于处理高放射性的废物，但该法的工艺过程和设备较为复杂。该固化体的性能要求可参照 GB 14569.3—1995。

3）玻璃固化：将高水平放射性废物与玻璃原料如硼砂、磷酸盐、硅土等混合，并在1000℃以上的温度下熔化，经退火处理后，转化成含有大量裂变产物的稳定玻璃体，这些玻璃体可弃入深海之中。

（2）高温焚化（熔化）处理。被放射性物质污染而不能再使用的可燃性废物，如工作服、手套、口罩、塑料和木制品等，以及某些可燃的放射性固体废物可采用焚烧法处理，可使其体积缩小10~15倍，甚至更高，有利于后续的固化处理和贮存，是可燃性废物的理想处理方法。

焚烧法对带放射性有机体的处理更为有利。高温焚烧可使高水平放射性废物形成稳定的金属氧化物，以便贮存和埋藏。可燃性废物的焚化，需要建造专用的焚烧装置，焚烧产生的烟尘和放射性气溶胶，需经废气处理系统处理，排放的气体要符合排放要求，以免造成环境污染。可燃性废物在无焚烧条件的情况下，可采用压缩处理的办法，使其体积缩小，便于运输和贮存。

受放射性污染的设备、器材、仪器等，可选用适当的洗涤剂、络合剂或其他溶液擦洗去除放射性污垢，以减少需要处理废物的体积。必要时，对含金属制品的废物可在感应炉内熔化，使放射性物质固结在熔体之内，从而免除对环境的影响。

总之，对于稀土生产中所产生的低水平放射性废渣，目前尚无很好的处置方法。其原因是放射性元素含量太低，并且尚无回收价值；若采用高水平放射性废物的处置方法又得不偿失。

对稀土生产乃至其他工业中产生的放射性"三废"，首先应从改进工艺流程、控制"三废"的发生量入手，尽量把"三废"消灭在生产过程中；其次，加强放射性废物的管理，妥善处置或综合利用，尽力减少排放，也是防止放射性污染相当重要的一个环节。

10.5 稀土生产中的放射性防护

从前面的讲述我们已经了解，稀土矿物通常伴生有铀、钍等天然放射性元素。在稀土生产过程中，这些核元素往往富集在中间产品和废物中，放射性贯穿了稀土生产的大部分工序（特别是前处理工序），造成对工作场所和周围环境的污染。因此，了解和掌握放射性的危害和防护知识，正确认识稀土生产中的放射性，既不过分夸大放射性危害而影响稀土生产，又要重视对放射性的防护，是应采取的正确态度。这对促进稀土工业持续稳定发展，保障稀土生产工作人员安全与健康，强化环保意识等方面具有重要意义。

10.5.1 放射性的基本知识

10.5.1.1 放射性元素及其射线

我们知道，质子数相等而中子数不等的原子构成的元素互为同位素，同一种元素的同位素由于其中子数不同使其原子核的稳定性有很大的差异。不稳定的原子核会放出肉眼看不见的射线，并随后变成另一种元素的同位素，这一过程叫作原子核的衰变（或蜕变），称这种能放出射线的元素（同位素）为放射性元素（同位素），由这类元素（同位素）组成的物质叫作放射性物质。放射性物质放出的射线分为 α 射线、β 射线和 γ 射线。

α 粒子为高速运动的氦（He）原子核，由两个质子和两个中子组成，其相对质量为 4，带两个单位正电荷。一般放射性同位素所发射的 α 粒子能量均在 700 万电子伏特以下。射程很短（空气中为 2~12 cm），穿透能力弱，用很少的物质，如一张纸片即可将 α 粒子阻挡。

β 射线为一束快速运动的负电子或正电子，质量很小。在几乎所有的放射性衰变中，β 射线都与其他放射性衰变相伴而生。若原子核内中子过多，则中子会分解为一个质子和一个负电子，$β^-$ 射线就是由中子衰变出来的负电子；相反，$β^+$ 射线是因原子核中质子数过多而分解为中子和正电子时放射出来的正电子。通常，放射性同位素所放射的 β 射线能量都低于 500 万电子伏特。β 射线的射程比 α 粒子长（如磷^{32}放出的 β 射线在空气中可射出 7 m），穿透能力虽比 α 粒子高，但用 5 mm 厚的铝板亦可完全吸收 β 射线。

γ 射线是一种不带电、无静止质量、波长很短（在 10^{-8} cm 以下）的电磁波，是原子核从能量较高的受激态退到较为稳定的基态时，释放出的多余能量。γ 射线放出后，元素的原子序数和原子量均不变，但其半衰期等核性质发生了变化。γ 射线一般与 α 射线或 β 射线同时放出。γ 射线具有很强的穿透力，不像 α 粒子及 β 射线那样易于被物质阻挡，射程亦相当大。一般来说，密度越大的物质对 γ 射线的阻挡效果越佳。通常核反应以及加速器实验室均建造厚度 250 cm 左右的钢筋水泥墙，以保证室外工作人员的安全。放射性同位素所产生的 γ 射线的能量均在 300 万电子伏特以下，1.27 cm 厚的铅板可将其减弱一半。

10.5.1.2 放射性强度及剂量单位

放射性强度（也称放射性活度），用每秒钟内发生的原子核衰变数目表示，即：

$$I = -\frac{dN}{dt} = \lambda N \tag{10-1}$$

式中　I——放射性强度，Bq；

　　　λ——衰变常数；

　　　N——衰变数，次；

　　　t——时间，s。

因此，放射性强度的国际单位是衰变/秒，记为 Bq，称为贝可或贝可勒尔（becquerel）。过去使用的专用单位是居里，记为 Ci，$1\ Ci = 3.7 \times 10^{10}\ Bq$。

物质单位质量内所具有的放射性强度称为比放射性强度，单位是 Bq/kg。液体和气体中放射性物质的比放射性强度单位以 Bq/L 表示。

剂量是单位质量（或体积）物质或生物体受射线照射所吸收的能量大小的度量，也叫作吸收剂量。剂量的单位为 J/kg，记为 Gy，称为戈瑞（gray），简称戈。与以前使用的专用单位拉德（rad）的关系是 $1\ Gy = 100\ rad$。

单位时间内受到的辐射剂量，称为剂量率，其单位是 Gy/s、rad/s 等。

累积剂量是人体或生物体在各种射线的一次连续照射下或多次反复照射下所受到的总剂量。累积剂量需注明时间，如工作人员在一年内的积累剂量、一生中的积累剂量等。

对同一吸收剂量的生物反应与射线种类以及照射条件有关。例如，在相同的照射剂量下，α 射线对生物体的危害程度约为 X 射线的 10 倍，这个倍数称为线质系数 Q。可用剂量当量 H 来统一表示各种射线的危害程度，其定义为：生物组织内被研究的一点上的吸收剂量 D、线质系数 Q 及其他修正系数 N 的乘积（对外部辐射源 $N=1$），即：

$$H = DQN \tag{10-2}$$

当吸收剂量 D 的单位为 Gy 时，H 的单位为 Sv（希、希沃特，sievet）。当 D 的单位为 rad 时，H 的单位使用 rem（雷姆）。X 射线、γ 射线外照射以及 X 射线、γ 射线、β 射线内照射时，$Q=1$；α 射线内照射时，$Q=10$。

10.5.1.3 放射性对人体的危害

尽管对射线引起生物体损伤的详细机理尚不十分清楚，但人们已基本认识到了放射性引起的各种人体效应。

由于射线会引起物质的原子或分子电离，当生物体受射线照射时，其机体内某些大分子结构甚至细胞结构和组织结构会遭到直接破坏，引起蛋白质分子、核糖核酸或脱氧核糖核酸链断裂。射线还可以破坏一些对代谢有重要意义的酶，可以使生物体内的水分子电离而产生一些自由基，并通过这些自由基间接影响机体的某些组成成分。这些破坏可能引起细胞变异（如癌变），引发各种放射性疾病，人体对辐射最敏感的是增殖旺盛的细胞和组织、血液系统、生殖系统、消化系统、眼睛的水晶体和皮肤等细胞和组织。

人体受射线照射分为外照射和内照射。外照射是机体外部射线对机体的照射，内照射是通过吸入、食入、渗入等途径，放射性同位素进入机体内产生的照射。

射线引起的人体效应包括躯体效应（损伤体细胞）和遗传效应（损伤生殖细胞并反映在后代机体），躯体效应又可分为急性损伤（在短时间内受到大剂量照射而引起）、慢性损伤（长时间受到小剂量照射而引起）、远期效应（在照射后很长时间才显现出来）。损伤效应不仅取决于总照射量，还与照射率、照射面积和部位以及机体的自身情况（年龄、健康状况等）有关。在稀土生产中，主要防止长时间小剂量引起的慢性损伤、远期效应以及过量放射性物质进入体内引起的内照射损伤。

10.5.2 稀土生产中的放射性分布

稀土生产中放射性的来源有两个方面，一方面是稀土元素本身有少数几个在自然界丰度较小的放射性同位素，另一方面是稀土矿物中伴生的铀、钍和镭等天然放射性核素。稀土元素的天然放射性同位素的比放射性强度都很低，故稀土元素本身不作为放射性元素处理。稀土矿物中伴生的铀、钍和镭等天然放射性核素是稀土生产中放射性的主要来源，并在稀土中间产品和稀土合金产品中有所分布。

表10-6～表10-8中分别列出了部分稀土矿物、中间产品和稀土合金产品中天然铀、钍含量及总比放射性强度。由表可见，氟碳铈矿、独居石矿混合型稀土矿精矿的 α 总比放射性强度，在国家控制的 $7.4×10^4$ Bq/kg 的控制线以上，生产能力大时，日操作量就有可能超过国家控制标准。氟碳铈矿、独居石矿和褐钇铌矿精矿的总比放射性强度均高于国家标准控制最低值。稀土中间合金产品中总比放射性强度较高，对于贮存、运输来说，需加强防护。其他多数产品的比放射性强度都低于国家卫生标准限值。

表 10-6　我国几种稀土精矿中铀、钍含量及总比放射性强度

稀土精矿种类	REO/%	TbO_2/%	U_3O_8/%	总比放射性强度/Bq·kg^{-1}
混合稀土矿	24.43～40.26	0.111～0.246	—	$5.37×10^4$～$7.77×10^4$
氟碳铈矿	50	0.36	0.0051	$1.2×10^6$
独居石矿	42.7～60.3	4.3～7.18	0.22～0.88	$0.37×10^6$～$3.7×10^6$
褐钇铌矿	22.02～30.66	1.48～4.38	2.12～2.14	$0.37×10^6$～$3.7×10^6$

表 10-7　稀土混合矿生产的部分中间产品中天然钍含量及总比放射性强度

中间产品名称	REO/%	ThO_2/%	总比放射性强度/Bq·kg^{-1}
复盐	42～45	0.056～0.22	$3.26×10^4$～$7.8×10^4$
混合稀土氯化物	45～48	≤0.03	$0.41×10^4$～$1.11×10^4$
氧化铈		≤0.03	$0.44×10^3$

表 10-8　稀土中间合金冶炼原料、产品中天然钍含量及总比放射性强度

原料、产品名称	稀土富渣	稀土硅铁合金	稀土镁合金	钙稀土合金
稀土含量（REO）/%	≥8	23～34	6～20	22.76
天然钍含量/%	0.056～0.059	0.10～0.20	0.05～0.12	0.32
总比放射性强度/Bq·kg^{-1}	$(2.22～3.48)×10^4$	$(3.92～7.77)×10^4$	$(2.22～6.22)×10^4$	$(0.74～1.48)×10^4$

以包头矿为例，放射性元素在生产流程中的分布情况为：碱法处理包头矿时，96.25%的钍进入优溶渣，小于3.75%的钍进入氯化稀土产品，其余进入废水。浓硫酸强化焙烧处理时，90%的钍进入水浸渣，其余转入氯化稀土和废水中。电炉冶炼稀土合金时，进入合金和残渣的钍几乎各占50%，极微量的钍进入粉尘。

从稀土生产中各作业场所的辐射水平来看，除铀、钍回收工序放射性水平稍高以外，大多数工作场所的放射性水平均低于国家允许标准，个别岗位（如前处理工序）略高于国家标准，且随着生产流程的进行和所处理物料中钍、铀含量的降低，作业环境的放射性水平将明显下降，直至与正常环境水平相当。但由于在生产中毕竟要接触放射性物质，而且现有知识水平对低剂量的长期照射所引起的远期危害还尚未有明确的结论，因此在低辐

射岗位也不能轻视放射性物质对人体健康的危害性。

10.5.3 稀土生产中的放射性防护

根据放射性的危害特点，稀土生产过程中的辐射防护应遵从以下原则：

（1）尽量缩短受照射时间或有受照射可能的时间，对放射性操作岗位就是要缩短操作时间。

（2）创造条件，在辐射源与人体之间设置屏蔽物体。

（3）加大辐射源与人体之间的距离，使辐射减弱，减少照射剂量。

以上原则在稀土生产过程中，特别是放射性强度超过国家标准的工作场所和工序，在工艺设计和操作过程中要认真注意，把可能的辐射危害降到最低。

据此，稀土生产中的放射性防护需注意：

首先，应合理地选择厂址与正确规划厂区。这是放射防护的基础，新建厂区应按当地主导风向，布置在下风侧。尽量避开原有的永久性建筑物，使其不在防护监测区内。当条件不利于排放时，应扩大防护监测区的范围。

按照国家标准要求，甲、乙级工作场所可按三区原则布置。三区布置如图 10-3 所示。其主要布置原则是：生活区、办公区与生产厂区严格分开，并且有一定距离。按当地主导风向，生产车间与"三废"处理场所应位于辅助车间及办公室的下风侧，生活区应位于厂区的上风侧。

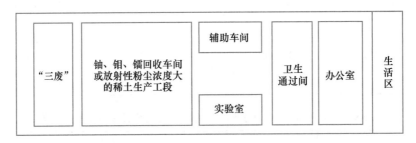

图 10-3 稀土生产厂铀、钍、镭回收纯制车间或放射性粉尘浓度大的稀土生产工段三区布置示意图

卫生通过间应包括更衣室、淋浴室、洗衣间、表面放射性污染监测站，卫生通过间的平面布置应使清洁区与污染区完全隔开，在它们之间设置专门的通道和淋浴设备。

其次，选择合理的工艺、先进的设备，提高生产的机械化和自动化水平，使放射性生产场所实现远距离或屏蔽操作。在工艺和经济条件允许情况下，应尽可能采用湿法工艺，以减少粉尘。利用先进的工艺和设备处理放射性"三废"，综合利用，减少污染。稀土生产中，用优先分离铀、钍和镭的工艺，为以后各工序创造无放射或低放射操作条件，尽量缩小放射性危害的范围。

第三，对有尘工序以及能产生 Rn、Th 射气的场所应采取加强通风。稀土工业生产中，厂房设计一般自然通风良好，工作场所中 Rn、Th 射气及其子体浓度不超过最大容许浓度，通常无须采取专门的防护设施。只是在极为少数的矿山井下、厂房地下皮带通廊及库房等场所，Rn、Tn 射气及其子体浓度稍高，可以采用通风方法降低其浓度。

第四，由于工作人员体表的放射性污染可能通过消化道和皮肤进入机体内部，设备、地面的放射性污染也可通过吸着与悬浮作用进入工作场所空气中，并通过呼吸道而进入人体。因此，对工作场所的地板、墙壁及设施、器皿、个人用具等要经常性清洗，去除其表面的放射性污染。在有放射性的场所工作时，工作人员要做好个人防护，口罩、手套、工作服必须齐全，必要时要佩戴防护眼镜，在工作场所不得吃东西、吸烟。

总之，稀土生产中的放射性是客观存在，除应采取合理的防护措施外，加强放射性防护管理，认真执行放射性防护规定，克服麻痹大意思想，也是放射性防护工作的重要内容。当然，也要正确认识稀土生产中的放射性，稀土生产属低水平放射行业也是事实，不能过分夸大其放射危害而因噎废食，影响生产。

附　　录

附录1　常用标准代号及设计规范

一、常用标准代号

附表 1-1　我国国家标准及部分部（局）标准代号

标准名称	标准代号	标准名称	标准代号
工农产品技术标准		对外贸易部部标准	WM
国家标准	GB	卫生部部标准	WS
内部发行的国家标准	GBn	劳动部部标准	LD
煤炭工业所部标准	MT	教育部部标准	JY
石油工业部部标准	SY	国家浏览总局局标准	CH
冶金工业部部标准	YB	物资管理部部标准	WB
建筑工业部部标准	JG	中国科学院院标准	FY
建筑材料工业部部标准	JC	工程建设技术标准	
化学工业部部标准	HG	国家标准	GBJ
地质部部标准	DZ	石油工业部部标准	SYD
第一机械工业部部标准	JB	冶金工业部部标准	YBJ
第二机械工业部部标准	EJ	建筑工业部部标准	BJG
第三机械工业部部标准	HB	化学工业部部标准	HGJ/YHS
第四机械工业部部标准	SJ	第一机械工业部部标准	JBJ
第五机械工业部都标准	WJ	交通部部标准	JTJ
第六机械工业部部标准	CB	电力部部标准	SDJ/DLJ
第七机械工业部部标准	QJ	水利部部标准	SDJ
第八机械工业部部标准	NJ	煤炭部部标准	MTJ
铁道部部标准	TB	轻工业部部标准	QBJ
交通部部标准	JT	国家建工总局	JGJ
水利电力部部标准	SD		

附表 1-2 世界部分国家的国家标准代号

标准名称（中文译名）	标准代号	标准名称（中文译名）	标准代号
苏联国家标准	ГОСТ	澳大利亚标准	AS
美国标准	ASA	印度标准	IS
日本工业标准	JIS	新西兰标准	NZSS
英国标准	BS	挪威标准	NS
法国标准	NF	瑞士机械工业协会标准	VSN
西德标准	DIN	瑞士标准协会标准	SNV
加拿大标准	CSA	瑞典标准	SIS
意大利标准	UNI	南斯拉夫标准	JUS
德意志民主共和国国家标准	TGL	国际标准化组织	ISO
捷克斯洛伐克国家标准	CSN		

二、常用设计规范（规定、标准）

1. 建筑设计防火规范（GB 50016—2023）

2. 工业企业设计卫生标准（GBZ 1—2010）

3. 工业企业采光设计标准（试行）（GB 50033—91）

4. 工业企业照明设计标准（GB 50034—92）

5. 工业企业洁净厂房设计规范（GB 50073—2013）

6. 烟囱设计规范（试行）（GB 50051—2013）

7. 冶金企业工业炉基础设计规程（GB 50486—2009）

8. 冶金工业管道支架设计规范（GB 50709—2011）

9. 固定式压力容器安全技术监察规程（TSG 21—2016）

10. 气瓶安全技术监察规程（TSG R0006—2014）

11. 工业建筑采暖通风与空气调节设计规范（GB 50019—2015）

12. 室外给水设计规范（试行）（GB 50013—2018）

13. 室外排水设计规范（试行）（GB 50014—2021）

14. 室内给水、排水和热水供应设计规范（GB 50242—2002）

15. 地面水环境质量标准（GB 3838—2002）

16. 生活饮用水卫生标准（GB 5749—2022）

17. 农田灌溉用水水质标准（GB 5084—2021）

18. 渔业水质标准（GB 11607—1989）

19. 工业"三废"排放试行标准（GBJ 4—73）

20. 环境空气质量标准（GB 3095—2015）

21. 工业企业厂界环境噪声排放标准（GB 12348—2008）

22. 城市区域环境噪声标准（GB 3096—2008）

23. 压缩空气站设计规范（GB 50029—2014）

24. 氧气站设计规范（GB 50030—2013）

25. 乙炔站设计规范（GB 50031—91）

26. 设备及管道绝热技术通则（GB/T 4272—2008）

27. 锅炉烟尘排放标准（GB 13271—2014）

28. 有色金属工业固体废物污染控制标准（GB 5085—85）

29. 水泥工业大气污染物排放标准（GB 4915—2013）

30. 沥青工业污染物排放标准（GB 4916—85）

31. 雷汞工业污染物排放标准（GB 4277—84）

32. 铬盐工业污染物排放标准（GB 4280—84）

33. 建筑地基基础设计规范（GB 50007—2011）

34. 建筑结构荷载规范（GB 50009—2012）

35. 钢筋混凝土结构设计规范（试行）（GB 50010—2010）

36. 建筑地面设计规范（GB 50037—2018）

37. 锅炉房设计标准（GB 20041—2008）

38. 厂矿道路设计规范（试行）（GB 50022—87）

39. 工业建筑防腐蚀设计规范（GB 50046—2018）

40. 冶金工业厂房预埋件设计规程（试行）（YS11—79）

41. 稀土工业污染物排放标准（GB 26451—2011）

42. 稀土行业标准（XB/T 212—2006）

三、安装、施工验收规范

1. 工业金属管道工程施工及验收规范（GB 50184—2011）

2. 现场设备、工业管道焊接工程施工及验收规范（GB 50236—2011）

3. 给排水管道工程施工及验收规范（试行）（GB 50268—2008）

4. 高压化工静置设备施工及验收规范

5. 中、低压化工静置设备施工及验收规范

6. 化工机械设备安装及验收规范（HGT 20203—2017）

7. 化工塔类设备施工及验收规范（HGJ 211—85）

8. 钢结构工程施工及验收规范（GB 50205—2020）

9. 化工机器安装工程施工及验收规范（化工用泵）（HG/T 20203—2017）

10. 机械设备安装工程施工及验收规范（GB 50231—2009）

11. 烟囱工程施工及验收规范（GB 50078—2008）

12. 工业炉砌筑工程施工及验收规范（GB 50211—2004）

13. 建筑安装工程质材检验评定标准：建筑工程部分（GB/T 50375—2006）；工业管道工程部分（GB 50235—97）；容器工程部分（GB 1501—2011）；自动化仪表安装工程部分（GBJ 131—90）；工业窑炉砌筑工程部分（GB 50211—2014）；通用机械设备安装工程（GB 50231—2009）；通风工程（GB 50738—2011）

附录 2　工业企业的卫生与防护规定

附表 2-1　车间空气中有害物质的最高允许浓度

序号	物质名称	最高允许浓度 /mg·m⁻³	序号	物质名称	最高允许浓度 /mg·m⁻³
1	一氧化碳	30[①]	23	硫化铅	0.5
2	二氧化硫	15	24	铍及其化合物	0.001
3	二硫化碳（皮）	10	25	钼（可溶性化合物）	4
4	三氧化二砷及五氧化二砷	0.3	26	钼（不溶性化合物）	6
5	三氧化二铬，铬酸盐，重铬酸盐（换算成 CrO_3）	0.05	27	黄磷	0.03
6	五氧化二磷	1	28	氰化氢及氢氰酸盐（换算成 HCN）（皮）	0.3
7	二氧化硒	0.1	29	硫化氢	10
8	金属汞	0.01	30	硫酸及三氧化硫	2
9	升汞	0.1	31	锆及其化合物	5
10	有机汞化合物（皮）	0.005	32	锰及其化合物（换算成 MnO_2）	0.3
11	五氧化二钒烟	0.1	33	氯	1
12	五氧化二钒粉尘	0.5	34	四氯化碳（皮）	25
13	钒铁合金	1	35	氯化氢及盐酸	15
14	苛性碱（换算成（NaOH））	0.5	36	溶剂汽油	350
15	氟化氢及氟化物（换算成 F）	1	37	钨及碳化钨	6
16	氨	30	38	含有 10% 以上游离 SiO_2 的粉尘（石英、石英岩等）	22
17	氧化氮（换算成 NO_2）	5	39	石棉粉尘及含有 10% 以上石棉的粉尘	2[②]
18	氧化锌	5	40	含有 10% 以下游离 SiO_2 的滑石粉及水泥粉尘	4~6
19	氧化镉	0.1	41	含有 10% 以下游离 SiO_2 的煤尘	10
20	砷化氢	0.3	42	铝、Al_2O_3、铝合金粉尘	4
21	铅烟	0.03	43	玻璃棉及矿渣棉粉尘	5
22	铅尘	0.05	44	其他粉尘（指含游离 SiO_2 10% 以下，不含有毒物者）	10

注：本表摘自《工业企业设计卫生标准》（GBZ 1—2010）。

①作业时间 1 h 以内可达 50 mg/m³，0.5 h 内可达 100 mg/m³，15~20 min 可达 200 mg/m³。

②含 80% SiO_2 的生产性粉尘，不宜超过 1 mg/m³。

附表 2-2　居住区大气中有害物质的最高允许浓度

序号	物质名称	最高允许浓度 /mg·m⁻³		序号	物质名称	最高允许浓度 /mg·m⁻³	
		一次	日平均			一次	日平均
1	一氧化碳	3.00	1.00	9	硫化氢	0.01	
2	二氧化硫	0.50	0.15	10	硫酸	0.30	0.10
3	五氧化二磷	0.16	0.06	11	铅及其无机物（换算成 Pb）		0.0007
4	汞		0.0003	12	氯	0.10	0.03
5	氟化物（换算成 F）	0.03	0.007	13	氯化氢	0.05	0.015
6	氨	0.20		14	铬（六价）	0.0015	
7	氧化氮（换算成 NO₂）	0.15		15	锰及其化合物（换算成 MnO₂）		0.01
8	砷化物（换算成 As）		0.003	16	飘尘	0.50	6.15

注：本表摘自《工业企业设计卫生标准》（TJ 36—79）。

附表 2-3　工业"废水"最高允许排放浓度

序号	有害物质或项目名称	最高允许排放浓度/mg·L⁻¹	说　明
1	汞及其化合物	0.05（按 Hg 计）	在车间或车间处理设备排出口
2	镉及其无机化合物	0.1（按 Cd 计）	在车间或车间处理设备排出口
3	六价铬化合物	0.5（按 Cr⁶⁺ 计）	在车间或车间处理设备排出口
4	砷及其无机化合物	0.5（按 As 计）	在车间或车间处理设备排出口
5	铅及其无机化合物	1.0（按 Pb 计）	在车间或车间处理设备排出口
6	悬浮物（水力排灰、洗煤水、水力冲渣、尾矿水）	500①	在工厂的排出口
7	硫化物	1	在工厂的排出口
8	氰化物（以游离氰根计）	0.5	在工厂的排出口
9	铜及其化合物	1（按 Cu 计）	在工厂的排出口
10	锌及其化合物	5（按 Zn 计）	在工厂的排出口
11	氟的无机化合物	10（按 F 计）	在工厂的排出口
12	石油类	10	在工厂的排出口

注：本表摘自《工业"三废"排放标准》（GBJ 4—73）；
①工业"废水"允许排放的 pH 值为 6~9。

附表 2-4　若干种有害物质的排放标准

序号	有害物名称	排放有害物企业①	排放标准		
			排气筒高度/m	排放量②/kg·h⁻¹	排放浓度/mg·m⁻³
1	二氧化硫	冶金	30	52	
			45	92	
			60	140	

续附表 2-4

序号	有害物名称	排放有害物企业①	排放标准		
			排气筒高度/m	排放量②/kg·h⁻¹	排放浓度/mg·m⁻³
1	二氧化硫	冶金	80	230	
			100	450	
			120	670	
		化工	30	34	
			45	66	
			60	110	
			80	190	
			100	280	
2	硫化氢	化工、轻工	20	1.3	
			40	3.5	
			60	7.6	
			80	13	
			100	19	
			120	27	
3	氟化物（换算成 F）	化工、冶金	30	1.8	
			50	4.1	
			120	74	
4	氮氧化物（换算成 NO_2）	化工	20	13	
			40	37	
			60	86	
			80	150	
			100	230	
5	氯	化工、冶金	20	2.8	
			30	5.1	
			50	12	
		冶金	80	27	
			100	41	
6	氯化氢	化工、冶金	20	1.4	
			30	2.5	
			50	5.9	
			80	14	
			100	20	

续附表 2-4

序号	有害物名称	排放有害物企业①	排放标准		
			排气筒高度/m	排放量②/kg·h⁻¹	排放浓度/mg·m⁻³
7	硫酸（雾）	化工	30~45		260
			60~80		600
8	一氧化碳	化工、冶金	30	160	
			60	620	
			100	1700	
9	铅	冶金	100		34
			120		47
10	汞	轻工	20		0.01
			30		0.02
11	铍化物（换算成 Be）		45~80		0.015
12	烟尘及生产性粉尘	电站（煤粉）	30	82	
			45	170	
			60	310	
			80	650	
			100	1200	
			120	1700	
			150	2400	
		工业及采暖锅炉			200
		炼钢电炉			200
		炼钢转炉			
		小于 12 t			200
		大于 12 t			150
		水泥			150
		生产性粉尘③			
		第一类			100
		第二类			150

注：本表摘自《工业"三废"排放标准》（GBJ 4—73）。

①表中未列入的企业，可参照本表类似企业。

②表中所列数据按平原地区，大气为中性状态、点源连续排放制订。间断排放者，若每天多次排放，排放量按表中规定；若每天排放一次而又小于 1 h，则 SO_2、烟尘及生产性粉尘、氟化物、氯、氯化氢、一氧化碳等的排放量可为表中规定量的 3 倍。

③系指局部常通风除尘后所允许的排放浓度，第一类指含 10% 以上的游离 SiO_2 或石棉的粉尘，玻璃棉和矿渣棉粉尘、铝化合物粉尘等。

附表 2-5 各种粉尘的自燃点及爆炸下限

序号	粉尘名称	雾状粉尘自燃点/℃	爆炸下限/g·cm⁻³	最小点火能/mJ	最大爆炸压力/kPa	雾状粉尘自燃点/℃	爆炸下限/g·cm⁻³	粉尘平均粒径/μm
1	铝	640	35~40	15	608	500	37~50	10~15
2	镁	520	20	40	647	470	44~59	5~10
3	锌		雾化物35		614	530	212~284	10~15
4	钛	330	45	10	549	375		
5	锆	静电放火花自燃	40	5		锆石360	92~123	5~10
6	锰	450	210					
7	锡	630	190					
8	钒	500	220					
9	硅	775	160					
10	铁粉	315	120		245	430	153~204	100~150
11	铝镁合金（1∶1）	535	50		422			
12	硅铁合金（89%Si）	860	42.5		245			
13	硫黄	190	35	15	549	235		30~50
14	红磷					360	48~64	30~50
15	电石					555		<200
16	硬沥青	580	20			520	26~36	50~150
17	煤粉		35~45	40	318			
18	褐煤粉					堆高5 mm，厚260 mm	49~68	2~3
19	烟煤粉	610	35			595	41~57	5~10
20	焦炭用煤粉					610	33~45	5~10
21	贫煤粉					680	34~45	5~7
22	木炭粉（硬度）					595	39~52	1~2
23	泥煤焦炭粉					615	40~54	1~2
24	煤焦炭粉					>750	37~50	4~5
25	炭黑					>690	36~45	10~20
26	石墨					>750		15~25
资料来源		《防火检查手册》等				《电气安全规程》		

注：1. 粉尘的自燃点及爆炸下限等数据，各资料报道不尽相同，这与测试条件如粉尘粒度、纯度、测试手段等有关，表中列出两种数据，供参考和查核；

2. 雾状粉尘粒径一般为 0.3~3 μm。

附表 2-6 一些气体与蒸气和空气混合时的爆炸浓度极限 （1 atm 下）

气体名称	气体在混合物中的含量			
	按体积计/%		按质量计/%	
	下限	上限	下限	上限
水煤气	6~9	55~70	30~45	275~350
高炉煤气	33~35	72~74	315	666
天然气	4.8	13.5	24	67.5
焦炉煤气	5.3	31	22.3	130.3
发生炉煤气	32	72		
氨	16	27	111.2	187.7
氢	4.1	75	3.4	61.5
一氧化碳	12.8	75	146.2	858.0
硫化氢	4.3	45.5	59.9	633.0
甲烷	5.0	15.0	32.7	98.0
乙炔	2.6	80	27.6	850.0

附录 3 有关制图规定

一、图纸幅面及格式（根据国标 GB 4957.1—84）

（一）图纸幅面尺寸（附表 3-1）

附表 3-1 图纸幅面尺寸 （mm）

幅面符号	A_0	A_1	A_2	A_3	A_4	A_5
$B \times L$	841×1189	594×841	420×594	297×420	210×297	148×210
a	25					
b	10			5		
c	20					

　　幅面加长的原则：对 A_0、A_2、A_2 三种幅面的加长量，按 A_0 幅面长边的 1/8 倍数增加；对 A_1、A_3 两种幅面的加长量，按 A_0 幅面短边的 1/4 倍数增加，如附图 3-1 的实线部分；A_0 及 A_1 幅面允许同时加长两边，如附图 3-1 的虚线部分。

　　（二）图框格式

　　如附图 3-2a~d 所示,图框线用粗实线绘制。需要装订的图纸，如附图 3-2a 和 b 所示，一般采用 A_4 幅面竖装或 A_3 幅面横装；不需要装订边的图纸，如附图 3-2c 和 d 所示。

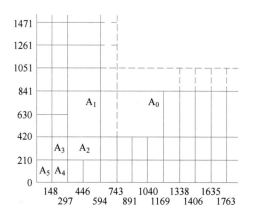

附图 3-1   图框格式

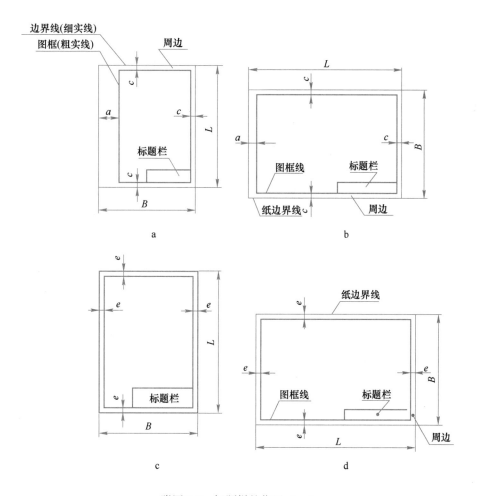

附图 3-2   标题栏的位置（一）

（三）标题栏的位置 A_0

（1）标题栏的位置按附图 3-2 的方式配置，必要时也可按附图 3-3 所示的方式。

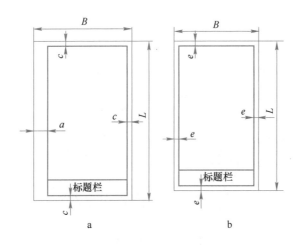

附图 3-3　标题栏的位置（二）

（2）比例，根据国标 GB 4457.2—84，见附表 3-2。

附表 3-2　绘图比例

与实物相同	$1:1$
缩小的比例	$1:1.5$，$1:2$，$1:2.5$，$1:3$，$1:4$，$1:5$，$1:10^n$， $1:1.5\times10^n$，$1:2\times10^n$，$1:2.5\times10^n$，$1:5\times10^n$
放大的比例	$2:1$，$2.5:1$，$4:1$，$5:1$，$(10\times n):1$

注：n 为正整数。

（3）各种图纸的应用，根据国标 GB 4457.4—84，见附表 3-3。

附表 3-3　各种图线及其应用

图线名称	图线型式及代号	图线宽度	一般应用
粗实线	——————— A	b	A_1—可见轮廓线 A_2—可见过渡线
细实线	——————— B	约 $b/3$	B_1—尺寸线及尺寸界线 B_2—剖面线 B_3—重合剖面的轮廓线 B_4—螺纹的牙底线及齿轮的齿根线 B_5—引出线 B_6—分界线及范围线 B_7—弯折线 B_8—辅助线 B_9—不连续的同一表面的连线 B_{10}—成规律分布的相同要素的连线
波浪线	∼∼∼∼∼∼ C	约 $b/3$	C_1—断裂处的边界线 C_2—视图和剖视的分界线

续附表 3-3

图线名称	图线型式及代号	图线宽度	一 般 应 用
双折线	～～～～D	约 $b/3$	D_1—断裂处的边界线
虚线	— — — — — F	约 $b/3$	F_1—不可见轮廓线 F_2—不可见过渡线
细点划线	———·——— G	约 $b/3$	G_1—轴线 G_2—对称中心线 G_3—轨迹线 G_4—节圆及节线
粗点划线	———·——— J	b	J_1—有特殊要求的线或表面的表示线
双点划纹	— —··— — K	$b/3$	K_1—相邻辅助零件的轮廓线 K_2—极限位置的轮廓线 K_3—坯料的轮廓线或毛坯图中制成品的轮廓线 K_4—假想投影轮廓线 K_5—试验或工艺用结构（成品上不存在）的轮廓线 K_6—中断线

注：图线宽度 b 视图样大小和复杂程度，在 $0.5\sim2$ mm 选择，新标准推荐了以下系列：0.18 mm，0.25 mm，0.35 mm，0.5 mm，0.7 mm，1 mm，1.4 mm，2 mm。

（4）剖面符号，根据国标 GB 4457.5—84，见附表 3-4。

附表 3-4 剖面符号

金属材料 （已有规定剖面符号者除外）		木质胶合板 （不分层数）	
线圈绕组元件		基础周围的泥土	
转子、电枢、变压器和 电抗器等的叠钢片		混凝土	
非金属材料 （已有规定剖面符号者除外）		钢筋混凝土	
型砂、填砂、粉末冶金、砂轮、 陶瓷刀片、硬质合金刀片等		砖	
玻璃及供观察用的 其他透明材料		格网（筛网、过滤网）	

续附表 3-4

木材	纵剖面		液体	
	横剖面			

注：1. 剖面符号仅表示材料的类别，材料的名称和代号必须另行注明；

　　2. 叠钢片的剖面线方向，应与安装中叠钢片的方向一致；

　　3. 液面用细实线绘制。

二、常用材料图例（附表 3-5）

附表 3-5　常用材料图例

序号	剖面图例	材料名称	序号	剖面图例	材料名称
1		自然土壤	12		轻质耐火黏土砖
2		块石	13		镁质耐火砖
3		混凝土 耐热混凝土	14		铬镁质耐火砖
4		钢筋混凝土 钢筋耐热混凝土	15		铬砖
5		木材	16		高铝砖
6		玻璃及其他透明材料	17		铝镁砖
7		橡皮及塑料（底图背面涂红）	18		硅砖
8		薄金属材料（底图背面涂红）	19		炭砖、碳化硅砖
9		液体水	20		硅藻土砖
10		金属普通砖	21		填打料
11		黏土质耐火砖	22		格网

三、设备明细表

（一）明细表表戳格式（附表 3-6）。

附表 3-6　明细表表戳格式

10	30	32	30	10	12	15	12	10	19

标号	标准或图号	名　　称	规　　格	单位	数量	材料	单量　总量 质量/kg		备　注
							单量	总量	
明			细				表		

（二）明细表编号按顺序自下而上编排，凡属设备编号在序号前加 S，部件编号在序号前加字母 B，零件编号为 1，2，3，…。明细表的编号按设备、部件、零件（包括标准件、购买件和其他）三项编排，各项之间空出一行，见附表 3-7。

附表 3-7　明细表的编排　　　　　　　总质量 19200 kg

标号	标准或图号	名　　称	规　　格	单位	数量	材料	单量	总量	备注
							小计	—	备注
4		垫片	$\delta = 3$ mm	个	3	橡胶石棉板			
3		垫片	$\delta = 3$ mm	个	12	橡胶石棉板			
2	GB 45—66	螺母	$M12$ mm	个	258	A3			
1	GB 18—66	螺栓	$M12$ mm×60 mm	个	258	A3			
							小计	6210	
B-3	YS-07-04	弯管	$\phi1200$ mm	个	3		450	1350	
B-2	23016102-03	出口变径管		个	3		550	1650	
B-1	23016102-02	进口烟管	$\phi1200$ mm	个	3		1070	3210	
							小计	13000	
S-3	FZ14042	蝶形阀	$\phi1200$ mm×800 mm	个	3		300	900	
S-2	洛阳起重机厂	手动单梁悬挂起重机	SDXQ-3 型 $Q = 3$ t，$L_R = 5$ m	台	1			928	
S-1	上海鼓风机厂	附电动机 锅炉引风机	JS126-10，95 kW Y9-47-1 N015 $Q = 116000$ m³/h $H = 137$ mmH₂O	台	3 3		(1300) 3712	11226	右 135°
标号	标准或图号	名　　称	规　　格	单位	数量	材料	单量　总量 质量/kg		备注

明细表

注：明细表中非标准设备应填写所带电动机和减速器的规格、技术性能和数量等，电动机减速器不单独编号，写在主设备的上方；标准设备和标准件的名称必须用产品样本或有关标准的正式名称，非标准设备、自行设计的部件、零件应按其用途命名，如浸出槽、废液贮槽、冰铜溜槽、烟罩等。"标准或图号"栏，凡属标准设备填制造厂名称，标准件填有关标准代号，非标准设备填图纸目录号，部件、零件填图纸号。质量的单位均为 kg，数字按四舍五入，只取三位有效数字，如 68430 kg 应写成 68400 kg，96.48 kg 应写成 98.5 kg；质量小于 1 kg 者，只取小数点后两位数字；螺栓、螺母、垫圈等标准件，质量一律不计。

附录 4　常用材料性能

一、常用耐火制品的主要特性

附表 4-1　常用耐火制品的主要特性

名称	耐火度/℃	荷重软化开始点/℃	使用温度/℃	显气孔率/%	常温耐压强度/kg·cm⁻²	体积密度/g·cm⁻³	真密度/g·cm⁻³	耐急冷急热性(水冷次数)/次	导热系数/W·(m·℃)⁻¹	比热容/kJ·(kg·℃)⁻¹	重烧线收缩率/%	线膨胀系数/℃⁻¹
硅砖	1690~1710	1620~1650	1600~1650	16~25	175~500	1.9	2.36~2.4	1~4	$1.05+0.93t/1000$	$0.79+2.93t/10000$	胀 0.8	$(11.5 \sim 13) \times 10^{-6}$ (260~1000℃)
半硅砖	1670	1250~1320	1200~1300	22~25	150~200	2	2.5~2.6	4~15	$0.7+0.64t/1000$	$0.84+2.64t/10000$	0.5 (1400℃)	$(7 \sim 9) \times 10^{-6}$ (200~1000℃)
高密度硅砖	1720~1740	1660	1600	<13~14	560~1200	2.1	2.34~2.37				1.66~1.68 (700℃以下)	
黏土砖	1610~1730	1250~1400	<1400	18~26	125~550	1.8~2.2	2.6	5~25	$0.7+0.58t/1000$	$0.84+2.645t/10000$	0.5 (1350℃)	$(4.5 \sim 6) \times 10^{-6}$ (200~1000℃)
高铝砖	1750~1790	1400~1530	1650~1670	18~23	250~600	2.3~2.75	3.8~3.9	5~6	$2.09+1.86t/1000$	$0.84+2.35t/10000$	0.5 (1550℃)	6×10^{-6} (20~1200℃)
刚玉砖	2000	1840~1850	1600~1670	18.6~22.8	1400	2.96~3.1	4		2.68 (300℃) 2.09 (1000℃)	$0.8+4.19t/10000$	0	$(8 \sim 3.5) \times 10^{-6}$ (200~1000℃)
镁砖	2000	1470~1520	1650~1670	20	400	2.5~2.9	3.5~3.6	2~3	$4.3-0.48t/1000$	$1.09+2.51t/10000$	稍胀	$(14 \sim 15) \times 10^{-6}$ (200~1000℃)

续附表 4-1

名称		耐火度/℃	荷重软化开始点/℃	使用温度/℃	显气孔率/%	常温耐压强度/kg·cm⁻²	体积密度/g·cm⁻³	真密度/g·cm⁻³	耐急冷急热性（水冷次数）/次	导热系数/W·(m·℃)⁻¹	比热容/kJ·(kg·℃)⁻¹	重烧线收缩率/%	线膨胀系数/℃⁻¹
镁铬砖		1850~2000	1420~1520	1750	23~25	150~200	2.7~2.86	3.65~3.75	25	1.98	$0.71+3.89t/10000$		
镁铝砖		2100	1520~1680	1650~1750	19~21	250~350	2.8~3		17~35				$10.6×10^{-6}$（20~1000 ℃）
镁硅砖		1800~2100	>1550	1600~1700	20~22	400	2.6		1~3				$11×10^{-6}$（20~700 ℃）
白云石砖		>1950	1710		7.8~10	1920	2.85~2.90	3~3.45	3~7	3.26（1000 ℃）		1.0（1650 ℃）	$12.5×10^{-6}$（25~1400 ℃）
碳素砖		3000	2000	2000	20~35	250~500	1.55~1.65		好	$23.26+3.49t/1000$		<0.3	$3.7×10^{-4}$（0~700 ℃）
石墨砖		3000	1800~1900	2000	20~35	250	1.42		好	$162.82-40.7t/1000$	0.84	<0.3	$(5.2~5.8)×10^{-6}$（0~900 ℃）
碳化硅砖	SiC>85%	2000~2100	1700	1600	<15		2.1~2.8	3.65~3.75	50~60	16.5(400 ℃)，14.2(600 ℃)，11.98(800 ℃)，10.9(1000 ℃)，9.3(1200 ℃)	$0.96+1.47t/10000$		$4.76×10^{-6}$（800~900 ℃）
	SiC>75%		1500	1400	<20								

二、各种隔热材料性能

附表 4-2　各种隔热材料性能

材料名称	体积密度/g·cm^{-3}	允许工作温度/℃	导热系数/W·(m·℃)$^{-1}$
硅藻土砖	0.55	900	$0.093+0.244\times10^{-3}t_平$ [1]
硅藻土砖	0.50	900	$0.111+0.145\times10^{-3}t_平$
硅藻土砖	0.60	900	$0.145+0.314\times10^{-3}t_平$
硅藻土砖	0.70	900	$0.198+0.268\times10^{-3}t_平$
泡沫硅藻土砖	0.50	900	$0.111+0.233\times10^{-3}t_平$
轻质黏土砖	0.40	900	$0.081+0.221\times10^{-3}t_平$
优级石棉绒	0.34	500	$0.087+0.233\times10^{-3}t_平$
石棉水泥板	0.30~0.40	500	$0.07+0.176\times10^{-3}t_平$
矿渣棉	0.30	750	$0.07+0.157\times10^{-3}t_平$
玻璃绒	0.25	600	$0.037+0.258\times10^{-3}t_平$
蛭石	0.25	1100	$0.072+0.256\times10^{-3}t_平$
石棉板	0.9~1.0	500	$0.163+0.175\times10^{-3}t_平$
石棉绳	0.80	300	$0.078+0.314\times10^{-3}t_平$
白云石石棉板	0.40~0.45	400	$0.085+0.093\times10^{-3}t_平$
硅藻土	0.55	900	$0.093+0.244\times10^{-3}t_平$
硅藻土石棉灰	0.32	800	0.085
碳酸钙石棉灰	0.31	700	0.085
浮石	0.90	700	0.254

① 表示材料工作时的温度。

三、常用材料的导热系数和比热容

附表 4-3　常用材料的导热系数和比热容

材料名称	体积密度/kg·m^{-3}	导热系数 λ/W·(m·K)$^{-1}$	平均比热容/kJ·(kg·K)$^{-1}$
干土	1500	0.138	
湿土	1700	0.657	2.01
花岗石	2700	2.908	0.921
碎石	1900	1.279	0.837
砾石	1800	1.163	0.837
干砂	1500	0.291~0.582	0.837
湿砂	1650	1.128	2.093
锅炉渣	700~1000	0.209	0.754

续附表 4-3

材料名称	体积密度/kg·m⁻³	导热系数 λ/W·(m·K)⁻¹	平均比热容/kJ·(kg·K)⁻¹
水渣	500~550	0.116~0.74	0.754
煤渣	700~1000	0.209~0.349	0.754
普通混凝土	2000~2200	1.279~1.547	0.837
钢筋混凝土	2200~2500	1.547	0.837
泡沫混凝土	400~600	0.116~0.209	0.837
块石砌体	1800~2000	1.279	0.879
云母	290	0.582	0.879
地沥青	2100	0.698	2.093
石膏板	1100	0.407	0.837
石灰灰浆	1609	0.814	0.837
水泥砂子灰浆	1800	0.93	0.837
无烟煤	1400~1700	0.233	0.909
焦炭块	1000~1200	0.965~2.5	0.850
焦炭粉	450	0.214~0.606	1.214
铁矿石		约1.745	
石灰石		0.93	
硅酸盐水垢		0.081~0.233	
石膏水垢		0.233~2.908	
碳酸钙水垢		0.233~5.815	
水	1000	0.587	4.187

四、我国部分炭素制品的质量标准

附表 4-4　我国部分炭素制品的质量标准

名　　称		灰分 /% (不大于)	比电阻 /Ω·mm²·m⁻¹ (不大于)	抗压强度 /kg·cm⁻² (不小于)	孔度/% (不大于)	组成原料	主要用途	标准号
预焙阳极	一级	0.5	60	350	26	由石油焦、沥青焦等少灰分原料和沥青配料，经混捏、成型、煅烧而成	用于预焙阳极铝电解槽	YB 2809—78
	二级	1.0	65	350	26			
炭电极	一级		50	200		以无烟煤及冶金焦为原料或用石油焦和沥青焦	用于中、小型电弧炉冶炼普通钢及铁合金	YB 819—78
	二级		60	170				

名　　称		灰分/%（不大于）	比电阻/$\Omega \cdot mm^2 \cdot m^{-1}$（不大于）	抗压强度/$kg \cdot cm^{-2}$（不小于）	孔度/%（不大于）	组成原料	主要用途	标准号
炭电阻棒（炭素格子砖）		1.5	不小于49	450	26	以沥青焦为原料	用于竖式氯化电炉，如菱镁矿氯化炉	YB 2806-78
电极糊	敞开式电炉电极糊（THD）	9（糊分析）	100（烧结试样）	200（烧结试样）		以无烟煤为主要原料	用于开放式铁合金炉及电石炉	YB 2813—78
	封闭式电炉电极糊（THM）	6（糊分析）	80（烧结试样）	160（烧结试样）			用于矿热电炉	
铝电解阳极糊	一级	0.5	80	270	32	由石油焦及沥青焦等少灰分原料和沥青配成	用于自焙阳极铝电解槽	YB 120—78
	二级	1.0	80	270	32			
底糊		12		220（烧结试样）	24（烧结试样）	以无烟煤和冶金焦为主要原料	用于铝电解槽底铺层	
底炭块		8	60	300	23	以无烟煤和冶金焦为主要原料	用于砌筑铝电解槽阴极槽底	YB 125—78
高炉炭块		8		300	23	以优质无烟煤为主要原料加配部分石墨化冶金焦	用于砌筑炼铁高炉等	YB 280—78
电炉炭块		8		300	25	以优质无烟煤为主要原料加配部分石墨化冶金焦	用于砌筑电石炉、铁合金炉、石墨化电炉等	YB 2805—78
石墨阳极		0.5	9.5	250	体积密度不小于1.62 g/cm³		用于食盐电解和氯化镁熔盐电解	YB 821—78

附录 5　常 用 燃 料

一、我国主要煤种的元素分析

附表 5-1　我国主要煤种的元素分析表

煤的类别	元素组成/%					工业分析组成/%		$Q_{低}^{用}/kJ \cdot kg^{-1}$
	$C_{燃}$	$H_{燃}$	$O_{燃}$	$N_{燃}$	$S_{燃}$	$A^{干}$	$W^{用}$	
无烟煤	88.7~96	3.6~3.8	2.2~4.2	0.2~1.3	0.4	6~16	1~3	26921~32657
瘦煤	89.3~92	3.8~4.5	2.2~4.0	1.3~2.3	0.3	8~17	3~16	30145~32866
蒸汽结焦煤	88.5~90	4.1~4.6	2.4~5.3	1.2~2.2	0.4	10~15	3~16	30145~32866
结焦煤	88.5~89.3	4.6~5.0	3.5~5.3	1.2~1.7	0.5	8.5~16	3~16	31401~33411
蒸汽肥煤	81~89	5.0~5.6	3.5~9.5	0.9~1.9	0.5~3.0	7~26	3~16	27633~33076
煤气用煤	76~84	5.2~6.3	8.5~16.8	1.0~2.0	0.5~1.5	7.5~31	3~16	20097~32238
长焰煤	76~84.5	6.3~7.5	10.5~16.8	0.97~1.97	0.4~1.1	19~27	3~16	25121~26796
褐煤	72.7~78.5	4.4~5.6	15.0~21.1	1.35~1.46	0.4	11~30.5	35~50	17585

二、我国部分煤矿产煤的特性

附表 5-2　我国部分煤矿产煤的特性表

产地	煤的品种	工业分析组成/%[①]			元素组成/%					$Q_{低}^{用}/kJ \cdot kg^{-1}$	灰分熔点/℃
		$W^{用}$	$A^{干}$	$V_{燃}$	$C_{燃}$	$H_{燃}$	$O_{燃}$	$N_{燃}$	$S_{燃}$		
双鸭山	烟煤	4.0	23	32.6	86.2	5.3	7.1	1.2	0.2	25121	
本溪	烟煤	3.0	27.5	20	89.7	4.8	—	1.4	—	24577	
井陉	烟煤	4.0	15	24.2	88.5	5.0	—	1.6	—	28135	
汾西	烟煤	2.5	18	32.7	86.7	5.2	4.6	1.5	2.0	27277	
潞安	烟煤	—	18	16	88.0	4.9	5.0	1.6	0.5	27214	
淮南	烟煤	7.5	20	38	80.5	4.8	4.8	1.5	1.4	23237	
萍乡	烟煤	7.0	27	34.3	85.3	5.8	6.2	2.2	—	23488	
资兴	烟煤	5.5	20	26.1	87.4	5.2	5.6	1.2	0.6	26586	
天府	烟煤	4.0	30	19.3	89.1	4.7	4.7	1.5	—	23404	
冰川	烟煤	4.0	27	32.5	84.5	5.3	8.1	1.4	0.7	23823	
阿干镇	烟煤	7.5	15	33.3	82.7	4.4	10.0	0.9	2.0	25372	
扎赉诺尔	褐煤	36.0	10	44.7	72.5	5.0	20.0	2.1	0.4	14821	
扎赉诺尔	褐煤	19.7	7.67	49.69	66.48	7.11	24.62	1.56	0.26	19850	

续附表 5-2

产地	煤的品种	工业分析组成/%①			元素组成/%					$Q_{低}^{用}$/kJ·kg^{-1}	灰分熔点/℃
		$W^{用}$	$A^{干}$	$V^{燃}$	$C^{燃}$	$H^{燃}$	$O^{燃}$	$N^{燃}$	$S^{燃}$		
焦坪	气煤	8.91	12.56	37.51	80.71	5.11	11.45	0.84	1.63	24911	1160
鹤岗	气煤	2.78	19.43	35.22	82.8	5.67	9.87	1.5	0.12	25368	1393
淮南	气煤	4.6	18.6	36.1	84.1	6.24	1.42	6.5	1.37	24970	>1500
阿干镇	不黏结煤	4.28	11.6	25.66	80.2	4.5	12.0	0.74	2.31	27352	1309
抚顺	气煤	3.5	7.89	44.46	80.2	6.1	11.6	1.4	0.63	27809	1450
大同	弱黏结煤	2.28	4.69	29.59	83.38	5.24	10.21	0.64	0.53	29684	1350
焦作	无烟煤	4.32	20	5.62	92.29	2.87	3.32	1.06	0.38	25117	>1500
阳泉	无烟煤	2.44	16.61	9.57	89.78	4.37	4.37	1.02	0.38	27784	
京西城子	无烟煤（中块）	2.8	18	6.5	—	—	—	—	0.32	24983	
京西门头沟	无烟煤（中块）	2.5	22	6.4	—	—	—	—	0.24	24170	
贾汪	烟煤	6.0	18	35.5	83.6	5.4	8.9	1.5	0.6	25037	
宜洛	烟煤	4.0	21	22	88.0	6.0	3.5	1.3	2.2	26628	
开滦	肥煤（三号原煤）	5.0	28.0	32.0					1.73	23350	
开滦	肥煤（三号原煤）	5.0	31.0	34.0					1.67	22208	
铜川	瘦煤	1.62	17.18	15.58	82.93	3.30	5.61	1.13	5.83	28445	1450

① $W^{用}$、$A^{干}$、$V^{燃}$分别为水分、灰分、挥发分的百分含量。

三、不同油种的组成及发热量

附表 5-3　不同油种的组成及发热量

油　种	元素组成/%							$Q_{低}^{用}$/kJ·kg^{-1}
	C	H	O	N	S	A	H_2O	
大庆原油	85.98	12.68	0.84	0.39	0.14	0.06	1.2	41859
大庆重油	86.47	12.74	0.29	0.28	0.21	0.01	0.2	39913
胜利原油	85.21	12.36	1.25	0.24	0.90	0.03	1.4	41717
胜利重油	85.97	11.97	0.62	0.34	1.00	0.04	1.3	41315
锦西石油五厂重油	86.85	11.54	0.98	0.57	0.16	0.016		40842
松辽原油	81.15~85.21	13.39~14.15	3.9~3.99	0.12~0.43	0.024~0.14	0.0134~0.055	1.4	
南京炼油厂200#重油	86.56	12.7	0.5	0.5	0.4	0.3	0.5~1.0	41324
胜利渣油	85.33	12.07	0.97	0.59	1.10	0.04	0.1	41240

四、各种气体燃料的组成及发热量

附表 5-4　各种气体燃料的组成及发热量

种　类		煤气平均成分/%							低发热量 /kJ·m⁻³
		CO_2+H_2S	O_2	CO	H_2	CH_4	C_mH_n	N_2	/kJ·m⁻³
高发热值煤气	天然气	0.2~2		0.02~0.13	0.05~0.14	85~97	0.5~10.5	0.2~4	33494~39336
	乙炔气	0.05~0.08			微	微	97~99		46055~58615
	半焦化煤气	12~15	0.2~0.3	7~12	6~12	45~62	5~8	2~10	22190~29308
	重油裂化气	6.9	1.5	3	36	27.4	16.7	3.5	25849
	焦炉煤气	2~3	0.7~1.2	4~8	53~60	19~25	1.6~2.3	7~13	15491~16747
中发热值煤气	双重水煤气	10~20	0.1~0.2	22~32	42~50	6~9	0.5~1.0	2~5	11304~11723
	水煤气	5~7	0.1~0.2	35~40	47~52	0.3~0.6		2~6	10048~10467
	高炉和焦炉混合煤气	7~8	0.3~0.4	17~19	21~27	9~12	0.7~1.0	33~39	8583~10300
	蒸汽-富氧煤气	16~26	0.2~0.3	27~41	34~43	2~5		1~2	9211~10258
低发热值煤气	空气发生炉煤气	0.5~1.5		32~33	0.5~0.9			64~66	4145~4312
	高炉煤气	9~15.5		25~31	2~3	0.3~0.5		55~58	3559~1606
	地下气化煤气	16~22		5~10	17~25	0.8~1.1		47~53	3098~4103
	蒸汽-空气发生炉煤气	5~7	0.1~0.3	24~30	12~15	0.5~3	0.2~0.4	46~55	4815~6490

附表 5-5　几种发生炉煤气的组成及发热量

燃料名称	$Q_{低}^{用}$ /kJ·m⁻³	水分 /%	煤气成分/%							
			CO	CO_2	H_2	CH_4	C_mH_n	H_2S	O_2	N_2
发生炉煤气 1	4773	4.2	26.1	6.6	13.5	0.5		0.2	0.2	52.9
发生炉煤气 2	5368		28.4	3.4	12.9	1.0			0.2	54.1
发生炉煤气 3	5443	4.2	24.0	6.0	14.1	2.3	0.3	0.3	0.2	52.8
发生炉煤气 4	5694	4.2	25.0	7.0	13.5	2.4	0.3	1.0	0.2	50.8
发生炉煤气 5	5820	4.2	29.5	4.5	13.5	1.9	0.2	0.2	0.2	50.0
发生炉煤气 6	6176	4.2	28.6	6.5	14.0	3.0	0.4		0.2	47.9
发生炉煤气 7	6071	4.2	24.1	9.0	17.5	3.0	0.4		0.2	54.8
发生炉煤气 8	10195	4.2	37.6	6.2	50.8	0.8		0.4		4.2
大同弱黏结煤制发生炉煤气	6364		31.6	2.4	13.3	1.8	0.4		0.2	
抚顺气煤制发生炉煤气	6197		31.3	2.35	11.2	1.71	0.6		0.2	
阿干镇不黏结煤制发生炉煤气	6113		27.6	5.13	18.3	1.6	0.1	0.27	0.2	
鹤岗气煤制发生炉煤气	6029		21.1	8.05	13.9	3.01	0.43	0.05	0.1	
铜川瘦煤制发生炉煤气	5677		26.7	3.25	15.4	1.2	0.3	0.85	0.2	
阳泉无烟煤制发生炉煤气	5527		24.2	5.86	14.6	1.02			0.3	
焦作无烟煤制发生炉煤气	5234		25.9	6.83	15.3	0.8		0.04	0.1	
焦坪长焰煤制发生炉煤气	6322		29.8	4.30	5.3	1.9	0.42		0.22	48.06
萍乡烟煤制发生炉煤气	5342		21.93	8.50	19.16	1.18		0.03	0.14	48.48
淮南气煤制发生炉煤气	5736		28.5	5.80	11.3	1.7	0.3		0.20	
扎赉诺尔褐煤制发生炉煤气	6431		27.6	6.00	16.4	2.2	0.47		0.10	

附录 6　其　他

一、我国主要城市的气象资料

附表 6-1　我国主要城市的气象资料

城市名称	气温/℃					年平均风速 /m·s⁻¹	最大风速 /m·s⁻¹	年主导风向	年最小风频	降水量/mm		最大积雪深度 /cm	最大冻土深度 /cm	年冰雹日数最多 /d	年雹日数最多 /d	年雾日数最多 /d	年雷暴日数最多 /d
	最热月平均	最冷月平均	年平均	极端最高	极端最低					年总量	日最大						
北京	25.1	-3.4	11.6	40.6	-27.4	2.6	21.5	S	W	584.0	222.2	18	85	20	2	29	48
上海	26.3	4.4	15.7	38.2	-9.1	3.2	20	SE	SW	1039.3	204.4	14	8	1	2	58	48
天津	25.5	-2.6	12.3	39.6	-22.9	2.9	25.0	SE	NNE	556.9	158.1	20	69	3	3	31	43
长春	21.5	-14.4	4.9	36.4	-36.5	4.4	34.2	SW	E	571.6	126.8	13	169	7	4	27	52
沈阳	23.3	-10.03	7.8	35.7	-30.5	3.4	25.2	S	NWW	675.2	118.9	20	139	1	4	27	32
鞍山	23.6	-8.4	8.7	36.5	-29.9	3.6	24.0	S	E	681.7	132.6	22	103	1	4	18	33
大连	22.1	-3.5	10.1	34.4	-21.1	5.4	34.0	N	NNE	671.1	149.4	37	93	1	4	55	34
太原	22.3	-4.9	9.4	38.4	-24.6	2.5	25.0	N	SWW	494.5	183.5	13	77	5	3	20	45
郑州	26.8	1.1	14.3	43.0	-15.8	3.1		NE	N	640.5	112.8	19	18	19	1	22	30
洛阳	27.1	1.7	14.7	44.2	-18.2	2.3	40.0	NE	SSE	615.5	110.7	17	14	2	3	10	34
武汉	27.6	4.3	16.2	38.7	-17.3	2.8	20.0	NNE	W	1203.1	261.7	12	14	1	1	42	53
青岛	23.7	-1.03	11.9	36.9	-17.2	3.0	18.0	SE	SW	835.8	234.1	13	42	1	2	9	23
徐州	26.4	1.1	14.2	39.5	-22.6	3.0	16.0	NEE	NNE	868.0	127.9	25	24	2	2	30	41
南京	26.9	3.3	15.4	40.5	-13.0	2.5	19.8	SE	NWW	1013.4	160.6	14	11	1	1	33	50
合肥	27.3	3.6	15.8	40.3	-14.1	2.2	16.5	S	SWW	899.3	115.2	19	11	0	1	33	49

续附表6-1

城市名称	气温/℃ 最热月平均	气温/℃ 最冷月平均	气温/℃ 年平均	气温/℃ 极端最高	气温/℃ 极端最低	年平均风速 /$\mathrm{m \cdot s^{-1}}$	最大风速 /$\mathrm{m \cdot s^{-1}}$	年主导风向	年最小风频	降水量/mm 年总量	降水量/mm 日最大	最大积雪深度 /cm	最大冻土深度 /cm	年冰雹日数最多 /d	年雹日数最多 /d	年雾日数最多 /d	年雷暴日数最多 /d
杭州	27	4.7	16.2	38.9	-9.6	1.9	16.0	E、NNW	SWW	1246.6	189.3	16	5		1	67	63
南昌	28.2	6.2	17.7	40.6	-7.6	3.4	19.0	NNE	NWW	1483.8	188.1	16		2	1	22	85
广州	27.9	14.0	21.8	37.6	0.1	2.1	22.0	N、SEE	W	1622.5	253.6					11	89
福州	27.4	11.2	19.7	39.0	-1.1	2.6	28.0	SE	SW	1280.8	159.6	0			2	31	74
南宁	27.9	13.7	21.6	39.0	-1.0	1.9	16.0	E	W	1306.8	127.5	19		0	1	17	104
沅陵	26.6	5.9	16.5	39.8	-7.3	1.4		NE	NW	1488.5	173.0	10			5	76	77
长沙	28	6.2	17.3	39.8	-9.5	2.6	20.0	NW	W、NEE	1450.2	192.5	16	4		5	27	75
溆浦	27	6.2	17.0	40.0	-7.6	2.2		NNE	SEE、NWW	1428.8	143.1	1			2	27	54
成都	24.7	6.6	16.1	35.3	-4.3	1.1	16.0	NE	SEE	954.0	170.9			1	1	70	47
重庆	27.4	8.7	18.3	40.4	-0.9	1.5	22.9	N	SWW	1098.9	109.3					91	45
遵义	23.97	5.4	15.3	37.0	-6.5	1.0	10.8	E	NWW	1140.1	141.3	4			3	21	73
贵阳	22.9	6.03	15.2	35.4	-7.8	2.2	16.0	NE	W	1128.3	113.5	8			5	17	63
昆明	19.4	8.3	14.6	31.2	-5.1	2.1	18.0	SW	NW	1134.4	87.8	6			6	17	86
拉萨	14.8	-1.3	7.1	27.0	-16.5	1.9	14.0	SEE	S	463.3	41.6	10	26	5	16		80
西安	25.9	0.5	13.3	41.7	-18.7	2.1	19.1	NW	NW	584.4	69.8	12	45	3	1	46	32
兰州	21.03	-5.2	8.9	36.7	-21.7	0.8	10	NE	SWW	331.5	50.0	10	103	3	3	4	33
银川	22.1	-7.1	8.5	35.0	-24.8	1.7	28	N	SWW	205.2	64.2	71	103	6	1	11	28
西宁	16.3	-7.03	5.6	32.4	-21.9	2.0	15.1	NW	SWW、NEE	371.2	62.2		134	13	5	1	52
乌鲁木齐	24.3	-13.1	7.3	40.9	-32.0			S	E	194.6	36.3	35	162				

二、地震烈度和地震震级的关系

附表 6-2　地震烈度和地震震级的关系

烈度	I	II	III	IV	V	VI	VII	VIII	IX	X	XI	XII
震级	1.9	2.5	3.1	3.7	4.3	4.9	5.5	6.1	6.7	7.3	7.9	8.5
名称	无震感	微震	轻震	弱震	次强震	强震	损害震	破坏震	毁坏震	大毁坏震	灾震	大灾震

三、各种钢在 20～100℃平均比热容的概略数值

附表 6-3　各种钢在 20～100 ℃平均比热容的概略数值　$[kcal/(kg \cdot ℃)]$

钢种	低碳钢、中碳钢	低合金钢	高合金钢、高碳钢	高铬合金钢	奥氏体合金钢	灰口铸铁
平均比热容	0.11～0.112	0.110～0.115	0.114～0.117	0.115～0.116	0.115～0.120	0.120～0.130

四、常见标准筛制

附表 6-4　常见标准筛制

泰勒标准筛			日本 T₁₅		美国标准筛			国际标准筛	苏联筛		英 NMM 筛系标准筛		德国标准筛 DIN-1171		
网目(孔)/英寸	孔/mm	丝径/mm	孔/mm	丝径/mm	筛号	孔/mm	丝径/mm	孔/mm	筛号	孔/mm	网目(孔)/英寸	孔/mm	网目(孔)/cm	孔/mm	丝径/mm
			9.52	2.3											
2.5	7.925	2.235	7.93	2	2.5	8	1.83	8							
3	6.68	1.778	6.73	1.8	3	6.73	1.65	6.3							
3.5	5.691	1.651	5.66	1.6	8.5	5.66	1.45								
4	4.699	1.661	4.76	1.29	4	4.76	1.27	5							
5	3.962	1.118	4	1.08	5	4	1.12	4							
6	3.327	0.914	3.36	0.87	6	3.36	1.02	3.35							
7	2.794	0.833	2.83	0.8	7	2.83	0.92	2.8			5	2.54			
8	2.362	0.813	2.38	0.8	8	2.38	0.84	2.3							
9	1.981	0.838	2	0.76	10	2	0.76	2	2000	2					
									1700	1.7					
10	1.651	0.889	1.68	0.74	12	1.68	0.69	1.6	1600	1.6	8	1.57	4	1.5	1
12	1.397	0.711	1.41	0.71	14	1.41	0.61	1.4	1400	1.4			5	1.2	0.8
									1250	1.25	10	1.27			
14	1.168	0.635	1.19	0.62	16	1.19	0.52	1.18	1180	1.18			6	1.02	0.65

续表 6-4

泰勒标准筛			日本 T$_{15}$		美国标准筛			国际标准筛	苏联筛		英 NMM 筛系标准筛		德国标准筛 DIN-1171		
网目(孔)/英寸	孔/mm	丝径/mm	孔/mm	丝径/mm	筛号	孔/mm	丝径/mm	孔/mm	筛号	孔/mm	网目(孔)/英寸	孔/mm	网目(孔)/cm	孔/mm	丝径/mm
16	0.991	0.597	1	0.59	18	1	0.48	1	1000	1	12	1.06			
									850	0.85					
20	0.833	0.437	0.84	0.43	20	0.84	0.42	0.8	800	0.8	16	0.79			
24	0.701	0.358	0.71	0.35	25	0.71	0.37	0.71	710	0.71			8	0.75	0.5
									630	0.63	20	0.64	10	0.6	0.4
28	0.589	0.318	0.59	0.32	30	0.59	0.33	0.6	600	0.6			11	0.54	0.37
32	0.495	0.3	0.5	0.29	35	0.5	0.29	0.5	500	0.5			12	0.49	0.34
									425	0.425					
35	0.417	0.31	0.42	0.29	40	0.42	0.25	0.4	400	0.4	30	0.42	14	0.43	0.28
42	0.351	0.254	0.35	0.26	45	0.35	0.22	0.355	355	0.355	40	0.32	16	0.385	0.34
									315	0.315					
48	0.295	0.234	0.297	0.232	50	0.297	0.188	0.3	300	0.3			20	0.3	0.2
60	0.246	0.178	0.25	0.212	60	0.25	0.162	0.25	250	0.25	50	0.25	24	0.25	0.17
									212	0.212					
65	0.208	0.183	0.21	0.181	70	0.21	0.14	0.2	200	0.2	60	0.21	30	0.2	0.13
80	0.175	0.162	0.177	0.141	80	0.177	0.119	0.18	180	0.18	70	0.18			
									160	0.16	80	0.16			
100	0.147	0.107	0.149	0.105	100	0.149	0.102	0.15	150	0.15	90	0.14	40	0.15	0.1
115	0.124	0.097	0.125	0.037	120	0.125	0.086	0.125	125	0.125	100	0.13	50	0.12	0.08
									108	0.106					
150	0.104	0.066	0.105	0.07	140	0.105	0.074	0.1	100	0.1	120	0.11	60	0.1	0.065
170	0.088	0.061	0.088	0.061	170	0.088	0.063	0.09	90	0.09			70	0.088	0.055
									80	0.08	150	0.08			
200	0.074	0.053	0.074	0.053	200	0.074	0.053	0.075	75	0.075			80	0.075	0.06
230	0.062	0.041	0.062	0.048	230	0.062	0.046	0.063	63	0.063	200	0.06	100	0.06	0.04
270	0.053	0.041	0.053	0.038	270	0.052	0.041	0.05	50	0.05					
325	0.048	0.036	0.044	0.034	325	0.044	0.036	0.04	40	0.04					
400	0.038	0.025													

附录 7　强酸、强碱、氨溶液的浓度与密度、当量浓度的关系

附表 7-1　强酸、强碱、氨溶液的浓度与密度、当量浓度的关系

浓度/%	H₂SO₄		HNO₃		HCl		NaOH		氨溶液	
	密度	当量浓度	密度	当量浓度	密度	当量浓度	密度	当量浓度	密度	当量浓度
2	1.013		1.011		1.009		1.023		0.992	
4	1.027		1.022		1.109		1.046		0.983	
6	1.040		1.033		1.029		1.069		0.973	
8	1.055		1.044		1.039		1.092		0.967	
10	1.069	2.2	1.056	1.7	1.049	2.9	1.115	2.8	0.960	5.6
12	1.083		1.068		1.059		1.137		0.953	
14	1.098		1.080		1.069		1.159		0.946	
16	1.112		1.093		1.079		1.181		0.939	
18	1.127		1.106		1.089		1.213		0.932	
20	1.143	4.7	1.119	3.6	1.100	6	1.225	6.1	0.926	10.9
22	1.158		1.132		1.110		1.247		0.919	
24	1.174		1.145		1.121		1.268		0.913	12.9
26	1.190		1.158		1.132		1.289		0.908	13.9
28	1.205		1.171		1.142		1.310		0.903	
30	1.124	7.5	1.184	5.6	1.152	9.5	1.332	10	0.898	15.8
32	1.238		1.198		1.163		1.352		0.893	
34	1.255		1.211		1.173		1.374		0.889	
36	1.273		1.225		1.183	11.7	1.395		0.884	18.7
38	1.290		1.238		1.194	12.4	1.416			
40	1.307	10.7	1.251	7.9			1.437	14.4		
42	1.324		1.264				1.458			
44	1.342		1.227				1.478			
46	1.361		1.290				1.499			
48	1.880		1.303				1.519			
50	1.399	14.3	1.316	10.4			1.540	19.3		
52	1.419		1.328				1.560			
54	1.439		1.340				1.580			
56	1.460		1.351				1.601			
58	1.482		1.362				1.622			
60	1.503	18.4	1.373	13.1			1.643	24.6		

续附表 7-1

浓度/%	H₂SO₄		HNO₃		HCl		NaOH		氨溶液	
	密度	当量浓度	密度	当量浓度	密度	当量浓度	密度	当量浓度	密度	当量浓度
62	1.525		1.384							
64	1.547		1.394							
66	1.571		1.403	14.7						
68	1.594		1.412	15.2						
70	1.617	13.1	1.421	15.8						
72	1.640		1.429							
74	1.664		1.437							
76	1.687		1.445							
78	1.710		1.453							
80	1.732	28.3	1.460	18.5						
82	1.755		1.467							
84	1.776		1.474							
86	1.793		1.480							
88	1.808		1.486							
90	1.819	33.4	1.491	21.3						
92	1.830		1.496							
94	1.837		1.500							
96	1.840	36	1.504							
98	1.841	36.8	1.510							
100	1.838	37.5	1.522	24.2						

注：表中密度（D）、当量浓度（N）和浓度（A）的关系式是：$N = D \times A \times 1000 /$ 当量。

附录 8 相关基础资料

一、单位换算

附表 8-1 单位换算

单位名称和符号	换算系数	单位名称和符号	换算系数
1. 长度		码 yd（=3 ft）	0.9144 m
英寸 in	2.54×10^{-2} m	2. 体积	
英尺 ft（=12 in）	0.3048 m	英加仑 Ukgal	4.54609 dm³
英里 mile	1.609344 km	美加仑 USgal	3.78541 dm³
埃 Å	10^{-10} m	3. 质量	

单位名称和符号	换算系数	单位名称和符号	换算系数
磅　lb	0.45359237 kg	7. 动力黏度（通称黏度）	
短吨（=2000 lb）	907.185 kg	泊　P[=1 g/(cm·s)]	10^{-1} Pa·s
长吨（=2240 lb）	1016.05 kg	厘泊　cP	10^{-3} Pa·s(mP·s)
4. 力		8. 运动黏度	
达因　dyn（g·cm/s²）	10^{-5} N	斯托克斯　St（=1 cm²·s）	10^{-4} m²/s
千克力　kgf	9.80665 N	厘斯　cst	10^{-6} m²/s
磅力　lbf	4.44822 N	9. 功、能、热	
5. 压力（压强）		尔格　erg（=1 dyn·cm）	10^{-7} J
巴　bar（10^6 dyn/cm²）	10^5 Pa	千克力米　kgf·m	9.80665 J
千克力每平方厘米 kgf/cm²	980665 Pa	国际蒸汽表卡　cal	4.1868 J
（又称工程大气压 at）		英热单位　Btu	1.05506 kJ
磅力每平方英寸　lbf/in²（psi）	6.89476 kPa	10. 功率	
标准大气压　atm	101.325 kPa	尔格每秒　erg/s	10^{-7} W
（760 mmHg）		千克力米每秒　kgf·m/s	9.80665 W
毫米汞柱　mmHg	133.322 Pa	英马力　hp	745.7 W
毫米水柱　mmH₂O	9.80665 Pa	千卡每小时　kcal/h	1.163 W
托　Torr	133.322 Pa	米制马力（=75 kgf·m/s）	735.499 W
6. 表面张力		11. 温度	
达因每厘米　dyn/cm	10^{-3} N/m	华氏度　℉	$\frac{5}{9}(t_F-32)$℃

二、基本物理常数

（1）摩尔气体常数：$R=8.314510$ J/(mol·K) 或 kJ/(kmol·K)

（2）标准状况压力：$p=1.01325\times10^5$ Pa（以前）

$$p^{\ominus}=10^5 \text{ Pa}$$

（3）理想气体标准摩尔体积：

$p^{\ominus}=1.01325\times10^5$ Pa　　　$T^{\ominus}=273.15$ K 时　　　$V^{\ominus}=22.41383$ m³/kmol

$p^{\ominus}=10^5$ Pa　　　$T^{\ominus}=273.15$ K 时　　　$V^{\ominus}=22.71108$ m³/kmol

（4）标准自由落体加速度（标准重力加速度）：$g=9.80665$ m/s²

三、饱和水的物理性质

附表 8-2　饱和水的物理性质

温度 t /℃	饱和蒸汽压 p /kPa	密度 ρ /kJ·m⁻³	比焓 H /kJ·kg⁻¹	比热容 c_p /×10⁻³ J·(kg·K)⁻¹	热导率 λ /×10² W·(m·K)⁻¹	黏度 μ /×10⁶ Pa·s	体积膨胀系数 β/×10⁴ K⁻¹	表面张力 σ /×10⁴ N·m⁻¹	普朗特数 Pr
0	0.611	999.9	0	4.212	55.1	1788	−0.81	756.4	13.67
10	1.227	999.7	42.04	4.191	57.4	1306	0.87	741.6	9.52

续附表 8-2

温度 t /℃	饱和蒸汽压 p /kPa	密度 ρ /kJ·m⁻³	比焓 H /kJ·kg⁻¹	比热容 c_p /×10⁻³ J·(kg·K)⁻¹	热导率 λ /×10² W·(m·K)⁻¹	黏度 μ /×10⁶ Pa·s	体积膨胀系数 β/×10⁴ K⁻¹	表面张力 σ /×10⁴ N·m⁻¹	普朗特数 Pr
20	2.338	998.2	83.91	4.183	59.9	1004	2.09	726.9	7.02
30	4.241	995.7	125.7	4.174	61.8	801.5	3.05	712.2	5.42
40	7.375	992.2	167.5	4.174	63.5	653.3	3.86	696.5	4.31
50	12.335	988.1	209.3	4.174	64.8	549.4	4.57	676.9	3.54
60	19.92	983.1	251.1	4.179	65.9	469.9	5.22	662.2	2.99
70	31.16	977.8	293.0	4.187	66.8	406.1	5.83	643.5	2.55
80	47.36	971.8	355.0	4.195	67.4	355.1	6.40	625.9	2.21
90	70.11	965.3	377.0	4.208	68.0	314.9	6.96	607.2	1.95
100	101.3	958.4	419.1	4.220	68.3	282.5	7.50	588.6	1.75
110	143	951.0	461.4	4.233	68.5	259.0	8.04	569.0	1.60
120	198	943.1	503.7	4.250	68.6	237.4	8.58	548.4	1.47
130	270	934.8	546.4	4.266	68.6	217.8	9.12	528.8	1.36
140	361	926.1	589.1	4.287	68.5	201.1	9.68	507.2	1.26
150	476	917.0	632.2	4.313	68.4	186.4	10.26	486.6	1.17
160	618	907.0	675.4	4.346	68.3	173.6	10.87	466.0	1.10
170	792	897.3	719.3	4.380	67.9	162.8	11.52	443.4	1.05
180	1003	886.9	763.3	4.417	67.4	153.0	12.21	422.8	1.00
190	1255	876.0	807.8	4.459	67.0	144.2	12.96	400.2	0.96
200	1555	863.0	852.8	4.505	66.3	136.4	13.77	376.7	0.93
210	1908	852.3	897.7	4.555	65.5	130.5	14.67	354.1	0.91
220	2320	840.3	943.7	4.614	64.5	124.6	15.67	331.6	0.89
230	2798	827.3	990.2	4.681	63.7	119.7	16.80	310.0	0.88
240	3348	813.6	1037.5	4.756	62.8	114.8	18.08	285.5	0.87
250	3978	799.0	1085.7	4.844	61.8	109.9	19.55	261.9	0.86
260	4694	784.0	1135.7	4.949	60.5	105.9	21.27	237.4	0.87
270	5505	767.9	1185.7	5.070	59.0	102.0	23.31	214.8	0.88
280	6419	750.7	1236.8	5.230	57.4	98.1	25.79	191.3	0.90
290	7445	732.3	1290.0	5.485	55.8	94.2	28.84	168.7	0.93
300	8592	712.5	1344.9	5.736	54.0	91.2	32.73	144.2	0.97
310	9870	691.1	1402.2	6.071	52.3	88.3	37.85	120.7	1.03
320	11290	667.1	1462.1	6.574	50.6	85.3	44.91	98.10	1.11
330	12865	640.2	1526.2	7.244	48.4	81.4	55.31	76.71	1.22
340	14608	610.1	1594.8	8.165	45.7	77.5	72.10	56.70	1.39
350	16537	574.4	1671.4	9.504	43.0	72.6	103.7	38.16	1.60
360	18674	528.0	1761.5	13.984	39.5	66.7	182.9	20.21	2.35
370	21053	450.5	1892.5	40.321	33.7	56.9	676.7	4.709	6.79

注：β 值选自 Steam Tabkes in SI Units，2nd Ed.，Ed. by Grigull, U. et, al.，Springer-Verlag, 1984。

四、某些液体的物理性质

附表 8-3　某些液体的物理性质

序号	名称	分子式	相对分子质量	密度 (20 ℃) /kg·m⁻³	沸点 (101.3 kPa) /℃	比汽化热 (101.3 kPa) /kJ·kg⁻¹	比热容 (20 ℃) /kJ·(kg·K)⁻¹	黏度 (20 ℃) /mPa·s	热导率 (20 ℃) /W·(m·K)⁻¹	体积膨胀系数 (20 ℃) /×10⁻⁴ ℃⁻¹	表面张力 (20 ℃) /×10⁻³ N·m⁻¹
1	水	H_2O	18.02	998	100	2258	4.183	1.005	0.599	1.82	72.8
2	盐水（25%NaCl）	—		1186 (25 ℃)	107	—	3.39	2.3	0.57 (30 ℃)	(4.4)	—
3	盐水（25%CaCl₂）	—		1228	107	—	2.89	2.5	0.57	(3.4)	—
4	硫酸	H_2SO_4	98.08	1831	340（分解）	481.1	1.47 (98%)	—	0.38	5.7	—
5	硝酸	HNO_3	63.02	1513	86	—	—	1.17 (10 ℃)	—	—	—
6	盐酸（30%）	HCl	36.47	1149	—	—	2.55	2 (31.5%)	0.42	—	—
7	二硫化碳	CS_2	76.13	1262	46.3	352	1.005	0.38	0.16	12.1	32
8	戊烷	C_5H_{12}	72.15	626	36.07	357.4	2.24 (15.6 ℃)	0.229	0.113	15.9	16.2
9	己烷	C_6H_{14}	86.17	659	68.74	335.1	2.31 (15.6 ℃)	0.313	0.119	—	18.2
10	庚烷	C_7H_{16}	100.20	684	98.43	316.5	2.21 (15.6 ℃)	0.411	0.123	—	20.1
11	辛烷	C_8H_{18}	114.22	703	125.67	306.4	2.19 (15.6 ℃)	0.540	0.131	—	21.8
12	三氯甲烷	$CHCl_3$	119.38	1489	61.2	253.7	0.992	0.58	0.138 (30 ℃)	12.6	28.5 (10 ℃)
13	四氯化碳	CCl_4	153.82	1594	76.8	195	0.850	1.0	0.12	—	26.8
14	1,2-二氯乙烷	$C_2H_4Cl_2$	98.96	1253	83.6	324	1.260	0.83	0.14 (50 ℃)	—	30.8
15	苯	C_6H_6	78.11	879	80.10	393.9	1.704	0.737	0.148	12.4	28.6
16	甲苯	C_7H_8	92.13	867	110.63	363	1.70	0.675	0.138	10.9	27.9
17	邻二甲苯	C_8H_{10}	106.16	880	144.42	347	1.74	0.811	0.142	—	30.2
18	间二甲苯	C_8H_{10}	106.16	864	139.10	343	1.70	0.611	0.167	10.1	29.0
19	对二甲苯	C_8H_{10}	106.16	861	138.35	340	1.704	0.643	0.129	—	28.0
20	苯乙烯	C_8H_9	104.1	911 (15.6 ℃)	145.2	(352)	1.733	0.72	—	—	—
21	氯苯	C_6H_5Cl	112.56	1106	131.8	325	1.298	0.85	0.14 (30 ℃)	—	32

续附表 8-3

序号	名称	分子式	相对分子质量	密度 (20℃) /kg·m⁻³	沸点 (101.3 kPa) /℃	比汽化热 (101.3 kPa) /kJ·kg⁻¹	比热容 (20℃) /kJ·(kg·K)⁻¹	黏度 (20℃) /mPa·s	热导率 (20℃) /W·(m·K)⁻¹	体积膨胀系数 (20℃) /×10⁻⁴℃⁻¹	表面张力 (20℃) /×10⁻³N·m⁻¹
22	硝基苯	$C_6H_5NO_2$	123.17	1203	210.9	396	1.466	2.1	0.15	—	41
23	苯胺	$C_6H_5NH_2$	93.13	1022	184.4	448	2.07	4.3	0.17	8.5	42.9
24	苯酚	C_6H_5OH	94.1	1050 (50℃)	181.8 40.9(熔点)	511	—	3.4(50℃)	—	—	—
25	萘	$C_{15}H_8$	128.17	1145 (固体)	217.9 80.2(熔点)	314	1.80 (100℃)	0.59 (100℃)	—	—	—
26	甲醇	CH_3OH	32.04	791	64.7	1101	2.48	0.6	0.212	12.2	22.6
27	乙醇	C_2H_5OH	46.07	789	78.3	846	2.39	1.15	0.172	11.6	22.8
28	乙醇 (95%)	—	—	804	78.3	—	—	1.4	—	—	—
29	乙二醇	$C_2H_4(OH)_2$	62.05	1113	197.6	780	2.35	23	—	—	—
30	甘油	$C_3H_5(OH)_3$	92.09	1261	290 (分解)	—	—	1499	0.59	53	—
31	乙醚	$(C_2H_5)_2O$	74.12	714	20.2	360	2.34	0.24	0.14	16.3	—
32	乙醛	CH_3CHO	44.05	783 (18℃)	34.6	574	1.9	1.3(18℃)	—	—	—
33	糠醛	$C_5H_4O_2$	96.09	1168	161.7	452	1.6	1.15(50%)	—	—	—
34	丙酮	CH_3COCH_3	58.08	792	56.2	523	2.35	0.32	0.17	—	—
35	甲酸	$HCOOH$	46.03	1220	100.7	494	2.17	1.9	0.26	10.7	—
36	醋酸	CH_3COOH	60.03	1049	118.1	406	1.99	1.3	0.17	—	—
37	乙酸乙酯	$CH_3COOC_2H_5$	88.11	901	77.1	368	1.92	0.48	0.14 (10℃)	—	—
38	煤油	—		780~820	—	—	—	3	0.15	10.0	—
39	汽油	—		680~800	—	—	—	0.7~0.8	0.19 (30℃)	12.5	—

五、某些有机液体的相对密度（液体密度与4℃水的密度之比）

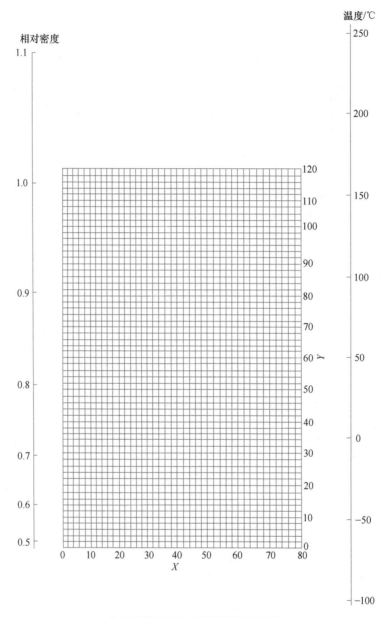

有机液体相对密度共线图的坐标值

有机液体	X	Y	有机液体	X	Y
乙炔	20.8	10.1	乙丙醚	20.0	37.0
乙烷	10.3	4.4	乙硫醇	32.0	55.5
乙烯	17.0	3.5	乙硫醚	25.7	55.3
乙醇	24.2	48.6	二乙胺	17.8	33.5
乙醚	22.6	35.8	二硫化碳	18.6	45.4

续附表

有机液体	X	Y	有机液体	X	Y
异丁烷	13.7	16.5	丙酸	35.0	83.5
丁酸	31.3	78.7	丙酸甲酯	36.5	68.3
丁酸甲酯	31.5	65.5	丙酸乙酯	32.1	63.9
异丁酸	31.5	75.9	戊烷	12.6	22.6
丁酸（异）甲酯	33.0	64.1	异戊烷	13.5	22.5
十一烷	14.4	39.2	辛烷	12.7	32.5
十二烷	14.3	41.4	庚烷	12.6	29.8
十三烷	15.3	42.4	苯	32.7	63.0
十四烷	15.8	43.3	苯酚	35.7	103.8
三乙胺	17.9	37.0	苯胺	33.5	92.5
三氢化磷	28.0	22.1	氟苯	41.9	86.7
己烷	13.5	27.0	癸烷	16.0	38.2
壬烷	16.2	36.5	氨	22.4	24.6
六氢吡啶	27.5	60.0	氯乙烷	42.7	62.4
甲乙醚	25.0	34.4	氯甲烷	52.3	62.9
甲醇	25.8	49.1	氯苯	41.7	105.0
甲硫醇	37.3	59.6	氰丙烷	20.1	44.6
甲硫醚	31.9	57.4	氰甲烷	21.8	44.9
甲醚	27.2	30.1	环己烷	19.6	44.0
甲酸甲酯	46.4	74.6	醋酸	40.6	93.5
甲酸乙酯	37.6	68.4	醋酸甲酯	40.1	70.3
甲酸丙酯	33.8	66.7	醋酸乙酯	35.0	65.0
丙烷	14.2	12.2	醋酸丙酯	33.0	65.5
丙酮	26.1	47.8	甲苯	27.0	61.0
丙醇	23.8	50.8	异戊醇	20.5	52.0

六、饱和水蒸气（按温度排列）

温度/℃	绝对压力 /kPa	蒸气密度 /kg · m^{-3}	比焓/kJ · kg^{-1}		比汽化热 /kJ · kg^{-1}
			液体	蒸汽	
0	0.6082	0.00484	0	2491	2491
5	0.873	0.00680	20.9	2500.8	2480
10	1.226	0.00940	41.9	2510.4	2469
15	1.707	0.01283	62.8	2520.5	2458

续附表

温度/℃	绝对压力 /kPa	蒸气密度 /kg·m⁻³	比焓/kJ·kg⁻¹		比汽化热 /kJ·kg⁻¹
			液体	蒸汽	
20	2.335	0.01719	83.7	2530.1	2446
25	3.168	0.02304	104.7	2539.7	2435
30	4.247	0.03036	125.6	2549.3	2424
35	5.621	0.03960	146.5	2559.0	2412
40	7.377	0.05114	167.5	2568.6	2401
45	9.584	0.06543	188.4	2577.8	2389
50	12.34	0.0830	209.3	2587.4	2378
55	15.74	0.1043	230.3	2596.7	2366
60	19.92	0.1301	251.2	2606.3	2355
65	25.01	0.1611	272.1	2615.5	2343
70	31.16	0.1979	293.1	2624.3	2331
75	38.55	0.2416	314.0	2633.5	2320
80	47.38	0.2929	334.9	2642.3	2307
85	57.88	0.3531	355.9	2651.1	2295
90	70.14	0.4229	376.8	2659.9	2283
95	84.56	0.5039	397.8	2668.7	2271
100	101.33	0.5970	418.7	2677.0	2258
105	120.85	0.7036	440.0	2685.0	2245
110	143.31	0.8254	461.0	2693.4	2232
115	169.11	0.9635	482.3	2701.3	2219
120	198.64	1.1199	503.7	2708.9	2205
125	232.19	1.296	525.0	2716.4	2191
130	270.25	1.494	546.4	2723.9	2178
135	313.11	1.715	567.7	2731.0	2163
140	361.47	1.962	589.1	2737.7	2149
145	415.72	2.238	610.9	2744.4	2134
150	476.24	2.543	632.2	2750.7	2119
160	618.28	3.252	675.8	2762.9	2087
170	792.59	4.113	719.3	2773.3	2054
180	1003.5	5.145	763.3	2782.5	2019
190	1255.6	6.378	807.6	2790.1	1982
200	1554.8	7.840	852.0	2795.5	1944
210	1917.7	9.567	897.2	2799.3	1902

温度/℃	绝对压力 /kPa	蒸气密度 /kg·m⁻³	比焓/kJ·kg⁻¹		比汽化热 /kJ·kg⁻¹
			液体	蒸汽	
220	2320.9	11.60	942.4	2801.0	1859
230	2798.6	13.98	988.5	2800.1	1812
240	3347.9	16.76	1034.6	2796.8	1762
250	3977.7	20.01	1081.4	2790.1	1709
260	4693.8	23.82	1128.8	2780.9	1652
270	5504.0	28.27	1176.9	2768.3	1591
280	6417.2	33.47	1225.5	2752.0	1526
290	7443.3	39.60	1274.5	2732.3	1457
300	8592.9	46.93	1325.5	2708.0	1382

七、饱和水蒸气表（按压力排列）

绝对压力/kPa	温度/℃	蒸气密度 /kg·m⁻³	比焓/kJ·kg⁻¹		比汽化热 /kJ·kg⁻¹
			液体	蒸汽	
1.0	6.3	0.00773	26.5	2503.1	2477
1.5	12.5	0.01133	52.3	2515.3	2463
2.0	17.0	0.01486	71.2	2524.2	2453
2.5	20.9	0.01836	87.5	2531.8	2444
3.0	23.5	0.02179	98.4	2536.8	2438
3.5	26.1	0.02523	109.3	2541.8	2433
4.0	28.7	0.02867	120.2	2546.8	2427
4.5	30.8	0.03205	129.0	2550.9	2422
5.0	32.4	0.03537	135.7	2554.0	22418
6.0	35.6	0.04200	149.1	2560.1	2411
7.0	38.8	0.04864	162.4	2566.3	2404
8.0	41.3	0.05514	172.7	2571.0	2398
9.0	43.3	0.06156	181.2	2574.8	2394
10.0	45.3	0.06798	189.6	2578.5	2389
15.0	53.5	0.09956	224.0	2594.0	2370
20.0	60.1	0.1307	251.5	2606.4	2355
30.0	66.5	0.1909	288.8	2622.4	2334
40.0	75.0	0.2498	315.9	2634.1	2312
50.0	81.2	0.3080	339.8	2644.3	2304
60.0	85.6	0.3651	358.2	2652.1	2394
70.0	89.9	0.4223	376.6	2659.8	2283
80.0	93.2	0.4781	390.1	2665.3	2275

续附表

绝对压力/kPa	温度/℃	蒸气密度/kg·m^{-3}	比焓/kJ·kg^{-1}		比汽化热/kJ·kg^{-1}
			液体	蒸汽	
90.0	96.4	0.5338	403.5	2670.8	2267
100.0	99.6	0.5896	416.9	2676.3	2259
120.0	104.5	0.6987	437.5	2684.3	2247
140.0	109.2	0.8076	457.7	2692.1	2234
160.0	113.0	0.8298	473.9	2698.1	2224
180.0	116.6	1.021	489.3	2703.7	2214
200.0	120.2	1.127	493.7	2709.2	2205
250.0	127.2	1.390	534.4	2719.7	2185
300.0	133.3	1.650	560.4	2728.5	2168
350.0	138.8	1.907	583.8	2736.1	2152
400.0	143.4	2.162	603.6	2742.1	2138
450.0	147.7	2.415	622.4	2747.8	2125
500.0	151.7	2.667	639.6	2752.8	2113
600.0	158.7	3.169	676.2	2761.4	2091
700.0	164.7	3.666	696.3	2767.8	2072
800.0	170.4	4.161	721.0	2773.7	2053
900.0	175.1	4.652	741.8	2778.1	2036
1×10^3	179.9	5.143	762.7	2782.5	2020
1.1×10^3	180.2	5.633	780.3	2785.5	2005
1.2×10^3	187.8	6.124	797.9	2788.5	1991
1.3×10^3	191.5	6.614	814.2	2790.9	1977
1.4×10^3	194.8	7.103	829.1	2792.4	1964
1.5×10^3	198.2	7.594	843.9	2794.5	1951
1.6×10^3	201.3	8.081	857.8	2796.0	1938
1.7×10^3	204.1	8.567	870.6	2797.1	1926
1.8×10^3	206.9	9.053	883.4	2798.1	1915
1.9×10^3	209.8	9.539	896.2	2799.2	1903
2×10^3	212.2	10.03	907.3	2799.7	1892
3×10^3	233.7	15.01	1005.4	2798.9	1794
4×10^3	250.3	20.10	1082.9	2789.8	1707
5×10^3	263.8	25.37	1146.9	2776.2	1629
6×10^3	275.4	30.85	1203.2	2759.5	1556
7×10^3	285.7	36.57	1253.2	2740.8	1488
8×10^3	294.8	42.58	1299.2	2720.5	1404
9×10^3	303.2	48.89	1343.5	2699.1	1357

八、某些气体的重要物理参数

名称	分子式	相对分子质量	密度 (0℃, 101.325 kPa) /kg·m⁻³	定压比热容 (20℃, 101.325 kPa) /kJ·(kg·K)⁻¹	$K=c_p/c$	黏度 (0℃, 101.325 kPa) /μPa·s	沸点 (0℃, 101.325 kPa) /℃	比汽化热 (101.325 kPa) /kJ·kg⁻¹	临界点 温度/℃	临界点 压力/kPa	热导率 (0℃, 101.325 kPa) /W·(m·K)⁻¹
空气	—	28.95	1.293	1.009	1.4	17.3	−195	197	−140.7	3769	0.0244
氧	O_2	32	1.429	0.653	1.4	20.3	−132.98	213	−118.82	5038	0.024
氮	N_2	28.02	1.251	0.745	1.4	17	−195.78	199.2	−147.13	3393	0.0228
氢	H_2	2.016	0.0899	10.13	1.407	8.42	−252.75	454.2	−239.9	1297	0.163
氦	He	4	0.1785	3.18	1.66	18.8	−268.95	19.5	−267.96	229	0.144
一氧化碳	CO	28.01	1.25	0.754	1.4	16.6	−191.48	211	−140.2	3499	0.0226
二氧化碳	CO_2	44.01	1.976	0.653	1.3	13.7	−78.2	574	31.1	7387	0.0137
二氧化硫	SO_2	64.07	2.927	0.502	1.25	11.7	−10.8	394	157.5	7881	0.0077
二氧化氮	NO_2	46.01	—	0.615	1.31	—	21.2	712	158.2	10133	0.04
硫化氢	H_2S	34.08	1.539	0.804	1.3	11.66	−60.2	548	100.4	19140	0.0131
甲烷	CH_4	16.04	0.717	1.7	1.31	10.3	−161.58	511	−82.15	4620	0.03
一氧化碳	CO	28.01	1.25	0.754	1.4	16.6	−191.48	211	−140.2	3499	0.0226
二氧化碳	CO_2	44.01	1.976	0.653	1.3	13.7	−78.2	574	31.1	7387	0.0137

续附表

| 名称 | 分子式 | 相对分子质量 | 密度
(0 ℃，101.325 kPa)
/kg·m⁻³ | 定压比热容
(20 ℃，101.325 kPa)
/kJ·(kg·K)⁻¹ | $K=c_p/c$ | 黏度
(0 ℃，101.325 kPa)
/μPa·s | 沸点
(0℃，101.325 kPa)
/℃ | 比汽化热
(101.325 kPa)
/kJ·kg⁻¹ | 临界点 | | 热导率
(0 ℃，101.325 kPa)
/W·(m·K)⁻¹ |
									温度 /℃	压力 /kPa	
二氧化硫	SO_2	64.07	2.927	0.502	1.25	11.7	-10.8	394	157.5	7881	0.0077
二氧化氮	NO_2	46.01	—	0.615	1.31	—	21.2	712	158.2	10133	0.04
硫化氢	H_2S	34.08	1.539	0.804	1.3	11.66	-60.2	548	100.4	19140	0.0131
甲烷	CH_4	16.04	0.717	1.7	1.31	10.3	-161.58	511	-82.15	4620	0.03
乙烷	C_2H_6	30.07	1.357	1.44	1.2	8.5	-88.5	486	32.1	4950	0.018
丙烷	C_3H_8	44.1	2.02	1.65	1.13	7.95（18°）	-42.1	427	95.6	4357	0.0148
丁烷（正）	C_4H_{10}	58.12	2.673	1.73	1.108	8.1	-0.5	386	152	3800	0.0135
戊烷（正）	C_5H_{12}	72.15	—	1.57	1.09	8.74	-36.08	151	197.1	3344	0.0128
乙烯	C_2H_4	28.05	1.261	1.222	1.25	9.85	103.7	481	9.7	5137	0.0164
丙烯	C_3H_6	42.08	1.914	1.436	1.17	8.35（20 ℃）	-47.7	440	91.4	4600	—
乙炔	C_2H_2	26.04	1.171	1.352	1.24	9.35	-83.66（升华）	829	35.7	6242	0.0184
氯甲烷	CH_3Cl	50.49	2.308	0.582	1.28	9.89	-24.1	406	148	6687	0.0085
苯	C_6H_6	78.11	—	1.139	1.1	7.2	80.2	394	288.5	4833	0.0088

九、干空气的热物理性质 ($p = 1.01325 \times 10^5\ \text{Pa}$)

温度 t /℃	密度 ρ /kg·m^{-3}	比热容 c_p /kJ·(kg·℃)$^{-1}$	热导率 λ /×10^2 W·(m·℃)$^{-1}$	黏度 μ /×10^6 Pa·s	运动黏度 ν /×10^6 m^2·s^{-1}	普朗特数 Pr
−50	1.584	1.013	2.04	14.6	9.23	0.728
−40	1.515	1.013	2.12	15.2	10.04	0.728
−30	1.453	1.013	2.20	15.7	10.80	0.723
−20	1.395	1.009	2.28	16.2	11.61	0.716
−10	1.342	1.009	2.36	16.7	12.43	0.712
0	1.293	1.005	2.44	17.2	13.28	0.707
10	1.247	1.005	2.51	17.6	14.16	0.705
20	1.205	1.005	2.59	18.1	15.06	0.703
30	1.165	1.005	2.67	18.6	16.00	0.701
40	1.128	1.005	2.76	19.1	16.96	0.699
50	1.093	1.005	2.83	19.6	17.95	0.698
60	1.060	1.005	2.90	20.1	18.97	0.696
70	1.029	1.009	2.96	20.6	20.02	0.694
80	1.000	1.009	3.05	21.1	21.09	0.692
90	0.972	1.009	3.13	21.5	22.10	0.690
100	0.946	1.009	3.21	21.9	23.13	0.688
120	0.898	1.009	3.34	22.8	25.45	0.686
140	0.854	1.013	3.49	23.7	27.80	0.684
160	0.815	1.017	3.64	24.5	30.09	0.682
180	0.779	1.022	3.78	25.3	32.49	0.681
200	0.746	1.026	3.93	26.0	34.85	0.680
250	0.674	1.038	4.27	27.4	40.61	0.677
300	0.615	1.047	4.60	29.7	48.33	0.674
350	0.566	1.059	4.91	31.4	55.46	0.676
400	0.524	1.068	5.21	33.0	63.09	0.678
500	0.456	1.093	5.74	36.2	79.38	0.687
600	0.404	1.114	6.22	39.1	96.89	0.699
700	0.362	1.135	6.71	41.8	115.4	0.706
800	0.329	1.156	7.18	44.3	134.8	0.713
900	0.301	1.172	7.63	46.7	155.1	0.717
1000	0.277	1.185	8.07	49.0	177.1	0.719
1100	0.257	1.197	8.50	51.2	199.3	0.722
1200	0.239	1.210	9.15	53.5	233.7	0.724

十、液体饱和蒸汽压 p^0 的 Antoine（安托因）常数

液　体	A	B	C	温度范围/℃
甲烷（CH_4）	5.82051	405.42	267.78	$-181 \sim -152$
乙烷（C_2H_6）	5.95942	663.7	256.47	$-143 \sim -75$
丙烷（C_3H_8）	5.92888	803.81	246.99	$-108 \sim -25$
丁烷（C_4H_{10}）	5.93886	935.86	238.73	$-78 \sim 19$
戊烷（C_5H_{12}）	5.97711	1064.63	232	$-50 \sim 58$
己烷（C_6H_{14}）	6.10266	1171.53	224.366	$-25 \sim 92$
庚烷（C_7H_{16}）	6.0273	1268.115	216.9	$-2 \sim 120$
辛烷（C_8H_{18}）	6.04867	1355.126	209.517	$19 \sim 152$
乙烯	5.87246	585	255	$-153 \sim 91$
丙烯	5.9445	785.85	247	$-112 \sim -28$
甲醇	7.19736	1574.99	238.86	$-16 \sim 91$
乙醇	7.33827	1652.05	231.48	$-3 \sim 96$
丙醇	6.74414	1375.14	193	$12 \sim 127$
醋酸	6.42452	1479.02	216.82	$15 \sim 157$
丙酮	6.35467	1277.03	237.23	$-32 \sim 77$
四氯化碳	6.01896	1219.58	227.16	$-20 \sim 101$
苯	6.03055	1211.033	220.79	$-16 \sim 104$
甲苯	6.07954	1344.8	219.482	$6 \sim 137$
水	7.07406	1657.46	227.02	$10 \sim 168$

注：$\lg p^0 = A - B/(t + C)$，式中 p^0 的单位为 kPa，t 的单位为℃。

十一、水在不同温度下的黏度

温度/℃	黏度/mPa·s	温度/℃	黏度/mPa·s	温度/℃	黏度/mPa·s
0	1.7921	5	1.5188	10	1.3077
1	1.7313	6	1.4728	11	1.2713
2	1.6728	7	1.4284	12	1.2363
3	1.6191	8	1.386	13	1.2028
4	1.5674	9	1.3462	14	1.1709

温度/℃	黏度/mPa·s	温度/℃	黏度/mPa·s	温度/℃	黏度/mPa·s
15	1.1404	43	0.6207	72	0.3952
16	1.1111	44	0.6097	73	0.3900
17	1.0828	45	0.5988	74	0.3849
18	1.0559	46	0.5883	75	0.3799
19	1.0299	47	0.5782	76	0.3750
20	1.005	48	0.5683	77	0.3702
20.2	1.000	49	0.5588	78	0.3655
21	0.9810	50	0.5494	79	0.3610
22	0.9579	51	0.5404	80	0.3565
23	0.9359	52	0.5315	81	0.3521
24	0.9142	53	0.5229	82	0.3478
25	0.8937	54	0.5146	83	0.3436
26	0.8737	55	0.5064	84	0.3395
27	0.8545	56	0.4985	85	0.3355
28	0.8360	57	0.4907	86	0.3315
29	0.8180	58	0.4832	87	0.3276
30	0.8007	59	0.4759	88	0.3239
31	0.7840	60	0.4688	89	0.3202
32	0.7679	61	0.4618	90	0.3165
33	0.7523	62	0.4550	91	0.3130
34	0.7371	63	0.4483	92	0.3095
35	0.7225	64	0.4418	93	0.3060
36	0.7085	65	0.4355	94	0.3027
37	0.6947	66	0.4293	95	0.2994
38	0.6814	67	0.4233	96	0.2962
39	0.6685	68	0.4174	97	0.2930
40	0.6560	69	0.4117	98	0.2899
41	0.6439	70	0.4061	99	0.2868
42	0.6321	71	0.4006	100	0.2838

十二、液体黏度共线图

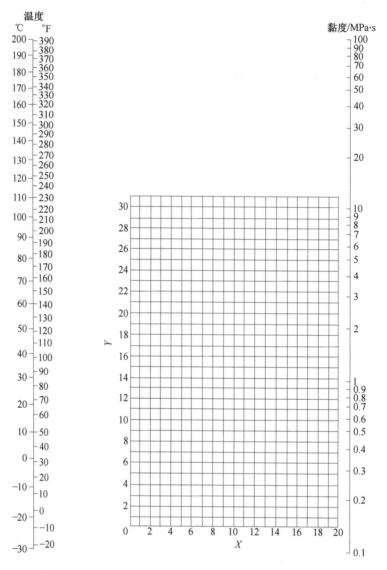

用法举例：求苯在 50 ℃ 时的黏度，从本表序号 15 查得苯的 $X=12.5$，$Y=10.9$。把两个数值标在共线图的 X-Y 坐标上得一点，把这点与图中左方温度标尺上 50 ℃ 的点连成一直线，并延长，与右方黏度标尺相交，由此交点定出 50 ℃ 苯的黏度为 0.44 mPa·s。

液体黏度共线图坐标值

序号	液　体	X	Y	序号	液　体	X	Y
1	乙醛	15.2	14.8	5	丙酮 100%	14.5	7.2
2	醋酸 100%	12.1	14.2	6	丙酮 35%	7.9	15
3	醋酸 70%	9.5	17	7	丙烯醇	10.2	14.3
4	醋酸酐	12.7	12.8	8	氨 100%	12.6	2

续附表

序号	液　体	X	Y	序号	液　体	X	Y
9	氨 26%	10.1	13.9	42	乙醇 100%	10.5	13.8
10	醋酸戊酯	11.8	12.5	43	乙醇 95%	9.8	14.3
11	戊醇	7.5	18.4	44	乙醇 40%	6.5	16.6
12	苯胺	8.1	18.7	45	乙苯	13.2	11.5
13	苯甲醚	12.3	13.5	46	溴乙烷	14.5	8.1
14	三氯化砷	13.9	14.5	47	氯乙烷	14.8	6
15	苯	12.5	10.9	48	乙醚	14.5	5.3
16	氯化钙盐水 25%	6.6	15.9	49	甲酸乙酯	14.2	8.4
17	氯化钠盐水 25%	10.2	16.6	50	碘乙烷	14.7	10.3
18	溴	14.2	13.2	51	乙二醇	6	23.6
19	溴甲苯	20	15.9	52	甲酸	10.7	15.8
20	乙酸丁酯	12.3	11	53	氟利昂-11（CCl_3F）	14.4	9
21	丁醇	8.6	17.2	54	氟利昂-12（CCl_2F_3）	16.8	5.6
22	丁酸	12.1	15.3	55	氟利昂-21（$CHCl_2F$）	15.7	7.5
23	二氧化碳	11.6	0.3	56	氟利昂-22（$CHClF_2$）	17.2	4.7
24	二硫化碳	16.1	7.5	57	氟利昂-113（$CCl_2F–CClF_2$）	12.5	11.4
25	四氯化碳	12.7	13.1	58	甘油 100%	2	30
26	氯苯	12.3	12.4	59	甘油 50%	6.9	19.6
27	三氯甲烷	14.4	10.2	60	庚烷	14.1	8.4
28	氯磺酸	11.2	18.1	61	己烷	14.7	7
29	氯甲苯（邻位）	13	13.3	62	盐酸 31.5%	13	16.6
30	氯甲苯（间位）	13.3	12.5	63	异丁醇（26 ℃）	7.1	18
31	氯甲苯（对位）	13.3	12.5	64	异丁醇（20 ℃）	12.2	14.4
32	甲酚（间位）	2.5	20.8	65	异丙醇	8.2	16
33	环己醇	2.9	24.3	66	煤油	10.2	16.9
34	二溴乙烷	12.7	15.8	67	粗亚麻仁油	7.5	27.2
35	二氯乙烷	13.2	12.2	68	水银	18.4	16.4
36	二氯甲烷	14.6	8.9	69	甲醇 100%	12.4	10.5
37	草酸乙酯	11	16.4	70	甲醇 90%	12.3	11.8
38	草酸二甲酯	12.3	15.8	71	甲醇 40%	7.8	15.5
39	联苯	12	18.3	72	乙酸甲酯	14.2	8.2
40	草酸二丙酯	10.3	17.7	73	氯甲烷	15	3.8
41	乙酸乙酯	13.7	9.1	74	丁酮	13.9	8.6

续附表

序号	液体	X	Y	序号	液体	X	Y
75	萘	7.9	18.1	92	钠	16.4	13.9
76	硝酸95%	12.8	13.8	93	氢氧化钠50%	3.2	25.8
77	硝酸60%	10.8	17	94	四氯化锡	13.5	12.8
78	硝基苯	10.6	16.2	95	二氧化硫	15.2	7.1
79	硝基甲苯	11	17	96	硫酸110%	7.2	27.4
80	辛烷	13.7	10	97	硫酸98%	7	24.8
81	辛醇	6.6	21.1	98	硫酸60%	10.2	21.3
82	五氯乙烷	10.9	17.3	99	二氯二氧化硫	15.2	12.4
83	戊烷	14.9	5.2	100	四氯乙烷	11.9	15.7
84	酚	6.9	20.8	101	四氯乙烯	14.2	12.7
85	三溴化磷	13.8	16.7	102	四氯化钛	14.4	12.3
86	三氯化磷	16.2	10.9	103	甲苯	13.7	10.4
87	丙酸	12.8	13.8	104	三氯乙烯	14.8	10.5
88	丙醇	9.1	16.5	105	松节油	11.5	14.9
89	溴丙烷	14.5	9.6	106	醋酸乙烯	14	8.8
90	氯丙烷	14.4	7.5	107	水	10.2	13
91	碘丙烷	14.1	11.6				

十三、固体材料的热导率

（1）常用金属材料的热导率。

温度/℃	0	100	200	300	400
铝	228	228	228	228	228
铜	384	379	372	367	363
铁	73.3	67.5	61.6	54.7	48.9
铅	35.1	33.4	31.4	29.8	—
镍	93	82.6	73.3	63.97	59.3
银	414	409	373	362	359
碳钢	52.3	48.9	44.2	41.9	34.9
不锈钢	16.3	17.5	17.5	18.5	—

（2）常用非金属材料的热导率。

名　　称	温度/℃	热导率 /W·(m·℃)$^{-1}$	名　　称	温度/℃	热导率 /W·(m·℃)$^{-1}$
石棉绳	—	0.10~0.21	云母	50	0.43
石棉板	30	0.10~0.14	泥土	20	0.698~0.930
软木	30	0.043	冰	0	2.33
玻璃棉	—	0.0349~0.0698	膨胀珍珠岩散料	25	0.021~0.062
保温灰	—	0.0698	软橡胶	—	0.129~0.159
锯屑	20	0.0465~0.0582	硬橡胶	0	0.15
棉花	100	0.0698	聚四氟乙烯	—	0.242
厚纸	20	0.14~0.349	泡沫塑料	—	0.0465
玻璃	30	1.09	泡沫玻璃	−15	0.00489
	−20	0.76		−80	0.00349
搪瓷	—	0.87~1.16	木材（横向）	—	0.14~0.175

十四、某些液体的热导率（λ）

温度/℃		0	25	50	75	100	125	150
热导率 λ /W·(m·℃)$^{-1}$	甲醇	0.214	0.2107	0.207	0.205	—	—	—
	乙醇	0.189	0.1832	0.1774	0.1715	—	—	—
	异丙醇	0.154	0.15	0.146	0.142	—	—	—
	丁醇	0.156	0.152	0.1483	0.144	—	—	—
	丙酮	0.1745	0.169	0.163	0.1576	0.151	—	—
	甲酸	0.2605	0.256	0.2518	0.2471	—	—	—
	乙酸	0.177	0.1715	0.1663	0.162	—	—	—
	苯	0.151	0.1448	0.138	0.132	0.126	0.1204	—
	甲苯	0.1413	0.136	0.129	0.123	0.119	0.112	—
	二甲苯	0.1367	0.131	0.127	0.1215	0.117	0.111	—
	硝基苯	0.1541	0.15	0.147	0.143	0.14	0.136	
	苯胺	0.186	0.181	0.177	0.172	0.1681	0.1634	0.159
	甘油	0.277	0.2797	0.2832	0.286	0.289	0.292	0.295

十五、液体表面张力共线图

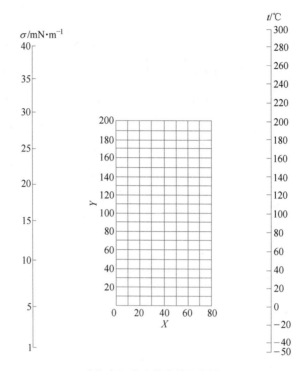

液体表面张力共线图坐标值

序号	液体名称	X	Y	序号	液体名称	X	Y
1	环氧乙烷	42	83	17	二硫化碳	35.8	117.2
2	乙苯	22	118	18	丁酮	23.6	97
3	乙胺	11.2	83	19	丁醇	9.6	107.5
4	乙硫醇	35	81	20	异丁醇	5	103
5	乙醇	10	97	21	丁酸	14.5	115
6	乙醚	27.5	64	22	异丁酸	14.8	107.4
7	乙醛	33	78	23	丁酸乙酯	17.5	102
8	乙醛肟	23.5	127	24	丁（异）酸乙酯	20.9	93.7
9	乙醛胺	17	192.5	25	丁酸甲酯	25	88
10	乙酰乙酸乙酯	21	132	26	丁（异）酸甲酯	24	93.8
11	二乙醇缩乙醛	19	88	27	三乙胺	20.1	83.9
12	间二甲苯	20.5	118	28	三甲胺	21	57.6
13	对二甲苯	19	117	29	1,3,5-三甲苯	17	119.8
14	二甲胺	16	66	30	三苯甲烷	12.5	182.7
15	二甲醚	44	37	31	三氯乙醛	30	113
16	1,2-二氯乙烯	32	122	32	三聚乙醛	22.3	103.8

续附表

序号	液体名称	X	Y	序号	液体名称	X	Y
33	己烷	22.7	72.2	68	氨	56.2	63.5
34	六氢吡啶	24.7	120	69	氧化亚氮	62.5	0.5
35	甲苯	24	113	70	草酸乙二酯	20.5	130.8
36	甲胺	42	58	71	氯	45.5	59.2
37	间甲酚	13	161.2	72	氯仿	32	101.3
38	对甲酚	11.5	160.5	73	对氯甲苯	18.7	134
39	邻甲酚	20	161	74	氯甲烷	45.8	53.2
40	甲醇	17	93	75	氯苯	23.5	132.5
41	甲酸甲酯	38.5	88	76	对氯溴苯	14	162
42	甲酸乙酯	30.5	88.8	77	氯甲苯（吡啶）	34	138.2
43	甲酸丙酯	24	97	78	氰化乙烷（丙腈）	23	108.6
44	丙胺	25.5	87.2	79	氰化丙烷（丁腈）	20.3	113
45	对异丙基甲苯	12.8	121.2	80	氰化甲烷（乙腈）	33.5	111
46	丙酮	28	91	81	氰化苯（苯腈）	19.5	159
47	异丙醇	12	111.5	82	氰化氢	30.6	66
48	丙醇	8.2	105.2	83	硫酸二乙酯	19.5	139.5
49	丙酸	17	112	84	硫酸二甲酯	23.5	158
50	丙酸乙酯	22.6	97	85	硝基乙烷	25.4	126.1
51	丙酸甲酯	29	95	86	硝基甲烷	30	139
52	二乙（基）酮	20	101	87	萘	22.5	165
53	异戊醇	6	106.8	88	溴乙烷	31.6	90.2
54	四氯化碳	26	104.5	89	溴苯	23.5	145.5
55	辛烷	17.7	90	90	碘乙烷	28	113.2
56	亚硝酰氯	38.5	93	91	茴香脑	13	158.1
57	苯	30	110	92	醋酸	17.1	116.5
58	苯乙酮	18	163	93	醋酸甲酯	34	90
59	苯乙醚	20	134.2	94	醋酸乙酯	27.5	92.4
60	苯二乙胺	17	142.6	95	醋酸丙酯	23	97
61	苯二甲胺	20	149	96	醋酸异丁酯	16	97.2
62	苯甲醚	24.4	138.9	97	醋酸异戊酯	16.4	130.1
63	苯甲酸乙酯	14.8	151	98	醋酸酐	25	129
64	苯胺	22.9	171.8	99	噻吩	35	121
65	苯（基）甲胺	25	156	100	环己烷	42	86.7
66	苯酚	20	168	101	磷酰氯	26	125.2
67	苯骈吡啶	19.5	183				

十六、管子规格

（一）低压流体输送用焊接钢管规格（GB 3091—93 和 GB 3092—93）

公称直径		外径 /mm	墙厚/mm		公称直径		外径 /mm	墙厚/mm	
mm	in		普通管	加厚管	mm	in		普通管	加厚管
6	1/8	10.1	2	2.5	40	1½	48	3.5	4.25
8	1/4	13.5	2.25	2.75	50	2	60	3.5	4.5
10	3/8	17	2.25	2.75	65	2½	75.5	3.75	4.5
15	1/2	21.3	2.75	3.25	80	3	88.5	4	4.75
20	3/4	26.8	2.75	3.5	100	4	114	4	5
25	1	33.5	3.25	4	125	5	140	4.5	5.5
32	1¼	42.3	3.25	4	150	6	165	4.5	5.5

注：1. 本标准适用于输送水、煤气、空气、油和取暖蒸汽等一般较低压力的流体。

　　2. 表中的公称直径系近似内径的名义尺寸，不代表外径减去两个壁厚所得的内径。

　　3. 钢管分镀锌钢管（GB 3091—93）和不镀锌钢管（GB 3092—93），后者简称黑管。

（二）普通无缝钢管（GB 8163—87）

1. 热轧无缝钢管（摘录）

外径 /mm	壁厚/mm		外径 /mm	壁厚/mm		外径 /mm	壁厚/mm	
	下限	上限		下限	上限		下限	上限
32	2.5	8	76	3	19	219	6	50
38	2.5	8	89	3.5	(24)	273	6.5	50
42	2.5	10	108	4	28	325	7.5	75
45	2.5	10	114	4	28	377	9	75
50	2.5	10	127	4	30	426	9	75
57	3.0	13	133	4	32	450	9	75
60	3.0	14	140	4.5	36	530	9	75
63.5	3.0	14	159	4.5	36	630	9	(24)
68	3.0	16	168	5	(45)			

注：壁厚系列有 2.5 mm，3 mm，3.5 mm，4 mm，4.5 mm，5 mm，5.5 mm，6 mm，6.5 mm，7 mm，7.5 mm，8 mm，8.5 mm，9 mm，9.5 mm，10 mm，11 mm，12 mm，13 mm，14 mm，15 mm，16 mm，17 mm，18 mm，19 mm，20 mm 等；括号内尺寸不推荐使用。

2. 冷拔（冷轧）无缝钢管

冷拔无缝钢管质量好，可以得到小直径管，其外径可为 6~200 mm，壁厚为 0.25~4 mm，其中最小壁厚及最大壁厚均随外径增大而增加，系列标准可参阅有关手册。

3. 热交换器用普通无缝钢管（摘自 GB 9948—88）

外径/mm	壁厚/mm	外径/mm	壁厚/mm
19	2, 2.5	57	4, 5, 6
25	2, 2.5, 3	89	6, 8, 10, 12
38	3, 3.5, 4		

十七、IS 型单级单吸离心泵规格（摘录）

泵型号	流量 /m³·h⁻¹	扬程 /m	转速 /r·min⁻¹	汽蚀余量 /m	泵效率 /%	功率/kW 轴功率	配带功率
IS-32-125	7.5	22	2900	2	47	0.96	2.2
	12.5	20	2900		60	1.13	2.2
	15	18.5	2900		60	1.26	2.2
	3.75	5	1450	2	54	0.16	0.55
	6.3		1450				0.55
	7.5		1450				0.55
IS-32-160	7.5	34.3	2900	2	44	1.59	3
	12.5	32	2900		54	2.02	3
	15	29.6	2900		56	2.16	3
IS-32-200	3.75	8	1450	2	48	0.28	0.55
	6.3		1450				0.55
	7.5		1450				0.55
	7.5	525	2900	2	38	2.82	5.5
	12.5	50	2900	2	48	3.54	5.5
	15	48	2900	2.5	51	3.84	5.5
IS50-32-250	3.75	13.1	1450	2	33	0.41	0.75
	6.3	12.5	1450	2	42	0.51	0.75
	7.5	12	1450	2.5	44	0.56	0.75
	7.5	82	2900	2	28.5	5.67	11
	12.5	80	2900	2	38	7.16	11
	15	78.5	2900	2.5	41	7.83	11
IS65-50-125	3.75	20.5	1450	2	23	0.91	15
	6.3	20	1450	2	32	1.07	15
	7.5	19.5	1450	2.5	35	1.14	15

续附表

泵型号	流量 /m³·h⁻¹	扬程 /m	转速 /r·min⁻¹	汽蚀余量 /m	泵效率 /%	功率/kW	
						轴功率	配带功率
IS65-50-125	15	21.8	2900		58	1.54	3
	25	20	2900	2	69	1.97	3
	30	18.5	2900		68	2.22	3
IS65-50-160	7.5		1450				0.55
	12.5	5	1450	2	64	0.27	0.55
	15		1450				0.55
	15	35	2900	2	54	2.65	5.5
	25	32	2900	2	65	3.35	5.5
	30	30	2900	2.5	66	3.71	5.5
IS65-40-200	7.5	8.8	1450	2	50	0.36	0.75
	12.5	8	1450	2	60	0.45	0.75
	15	7.2	1450	2.5	60	0.49	0.75
	15	63	2900	2	40	4.42	7.5
	25	50	2900	2	60	5.67	7.5
	30	47	2900	2.5	61	6.29	7.5
IS65-40-250	7.5	13.2	1450	2	43	0.63	1.1
	12.5	12.5	1450	2	66	0.77	1.1
	15	11.8	1450	2.5	57	0.85	1.1
	15		2900				15
	25	80	2900	2	63	10.3	15
	30		2900				15
IS65-40-315	15	127	2900	2.5	28	18.5	30
	25	125	2900	2.5	40	21.3	30
	30	123	2900	3	44	22.8	30
IS80-65-125	30	22.5	2900	3	64	2.87	5.5
	50	20	2900	3	75	3.63	5.5
	60	18	2900	3.5	74	3.93	5.5
	15	5.6	1450	2.5	55	0.42	0.75
	25	5	1450	2.5	71	0.48	0.75
	30	4.5	1450	3	72	0.51	0.75
IS80-65-160	30	36	2900	2.5	61	4.82	7.5
	50	32	2900	2.5	73	5.97	7.6
	60	29	2900	3	72	6.59	7.5

泵型号	流量 /m³·h⁻¹	扬程 /m	转速 /r·min⁻¹	汽蚀余量 /m	泵效率 /%	功率/kW	
						轴功率	配带功率
IS80-65-160	15	9	1450	2.5	66	0.67	1.5
	25	8	1450	2.5	69	0.75	1.5
	30	7.2	1450	3	68	0.86	1.5
IS80-50-200	30	53	2900	2.5	55	7.87	15
	50	50	2900	2.5	69	9.87	15
	60	47	2900	3	71	10.8	15
	15	13.2	1450	2.5	51	1.06	2.2
	25	12.5	1450	2.5	65	1.31	2.2
	30	11.8	1450	3	67	1.44	2.2
IS80-50-160	30	84	2900	2.5	52	13.2	22
	50	80	2900	2.5	63	17.3	22
	60	75	2900	3	64	19.2	22
IS80-50-250	30	84	2900	2.5	52	13.2	22
	50	80	2900	2.5	63	17.3	22
	60	75	2900	3	64	19.2	22
IS80-50-315	30	128	2900	2.5	41	25.5	37
	50	125	2900	2.5	54	31.5	37
	60	123	2900	3	57	35.3	37
IS100-80-125	60	24	2900	4	67	5.86	11
	100	20	2900	4.5	78	7	11
	120	16.5	2900	5	74	7.28	11

十八、交换器系列标准（摘要）

（一）浮头式换热器（摘要 JB/T 4714—92）型号及表示方法

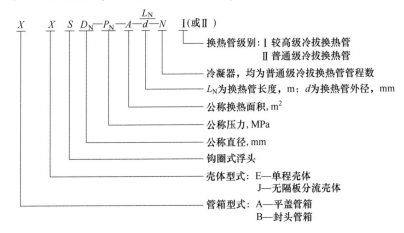

举例如下：

(1) 平盖管箱。公称直径为 500 mm，管、壳程压力均为 1.6 MPa，公称换热面积为 55 m²，是较高级的冷拔换热管，外径 25 mm，管长 6 m，4 管程，单壳程的浮头式内导流换热器，其型号为 AES500-1.6-55-6/25-4 I。

(2) 封头管箱。公称直径 600 mm，管、壳程压力均为 1.6 MPa，公称换热面积为55 m²，是普通级的冷拔换热管，外径 19 mm，管长 3 m，2 管程，单壳程的浮头式内导流换热器，其型号为 BES600-1.6-55-3/19-2 II。

(二) 浮头式（内导流）换热器的主要参数

公称直径 D_N/mm	管程数 N/个	管根数 管外径 d/mm		中心排管数		管程流通面积/m² $d×δ_t$(壁厚)			A/m² 管长 L=3 m		管长 L=4.5 m		管长 L=6 m		管长 L=9 m	
		19	25	19	25	19×2	25×2	25×2.5	19	25	19	25	19	25	19	25
325	2	60	32	7	5	0.0053	0.0055	0.0050	10.5	7.4	15.8	11.1	—	—	—	—
	4	52	28	6	4	0.0023	0.0024	0.0022	9.1	6.4	13.7	9.7	—	—	—	—
426	2	120	74	8	7	0.0106	0.0126	0.0116	20.9	16.9	31.6	25.6	42.3	34.4	—	—
	4	108	68	9	6	0.0048	0.0059	0.0053	18.8	15.6	28.4	23.6	38.1	31.6	—	—
500	2	206	124	11	8	0.0182	0.0215	0.0194	35.7	28.3	54.1	42.8	72.5	57.4	—	—
	4	192	116	10	9	0.0085	0.0100	0.0091	33.2	26.4	50.4	40.1	67.6	53.7	—	—
600	2	324	198	14	11	0.0286	0.0343	0.0311	55.8	44.9	84.8	68.2	113.9	91.5	—	—
	4	308	188	14	10	0.0136	0.0163	0.0148	53.1	42.6	80.7	64.8	108.2	86.9	—	—
	6	284	158	16	10	0.0083	0.0091	0.0083	48.9	35.8	74.4	54.4	99.8	73.1	—	—
700	2	468	268	17	13	0.414	0.0464	0.0421	80.4	60.6	122.2	92.1	164.1	123.7	—	—
	4	448	256	16	12	0.0198	0.0222	0.0201	76.9	57.8	117.0	87.9	157.1	118.1	—	—
	6	382	224	15	10	0.0112	0.0129	0.0116	65.6	50.6	99.8	96.9	133.9	103.4	—	—
800	2	610	366	19	15	0.0539	0.0634	0.0575	—	—	158.9	152.4	213.5	168.5	—	—
	4	588	352	18	14	0.0260	0.0305	0.0276	—	—	153.2	120.6	205.8	162.1	—	—
	6	518	316	16	14	0.0152	0.0182	0.0165	—	—	134.9	108.3	181.3	145.5	—	—
900	2	800	472	22	17	0.0707	0.0817	0.0741	—	—	207.6	161.2	279.2	216.8	—	—
	4	776	456	21	16	0.0343	0.0395	0.0353	—	—	201.4	155.7	270.8	209.4	—	—
	6	720	426	21	16	0.0212	0.0242	0.0223	—	—	186.9	145.5	251.3	195.6	—	—

续附表

公称直径 D_N /mm	管程数 N /个	管根数 管外径 d/mm 19	管根数 管外径 d/mm 25	中心排管数 管外径 d/mm 19	中心排管数 管外径 d/mm 25	管程流通面积/m² $d×\delta_t$(壁厚) 19×2	管程流通面积/m² 25×2	管程流通面积/m² 25×2.5	$A^{①}$/m² 管长 $L=3$ m 19	管长 $L=3$ m 25	管长 $L=4.5$ m 19	管长 $L=4.5$ m 25	管长 $L=6$ m 19	管长 $L=6$ m 25	管长 $L=9$ m 19	管长 $L=9$ m 25
1000	2	1006	606	24	19	0.0890	0.105	0.0952	—	—	260.6	206.6	350.6	277.9	—	—
	4	980	588	23	18	0.0433	0.0509	0.0462	—	—	253.9	200.4	341.6	269.7	—	—
	6	892	564	21	18	0.0262	0.0326	0.0295	—	—	231.1	192.2	311.0	258.7	—	—
1100	2	1240	736	27	21	0.1100	0.1270	0.1160	—	—	320.3	250.2	431.3	336.8	—	—
	4	1212	716	26	20	0.0536	0.0620	0.0562	—	—	313.1	243.4	421.6	327.7	—	—
	6	1120	692	24	20	0.0329	0.0399	0.0362	—	—	289.3	235.2	389.6	316.7	—	—
1200	2	1452	880	28	22	0.1290	0.1520	0.1380	—	—	374.4	298.6	504.3	402.2	764.2	609.4
	4	1424	860	28	22	0.0629	0.0745	0.0675	—	—	367.2	291.8	494.6	393.1	749.5	595.6
	6	1348	828	27	21	0.0396	0.0478	0.0434	—	—	347.6	280.9	468.2	378.4	709.5	573.4
1300	4	1700	1024	31	24	0.0751	0.0887	0.0804	—	—	—	—	589.3	467.1	—	—
	6	1616	972	29	24	0.0476	0.0560	0.0509	—	—	—	—	560.2	443.3	—	—
1400	4	1972	1192	32	26	0.0871	0.1030	0.0936	—	—	—	—	682.6	542.9	1035.6	823.6
	6	1890	1130	30	24	0.0557	0.0652	0.0592	—	—	—	—	654.2	514.7	992.5	780.8
1500	4	2304	1400	34	29	0.1020	0.1210	0.1100	—	—	—	—	795.9	636.3	—	—
	6	2252	1332	34	28	0.0663	0.0769	0.0697	—	—	—	—	777.9	605.4	—	—
1600	4	2632	1592	37	30	0.1160	0.1380	0.1250	—	—	—	—	907.6	722.3	1378.7	1097.3
	6	2520	1518	37	29	0.0742	0.0876	0.0795	—	—	—	—	869.0	688.8	1320.0	1047.2
1700	4	3012	1856	40	32	0.1330	0.1610	0.1460	—	—	—	—	1036.1	840.1	—	—
	6	2834	1812	38	32	0.0835	0.0881	0.0949	—	—	—	—	974.9	820.2	—	—
1800	4	3384	2056	43	34	0.1490	0.1780	0.1610	—	—	—	—	1161.3	928.4	1766.9	1412.5
	6	3140	1986	37	30	0.0925	0.1150	0.1040	—	—	—	—	1077.5	896.7	1639.5	1364.4

①计算换热面积按光管及公称压力 2.5 MPa 的管板厚度确定，$A = \pi d(L - 2\delta - 0.006)n_o$

十九、常用化学元素的相对原子质量

元素符号	元素名称	相对原子质量	元素符号	元素名称	相对原子质量	元素符号	元素名称	相对原子质量
Ag	银	107.9	Co	钴	58.93	N	氮	14.01
Al	铝	26.98	Cr	铬	52	Na	钠	22.99
Ar	氩	39.94	Cu	铜	63.54	Ne	氖	20.17
As	砷	74.92	F	氟	19	Ni	镍	58.7
Au	金	196.97	Fe	铁	55.84	O	氧	16
B	硼	10.81	H	氢	1.008	P	磷	30.97
Ba	钡	137.3	Hg	汞	200.5	Pb	铅	207.2
Br	溴	79.9	I	碘	126.9	S	硫	32.06
C	碳	12.01	K	钾	39.1	Se	硒	78.9
Ca	钙	40.08	Mg	镁	24.3	Si	硅	28.09
Cl	氯	35.45	Mn	锰	54.94	Zn	锌	65.38

附录 9 稀土元素的某些物理性质

原子序数	元素符号	相对原子质量	固体密度 /g·cm⁻³	熔点 /℃	沸点 /℃	蒸发热 ΔH/kJ·mol⁻¹	c_p^0(0℃时) /J·(mol·℃)⁻¹	电阻率(25℃) /×10⁻⁶Ω·cm	热中子俘获截面 /×10⁻²⁸ m²	原子半径 /nm	三价离子半径 /nm	弹性模量 /MPa	晶体结构	晶格常数 /nm (a)	(c)
57	La	138.92	6.174	920	3454	431.2	27.8	57	8.8	0.1877	0.1061	39150	六方紧堆	0.3774	1.2270
58	Ce	140.3	6.711	798	3257	467.8	28.8	75	0.7	0.1825	0.1034	30580	面心立方	0.5161	
59	Pr	140.92	6.782	931	3212	374.1	27	68	11.2	0.1828	0.1013	35920	六方紧堆	0.3672	1.1833
60	Nd	114.27	7.004	1010	3127	328.8	30.1	64	44	0.1821	0.0995	28600	六方紧堆	0.3658	1.1796
61	Pm	(145)	7.264	1080	(2460)					(0.1810)	0.0979		六方紧堆	0.3650	1.165
62	Sm	150.43	7.536	1072	1778	202.8	27.1	88	6500	0.1802	0.0964	34800	菱形体	0.8980	α=23°.13′
63	Eu	152.0	7.259	822	1597	175.8	25.1	81	4500	0.2042	0.0950		体心立方	0.4538	
64	Gd	156.9	7.895	1311	3233	402.3	46.8	140.5~135.5	46000	0.1802	0.0938	57300	六方紧堆	0.3634	0.6783
65	Tb	159.2	8.272	1360	3041	395	27.3	116	44	0.1782	0.0923	58640	六方紧堆	0.3605	0.5694
66	Dy	162.46	8.536	1409	2335	298.2	28.1	56	1100	0.1773	0.0908	64330	六方紧堆	0.3592	0.5650
67	Ho	164.94	8.803	1470	2720	296.4	27	87	64	0.1766	0.0894	68500	六方紧堆	0.3577	0.5618
68	Er	167.2	9.051	1522	2510	343.2	27.8	107	166	0.1757	0.0881	74740	六方紧堆	0.3559	0.5585
69	Tm	169.4	9.332	1545	1727	248.7	27	79	118	0.1746	0.0869		六方紧堆	0.3537	0.5554
70	Yb	173.04	6.977	824	1193	152.6	25.1	28	36	0.1940	0.0859	18150	面心立方	0.5485	
71	Lu	174.99	9.842	1656	3315	427.8	27	79	108	0.1734	0.0848		六方紧堆	0.3503	0.5549
39	Y	88.29	4.478	1523	3337	424	25.1	53	1.38	0.1801	0.0880	67000	六方紧堆	0.3648	0.5732
21	Sc	45.0	2.992	1539	2832	338.0	25.1	66	13	0.1641	0.0680		六方紧堆	0.3309	0.5273

附录 10　稀土金属电负性及标准电极电位

表 10-1　稀土金属电负性

金属	电负性	金属	电负性	金属	电负性
La	1. 17	Sm	1. 18	Er	1. 22
Ce（三价）	1. 05	Eu	0. 97	Tm	1. 22
Ce（四价）	1. 21	Gd	1. 20	Yb	0. 99
Pr	1. 19	Tb	1. 21	Lu	1. 22
Nd	1. 19	Dy	1. 21	Sc	1. 27
Pm	1. 20	Ho	1. 21	Y	1. 20

表 10-2　稀土金属标准电极电位

金属	电 极 反 应	标准电极电位/V
La	$La - 3e^- \rightleftharpoons La^{3+}$	−2. 522
Ce	$Ce - 3e^- \rightleftharpoons Ce^{3+}$	−2. 483
	$Ce - 4e^- \rightleftharpoons Ce^{4+}$	+1. 74
Pr	$Pr - 3e^- \rightleftharpoons Pr^{3+}$	−2. 462
	$Pr + 3e^- \rightleftharpoons Pr^{4+}$	+2. 85
Nd	$Nd - 3e^- \rightleftharpoons Nd^{3+}$	−2. 431
Pm	$Pm - 3e^- \rightleftharpoons Pe^{3+}$	−2. 423
Sm	$Sm - 3e^- \rightleftharpoons Sm^{3+}$	−2. 414
	$Sm - 2e^- \rightleftharpoons Sm^{2+}$	−1. 55
Eu	$Eu - 3e^- \rightleftharpoons Eu^{3+}$	−2. 407
	$Eu - 2e^- \rightleftharpoons Eu^{2+}$	−0. 43
Gd	$Gd - 3e^- \rightleftharpoons Gd^{3+}$	−2. 397
Tb	$Tb - 3e^- \rightleftharpoons Tb^{3+}$	−2. 391
Dy	$Dy - 3e^- \rightleftharpoons Dy^{3+}$	−2. 353
Ho	$Ho - 3e^- \rightleftharpoons Ho^{3+}$	−2. 319
Er	$Er - 3e^- \rightleftharpoons Er^{3+}$	−2. 296
Tm	$Tm - 3e^- \rightleftharpoons Tm^{3+}$	−2. 278
Yb	$Yb - 3e^- \rightleftharpoons Yb^{3+}$	−2. 267
	$Yb - 2e^- \rightleftharpoons Yb^{2+}$	−1. 15
Lu	$Lu - 3e^- \rightleftharpoons Lu^{3+}$	−2. 255
Sc	$Sc - 3e^- \rightleftharpoons Sc^{3+}$	−2. 08
Y	$Y - 3e^- \rightleftharpoons Y^{3+}$	−2. 372

参 考 文 献

[1] 黄胜发. 项目可行性研究 [M]. 北京：中国劳动出版社，1995.

[2] 姜澜. 冶金工厂设计基础 [M]. 北京：冶金工业出版社，2013.

[3] 郭鸿发，储慕东，史学谦. 冶金工程设计 第1册：设计基础 [M]. 北京：冶金工业出版社，2006.

[4] 蔡祺风. 有色冶金工厂设计基础 [M]. 北京：冶金工业出版社，1991.

[5] 徐光宪. 稀土 [M]. 2版. 北京：冶金出版社，1995.

[6] 马荣骏. 萃取冶金 [M]. 北京：冶金工业出版社，2009.

[7] 石富. 稀土冶金技术 [M]. 北京：冶金工业出版社，2009.

[8] 吴文远，边雪. 稀土冶金技术 [M]. 北京：科学出版社，2012.

[9] 田雨琛. 稀有金属冶金设计 [M]. 沈阳：东北工学院，1991.

[10] 杨燕生，李源英. 稀土物理化学常数 [M]. 北京：冶金工业出版社，1977.

[11] 吕松涛. 稀土冶金学 [M]. 北京：冶金工业出版社，1978.

[12] 王德全. 冶金工厂设计基础 [M]. 沈阳：东北大学出版社，2003.

[13] 湿法冶金编委会. 湿法冶金新工艺详解与新技术开发及创新应用手册 [M]. 北京：中国科技文化出版社，2005.

[14] 闫旭. 湿法冶金新工艺新技术及设备选型应用手册（三卷）[M]. 北京：冶金工业出版社，2006.

[15] 黄礼煌. 稀土提取技术 [M]. 北京：冶金工业出版社，2006.

[16] 中国有色金属工业协会. 有色金属冶炼厂收尘设计规范 [M]. 北京：中国计划出版社，2012.

[17] 程福祥，吴声，廖春生，等. 串级萃取理论之联动萃取分离工艺设计：Ⅴ、流程设计实例 [J]. 中国稀土学报，2019，37（1）：39-47.